U0294286

"十四五"时期国家重点图书出版专项规划项目

中国黄河文化大典

古近代部分

河工技术（近代部分）

《中国黄河文化大典》编委会 编

中国水利水电出版社
www.waterpub.com.cn
·北京·

图书在版编目（CIP）数据

中国黄河文化大典. 古近代部分. 河工技术. 近代部
分 / 《中国黄河文化大典》编委会编. -- 北京 ：中国
水利水电出版社，2021.11
ISBN 978-7-5226-0259-2

Ⅰ．①中… Ⅱ．①中… Ⅲ．①黄河流域－文化史②河
工学③黄河－水利史－近代 Ⅳ．①K29②TV882.1

中国版本图书馆CIP数据核字(2021)第237209号

项目负责人：营幼峰　王厚军　陈玉秋
选题策划：马爱梅　宋建娜　戴甫青

书　　名	**中国黄河文化大典（古近代部分）** ZHONGGUO HUANG HE WENHUA DADIAN（GU - JINDAI BUFEN）	
卷　　名	**河工技术（近代部分）** HEGONG JISHU（JINDAI BUFEN）	
作　　者	《中国黄河文化大典》编委会　编	
出版发行	中国水利水电出版社 （北京市海淀区玉渊潭南路 1 号 D 座　100038） 网址：www.waterpub.com.cn E - mail：sales@waterpub.com.cn 电话：(010) 68367658（营销中心）	
经　　售	北京科水图书销售中心（零售） 电话：(010) 88383994、63202643、68545874 全国各地新华书店和相关出版物销售网点	
排　　版	中国水利水电出版社微机排版中心	
印　　刷	涿州市星河印刷有限公司	
规　　格	184mm×260mm　16 开本　36.25 印张　423 千字	
版　　次	2021 年 11 月第 1 版　2021 年 11 月第 1 次印刷	
印　　数	001—800 册	
定　　价	**288.00 元**	

《中国黄河文化大典》
编 委 会

《中国黄河文化大典》
学术顾问及专家委员会

学术顾问

葛剑雄　周魁一

专家委员会（以姓氏笔画为序）

万金红	王志庚	王爱国	王　浩	王　超
王　博	王震中	王　耀	王　巍	牛建强
邓正刚	邓永标	卢仁龙	申晓娟	田志光
冯立昇	司毅兵	吕　娟	朱　军	任　慧
庄立臻	刘文锴	刘建勇	刘洪才	江　林
李云鹏	李孝聪	李志江	李宏峰	李建国
李建顺	李晓明	李乾太	李续德	李新贵
吴朋飞	吴浓娣	吴　强	张卫东	张伟兵
张建云	张柏春	陈红彦	陈银太	邵权熙
武　强	苗长虹	和卫国	岳德军	郑小惠
郑连第	郑朝纲	赵　新	胡一三	侯全亮
姜舜源	耿明全	贾小明	顾　华	顾　青
顾　洪	席会东	唐　震	谈林明	康绍忠
蒋　超	韩菊红	喻　静	童庆钧	谢祥林
靳怀堾	蔡　蕃	翟家瑞	鞠茂森	

序 一

5000多年前，中华大地形成了裴李岗文化、仰韶文化、良渚文化、红山文化、马家窑文化、大汶口文化、龙山文化等众多的文明雏形，考古学家形象地比喻为满天星斗。但最终能延续并发展成为中华文明主体的都集中在黄河中下游地区，绝不是偶然的。

黄河中下游绝大部分属于黄土高原和黄土冲积平原，地形平坦，土壤疏松，大多为稀树草原地貌，是对早期农业开发极其有利的条件。在尚未拥有金属农具的条件下，先民用简单的石器、木器就能完成开垦荒地、平整土地、松土、播种、覆土、除草、排水、收获。

黄土高原和黄土冲积的平原地处北温带，总体上适合人类的生活、生产和生存。5000年前，这一带的气候正经历一个温暖期，3000年前后有过一个短暂的寒冷期，然后又重新进入温暖期，直到公元前1世纪才转入持续的寒冷。因此在5000多年前，这一带气候温暖，降水充沛，农作物能获得更多热量和水分，物种丰富，成为当时东亚大陆最适宜的成片农业区。

这片土地是当时北半球面积最大的宜农土地，足以满足不断扩大的农业生产和持续增长的人口的需要。在这片土地中间，没有太大的地理障碍，函谷关、太行山以东更是连成一片的大平原。黄河及其支流、独立入海的河流、与河流相通的湖泊，形成天然的水上交通网。交通便利，人流、物流和行政管理的成本较低。这样的地理环境，使一些杰出人物萌发统一的理念，逐步形成大一统观念，由政治家付诸实行。这一片土地成为大一统观念的实践和基础，"中国"的概念由此产生，并逐步扩大到整个中国。

中华文明的起源和早期发展阶段，呈现出多元格局，并在长期交流互动中相互促进、取长补短、兼收并蓄，最终融汇凝聚出以二里头文化为代表的文明核心，开启了夏商周三代文明。黄河文明是早期中华文明的核心和基础，黄河中下游地区是中华文明的摇篮，黄河是中华民族的母亲河。

中国历史上的统一时期，政治中心都在黄河流域（包括历史时期黄河改道形成的流域）。宋代以前，全国的经济中心和大多数区域经济中心都处于黄河流域。春秋战国时的黄河流域是文化最发达的地区。儒家学说的创始人孔子是鲁国陬邑（今山东曲阜）人。他曾周游列国，晚年回到家乡，致力于儒家典籍的整理和教学；他的众多学生主要来自鲁、卫、齐、宋等国；他的主要传承人孟子、曾子等也都在这一带。齐鲁地区是儒家文化的中心。战国时百家争鸣，几种主要学派的创始人和主要传播地区也集中在黄河流域。墨子（墨翟），道家学派的创始人老子，道家学派代表人物杨朱、宋钘、尹文、田骈、庄子，从道家分化出来的法家慎到，战国中期产生的黄老学派，法家商鞅，荀子（荀况），法家韩非等，以及其他各家的代表人物，都不出黄河流域的范围。

秦汉时代，黄河中游已是名副其实的全国性政治中心，其影响还远及亚洲腹地。黄河下游是全国的经济中心，是最主要的农业区、手工业区和商业区。黄河流域的优势地位由于政治中心的存在而更加强。两汉时期见于记载的各类知识分子、各种书籍、各个学派、私家教授、官方选拔的博士和孝廉等的分布，绝大多数跨黄河流域。"关东出相，关西出将"的说法反映了当时人才分布高度集中的实际状况。

从公元589年隋朝统一至755年安史之乱爆发，黄河流域又经历一个繁荣时期。隋唐先后在长安和洛阳建都，关中平原和伊洛平原再次成为全国的政治中心。唐朝的开疆拓土和富裕强盛还使长安的影响远及西亚、朝鲜、日本，成为当时世界上最大最繁荣的城市。尽管长江流域和其他地区已有了很大的发展，但黄河流域在农业、手工业、商业以及国家财政收入中还占着更多的份额。唐朝这一阶段的诗人和进士主要分布在黄河流域，显示出文化重心所在。

从河源到出海口，亿万中华各族人民在黄河流域生活，生产，生存。他们或农，或牧，或工，或商，或狩，或采；或住通都大邑，或居茅屋土房，或凿窑洞，或栖帐篷，或依山傍水，或逐水草而居。他们的方言、饮食、服饰、民居、婚丧节庆、崇拜信仰，形成丰富多彩的地域文化。

总之，中华文明的源头就是黄河文明，就是中华民族的先人在黄河流域创造的；中华民族最早的生活方式、生产方式、行为规范、审美情趣、礼乐仪式、伦理道德、价值观念、意识形态、思想流派、文学艺术、崇拜信仰，都是在黄河流域形成的，或者是以黄河流域所形成的为主体，为规范，然后才传播到其他地区。

黄河，不愧为中华民族的魂。

大量历史事实足以证明，黄河曾经哺育了华夏民族的主体，曾经哺育了中华民族的大部分先民。她的儿女子孙遍布于中华大地，并已走向世界各地。

夏朝的建立和长期存在形成了由各个部族融合成的夏人，又称诸夏。在商、周时代，人口的主体是夏、诸夏，他们被美誉为华夏（华的本义是花，象征美丽、高尚、伟大），以后常被简称为夏或华。华夏聚居于黄河流域，通过周朝的分封和迁移，扩散到更大的地域范围，并不断融合残留的戎、狄、蛮、夷人口。到秦始皇统一六国时，长城之内的黄河流域，非华夏族都已被融合在华夏之中。

秦汉期间，华夏人口从中原迁入河套地区、阴山南麓、河西走廊、长江两岸、巴蜀岭南、辽东朝鲜。在两汉之际、东汉末年至三国期间、西晋永嘉之乱后至南北朝后期、安史之乱至唐朝末年、靖康之乱至宋元之际，一次次大规模的人口南迁使华夏人口遍布于南方各地。一部分人口主动或被动迁入匈奴、乌桓、鲜卑、高句丽、突厥、吐蕃、南诏、回鹘、契丹、渤海、党项、女真、蒙古、满族的聚居区，在与这些民族融合的同时，传播了华夏的制度、礼仪、文化、技艺、习俗、器物，扩大了中华文明的影响范围，促进了中华民族大家庭的逐渐形成。到了近代，成百万上千万的内地移民闯关东，走西口，渡台湾，迁新疆，开发和巩固了祖国的边疆。至20世纪初，从黄河流域迁出的人口与他们的后裔，已经遍布中国大地。

在向各地输出移民的同时，黄河流域也在大量吸收其他地区的移民，特别是来自周边地区的非华夏移民。匈奴、东瓯、闽越、乌桓、鲜卑、西域诸族、昭武九姓、突厥、粟特、吐谷浑、吐蕃、党项、高句丽、百济、契丹、奚、女真、蒙古等先后迁入黄河流域，这些民族的整体或大部分人口在这里融合于中华民族的主体之中。

尽管今天全国各地的汉族人口并非都来自黄河流域，在南方一些地区和边疆地区其实是世代土生土长的人口占了多数，但绝大多数汉族家族，甚至一些少数民族家族都将中原视为祖先的根基所在。显然他们所认同的不仅是血统之根，更是文化之根，而这个根就在黄河之滨、黄河流域。

黄河，不愧为中华民族的根。

黄河流域有世界上黄土覆盖面积最大、覆盖最厚的黄土高原，本身植被稀少，经农业开发和人为破坏，加剧了水土流失。黄河中游降水往往集中在夏秋之际，在局部时间和地点会将大量泥沙冲入黄河，使河水含沙量达到世界之最。泥沙淤积在下游河床，形成高于两岸地表的"悬河"，一遇洪水就泛滥成灾，决溢改道。黄河成为世界大河中改道最频繁、波及范围最大的河流。

这条哺育了中华民族的母亲河，也曾经使她的儿女子孙历经磨难，黄河的安危历来是国运民瘼所系。"海晏河清""黄河清，圣人出"，是从帝王到庶民的千古期盼；但面对现实，多少人不得不发出"俟河之清，人寿几何"的浩叹。大禹治水的成果奠定了华夏立国的根基，历代治黄的成功保障了中华民族的繁衍。从《尚书·禹贡》到历代《河渠志》、各地的水利志，从《水经注》到《水道提纲》，从贾让的"治河三策"到潘季驯的"束水攻沙"，从"导河积石"到《河源纪略》，从金匮石室的秘籍档案到野老村夫的私人记录，历代治黄留下皇皇经典和浩如烟海的史料。

黄河作为一条饱经忧患的河，凝聚了中华民族的苦难和与苦难的奋争。"黄河宁，天下平。"历朝历代都将治理黄河作为兴邦安民的大事。特别是 1946 年以来，中国共产党领导人民开展了波澜壮阔的治黄实践，取得了举世瞩目的伟大成就。黄河文化经久不息、历久弥新，是中华文明的重要组成部分，是中华民族的根和魂。习近平总书记强调，要深入挖掘黄河文化蕴涵的时代价值，讲好"黄河故事"，延续历史文脉，坚定文化自信，为实现中华民族伟大复兴的中国梦凝聚精神力量。

水利部领导有鉴于此，成立以党组书记、部长李国英为主任的编纂委员会，组织专家学者、水利部门领导和专业人士编纂《中国黄河文化大典》，举凡河流与人类文明之关系，黄河文明与其他河流文明之异同，黄河及其流域之自然地理和人文地理，黄河何以为中华民族之魂与根，黄河文化之内涵、外延、特色和变迁，历代治黄之实录、经验和教训，新中国治黄之巨大成就与未来展望，黄河流域生态保护和高质量发展的理念与实践，黄河文化之传播与弘扬，史籍文献、档案资料、旧典新篇、巨著零札，无不广搜博引，严选精编。

盛世修典，功在千秋。我忝为编纂委员会学术顾问，得参与其事，躬逢其盛，曷其幸哉！是为序。

葛剑雄

2021 年 10 月

序 二

黄河流域文明源远流长，首先表达为中国新石器时代的仰韶文化（公元前 5000 年—前 3000 年）、大汶口文化（公元前 4300 年—前 2400 年）、龙山文化（公元前 2400 年—前 1900 年）。至于中国水利文明的开始，则是妇孺皆知的距今 4000 年前的大禹治水的传说。有人说当时的大暴雨是全球性的，因为一些民族的神话传说都流露出一些痕迹。大禹治水主要发生于黄河流域，在中华民族形成过程中是有着强大凝聚力的伟大事件。黄河流域也在此后几千年间成为中华民族政治、经济、文化的重心地带。

文化是民族的血脉，是人民的精神家园。在我国 5000 年文明发展历程中，各族人民共同创造出源远流长、博大精深的中华文化。它凝聚着中华民族自强不息的精神追求，为中华民族的发展提供了强大的精神支撑。回顾历史为的是着眼于未来。人类文明发展史证明，先进的文化筑就国家强盛之基。从文艺复兴的历史来看，它曾开创人文主义的思想解放运动。当年一些思想家挣脱欧洲中世纪宗教神权的精神枷锁和封建君主专制，在古希腊和古罗马的优秀思想中寻求智慧，从而开创了欧洲社会发展的新纪元，促成了 18 世纪末由英国开始又很快传播到欧洲的第一次工业革命，成为人类思想史辉煌的一页。然而以优胜劣汰为指针的西方文化，在以"大同世界""天下为公"为目标的中华传统文化面前，却难掩其不足。当年辜鸿铭就曾当面责备翻译《天演论》的严复说，"自严复译出《天演论》，国人只知物竞天择，而不知有公理，于是兵连祸结"，直指只讲自由竞争的西方价值观的缺憾。真正的大国强国，不仅取决于它的经济和军事实力，也取决于它的精神文化的感召力。历史经验提示，文化是社会政治、经济、技术发展的原动力。在前人的基础上，我们应该探寻优秀传统文化的时代内涵和新的发展理念，走出一条新的道路。如今编纂的《中国黄河文化大典》系统总结黄河流域的文化演进，是水利部党组落实习近平总书记关于黄河流域生态保护和高质量发展讲话精神的重要部署，是保护、传承、弘扬黄河文化的重大出版工程，是服务于当代水利实践的重要文化建设。

如何理解前人沉淀在众多文化典籍中的古老智慧，青蒿素的发现就是有说服力的例证。从 20 世纪 60 年代开始，由屠呦呦领衔的研究者从众多古代医药书中筛选出有研究前景的几种治疗疟疾的中药。从大约 1900 年前晋代葛洪著《肘后备急方》记载的"绞汁"获得灵感，发现青蒿素，获得诺贝尔奖。后来又从其他典籍和民间验方中发现黄花蒿等几种高效抗疟药物，进一步打开传统医学研究服务当代的成功之路。

在前沿科学创新中也不乏传统文化的身影。2001 年数学家吴文俊指出，他发现并因此获得国家最高科学技术奖的"几何定理证明的机械化问题，从思维到方法，至少在宋元时代就有蛛丝马迹可寻"。他在《东方数学的使命》中再次强调，现代计算机数学和我国古代数学算法的思维方式相一致，"从这个意义上讲，我们最古老的数学，也是计算机时代最适合、最现代化的数学"。既然现代基础科学尚可以从传统文化的继承中推陈出新，在经验性很强的以大自然为背景的科学领域，尤其要进行综合研究。

科学发展史说明，在古代文明中，科学是一个统一的体系。直至15世纪下半叶，在文艺复兴运动推动下，科学才逐渐分化为自然科学与人文科学两大部类，而每一部类又逐渐分化为各门学科。正是由于学科的分解才有力地促进了科学的深入发展，生产力大为提高。在科学不断分化的同时，近百年来科学的融合也在悄然兴起。自然科学内部的有关学科之间加强了交叉联系，进而自然科学也开始注重与历史、管理等社会科学的相互渗透。尤其是像水科学这样以大自然为背景的科学领域，边界条件十分复杂，还不可能分析一切自然界的影响因素，何况其间还加入了人类大规模改造自然所产生的对水环境的影响。而水科学与历史的交叉研究恰恰在构建一个包括人类活动在内的自然界的统一景象，并由此在增进对自然的理解方面显现出自己的优势。

例如，以往的防洪方针主要是控制自然态洪水。水利规划就是根据算水账来进行工程布置，认为控制了洪水也就控制了灾害。但多年来的实践却未能尽如人意，灾害损失大幅度提高，主要江河都发生了不利于防洪的变化。但这些防洪形势的不利变化并非由于水利工程不足，也不是自然洪水显著变异所致，而主要是社会无序发展所产生的负面效果。然而直到20世纪末，世界各国都仍将水灾只称作自然灾害，其实2000年前汉代贾让"治水上策"早就强调：水灾与过度的社会开发有关。自此之后，在2000年的治河史上，当出现单纯运用工程防洪走投无路时，几乎无例外地提出了人类发展要主动适应洪水客观规律的类似见解。世界各主要国家在 20 世纪中叶以来所普遍推行的工程与非工程相结合的防洪措施的精神实质也相类似。由此我们在自然科学和社会科学交叉研究的基础上，通过历史模型方法提出："灾害具有自然属性和社会属性，双重属性全面概括了灾害的本质属性，缺一不成其为灾害。"灾害双重属性不是防灾减灾政策制定的依据，也不是工程与非工程减灾措施的另一种表达方式，而是对灾害本质属性的哲学概括。在双重属性当中，二者缺一就不能构成灾害。没有人类活动，就算天崩地裂也无所谓灾害。水利部原部长汪恕诚在 2003 年发表署名文章，认为"灾害双重属性进一步阐明了灾害的本质属性，这是一种哲学思维方面的进步，也是中国政府在 1998 年长江发生大洪水后对洪水问题进行深刻思考得出的结论"。他还进一步指出：这些基础理论成果在 2002 年新修订的《中华人民共和国水法》中得到了体现。古代治水思想研究为当代防洪减灾方针提供了有益借鉴。

在高科技时代，为什么还能够从传统哲学中寻求借鉴？古代生产力低下，自然力对人类社会处于支配地位，人们不得不怀着敬畏的心情，更多地关心和记录自然变异对人类社会的影响，注重天文、地理与人事之间的综合思考。虽然前人对自然规律的认识不及今人深刻，但这种综合思考的原始自然观和世界观，反映的却是和现代相似的客观事实。可见，科学与人文的分割，曾经妨碍了我们的视野。"灾害双重属性"的提出是在许多水利及相关历史典籍的整理中，在 1991 年淮河、长江和太湖大水灾的实地调查中得到的启示，继而将视野扩展至世界防洪减灾现实，终于有所感悟。

近年来，基于传统水利典籍的搜集整理，在水科学和水文化上做出重要贡献的还有许多。例如中国大运河申请世界文化遗产的基础论证；世界灌溉工程遗产的研究与申报；水利风景区规划；古代水利典籍汇编；以及向社会推介 12 位历史治水名人，无不借重于传统水利及文化典籍的学习和研究。从事这些工作的心得，是期待更广泛、更系统地搜罗宏富的系统文献。如今《中国黄河文化大典》率先启动，邀约部内精英和社会贤达共襄盛举，汇编流域内水科学水文化典籍，规模巨大，蔚为大观。此外还安排有和黄河治水文化有关的专题研究。在流域范围里产出如此大体量系统的文献整理和研究成果，彰显出组织者促进水科学与水文化融合的深邃思考。

被喻为"中华民族的摇篮"的黄河，既造就了广大的华北平原，提供了民族生存和发展的基础环境，又是一条"善淤、善决、善徙"的多灾多难的河流。2000 多年来，它曾北夺海河，自天津入渤海；又南夺淮河，从云梯关入黄海。它在华北平原上往复摆动，频繁决溢，对面积达 25 万平方千米的国家腹心经济区构成重大的威胁。黄河之所以如此不安定，主要是由于河水挟带的大量泥沙淤积在下游，将河床年复一年抬升的缘故。以往黄河每年从中游带下约 16 亿吨泥沙，除 12 亿吨可以直接输送入海外，其余 4 亿吨堆积在下游河床里。下游河床越淤越高，形成高于两岸地平面的"悬河"。黄河也因此成为"中国之忧患"。黄河下游地区历来是国家的重要经济区，因而历代王朝都把治理黄河，减轻黄河洪水灾害，作为国家的大政方针。

黄河的根本出路何在，是古往今来人们关注的重大宏观研究课题。今天的宏观研究应不同于古代。为了科学地制定黄河防洪战略，对于它的高含沙量以及由此带来的种种后果和问题，都应有准确科学的答案。也就是说，宏观研究必须以一系列的微观研究做基础。因此，为了把黄河治理纳入科学的轨道，为防止和减轻黄河水灾，基础科研亟待加强。近百年来曾经用过模型方法，试图求得解决之道。在模型运用上首先是物理模型和数学模型，这是运用最多的两种方法。加上上面提到的历史模型，三种模型都有着共同的特点，即无论哪种模型，都是中介物。模型方法都是通过对中介物的研究来认识原型。区别则在于它们模拟原型的方法和形态各有不同。近百年间通过对黄河下游的水沙调节，谋求防洪安澜的努力，就曾结合我国古代治河经验，开展了以上三种模型方法的试验。

黄河上第一次物理模型试验，是在 20 世纪 30 年代进行的，那是由李仪祉先生推动，委托德国水工模型实验创始人恩格斯教授主持，在瓦痕湖试验场开展，共进行了两次。第二次试验采用平面比尺 1∶165，垂直向比尺 1∶110 的变态模型，河床质采用从国内带去的黄土。验证试验肯定了明代治河专家潘季驯"束水攻沙"理论和他所设计的系统堤防。然而限于当时的条件，模型比尺小，悬移质模拟困难，因而只得出了定性结论，没有取得定量成果。

在 20 世纪 60 年代，也曾直接依据历史文献说明黄河下游河床演变规律，首见于钱宁和周文浩所著《黄河下游河床演变》。这是国内研究黄河泥沙和河床演变的力作。在该书绪论中，作者就详细说明："研究河床演变不可能离开河道的历史背景……这些丰富的历史遗产使我们有条件重温河道的历史演变过程",历史治水文献"是造床科学中一份最宝贵的历史遗产"。他们还在该书的许多章节中大段引用历代先贤治理河道状况和水力输沙的创造性见解,如欧阳修、苏辙、万恭、潘季驯、陈潢等一众先贤的认识。而在写到黄河游荡性河段特性时,还记录了沿河群众"一弯变,弯弯变"和"一枝动,百枝摇"的民谚,生动地说明了由于险工挑溜角度的改变,或滩岸河势变化,河床左右摆动会向下游传播的游荡性河道特征。可见,汇编整理治黄历史典籍和民间谚语等智慧,对于了解和研究黄河科技和文化,对于社会可持续发展有重要的意义。

当然,历史研究能再现实在的历史过程,但历史与现实只具有一定程度的相似性。历史研究不可能穷尽对研究对象的所有认识,并且主要在宏观问题上具有显著的优势。黄河含沙量居于世界诸大河之冠,带来了黄河治理的复杂性。1949 年后,我们曾对黄河下游防洪做了许多工作,主要依靠堤防和险工,取得 50 年无决口的历史纪录;也曾在中游河道建设系列水库滞蓄洪水和泥沙,并提出黄河水沙同是宝贵资源的新理念。但黄河安定的最终出路何在,仍是国家关注的重大课题。直到 21 世纪初,开始了旷古未有且极具魄力的黄河下游河道治理的全新探索,相较于模型研究,它是在 1∶1 的黄河下游原型上的"模型"实验。于是,调水调沙应运而生。其主要目标是,在黄河下游河道堤防现状下,运用现代化高新技术以及万家寨、三门峡、小浪底等水库对水沙的调配,使黄河进入健康发展阶段。

调水调沙试验在 2002 年开展,通过水库调蓄泄放,形成人造洪峰,加大了对下游河床的冲刷。20 年来黄河调水调沙取得的成果是：黄河主槽不断萎缩的状况得到初步遏制；下游河道主槽平均降低2.6米，主河槽过流能力（水不上滩流量）由2002年汛前的1800立方米每秒，提升到2021年汛前的5000立方米每秒左右。调水调沙以来，黄河累计入海总沙量达28.8亿吨，防洪减淤效果明显。得益于调水调沙，黄河下游河道沿线以及河口三角洲生态状况好转，取得了显著的社会效益，在适应自然规律的基础上，助推了黄河的健康发展。调水调沙实践将成为科学技术史上的重要篇章。

　　如今，社会以前所未有的速度在前进，物质层面的新技术新产品令人炫目且极具诱惑，科学技术也因此走上圣殿，被公认为社会发展的动力。而孕育科学发展原动力的文化，却一度被冷落。然而看似柔软的文化，却是人类社会持续发展的内在动力，对传统文化的重新整理研究，也应成为科学创新的源泉之一，为科学带来灵感和想象力。可见，科学的发展非但不应该排斥文化，相反，提炼文化中的历史经验和信息，并与之相融合，正是科学所要完成的重要课题。为了大力加强黄河水文化建设，为水利科学发展提供精神营养，我们期待着《中国黄河文化大典》的早日问世。

周魁一

2021 年 11 月

编 纂 说 明

《中国黄河文化大典》全面记录了我国历代黄河治理的辉煌成就，系统展现了历代黄河治理的理论与实践，传承了经典典籍中蕴含的思想观念、人文精神和道德规范。《中国黄河文化大典》是胸怀国之大者、保护传承弘扬黄河文化的具体体现，是坚定文化自信、延续历史文脉的重大出版工程，对中华优秀传统文化创造性转化、创新性发展意义重大。

《中国黄河文化大典》编纂出版原则是：句读合理，标点正确，校雠细致，校勘有据。

一、为方便阅读，将底本的繁体竖排改为简体横排，原文中表示前后关系的"如左""如右"等予以保留，实际表达的含义为"如下""如上"，只在每个编纂单元首次出现时统一注释说明。

二、底本中的异体字、俗字等原则上改为简体字，不出校。"粘""爬"等用字因字词的义项发生变化，虽然已经不适用于现在的字词义项，但仍保持原貌不予修改，只在每个编纂单元首次出现时统一注释说明。

三、原文中的数字用法仍依底本不改；人名、地名易生歧义者，不予简化；底本中的双行小字注释改为单行小字注释。

四、对原文献分段，逐句加标点，标点遵循 GB/T

15834—2011《标点符号用法》。

五、文献正文以及文中引文部分，除校改明显错误外，一般不作不同版本的校注。对原文献进行校勘，凡有可能影响理解的文字差异和讹误（脱、衍、倒、误）都标出并改正。如有必要再以校勘记进行说明，校勘记置于页下，文中校码紧附于原文附近。正文改字在正文中标注增删符号，拟删文字用圆括号标记，正确文字用六角括号标记，如把拟删的"下"改成"卜"，格式为"（下）〔卜〕"。

六、对于史实记载过于简略，明显谬误之处，以及古代水利技术专有术语、专业管理机构、工程专有名称及名词等，进行必要的简单注释。

七、每个编纂单元前，有文献整理人撰写的"整理说明"，其主要内容包括文献的时代背景，作者简介及其主要学术成就，文献的基本内容、特点和价值，文献的创作、成书情况和社会影响，整理所依据的版本及其他需要说明的问题。

八、每分册前设有"前言"，其主要内容包括本分册涵盖的典籍内容、文献价值、出版意义和版本特色，本分册典籍入选原则以及与编纂有关的需要特别说明的情况等。

九、为保持文献历史原貌，本次整理不对插图进行技术处理。

《中国黄河文化大典》的编纂出版得到了水利行业及社会各界的广泛关注和大力支持，中共中央宣传部、中央政策研究室、文化和旅游部、中国科学院、中国社会科学院、中国工程院、清华大学、北京大学、复旦大学等部门及单位给予了大力支持，不少院士、专家、学者担任编委会及专家委员会委员，指导编纂工作。本书的点校专家、审稿专家、编纂工作组织者亦付出了巨大努力，在此诚表谢意。

由于工程浩大、编校繁难，编纂过程中难免存在疏漏，欢迎广大读者、专家批评指正。

《中国黄河文化大典》编委会办公室

《中国黄河文化大典》
河工技术（近代部分）

主　　编　郑小惠

副　主　编　童庆钧

参编人员　杨伶媛

审稿专家　翟家瑞　岳德军　张卫东

前　　言

　　黄河文化是中华文明的重要组成部分，是中华民族的根和魂。2019 年 9 月，中共中央总书记习近平主持召开黄河流域生态保护和高质量发展座谈会，指出要依托黄河流域文化遗产资源、传统文化根基深厚的优势，推进黄河文化遗产的系统保护，深入挖掘黄河文化蕴含的时代价值，延续历史文脉，坚定文化自信，从战略高度保护传承弘扬黄河文化，展现中华优秀传统文化的独特魅力，建设中华儿女共有的精神家园。

　　黄河从高原雪山而来，流过青藏高原，流过沙漠、戈壁和广袤草原的河套地区，穿过沟壑纵横的黄土高原，穿越中原大地汇入大海，孕育了璀璨的黄河文明。由于横跨青藏高原、内蒙古高原、黄土高原和黄淮海平原，流域北侧是戈壁沙滩、西（南）边是高原峻岭、东边是一望无际的大海，这种地理环境使得黄河文化形成一种相对稳定封闭状态，绵延发展，与楚湘文化、吴越文化、巴蜀文化等体系融合壮大，繁荣至今。

　　长期以来，母亲河虽然养育着华夏儿女，但也给沿岸百姓带来深重的灾难。据统计，从先秦到中华人民共和国成立前的2500 多年间，黄河下游共决溢 1500 多次，河道大迁移发生 6 次，北达天津，南抵江淮，入海口变动 3 次。1855 年，黄河在兰考县东坝头附近决口，夺大清河入渤海，形成了现行河道。水患治理伴随着中国历朝历代的发展，中国有文字记载的历史第一页就是大禹治水的传说，历代河臣、治水专家根据前代和自身的治河经验，总结了大量河流水患情况、治水理论方法、实践经验、工具技术、术语规范，形成了各具特色的传统水利典籍体系。

从浩如烟海的古代典籍中挖掘出黄河水利历史文献，将其整理出版，既可为保护黄河文化、传承和弘扬中华文明提供史料来源，又可为当今治河实践提供有益借鉴。2021年3月，中国水利水电出版传媒集团精心策划的《中国黄河文化大典》（简称《大典》），成功入选2021年度国家出版基金项目。《大典》中《黄河水利文化典》下设《河工技术（近代部分）》，收录了近代具有代表性的《中国河工辞源》与《河工要义》两种河工技术书籍。该卷对了解中国古代河工发展历史有重要意义，也对研究现代江河治理、河道变迁规律和制定防洪规划有重要参考价值，是解析水利、地理、经济、环境、防务等行业历史必备的档案史料。

民国初年，全国水利行政管理松散，政出多门，张謇任全国水利局总裁后，情况开始有所转变。1931年4月，国民党政府决定设立全国经济委员会，下设水利处文献编纂委员会，郑肇经任总编。民国25年（1936年）7月，《中国河工辞源》刊行，以郑肇经、汪胡桢、杨保璞三位先生手录的河工名词札记作为底本，书中征引《史记·河渠书》《汉书·沟洫志》《河防通议》《至正河防记》《问水集》《河防一览》《行水金鉴》等27种水利典籍中的术语，详细收录了河工专业术语，是研究中国水利史、了解河工名词源流所不可或缺的重要工具书。全书分为河川、水、土、堤、疏浚、埽、堵口、闸坝、材料与工具、员工十章，每章下分节，总计数千则，附图227幅。各节之初提纲挈领，先概述本节内容，节下分述各词条，词条如有多个来源，均标明援引书籍及出处，文字权威，征引周全。著名水利史学家姚汉源先生在《中国水利史纲要》中称，《中国河工辞源》为读古代河工文献需要参考的词典。可以说，该书是中国水利史研究者案头必备的工具书。但由于《中国河工辞源》是在三位水利史前辈手录河工名词札记基础上整理而成，文中有部分讹误之处，此次将该书整理再版，既表示对前辈尊敬之意，更寄望对中国水利史研究有所裨益。

本卷所收另一种典籍为《河工要义》，是为培养中国当代水利人才而编纂。清光绪三十四年（1908 年）十月，吕珮芬任永定河道员，开设河工研究所，设置河工课程，以一年为期，每期招收 30 名河务人员，进行专门培训，并聘请章晋墀为课长，为学员授课。河工培训班第一届学员王乔年毕业后，于清宣统元年（1909 年）被聘为课长。章晋墀、王乔年在河工研究所授课讲义经辑录成册后，定名为《河工讲义》。民国 7 年（1918 年），姒锡章出任津海道尹兼天津县知事。上任后，他深感河防任务之重、技术之专，于是从文慎处获得《河工讲义》，并准备以此为底本刊印发行。随后，该书由京兆董德润偕同李芳林和何玉燕校勘整理，并以《河工要义》为名，于民国 7 年（1918 年）刊刻发行。《河工要义》全书共分《工程纪略》《料物纪略》《器具纪略》《修守事宜》四编，分章叙述，每章下列各节、款、项、目。此书既便于学员掌握治河要点，也方便入门者了解河工的基本知识和治河原则。正如《中国水利要籍丛编》评价其为："其于河工之利弊、工程之险夷、河流之顺逆、器具之良窳，以及土料兵夫之别，修守堵筑之方，无不扼要勾稽，足为初学者之阶梯。"

清末及民国时期是我国水利事业从传统走向现代的重要过

渡时期。这一时期相关部门注重收集历史文献、整理古代典籍，吸纳国外先进思想和技术，建立健全人才培养体系。《中国河工辞源》与《河工要义》就是河工技术在承前启后过程中具有代表性的著作。本人承接任务后，在当年立项当年出版的要求之下，组织团队，按时完成任务。在此感谢本书编委会、专家委员会和责任编辑的大力帮助！由于水平有限，时间紧迫，不当之处，敬请批评指正！

2021 年 11 月

目　　录

童庆钧　郑小惠　整理

中国河工辞源

《中国河工辞源》（以下称《辞源》）由民国时期全国经济委员会水利处编，民国25年（1936年）7月作为十种水利专刊之一刊行。它以郑肇经、汪胡桢、杨保璞三位先生手录的河工名辞札记作为蓝本，汇辑《史记·河渠书》《河防通议》《行水金鉴》等二十七种清代及之前的水利典籍而写成（详见《辞源》"参考书籍表"），详细收录了水利工程专业术语，是研究中国水利史、了解河工水利名词源流所不可或缺的重要工具书，现已绝版。

《辞源》共分为河川、水、土、堤、疏浚、埽、堵口、闸坝、材料与工具、员工等十章，每类下分小目，以便查阅。例如，在"土质"一节中，将土按其工程性质大致分为淤土、沙土和黄土等类。在各大类土壤中，按土性的不同，又有细致的划分，达十三种之多。在大量水利工程实践基础上，前人对土的工程性质的认识日益丰富，把土的性质和地形、水道形势、工程量大小并列，作为兴修水利工程必须掌握的客观情况，可见对其重视程度。在防洪工程方面，《辞源》原书用三十三页的篇幅来专门讨论埽，探讨其命名的来由、制作的程式和一般性缺点。这段文字相当权威，征引周详，首句引文来自《宋史·河渠志》，其后的引文则出自《河防通议》和《至正河防记》两本要籍，都是元代的著作。显然，埽是一种有效的防洪构筑物，从宋、元而至清代都加以利用。

不过，受条件所限，当时出版的《辞源》是在三位水利史元老的手录笔记基础上整理而成的，因此文中出错之处颇多。整理过程中，我们不仅对《辞源》一书进行点校，同时对征引的所有文献进行查找和版本对照，分别在清华大学图书馆、北京大学图书馆、国家图书馆古籍馆和缩微部寻找征引版本，并逐条对术语进行原文对照。

整理过程中遇到很多问题，归纳起来，均依以下几条原则处理：

一、尊重《辞源》对征引文献（页下注标注为"原书"）术语的增补和修订，以便于读者更好地理解词条。

二、在《辞源》与征引文献术语意思相近，个别字词表达不同时，修改为征引文献中的写法，并作注。

三、在《辞源》与征引文献术语差别较大，有明显印刷错误时，修改为征引文献中的写法，并作注。

四、在征引文献页码、位置出错时，直接改正，不再作注。

五、在未标明征引文献页码、位置时，先查找基本古籍库等数据库来定位，然后寻找同版本文献查证。如征引文献中难以查找页码、位置，保留《辞源》原样。

本编纂单元由童庆钧、郑小惠整理，此次整理出版不仅会给研究中国科技史和水利史的专家学者提供方便，同时也可为文史工作者及社会大众提供一部了解中国古代水利史及其名词术语的权威性工具书。

整理者

目　录

第一章　河川

　　河分河源、上游、中游、下游，其出口处，曰河口，又曰
下口。水之来处，曰上水；去处，曰下水。河水之中流湍急者，
曰中泓。临河之地，曰滩，有内滩、外滩、老滩、新滩、下滩、
嫩滩之称。滩之边崖，曰滩唇。其突出于滩面者，名曰滩嘴。
滩嘴撑入河心，曰鸡心滩。又有沙吻者，大溜顶冲对岸挺出之
积沙也。凡沙淤之处，谓之浅。河流入海，为潮所阻，泥沙停
留，则生三角洲。

河源

　　【河工要义】河源者，河水发生之地也。河源多属于涌泉。
　　泉水涌出，汇流成河，支脉❶不一。（一页，一〇行）

　　【河工名谓】河水发源之处。（三页，一一行）

上游

　　【河工要义】河源以下，居全河最上之域，谓之上游。（一
　　页，一五行）

　　【河工名谓】河流之上部，接于河源，谓之上游。（三页，
　　八行）

---

　　❶　脉　原书作"派"。

中游

【河工要义】中游所生❶，地平土疏，流势缓漫，每多泛滥沉淀之患，一经泛涨，则出山之水横冲直撞，奔注迅骤，侵蚀堤身。河水出山，漫流平地，两岸筑堤，束水归槽之处，谓之中游❷。溃决为患。（二页，一○行）

【河工名谓】河流之中部，谓之中游。（三页，九行）

下游

【河工要义】河距出山之处较远，而又下联河口者，谓之下游。下游所在他❸益衰，流益散缓，两岸束以堤防，恐多泛滥❹之虞，如果任其荡漾，则又未免村庐田舍悉被其害，且因水势愈缓，垫淤愈甚，随在皆生洲渚。（三页，五行）

【河工名谓】河流之下部接于河口，谓之下游。（三页，一○行）

河口

【河工要义】河口者，全河水流之归宿也。归宿处所，约有三种：（一）海洋；（二）湖泽淀泊；（三）他之河川。河口之在湖泽淀泊，与夫他之河川者，亦每多泛滥沉淀，构成洲渚，丛生茳草芦苇之病，固宜不时浚治，以畅其流。即河口之在海洋者，泥沙自上中下游传送而来，逆被海潮抵拒，沙停潮落，非积成沙埂，即造成三角洲𡶍❺，尤须疏凿深广，以收无穷之利益也。（三页，一○行）

【河工名谓】河流入海之处。支河入干流之处，亦为支流河

---

❶ 生　原书作"在"。

❷ 原书"河水出山……谓之中游"在"中游所在"之前。

❸ 他　原书作"地"。

❹ 泛滥　原书作"漫溢"。

❺ 𡶍　原书作"屿"。

口。（三页）

下口

【河工要义】下口者，全河之尾闾❶也。下口深宽❷，自然全局安流，故欲上游之无溃决，必自疏通下口始，所谓治水先从低处下手也。（一〇六页，一五行）

上水

【河工名谓】水之来处，曰上水。（二页，六行）

下水

【河工名谓】水之去处，曰下水。（二页，七行）

中泓

【河工要义】中泓者，河水之中流也。滩嘴裁切，中泓深畅，河流下驶自无坐湾冲啮之弊❸。（一〇九页，三行）

【河工名谓】大溜走中槽，不危及堤坝者。（三页，一五行）

滩

【河工名谓】临河之地，曰滩。（二七页，一行）

内滩

【河工名谓】堤内滩地，曰内滩。（二七页）

外滩

【河工名谓】堤外滩地，曰外滩。（二七页）

老滩

【河工名谓】多年未着水之滩地。（二七页）

新滩

【河工名谓】新涨之滩地。（二七页）

---

❶ 原书"尾""闾"二字互乙。

❷ 宽　原书作"广"。

❸ 原书无"滩嘴裁切……冲啮之弊"。

下滩

【河工名谓】新滩较低者。（二七页）

嫩滩

【河工名谓】露出水面而又❶未干之滩地。（二七页）

滩唇（老崖头）

【河工辑要】临河之滩唇必高，堤根之滩地多洼，往往以堤视滩似乎颇高，及较滩唇即形卑矮者。

【河工名谓】多年老滩之边崖。（二七页）

滩嘴

【河工名谓】河湾对岸之滩尖，亦曰鸡心滩。（二七页）

鸡心滩

【河上语】滩嘴撑入河心，曰鸡心滩。（二二页，二行）（图一）

【注】此岸长鸡心滩，则彼岸生险，为彼岸计者，或挑滩以引溜，或作坝以刷滩。

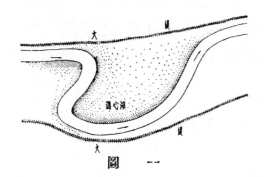

图　一

沙吻

【河防志】顶冲大溜之处，对岸必有沙吻挺出，此河曲之故也。（卷三，五七页，一一行）

浅

【行水金鉴】沙灏之处，谓之浅。（卷一〇五，七页，一九行）

【治河方略】沙淤之处，谓之浅。（卷四，二六页，四行）

---

❶　又　原书作"犹"。

三角洲

【河工要义】河流所挟泥沙❶，自上中下游转道而至河口❷，逆被海潮抵拒，沙停潮落，非积成沙埂，即造成三角洲屿。（三页，一五行）

污泽乃洼下之地，所以调济河水之盈涸，统名之曰水柜（Reservoir）。渎者，不因他水独能达海之河也。支河者，由正河分流旁泻之河也。分流之间，有高地相隔，俗称龙舌。分水之间，地形隆起，谓之水脊。河势湾曲之甚者，曰坐湾。其两端屈曲形成之字者，曰之字河形，又曰对头湾。河道壅塞，不复为水流所经行者，曰故道。

污泽

【汉书·沟洫志】贾让奏言：古者立国居民，疆理土地，必遗川泽之分，度水〔势〕❸所不及，大川无防，小水得入，陂障卑下，以为污泽，使秋水多，得有所休息，左右游波，宽缓而不迫。（《前汉书》卷二九，一四三页，四格，六行）

水柜

【行水金鉴】徐、沛、山东诸湖在运河之东者，储泉以益河之不足，曰水柜。（卷一〇五，一页，二〇行）【又】涸而放湖以入河，于是有水柜。柜者，蓄也。湖之别名也。（卷一〇五，七页，一七行）【又】水柜即湖也，非湖也❹别有水柜也。漕河水涨则减水入湖，水涸则放水入河，各建闸

---

❶ 河流所挟泥沙　原书作"泥沙"。

❷ 转道而至河口　原书作"传送而来"。

❸ 原书"水"下有"势"字。

❹ 也　原书作"之外"。

堰❶以时闭启。（卷一一六，九页，一〇行）

【治河方略】溢则减河以入湖，涸则放湖以入河，于是有水柜。柜者蓄也，湖之别名也。（卷四，二六页，二行）

【山东运河备览】嘉靖六年间，治水者不考其故，正❷于湖中筑新堤，周回仅十余里，号为水柜，湖之广益狭矣。（卷六，三页，一五行）

【河工要义】水柜者，湖荡淀泊也。湖荡淀泊，天然为河道之水柜。在运河则蓄放有方，堪资利济。其他各河道，当其盛涨之时，下游稍❸泄不及，亦可借以容受水势，俾无漫溢。（一二七页，四行）

渎

【河防志】渎者，独也。以其不因他水，独能达海也。（卷三，三一页，二行）

支河

【治河方略】支河有两样……一❹，上有河头，当河水初长时，水即由河头流入，在滩地内转折回旋，远者数十里，近者十数里或数里，仍归入❺河，此上有河头，下有河尾者也……二❻，上源并无河头，因内地甚低，当河水出槽之时，汇归于低洼之内，聚而成溜，日刷日深，亦转折回旋于滩地之内，或数十里及数里，然后归入大河，此则无河头而但有河尾之支河也。（卷一〇，二七页，七行；同卷二

---

❶ 堰　原书作"坝"。
❷ 正　原书作"止"。
❸ 稍　原书作"消"。
❹ 原书"一"后有"种"字。
❺ 入　原书作"大"。
❻ 二　原书作"一种支河"。

八页，一六行）

【河工要义】支河者，由正河分流旁泻之河也。支河之成，基于天然，非属人为，其在河槽内者，水落始分，水涨❶乃合，而在河槽外者，水长而后分流，水落立即断溜。（六页，三行）

【河工名谓】入正河之水，曰支河。滩内正河之分支，亦曰支河。（三页）

龙舌

【河工要义】两河分流之中，必有高地相隔，俗语谓之龙舌。

水脊

【行水金鉴】南旺分水，地形最高，所谓水脊也。决诸南则南流，决诸北则北流，惟吾所用河如耳。当春夏粮运盛行之时，正汶水微弱之际，分流则不足，合流则有余，宜效轮番法：如运艘浅于济宁之间，则用❷南旺北闸，令汶昼❸南流，以灌荼❹城。如运艘浅于东昌之间，则闭南旺南闸，令汶昼❺北流，以灌临清。（卷一二六，一三页，一八行）

坐湾

【河工名谓】河势里卧成湾曲❻者。河势湾曲之甚者。（四页）

之字河形

【河工要义】河❼以就下之性，避高趋卑，避坚趋弱，是以

---

❶ 涨　原书作"长"。
❷ 用　原书作"闭"。
❸ 昼　原书作"尽"。
❹ 荼　原书作"茶"。
❺ 昼　原书作"尽"。
❻ 曲　原书作"形"。
❼ 河　原书作"水"。

前有障碍，侧向❶旁驶，东涨一难❷，西生一险，西涨一难❸，东生一险，久之涨滩日益淤垫，险工日益搜刷，高者愈高，卑者愈卑，势成之字河形，即俗所谓对头湾者也。（四页，三行）

对头湾

【河工名谓】河流湾曲相连如之字形者。（四页）

故道

【泗洲❹志】有高有卑，高者平之以趋卑，高低相就，则高不壅，卑不潴，虑夫壅生溃、潴生湮也。

人工河道，有引河、月河、越河、分水河、减水河、川字河、逆河、复河、闸河、沟渠。江渚、港坞为船艘停泊避风涛处。

引河

【河工要义】引河者，引正河之水分泄以杀其势，或竟使之经流他道之河也。引河全属人为，故与支河名实皆异。引河有种种之用法，试即分言于下：

（一）堵合夺溜之决口，河身因断流❺时逐渐淤垫，大坝合龙，非借引河不能使全流复归故道者，合堵❻决口之引河也。

（二）欲将河道改移他处，经流地域，不能尽属低洼，其间

---

❶ 向　原书作"而"。
❷ 难　原书作"滩"。
❸ 难　原书作"滩"。
❹ 洲　当作"州"。
❺ 流　原书作"溜"。
❻ 原书"合""堵"二字互乙。

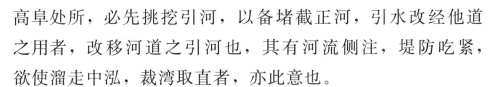

高阜处所，必先挑挖引河，以备堵截正河，引水改经他道之用者，改移河道之引河也，其有河流侧注，堤防吃紧，欲使溜走中泓，裁湾取直者，亦此意也。

（三）如迎溜石堤，堤身残蚀，因在水中未易施工，必须（道）〔导〕水经由他处，正河干涸，然后始能修筑者，又一引河之用法也。

（四）闸坝以外，恐分泄河水，淹浸田庐，因而挑挖引河，（道）〔导〕入他之河川者，亦一引河之用法也。（六页，七行）

【濮阳河上记】开凿通渠，引水归原者，谓之引河。河水溃决，溜入口门，正河故道渐就淤垫，如夺溜已久，则正河淤垫之处，近在密迩，如先分溜而后夺溜，则淤垫之处，远在数千丈或万余丈以外，估计引河须详察形势，先定河头，再测量正河淤地之长短，滩高水面之度数，然后规定开凿之丈尺，并预计开放时可以过水若干，统宜事前熟计，河头应建于深水陡崖之处，河尾应挑至未曾受淤之地，庶于开放时，得以顺流而下，无所阻碍，于此尤应注意者，全视河形之曲直，水势之高下，有非凿引河不能引水归原者，有舍引河而别筑龙须沟以疏通者，亦有全不开凿而自然就范者，要在当事者变而通之。（甲编，六页，一九行）

月河

【河防榷】南旺旧例，两年一大挑，筑坝断流，不通舟楫，始开月河。（卷四，二三页，一〇行）

【治河方略】移运口于烂泥浅之上，自新庄闸之西南，挑河一道至太平坝，又自文华寺永济河头起，挑河一道，引而南经七里闸，复转而西南，亦接之太平坝，俱达烂泥浅之

引河内，则两渠并行，互为月河，以舒急溜，而备不虞。（卷二，一〇页，一行）

【山东运河备览】制闸必旁疏一渠为坝，以待暴水，如月然，曰月河。（卷四，二七页，七行）

【河工要义】浚月河，以备霖潦❶。

越河

【治河方略】河流之限砂❷，去之甚难，虽乘冬春水落，用钉犁铁钯等具铲削，终难施力，计惟有以❸其南岸侧伏砂断绝之处，另开越河里许，引河流使之避砂而行，坦所开之河，不过深一丈，宽五六尺❹，听河流自行汕刷。（卷二，三八页，四行）

分水河

【行水金鉴】凡水势大则❺宜分，小则❻宜合，分以去其害，合以取其利。今黄河之势大，故恒冲决，运河之势小，故恒干浅，必分黄河水合运河，则可去其害而取其利，请相黄河地形水势，于可分之处，开分水河❼。（卷一〇九，五页，一四行）

减水河

【至正河防记】水放旷则以制其旺❽，水隳突则以杀其怒。（三页，一〇行）

---

❶ 出处待考。

❷ 原书无"河流之限砂"，《辞源》编者据文义增。

❸ 以 原书作"于"。

❹ 尺 原书作"丈"。

❺ 则 原书作"者"。

❻ 则 原书作"者"。

❼ 开分水河 原书作"开成广济河"。

❽ 旺 原书作"狂"。

【治河方略】同上文。（卷七，八页，一五行）

川字河

　　【河工要义】疏通下口，不外捞淤浚浅，与其川字河道疏下注之法。川字河者，于汛水未发之（前）〔时〕察看地势，即在中流两旁，酌挑引河数道，水到注入，引河流出口，不致漫滩四溢，到处停淤。

逆河

　　【治河方略】《禹贡》纪河之入海曰"同为逆河入于海"。夫河也而以逆名，海涌而上，河流而下，两相敌而后入，故逆也，既播之为九，而又曷而为同之，不同则力不一，力不一则不能以入于海。（卷一一❶，一页，一六行）

　　【山东运河备览】播为九河，复同聚一处而为逆河。逆，迎也，盖迎之逆海而入也。（卷一，七页，一二行）❷

复河

　　【治河方略】更自张庄顺现行之河，开复河一道，经骆马湖东至马陵山，接中河以行运。（卷二，一四页，九行）

闸河

　　【行水金鉴】闸河，水平率数十里置一闸，水峻则一里或数里一闸处❸。（卷一二一，二页，七行）

沟渠

　　【河工要义】沟渠者，道泉源雨潦归之河道，或引入河水以灌田亩之要路也。（一二四页，五行）

---

❶　原书仅十卷，出处待查。

❷　原书无此文字，出处待考。

❸　处　原书作"焉"。

江渚

【行水金鉴】设江渚以避风涛，七郡运五千余艘，俱出京口渡江，以入瓜洲闸河，风涛不利，则舣舟于大江之滨，后舟鳞集，欲进不得，欲退不能，至危事也。则于京闸之外藏风处，浚而深之，可容五六百艘，固桩筑堤，若湖荡焉。而以一口通出入，南北渡江者，乃即安矣。（卷一二一，七页，二行）

港坞

【行水金鉴】万历四年于瓜洲开港坞，以舶运船。（卷一〇四，一五页，一四行）

第二章　水

第一节　水汛

　　水位涨落，随季节而异，古人举物候为水势之名，有解凌水、信水、桃花水、菜花水、麦黄水、瓜蔓水、矾山水、豆花水、荻苗水、登高水、复槽水、蹙凌水之称。常年水汛未能分别清晰，有如上述者，后世简化之为四汛：桃、伏、秋、凌是也。桃、伏、秋三汛安澜，便为一年事毕，故又有三汛之名。此外非时暴涨，谓之客水。古人以为水汛可预测，每于夏历正月上旬，权水之轻重，以卜一年间雨量之多寡，名谓月信，实非事理所可通。

解凌水

　　【河防通议】立春之后，春风解冻，故正月谓之解凌水。（卷上，一三页，二行）

信水（上源信水）（黑凌）

　　【宋史·河渠志】立春之后，东风解冻，河边人候水，初至凡一寸，则夏秋当至一尺，颇为信验，谓之信水。（卷九一，二三三页，三格，二三行）

　　【河防榷】同上文。（卷四，四七页，一行）

【河防志】同上文。（卷一一，六○页，二行）

【治河方略】同上文。（卷八，四五页，四行）

【河防通议】信水者，上源自西域远国来，三月间凌消，其水浑冷，当河有黑花浪沫，乃信水也。又谓之上源信水，亦名黑凌。（卷上，一一页，五行）

【河工名谓】立春后，水初至，谓之信水。（二页）

【汉书·沟洫志】来春桃华水盛，必羡溢，有填淤反壤之害。如此，数郡种不得下。（《前汉书》卷二九，一四三页，三格，七行）

桃花水（桃汛）

【宋史·河渠志】二月、三月，桃花始开，冰泮雨积，川流猥集，波澜盛长，谓之桃花水。（卷九一，二三三页，三格，二四行）

【河防榷】同上文。（卷四，四七页，二行）

【河防志】同上文。（卷一一，六○页，四行）

【治河方略】同上文。（卷八，四五页，六行）

【河防通议】黄河自仲春迄秋季，有涨溢，春以桃花为候，盖冰泮水积，川流猥集，波澜盛长，二月、三月谓之桃花水。（卷上，一二页，五行）

【河工名谓】清明节及立夏节前后所涨之水，谓之桃花水。（二页）

菜花水

【宋史·河渠志】春末芜菁华开，谓之菜花水。（卷九一，二三三页，三格，二五行）

【河防榷】同上文。（卷四，四七页，四行）

【河防志】同上文。（卷一一，六○页，六行）

【治河方略】同上文。（卷八，四五页，七行）

【河工名谓】春末所涨之水。（二页）

麦黄水（麦浪水）

【宋史·河渠志】四月垄麦结秀，擢芒变色，谓之麦黄水。（卷九一，二三三页，三格，二六行）

【河防榷】同上文。（卷四，四七页，四行）

【河防志】同上文。（卷一一，六〇页，六行）

【治河方略】同上文。（卷八，四五页，八行）

【河防通议】四月陇麦结秀，为之变色，故谓之麦黄水。（卷上，一二页，六行）

【河工名谓】芒种节前❶所涨之水，亦曰麦浪水。（二页）

瓜蔓水

【宋史·河渠志】五月瓜实延蔓，谓之瓜蔓水。（卷九一，二三三页，三格，二六行）

【河防通议】同上文。（卷上，一二页，七行）

【河防榷】同上文。（卷四，四七页，五行）

【河防志】同上文。（卷一一，六〇页，七行）

【治河方略】同上文。（卷八，四五页，九行）

【河工名谓】夏至节前后所涨之水。（二页）

矾山水（伏汛）（涨水）

【宋史·河渠志】朔野之地，深山穷谷，固阴沍寒，冰坚晚泮，逮乎盛夏，消释方尽，而沃荡山石，水带矾腥，并流于河，故六月中旬之水，谓之矾山水。（卷九一，二三三页，三格，二九行）

【河防榷】同上文。（卷四，四七页，七行）

---

❶　前　原书作"前后"。

【河防志】同上文。（卷一一，六〇页，一〇行）

【治河方略】同上文❶。（卷八，四五页，九行）

【河防通议】朔方之地，深山穷谷，固阴沍寒，冰坚晚泮，逮乎盛夏，消释方尽，而沃荡山石，水带矾腥，并流入河，六月谓之矾山水。今土人常候夏秋之交，有浮柴死鱼者，谓之矾山水，非也。（卷上，一二页，七行）【又】涨水者，系六月临秋生发，过常无定，上有浮柴困鱼，其水腥浑，验是矾山远水也，又水兼深浓。（卷上，一一页，六行）

【新治河】时当庚伏，又谓之伏汛。（上编，一三页，九行）

【河工名谓】大暑节前后所涨之水。（三页）

豆花水

【宋史·河渠志】七月菽豆方秀，谓之荳花❷水。（卷九一，二三三页，三格，二九行）

【河防榷】同上文❸。（卷四，四七页，八行）

【河防志】同上文。（卷一一，六〇页，一〇行）

【治河方略】同上文。（卷八，四五页，一二行）

【河工名谓】处暑节前后所涨之水。（二页）

荻苗水

【宋史·河渠志】八月荻乱华，谓之荻苗水。（卷九一，二三三页，三格，二九行）

【河防通议】同上文。（卷上，一二页，一〇行）

【河防榷】同上文。（卷四，四七页，九行）

【河防志】同上文。（卷一一，六〇页，一一行）

---

❶ 原书无"固阴沍寒"。

❷ 花　原书作"华"。

❸ 荳花水　原书作"豆花水"。

【治河方略】同上文。（卷八，四五页，一三行）

【河工名谓】秋分节前后所涨之水，谓之荻苗水。（二页）

登高水

【宋史·河渠志】九月以重阳纪节，谓之登高水。（卷九一，二三三页，三格，三〇行）

【河防通议】同上文。（卷上，一三页，一行）

【河防榷】同上文。（卷四，四七页，一〇行）

【河防志】同上文。（卷一一，六〇页，一一行）

【治河方略】同上文。（卷八，四五页，一四行）

【河工名谓】霜降节前后所涨之水。（三页）

复槽水（归槽水）

【宋史·河渠志】十月水落安流，复其故道，谓之复槽水。（卷九一，二三三页，三格，三一行）

【河防通议】同上文。（卷上，一三页，一行）

【河防榷】同上文。（卷四，四七页，一〇行）

【河防志】同上文。（卷一一，六〇页，一二行）

【治河方略】同上文。（卷八，四五页，一四行）

【河工简要】归槽水❶，水势退落，水不及堤，由河槽中行也。（卷三，三八页，一四行）

【河工名谓】立冬节前后所涨之水。（三页）

蹙凌水

【宋史·河渠志】十一月、十二月断冰杂流，满河淌凌，乘寒复结，谓之蹙凌水。（卷九一，二三三页，三格，三二行）

【河防通议】同上文。（卷上，一三页，二行）

【河防榷】同上文。（卷四，四七页，一一行）

---

❶　归槽水　原书作"何属归槽水，曰"。

【河防志】同上文。（卷一一，六〇页，一三行）

【治河方略】同上文❶。（卷八，四五页，一五行）

【河工名谓】结凌时，因凌块拥挤所涨之水，冬至及大寒节前所涨之水，谓之蹙凌水。（三页）

四汛

【安澜纪要】四汛者，桃、伏、秋、凌四汛也❷。历来❸皆以桃、伏、秋三汛安澜后，便为一年事毕。（上卷，二八页，五行）

【河上语】四汛，曰桃汛，一曰❹伏汛，二曰❺秋汛，三曰❻凌汛。四❼。（一五页，一〇行）

（一）清明❽日起，二十日止。

（二）初伏❾日起，立秋日止。

（三）立秋❿日起，霜降日止，立春⓫以后在末伏中，统名伏秋大汛。

（四）清明⓬以前，霜降以后，遇水长发，统谓之凌汛。

【河工简要】何谓四汛？桃、伏、秋、凌是也。桃汛自清明日起，扣至第二十日止，本系二十日为桃汛，但立春后东

---

❶　原书无"满河淌凌"。

❷　原书无"也"字。

❸　原书"历来"前有"而"字。

❹　原书无"一曰"。

❺　原书无"二曰"。

❻　原书无"三曰"。

❼　原书无"四"。

❽　原书"清明"前有"桃汛"。

❾　原书"初伏"前有"伏汛"。

❿　原书"立秋"前有"秋汛"。

⓫　春　原书作"秋"。

⓬　原书"清明"前有"凌汛"。

风解冻，古语"水初至长一寸，则夏秋便长一丈"，历有信验，故曰信水。二三月桃花开，故曰桃花水。春末，则又曰菜花水。此三月统名之桃汛亦可。伏汛原自桃汛后，即清明后之第二十一日起，至立秋日止，非仅入伏方始也。四月麦黄水，五月瓜蔓水，极西深山水冻，盛暑方消，沃荡山石，水带矾腥，故六月名矾山水。秋汛自立秋日起，至霜降日止，不因秋后，尚有一伏，而秋汛稍迟也。七月豆花水，八月获苗水，九月即谓之登高水。凌汛乃水冻冰凌之谓，考之河防各书，均不载起止日月。十月水落安流，故曰复槽水。十一二月水凌杂下，乘寒复结，即谓蹙凌水。此外非常暴涨，便谓客水，故终年防守不可懈忽也。（卷二，二页，一行）

桃汛

【河工名谓】清明日以后二十日内，所涨之水，曰桃汛。清明前后所涨之水，曰桃汛。（四页）

伏汛（夏汛）

【河工要义】伏汛者，夏汛也。自初伏日起，立秋日止❶。（九六页，八行）

秋汛

【河工要义】继伏汛而涨者，皆为秋汛。伏汛浩淼，秋汛搜刷。（九六页，八行）

【新治河】再七、八、九月秋期甚长，正值霖雨连绵，山水暴注之际，河水势必异涨，谓之秋汛。（上编，一三页，九行）

---

❶ 自初伏日起，立秋日止 原书无。

凌汛

【安澜纪要】淌凌擦损埽眉，其病尚小，若淌凌时忽然严寒冻结，凡河身浅窄湾面❶之处，冰凌最易拥积，愈积愈厚，竟至河流涓滴不能下注，水壅则高，或数时之间，陡长丈许，拍岸盈堤，急须抢筑，而地冻坚实，篑土难求，甚至失事者有之❷。故当凌汛，必须多备打凌器具，如木榔头、油钟、铁镢等物，于河身浅窄湾曲之处，雇备船只，一见冰凌拥挤，即便打开，勿至拥积。（卷上，二八页，七行）

【河工要义】凌汛，亦曰春汛，河工当冰凌解泮之时，推拥撞击，在在堪虞，略不经心，小则埽段被残，大则漫溢成口。（九五页，七行）

三汛

【治河方略】三汛，曰桃、伏、秋。（卷一〇，二四页，九行）

【河工要义】三汛之说不一，有凌汛、伏汛、秋汛为三汛者。有以桃汛、麦汛、大汛为三汛者。（九五页，三行）

客水

【宋史·河渠志】非时暴涨谓之客水。（卷九一，二三三页，三格，三三行）

【河防志】同上文。（卷一一，六〇页，一四行）

【治河方略】同上文。（卷八，四六页，一行）

【河工名谓】无定期涨水，曰客水。（二页）

月信

【河防辑要】正月上旬，称水，卜一年之水旱，初一日起，

---

❶　面　原书作"曲"。

❷　原书"之"下有"凌汛之为害，正复不浅"。

用瓦瓶取水，每水秤之，重则雨多，轻则雨少，初二❶日占正月，初二日占二月，余仿此，谓之月信。（一六页，八行）

第二节　水溜

水流，谓之溜。其大者，谓之淦。因他物撼动而成起伏之状者，曰浪。流势直顺，谓之顺溜。力大合注，曰正溜，亦曰大溜。其余谓之边溜。溜因漫口滩浅而分歧者，曰分溜。全走漫口者，曰夺溜，又曰掣溜。溜之近浅滩而流缓者，曰漫溜，又曰漫水。由沟隙走流者，曰串沟水。其大者，曰决水。大溜之下，曰拖溜。越过拖溜之下回旋逆流，曰回溜。溜遇抵触而翻花四散者，曰翻花溜。其声势浩大者，曰卷毛淦。溜顺河岸旋转而下者，曰绞边溜。

按文义，回流即 Suction Eddies，绞边溜即 Pressure Eddies。

溜

【河上语】流水，曰溜。（一五页，二行）

（注）有紧溜、漫溜。紧溜遇坝遇滩，分为两股，必有一股力大，谓之正溜。黄河虽宽狭不等，而正溜只一二十丈，其旁为边溜，远则为漫溜。正溜既急，高于边溜，则漫溜之中，或成回溜。

【河工用语】河水之流者，曰溜。（五期，专载一页）

【河工名谓】同上文。（一页）

---

❶　二　疑当作"一"。

淦

【河上语】大溜，曰淦。（一五页，三行）

（注）或曰，南方曰淦，北方曰溜；或曰，湖运曰淦，黄河曰溜。

【河工用语】河水之浤❶，因河底之凸凹，激溜成浪，起伏甚大，曰淦。（五期，专载一页）

【河工名谓】河之中泓，因河底坎坷不平，激溜成浪，起伏甚大者，在黄河下❷游，名之曰淦。（一页）

浪

【河防通议】浪名：马稳波，破头浪，鹡鸰浪，斜敛浪，截河浪，纳漕浪，汗心浪，秋河窟臀，夏河口，南风滩头浪，北风浪里河，东风看赤，西风看白，远观花浪，近作脚，滩头敛，河北敛，西流。（卷上，一三页，四行）

【河工名谓】水面被风吹动，或受他物撼动，而成起伏之状者，曰浪。（一页）

顺溜

【河上语】贴崖曰顺溜。（一五页，四行）

【河工简要】河势直顺，并无兜湾，或溜贴岸崖，或大溜中行，即为顺溜。（卷三，一四页，四行）

【河工用语】河形顺直，溜之顺直而下者，曰顺溜。（五期，专载一页）

正溜

【河工用语】溜之力大而不受他物抵触者，曰正溜。（五期，专载一页）

---

❶　河水之浤　原书作"河之中浤"。

❷　下　原书作"上"。

28

【河工名谓】同"大溜"。（一页）

大溜

【河工名谓】全部河流集中之处，水流汹涌者，是为大溜。（一页）

边溜

【河工名谓】河水靠边有微溜者。（一页）

分溜

【回澜纪要】漫口有分溜夺溜之别，如大溜尚走正河，漫口不过分溜几分，谓之分溜。（上卷，一页，八行）

【河工名谓】溜之分歧者。（一页）

夺溜

【河工名谓】决口走溜大于正河者。（一页）

掣溜

【河工名谓】同"夺溜"。（一页）

漫溜

【河工用语】溜之近浅滩而流缓，曰漫溜。（五期，专载二页）

【河工名谓】同上文。（一页）

漫水

【河工名谓】水溢上滩，迟行无溜者。（二页）

串沟水（窜沟水）

【河工名谓】由大河流入滩地，或堤根小沟之水，谓之串沟水。（二页）

【河工名谓】窜沟水同串沟水。（三页）

---

❶　原书"缓"下有"者"字。

决水

【治河方略】决水乃过颍在山之水也，非其性也。（卷八，八页，一五行）

拖溜

【河上语】大溜之下，曰拖溜。（一五页，四行）

【河工简要】大溜之下，水深之❶处，比大溜梢❷缓，大溜似来而未来，即为拖溜。（卷三，一四页，八行）

【河工名谓】大溜两旁之溜势稍缓者。（一页）

回溜

迴溜圖

【河上语】大溜之下，曰拖溜。越过拖溜之下，回旋逆流，曰回溜。（一五页，四行）（图二）

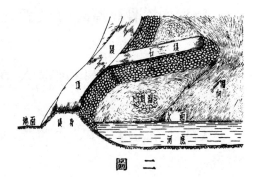

圖 二

【河工简要】河流缺湾，南曲北趋，北曲南趋❸，大溜撞崖，即系顶冲。大溜越过拖溜之下，回旋倒流，名曰回溜。（卷三，一四页，一〇行）

【河工用语】溜过❹他物抵触，逆行而上者，曰回溜。（五期，专载一页）

【河工名谓】流遇障碍，发生回旋之一部份。（一页）

翻花溜

【河防辑要】水性上射，浮起为花蕊样，即为翻花。

---

❶ 原书无"之"字。

❷ 梢 原书作"稍"。

❸ 原书无"北曲南趋"。

❹ 过 原书作"遇"。

【河工用语】溜遇抵触，而翻花四散者，曰翻花溜。（五期，专载一页）

【河工名谓】顶冲大溜，由埽坝根上翻，势若沸汤，形如开花者。（二页）

卷毛淦

【河工名谓】盛涨时，因河底坎坷激起之翻花，形[1]如马鬃，声闻数里者。（二页）

绞边溜（扫边溜）

【河工用语】溜顺河岸，旋转而下者，曰绞边溜，亦曰扫边溜。（五期，专载一页）

【河工名谓】同上文。（一页）

流抵河湾，聚注，曰聚湾水。一湾既过，直流，曰入疏水。浪势旋激，岸土上溃，谓之瀹卷水，与札岸水、卷岸水、括滩水同义。大溜冲刷埽底，谓之掏底，又曰搜根溜，又曰塌岸水。

聚湾水

【河工简要】何为聚湾水？曰水断垄巉，盘锅激荡，崩高沉深，声百状也。（卷三，三六页，八行）

入疏水

【河工简要】一湾既过，而河直流，溶溶淡淡，声向不作也。（卷三，三六页，一〇行）

瀹卷水

【宋史·河渠志】浪势旋激，岸土上溃，谓之瀹卷水。（卷九一，二三三页，三格，三四行）

【河防志】同上文。（卷一一，六〇页，一七行）

---

[1]　原书"形前有大溜"。

【河工简要】同上文。（卷三，三七页，八行）

札岸水

【宋史·河渠志】其水势凡移欲横注，岸如刺毁，谓之札岸。（卷九一，二三三页，三格，三三行）

【河防志】同上文。（卷一一，六〇页，一五行）

【河工简要】岸虽高不可近，移殽音洪，大鼋。横注，侧力全出，趋射如弓，巧机深入也。又说凡移殽横注，岸如刺毁之谓。（卷三，三六页，一七行）

卷岸水

【河工简要】风波漩激蹲岸伏候，一波凌厉，万波腾凑也。（卷三，三七页，六行）

括滩水

【河工简要】大溜漂涨，余力奔赴，水高岸平，势猛浪怒，加以沙中坎（窞）〔窞〕，音淡，上声，坎旁入也。行险而跃，或如人立，或如鹄翔，深不没膝，汲蠹灭顶，声吼远迩，如鸣蒲牢也。（卷三，三六页，一二行）

掏底

【河防辑要】顶冲之处，大溜由边扫刷，或因旧埽朽腐，或系新埽未曾着地，大溜在于埽底冲刷，即为掏底❶。

【河工名谓】大溜在埽坝下部冲刷者。（四页）

搜根溜

【河工名谓】入秋后水位低落，冲袭工程根部之溜，曰搜根溜。（二页）

塌岸水

【河工简要】（扫）〔埽〕坝敝朽，潜流漱下坼，音束，裂也，又

---

❶　出处待考。

分开也。但洪中罅，危走马也。（卷三，三七页，四行）

水之向上灌者，曰倒灌，又曰倒漾水。两堤夹临，堤根低洼，一经水长，有入无出，谓之入袖。溜向上，曰提；下，曰坐。上展水浸岸逆长，因下游壅塞宣泄不畅之故。下展乃水浸岸顺长之谓。窅窱水或亦同义。大溜斜趋，曰侧注。直撞堤岸，曰顶冲。顶冲之处，曰迎面。溜走边崖，曰里卧。形成湾曲，曰扫湾。溜势渐离工段，曰外移。

倒灌

【治河方略】南北漕水皆入于河，间有河水暴涨，反入于漕之时，谓之倒灌。（卷九，三三页，五行）

倒漾水

【河上语】支河水小，溜入逆行，谓之倒漾水。（一五页，五行）（图三）

【河工简要】全河❶大溜乘势直趋，迅如阵马，与岸龃龉，节迴❷不转，后队而分骑也。（卷三，三六页，二行）

【河工用语】水之向上灌者，曰倒漾水。（五期，专载二页）

【河工名谓】同上文。（三页）

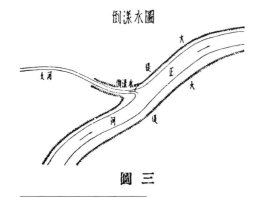

图 三

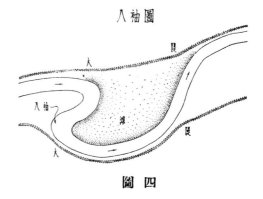

图 四

---

❶ 河 原书作"在"。
❷ 迴 疑作"回"。

入袖

【河工简要】如两堤夹临，堤根低洼，一经水长，有入无出，名曰入袖。（卷三，一四页，一四行）【又】伏秋水涨漫滩，凡遇沟港水悉灌入，谓之入❶袖也。又如堤根低洼，一经水涨，有入无出，亦为入袖，不能退也。（卷三，三九页，一五行）（图四）

上提

【河工简要】河溜两岸甚（属）曲折者，（溜）在上首直射，崖岸坍塌，深湾水不畅行，下首之水无力，上游之溜紧急，以致上堤❷坍塌，名曰上提。 （卷三，一四页，一六行）

【又】初险之处，已经修防，上游复生险要，与上展水意同而事异，盖由河溜两岸曲折，上溜直射，涯岸坍塌，深湾水不畅下，则下游之水无力，上游水紧，以致上堤坍塌也。（卷三，三八页，一八行）

【河工名谓】溜势之变迁移而上者。【又】河势❸直射处，崖岸坍成深湾，下游之水无力，上游之水愈紧，愈往上提。（四页）

下坐（下挫）

【河上语】兜溜谓之入袖，上曰提，下曰坐。（一五页，六行）（图五）

【河工简要】河溜一岸稍曲、一岸大曲者，在稍曲之岸，则行旁岸，至南北横河之间，则在居中，继至大曲之地，则

---

❶ 入　原书作"衵"。

❷ 堤　原书作"提"。

❸ 势　原书作"溜"。

泓[1]在下流，沿边[2]坍塌湾深
处，水力激怒，必下至崖岸
坍塌，名曰下坐。（卷三，一
五页，一行）

初险之处，已经修防，险复
移下，与下展水意同而事
异。又如堤岸形势一段稍

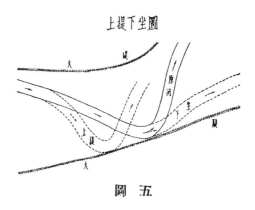

图 五

曲、一段大曲者，河流在稍曲之处，则傍岸而行，此言水
小之时，所谓冬则走湾是也。至大曲之处，则泓溜直趋，
沿边坍塌，此言水大之时，所谓夏则走滩是也。（卷三，
三九页，四行）

【河工名谓】溜势之变迁移而下者。【又】崖岸土松，水力
益大，激怒而下，是谓下坐，亦曰下挫。（四页）

上展

【宋史·河渠志】水浸岸逆涨，谓之上展。（卷九一，二三
三页，三格，三五行）

【河防志】同上文。（卷一一，六〇页，一七行）

【河工简要】远势初近，后浪停随，呼吸断进，涛浪四驰，
直而言之，水浸而逆涨者也。（卷三，三七页，一〇行）

下展

【宋史·河渠志】水浸岸顺涨，谓之下展。（卷九一，二三
三页，三格，三五行）

【河防志】同上文。（卷一一，六〇页，一八行）

【河工简要】平流徐进，押浪转湾，旋转未毕，鞿鞳鸣弦，

---

❶ 原书"泓"下有"溜"字。

❷ 原书无"沿边"二字。

直而言之，曰顺涨耳。（卷三，三七页，一二行）

宙篠水

【河工简要】何为宙篠水？宙即岫字，篠音挑字，深远之意。曰："上展有尽，下展有力，皑如白雪，矫如奔羊，水花诡激，静躁靡常也。"（卷三，三七页，一八行）

侧注

【河工名谓】大溜斜趋之点，是谓侧注。（四页）

顶冲

【河上语】直撞，曰顶冲。（一五页，三行）（图六）

【河防辑要】查河势非湾曲盘者，不成顶冲。且顶冲之处，全河之水力大势猛。到缺湾之处，塌崖卸壁，即为顶冲。

迎面

【河防辑要】迎面者，乃当大溜顶冲之处。

里卧（内注）

【河工名谓】河势趋堤日近，是谓里卧，一名内注。（四页）

扫湾

【河上语】溜正傍崖而前有兜湾，逼❶走边刷卸，谓之扫湾。（一五页，四行）（图七）

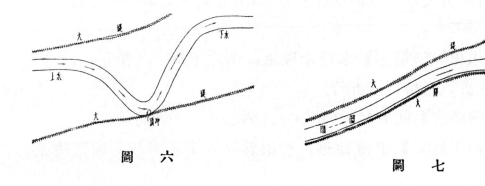

图　六　　　　　　　　　图　七

---

❶　原书"逼"下有"溜"字。

【河工简要】溜走边崖，微有湾曲，即为逼溜。走边刷卸，名曰扫湾。（卷三，一四页，六行）【又】河身微有湾曲之处，水势湍急，逼溜刷卸也。（卷三，三八页，一二行）

【河工名谓】溜正傍崖，而前有兜湾，逼溜走边刷卸，谓之扫湾。（四页）

外移

【河工名谓】靠工溜势离开者。（四页）

水落直流之中，屈曲回射，曰径窍。湍怒略停，势稍汩起，行舟值之多溺，曰荐浪水，又曰笃浪水。水势涨溢逾防，谓之抹岸。溜势稍移，谓之曳白，亦曰明滩，言水将澄清，望之明白也。

径窍

【宋史·河渠志】或水窄落，直流之中，忽屈曲横射，谓之径窍。（卷九一，二三三页，三格，三六行）

【河防志】同上文。（卷一一，六〇页，一八行）

荐浪水（笃❶浪水）

【宋史·河渠志】湍怒略停，势稍汩起，行舟值之多溺，谓之荐浪水。（卷九一，二三三页，三格，三八行）

【河防志】同上文。（卷一一，六一页，二行）

【河工简要】湍怒略停，势稍汩起，汩音骨，又音鹘，涌波也，即涌也。舟行值之多溺，即笃浪水同类也。（卷三，三八页，四行）【又】险过怒息，势大徐起，细浪不生，如屋里行舟，遇之多溺。（卷三，三八页，二行）

---

❶ 笃　当作"荐"。

抹岸

　　【宋史·河渠志】水势涨溢逾防，谓之抹岸。（卷九一，二三三页，三格，三三行）

　　【河防志】同上文。（卷一一，六〇页，一六行）

　　【河工简要】盈科益槽，溯湃并进，陵谷失形，山泽莫辨也。又说涨溢逾防之谓。（卷三，三七页，二行）

拽白（明滩）

　　【宋史·河渠志】不❶猛而骤移，其将澄处望之明白，谓之拽白，亦谓之明滩。（卷九一，二三页，三格，三七行）

　　【河防志】同上文。（卷一一，六一页，一行）

　　【河工名谓】溜势聚❷移，谓之曳白。（五页）

　　上游冰解，凌块满河，谓之淌凌。其逐渐解化者，曰文泮。骤然解化者，曰武泮。

淌凌

　　【安澜纪要】当冬至前后，天气偶和，上游冰解，凌块满河，谓之淌凌。有擦损埽眉之病。（卷上，二八页，六行）

　　【河工名谓】凌汛期间，冰块随流下趋者。（五页）

文泮

　　【河工名谓】冰凌逐渐解化，不致拥塞为患者。（五页）

武泮

　　【河工名谓】冰凌骤解，拥塞为患者。（五页）

　　溜之间时而至者，曰打阵。河水激涨，曰陡长，渐退曰消

---

❶　不　原书作"水"。

❷　聚　原书作"骤"。

落。流速之疾徐，可以测水位之涨落；边下中高，曰䁄脊，长水之征；边高中下，曰䁄底，落水之兆。

打阵

【河工名谓】溜之间时而至者，曰打阵。（五页）

陡长

【河工名谓】河水激涨甚速者，曰陡涨。（五页）【又】河水于一日之内，涨至一尺以上者。（五页）

消落

【河工名谓】涨水见落。（五页）

䁄脊

【河工语】边下中高曰䁄脊，䁄脊长水之征。（一五页，七行）

【河工名谓】同上文。（五页）

䁄底

【河上语】边高中下曰䁄底，䁄底落水之征。（一五页，七行）

【河工名谓】同上文。（五页）

测水之具，有梅花尺，有打水杆，用以探测水之深浅也。如临深渊，非尺杆所能及者，用沉水绳，绳端系一重坠，名试水坠，用时拉住绳端，将坠抛入水底，即可度知水之深浅矣。

梅花尺

【河器图说】刻木为尺，足用十字架托之，凡量河水深浅、估挑引渠，用此探试，不致陷入底淤，可以较准。（卷一，七页）（图八之 1）

打水杆

【河器图说】《正韵》："杆，僵木也。"打水杆有长至六七丈者，东河两镶，上半用杉木，取其轻浮易举，下半用榆木，取其沉重落底；南河三让❶，中用杂木，两头接束以竹，取携便利，然遇大溜，探试稍迟，即难得底，质轻故耳。（卷一，四页）（图八之2）

沉水绳

【河工要义】沉水绳，亦探量水口之要❷器也，堤一溃决，溜急水深，用丈杆测水，非一杆不能到底，丈杆❸被水冲浮，欲探水势深浅时，有断不可不用沉水绳者，故沉水绳亦一勘估水口之要具也。沉水绳，用细密好麻绳为之，长约五六丈，照丈绳之式记明尺寸，一头拴铁坠一个，愈重愈好，用时将铁坠抛入水中，拉❹住绳之一头，试坠落底，计有若干丈尺，法同海洋船之试水绳。（五六页，五行）

试水坠

【河器图说】试水坠，其坠重十余斤，镕铅为之，上系水浅❺，棕绳为之，盖铅性善下，垂必及底，虽深百丈，只须放线，亦可探得。（卷一，四页）（图八之3）

测验水位，则用水则，又名水志，又称志桩，水以纵横一丈为一方。

水则

【行水金鉴】闸置官，立水则，以时启闭，舟水❻便之。（卷

---

❶ 让 原书作"镶"。

❷ 要 原书作"用"。

❸ 原书"丈杆"前有"即"字。

❹ 拉 原书作"扯"。

❺ 浅 原书作"线"。

❻ 水 原书作"行"。

一○六，九页，一五行）

水志

【河工要义】以木杆记明丈尺，插立险工背溜处所，以便查验河水涨落之用。（七六页，一○行）

【河工名谓】以二丈竹竿为之，用以（采）探水之深浅。（四七页）

志桩

【河器图说】《说文》："桩，橛杙。""志，记志。"志桩之制，刻划丈尺，所以测量河水之消长也。桩有大小之别：大者按❶设有丁之处，约长三四丈，较准尺寸，注明入土出水丈尺；小者长丈余，设于各堡门前，以备漫滩水抵堤根，兵夫查报尺寸。古人取诸身曰指尺，取诸物曰黍尺，隋时始用木尺，志桩所由昉乎！（卷一，二页）（图九）

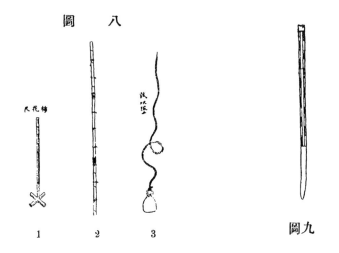

水方

【治河方略】以水纵横一丈高一丈为一方……第七篇所谓水方者是也。（卷九，五五页，七行）

---

❶ 按 原书作"安"。

第三章　土

第一节　土质

土者，地质表面泥沙等之混合物也。水退淤淀，以其性质而论，可分胶土、素土、黄土、沙胶四种。

胶土者，其性细腻，其性胶黏，即淤泥淤土之类也。吾国河工向有新淤、老淤、硬淤、稀淤、干淤、嫩淤、黑淤、胶泥、油泥之称。

淤淀

【宋史·河渠志】水退淤淀，夏则胶土肥腴，初秋则黄灭土，颇为疏壤，深秋则白灭土，霜降后皆沙也。（卷九一，二三三页，三格，三九行）

胶土

【河工要义】胶土者，其质细腻，其性胶黏，风揭不易扬尘，水刷亦难溶解，即所谓淤泥淤土也。有新淤、老淤、硬淤、稀淤之别❶。（二四页，三行）

淤土

【河工名谓】系淤沙烂泥，锹不能挖，筐不能盛，须用木勺

---

❶　别　原书作"四种"。

舀起，以布兜盛送远处者。（三八页）

淤之种类

【河防辑要】淤之种类有四，曰干淤、嫩淤、稀淤、夹沙淤。（卷二，一四页，一四行）

新淤

【河工要义】新淤者，新淤嫩滩之胶土也。性极燥烈，滩面结二三分厚之土皮，张裂缝道，而成土块。此项土料，用以筑堤，须防走漏，用以压埽，虑有腰眼之病。（三四页，四行）

老淤

【河工要义】老淤者，远年老坎被淤之胶土也，性颇柔软，筑成堤坝等工，异常坚实，无新淤土各种弊患，是以河工工❶料，此为最佳。（三四页，五行）

硬淤

【河工要义】硬淤者，性质坚硬如石块之胶土也。大抵坝下背淤❷之处，被淤以后，溜势远移，久不见水，风吹日晒，遂成硬淤，取土时插锹不入，尽力锤凿，始能取用土块❸，及至上堤，块绕❹翘阁，即经夯硪，仍不免穿漏之患，且有甚于新淤土者。惟于半干半湿时用之，虽取土非易，而行夯❺筑成，晒至极干，则不亚于三合土矣。（二四页，七行）

稀淤

【回澜纪要】稀淤……其性如水，可以载舟。（卷下，一九页，二行）

---

❶ 工　原书作"土"。

❷ 淤　原书作"溜"。

❸ 土块　当从原书作"块土"。

❹ 绕　原书作"块"。

❺ 夯　原书作"硪"。

【河防辑要】稀淤怕宽，不怕深，缘挑河之口，多则宽三五十丈，而淤套竟有百余丈者，其性如水，可以载舟。（卷二，一五页，一五行）

【河工要义】稀淤者，新淤胶土之似稀浆者也。此土非时久不足以资筑堤之用，挖河若遇稀淤坑塘，而又坑面大于河口之时，畚锸既属难施，掀扬无从着力，费工糜款，方夫无不攒看❶者也。（二四页，一〇行）

干淤

【河防辑要】干淤性坚硬，锹挖费力，较他淤为易辨。（卷二，一四页，二〇行）

【回澜纪要】同上。（卷下，一八页，五行）

嫩淤

【河工名谓】为新生嫩滩之淤土。（四〇页）

黑淤

【河工名谓】是层常发现于湿胶土之下，黑沙土之上，含水多者，则成浆，含水较少者，虽能固粘❷一起，但光滑异常。（四〇页）

胶泥

【河上语】挑河宜沙，筑堤宜淤，淤之泞者，曰胶泥。（二一页，二行）

【注】填坝压埽，以胶泥为贵，以能与料联为一气也。

【河防辑要】其性滑，尚不致蛰陷。（卷二，一六页，一三行）

胶泥油泥

【回澜纪要】胶泥油泥，其性滑，尚不致蛰陷。（卷下，二

---

❶ 看 原书作"眉"。

❷ 粘 原书为"粘"，为保原貌，不改。余同。

〇页，二行）

素土者，其性渗透，其质疏散，团之不能成聚之沙土也。有流沙、泡沙、飞沙、水沙、青沙、黑沙土、淖沙、翻沙、淌沙、限沙或门限沙、蚂蚁沙、铁屑沙、铁板沙、马牙沙、扯皮沙、小沙礓土、大沙礓土之称。

素土

【河工要义】素土者，其性渗透，其质疏散，团之不能成聚之沙土也。素土为堤，不耐风揭水刷，一经风雨摧残，非揭成沟槽，即冲成浪窝。（二四页，一三行）

沙土

【河工要义】沙土者，沙之犹含土性者也，虽不耐风揭雨淋，与夫河水之掏刷，而较诸下三种（即流沙、蚂蚁沙、淖沙），似觉差胜之工料也。（二四页，一五行）

【河工名谓】沙之犹含土性，在地面者，含沙多，不易蓄水，粘性少，易于挖掘，土性不肥。（三八页）

沙之种类

【河防辑要】沙之种类有十，如飞沙、泡沙、铁屑沙，则皆系干土，尚不难挑挖；此外如水沙、青沙、铁板沙、马牙沙、扯皮沙，其性易干……亦易施工，惟淌沙、翻沙，最难为力。（卷二，一四页，五行）

流沙（干流沙）（湿流沙）

【河工要义】流沙有干湿之分，体质极细，形如粉屑，盛之❶土筐，四面走漏，用以筑堤，不能显分坡口，用以压埽，又皆流入柴料缝隙，而埽面仍若无土追压者，谓之干流沙。

---

❶ 之　原书作"诸"。

其质似稀淤，性同流水，挖去一筐于❶复填中❷，装诸❸筐内，亦由筐口❹滴沥流出者，谓之湿流沙。流沙无论干湿，做工皆❺不相宜，挖河遇此更费周章。（二五页，一行）

【河工名谓】夏冬二季，流沙遇风即飞扬，遇雨即坍淋者。（三六页）

泡沙

【河工名谓】系干沙土性能收水者。（三六页）

飞沙

【河工名谓】系干细沙土遇风即飞扬者。（三六页）

水沙

【河工名谓】水中之含有沙性且易干者。（三七页）

青沙

【河工名谓】色青而性易干者。（三七页）

黑沙土

【河工名谓】色深黑，含沙及贝壳极多者，性甚坚硬，挖掘既难，而❻起时又粉碎，未能成块，此为最难挖之土。（三九页）

淖沙

【河工要义】淖沙者，陷沙也。新淤漱❼滩，往往有之。淖沙之性轻浮，含水较多，淤滩水退，滩面似已凝结，一经

---

❶ 于　原书作"旋"。
❷ 中　原书作"平"。
❸ 诸　原书作"储"。
❹ 口　原书作"隙"。
❺ 皆　原书作"均"。
❻ 原书"而"下有"持"字。
❼ 漱　原书作"嫩"。

足跐，陷入淖中，淖沙深者几堪灭顶，若在滩面用锹拍动，则沙皆沉陷，水即浮动，挖掘时铁锹铲入，不易起出，盖锹之两面被淖沙黏住，非缓缓提❶动不得出，人若陷入淖沙中，亦非扑倒滚转不可。此等淖沙，挖河更难。（二五页，六行）

【河工名谓】即是陷沙，新淤嫩滩往往有之，其性轻浮，含水较多，淤滩水退，滩面似已凝结，一经足踏，陷入淖中。（二八页）

翻沙

【回澜纪要】翻沙，为沙土中之最劣者，此挖彼长，朝挖暮起，无数小堆，形如乳头，中有小眼冒水，偶于空中冒气，声如炮竹，此乃上下油淤深厚，盖托日久，一经挖去上面之土，水气上升之故。（卷下，二〇页，一一行）

【河防辑要】同上。（卷二，一七行，一页）

【河工名谓】为沙土中最劣者，此挖彼长，朝挖暮起，无数小堆形如乳头，中有小眼冒水，偶于空中冒气，声如炮竹。（二八页）

淌沙（油沙）（瀽沙）

【回澜（辑）〔纪〕要】淌沙，即油沙，又名瀽沙。其色黑，其性散，含水不黏。（卷下，二〇页，四行）

【河防辑要】即油沙，又名瀽沙，其色黑，其性散，含水不黏，遇此等土最难为力。（卷二，一六页，一五行）

【河工名谓】同上文。（二八页）

限沙

【治河方略】河之有限沙，如人之患噎；小噎则伤气，大噎

---

❶ 提　原书作"搅"。

则伤食。故虽痛痒不形，而治之不可不预也。……夫治河❶
迅疾，一遇限沙，则回澜旋伏❷，从底而起，舟行甚险，且
河流为之不快。（卷二，三七页，一〇行）

门限沙

【行水金鉴】淮由清口入海，自禹迄今故道，今至清口，板
沙若门限然，欲舍故道而出高堰，似不可也。（卷六三，一
一页，一一行）

【泗洲❸志】明隆庆六年，淮大溢，适黄水亦涨，相逼不得
直下，沙随波停，遂将清河淤塞，所谓门限沙者是也。❹

蚂蚁沙

【河工要义】蚂蚁沙，体质极粗渗，形如蚂蚁，遂有是称。
以蚂蚁沙筑堤，未免透漏之患，盖因质粗性渗，不能障揭
水流之故耳。（二五页，五行）

铁屑沙❺

【河工名谓】系干土其形散如铁屑者。（三七页）

铁板沙

【河工名谓】性坚硬如铁板者。（三七页）

马牙沙

【河工名谓】散布地面之上，形如马牙，遇水易干者。（三
七页）

扯皮沙

【河工名谓】其质易干，遇风即揭去表面而远飞者。（三七

---

❶ 治河　原书作"河流"。

❷ 伏　原书作"洑"。

❸ 洲　当作"州"。

❹ 出处待考。

❺ 铁屑沙　原书作"铁沙屑"。

页）

小沙礓土

【河工名谓】犹如石子与土凝结者，畚锸难施，用铁钯挑挖，工力艰难。（三九页）

大沙礓土

【河工名谓】坚硬如石者，施工更难，需用铁鹰嘴、努角各器具凿破，逐块刨挖挑送，工多费倍。（三九页）

黄土又名黄壤，质细腻，富粘性，非近山处不易多得，红土、壤土、粘土属此。

黄土

【河工要义】黄土与胶土不同，胶土色黑，黄土色黄，非近山之处不易多得。黄土无论干湿，性较疏松，故其御水之力，不及❶胶土，然和灰灌浆，则又非黄土不可，盖其粘连性质不亚于胶，而柔软细腻，与夫晾干速度，实有过之无不及也。（二五页，一二行）

红土

【河工名谓】常带暗红色，含粘土较黄土地为多，干后颇硬。（三八页）

壤土

【河工名谓】砂质与粘土质约略相等，土性次肥。（三八页）

粘土

【河工名谓】粘化甚高之土，性肥沃，以养化铝为主，矽养二为副，色由黄至灰，蓄水之力极强，颇适宜于土工及农作。（三八页）

---

❶ 及 原书作"敌"。

沙胶，素土之含有胶质者也。有夹沙淤、哄套之称。泥陷
人谓之瀣。

沙胶

【河工要义】素土之含有胶质者也，无论含胶多寡，皆曰沙
胶。几❶含胶性，即能团聚，故与素土异，河工不能搜觅纯
胶，得此较可。（二五页，一〇行）

夹沙淤

【回澜纪要】夹沙淤，层沙层淤，厚不满尺，浅则易为，深
则费手。（卷下，一八页，六行）

【河防辑要】同上。（卷二，一五页，一行）

【河工名谓】系层沙层淤者，斯淤厚不满尺，浅则易为，深
则费手，缘沙中含水，上下被淤盖托，水不能出，其性瀣
而淤，为上下沙中之水所漫，其性软。（四〇页）

哄套

【回澜纪要】沙中含水，上下被淤盖托，水不能出，其性瀣
淤，为上下沙之中❷水所侵❸，其性软，一软一瀣，易于掺
合，一经掺合，淤沙不分，俗名谓之哄套。（卷下，一八
页，九行）

【河防辑要】夹沙淤沙中含水，上下被淤盖托，水不能出，
其性瀣，淤为下沙中之水所浸，其性软，一软一瀣，易于
掺合，一经掺合，淤沙不分，俗名谓之哄套。人夫能立而
不能行，铁锨易入而难出。（卷二，一一页）

---

❶ 几 原书作"既"。

❷ 之中 当从原书作"中之"。

❸ 侵 原书作"浸"。

灢

【河上语】泥陷人谓之灢。（二一页，四行）

第二节　土名

土之名色，有以其取运之法，分号土、牌子土、船运土、驴运土、小车土、抬筐土、铁车运土。以取土之远近，分主土、客土。以土夫之名称，分夫土、汛夫土、浅夫土、河兵积土。以工作之方法，分包淤、包胶土、刨除空土、补还地平土、子堰土、背后土。以现钱购者，曰现钱土。河兵每月应做之土方，曰额土。大工竣后，另估土工以善其后，曰善后土。每年春秋水落，农隙之际，岁修项下动款估修者，曰岁修土。

号土

【河工名谓】以小车运土，每车一签，曰号土。（二二页）

牌子土（跑牌土）

【河工名谓】每土一筐，发给签牌，日晚结算，曰牌子土，又名跑牌土。（二二页）

船运土

【河工要义】运河堤工，两面皆水，必须隔河取土，又不捞浚淤浅，均非船运不可。（三〇页，三行）

驴运土

【河工要义】从前有用筐或袋装土，令驴只抬❶运者，复自侉车发明，置而不用。（三〇页，四行）

小车土

【河工要义】以独轮小车取运远土者，谓之小车土，亦曰侉

---

❶　抬　原书作"驼"。

车。（二九页，一四行）

抬筐土

【河工要义】抬筐土者，以大抬筐两人抬运之土也。（二九页，一一行）

铁车运土

【河工要义】近年多有安设铁轨，用小铁斗车推运土方者，但以用土较多，取土较远❶为宜。（三○页，一行）

主土

【治河方略】主土者，就近挑挖之土，以所筑之堤为准者也。（卷一，二五页，五行）

客土

【治河方略】客土者，迤远挑运之土，以所起之土为准者也。（卷一，二六页，一行）

夫土

【河工名谓】雇夫挑挖之土。（二二页）

汛夫土

【河工要义】汛夫土者，各汛民夫既种险工地亩，每年于抢险外，例应筑❷土若干。（三○页，一二行）

浅夫土

【河工要义】浅夫土者，浚浅船夫每年于冰凌融化，及汛前汛后，酌量一定期间，由带夫武职员弁督率，捞浚淤浅河道。（三○页，一二行）

河兵积土

【河工要义】河兵积土者，各汛兵丁无论铺兵力作，除工作

---

❶ 原书"远"下有"者"字。

❷ 筑　原书作"积"。

防汛，及冬日地冻不能积土外，其间❶暇时间，每兵每日挑积牛土❷若干。（三〇页，一二行）

包淤

【河上语】沙土堤以胶泥包之，曰包淤。（二一页，四行）

【注】包淤以尺许为率。

包胶土

【河工要义】新筑堤工，土性纯沙，既虞风雨之摧残，又恐河流之侵蚀，遂从远处觅得胶土，包其坡顶，厚至二尺或一尺，以资防御河流与风雨者，谓之包胶土。（二七页，七行）

刨除空土

【河工要义】空土有两种，挖河以洼下坑塘为空土，加倍以原有土堆为❸土牛底等，或其房基所占之处为空❹，约❺须量其高宽长大❻而刨除之也。（二七页，一行）

补还地平土

【河工要义】凡筑堤处所，视其底部有溜沟坑塘者，先须补还与地相平，然后再作堤土，俾方夫不致吃亏者，谓之补还地平土。（二六页，八行）

子堰土

【河工要义】子堰土者，即于堤土❼加筑子堰之土也。（二六页，三行）

---

❶ 间　原书作"闲"。

❷ 积牛土　原书作"积土牛"。

❸ 为　原书作"如"。

❹ 原书"空"下有"土"字。

❺ 约　原书作"均"。

❻ 大　原书作"丈"。

❼ 土　原书作"上"。

背后土

【河工要义】坝占背后及柳囤背后，挑筑土工，与占面柳囤相平者，皆曰背后土，右堤背后之土堤，亦曰背后土。（二八页，一一行）

现钱土

【河工要义】现钱土者，在于做工处所，视工程缓急、挑筐大小、装土多寡，用现钱随时购❶买，应❷土需者，谓之现钱土。（二九页，五行）

额土

【河工名谓】河兵每月应做之土方。（二二页）

善后土

【河工要义】堵筑大工竣后，坝占蛰实，高下参差，非另估土工以善其后，不足以壮观瞻，而资保重者，谓之善后土工。（三〇页，五行）

岁修土

【河工要义】每年春秋水落，农隙之际，估修堤工，于岁修项下动款者，谓之岁修土。（三〇页，七行）

第三节　土器

掘土之具，有舌、蒲锹、铁杴、铁锨、铁镐、铁掘头。盛土之具，有畚、篓、土篮、抬筐、小车、铁车。挑土之具，有扁担、拴筐绳。

---

❶　购　原书作"收"。
❷　原书"应"上有"以"字。

臿

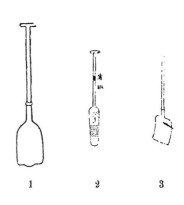

图 一 〇

【汉书·沟洫志】歌❶曰：田于何所，池阳谷口。郑国在前，白渠起后。举臿为云，决渠为雨。泾水一石，其泥数斗。且溉且粪，长我禾黍。衣食京师，亿万之口。（《前汉书》卷二九，一四三页，一格，三九行）（图一〇之1）

【河器图说】臿，颜师古曰："锹也，所以开渠也。"《前汉〔书〕·沟（渠）〔洫〕志》：《白渠歌》曰："举臿为云，决渠为雨。"《淮南子》曰："尧之时天下大水，禹执畚臿以为民先。"近时形制虽稍不同，而治水土之工者，必以此二物为本。扬子《方言》谓畚、臿为一物，误矣！（卷二，一页）

蒲锹

【河器图说】蒲锹，以坚木为质，铁叶裹口，上安丁字木柄，利除沙土。（卷四，三〇页）（图一〇之2）

铁枚

【河器图说】《玉篇》："枚，锹属。"《正〔韵〕》❷："枚，臿锸❸属。"但其首方阔，柄无短杨，与锹锸异。《事物原始》："枚或以铁或以木为之，用以取沙土。"《方言》："铁者名跳锹，木者名锹部。"《三才图会》："煅铁为首，谓之铁锹。"今土工利用之器，凡搜寻扫❹尾后裂缝余土，及平扫❺面之

---

❶ 原书"歌"下有"之"字。

❷ 正　原书为《正韵》。

❸ 臿锸　原书为"锸"。

❹ 扫　原书作"埽"。

❺ 扫　原书作"埽"。

土，或十数把、一二十把不等，而兴办土工时所谓"边锹夫"者，即持此物。（卷二，四页）（图一〇之3）

铁锹

【河工要义】铁锹者，起土装筐之要具也。以铁为之，其形若铲，上装木柄，以便把握。锹亦有种种之别，有所谓大锹、小锹、平锹、凹锹者，有所谓方头、圆头、钝口、利口者，又有所谓窄面、宽面、长柄、短柄者，形式不同，用法亦异，须视土性为❶何，酌量更换。土工寻常用锹，大抵方头、宽面、钝口、短柄之平凹小锹居多，其做水工，如挑挖河头，宜用大锹，做累工，如遇稀淤淖沙，则以圆头小锹为宜。（五八页，五行）

铁镐（铁掘头）

【河工要义】二者皆挖石子河，或刨槽用之。镐长二尺，一头锥形，一头斧形，中留圆孔，以使置柄，柄长约三十余尺❷，镐之为用，刨舂兼施。掘头长不及尺，方头斧刀，设柄于方头之旁，长二尺余，掘头连锤带刨，亦可两用。（六三页，一二行）

畚

【河器图说】《农书》："畚，土笼也。《左传》：'乐喜陈畚挶。'注：'畚，篑笼，又称畚筑。'注：'畚，盛土器，以草索为之。'《说文》：'畚，䉛属。'南方以蒲行❸，北方以荆柳。"王祯《咏畚诗》："致用与篑均，联名为偶畚❹。"

---

❶ 为　原书作"如"。

❷ 三十余尺　原书作"三尺余"。

❸ 行　原书作"竹"。

❹ 偶畚　当从原书作"畚偶"。

56

（卷二，一页）（图一一）

笭

【治河方略】用船装运，高宝定例，以五十大笭为一方，每笭约重二百余斤，每方约重一万斤。（卷一，二六页，三行）

图一一

土篮

【河工要义】土（蓝）〔篮〕亦曰筐，河工挑土用之，多系编❶而成，以粗干为梁，以细干❷为骨，每副两篮，大小相同，谓之落脊土篮。每副两篮，大小悬殊，谓之摔肩土篮，二者相较，装土之多寡虽同，而出土之迟速迥异。（五七页，八行）

抬筐

【河工要义】土工器具除（蓝）〔篮〕挑车运外，又有所谓抬筐之一种，抬筐即柳筐也，筐大土多，两人抬运，较❸笨重。（六一页，一一行）

小车

【河工要义】即偏车也，小车备运土之用，车以木料为之，双把独轮，一如普通小车之式。（六一页，七行）

铁车

【河工要义】铁车，不能平地推挽，为❹先敷设轨道，以便运用，车盘有四，小铁轮扣于轨上，如火车、电车之式，盘上承以铁斗，约可装土六尺，将土装好，用夫一名，推

❶ 原书"编"下有"柳"字。

❷ 干　原书作"条"。

❸ 原书"较"下有"为"字。

❹ 为　原书作"必"。

转即可。（六一页，二行）

扁担

【河工名谓❶】扁担亦挑土之所用也，以杨木为之，两头拴筐装土挑送，其形不方不圆，故曰扁担。（五七页，一二行）

拴筐绳

【河工名义❷】以苎麻或苘麻构❸成，亦挑土❹必用之具，每副两根，一头挽于扁担两端，一头紧系筐梁。（五七页，一五行）

第四节　度量

土工以每方广一丈、高一尺为方。筑成堤工之实土为上方。土塘挖取之制土为下方。水中捞土与旱地不同，是以有旱方、水方之别。量土之具，有五尺杆、丈杆、丈绳、篾绳、云缰、响篾、地缰。测度高低，有夹杆、均高、旱平、水平。志桩、信桩、牌签、标杆，所以标志土工也。

方

【河防榷】每方广一丈高一尺为一方。（卷四，三三页，一二行）

【治河方略】土以方一丈高一尺为一方，然有上方、下方之别焉，有专挑、兼筑之分焉，至挑河又有起❺浅深之不同焉，筑堤亦有运土主客之不同焉，其土方工值，更有人力

---

❶ 河工名谓　当作"河工要义"。

❷ 河工名义　当作"河工要义"。

❸ 构　原书作"拧"。

❹ 原书"挑土"二字互乙。

❺ 原书"起"下有"土"字。

强弱之不同焉。（卷一，二四页，一四行）

上方，下方

【行水金鉴】上方下方者，以筑成堤工之实土为上方，土塘所取之松土为下方也。然一堤之中，亦自有上方下方之别，如筑堤一丈，则以平地起至五尺为下方，自六尺至一丈为上方，如筑堤一丈二尺，则以一尺至六尺为下方，七尺至丈二为上方。（卷五一，一二页，一二行）

【治河方略】上方下方者，以筑成堤工之实土为上方，土塘所取之松土为下方。（卷一，二八页，一行）【又】一堤之中，亦自有上方下方之别，如筑堤一丈，则以平地自一尺起至五尺为下方，自六尺至一丈为上方，如筑堤一丈二尺，则以一尺至六尺为下方，七尺至丈二为上方。（卷一，二八页，二行）

【安澜纪要】何为下方？插塘之后，即照挑引河之例，每日科塘，发给饭食，收塘内已出之土。（上卷，四六页）❶

【河工要义】挑堤以筑成之土为上方，所用方坑为下方，挑河以所出废土为上方，挖成河段为下方。上方土松，下方土实，挑河收下方者，计实土也，挑堤收上方者，以一经行碾，则较下方之土为尤实也。（三一页，一三行）

旱方水方

【河工要义】旱方取土，积土较为容易，水方取土，则须捞挖，积土则虑汕刷，以取土之土❷价❸不同，积土之核方亦异（水方以一方作二方），是以有别。（三一页，八行）

---

❶ 原书该页无此段文字。出处待考。

❷ 土　原书作"方"。

❸ 原书"价"下有"土方价值"。

水旱方价

【河工要义】取土旱方易，水方难，故有如下六种之别：旱方较廉，泥泞方、旱苇板方次之，水方又次之，水苇板方较旱方倍之。水中捞泥，施工愈难，方价愈贵，约在旱方倍半之间。（三四页，九行）

五尺杆

【河器图说】见"丈杆"。（图见卷一，七页前面）

【河工要义】五尺杆，以不（湾）〔弯〕不裂条直停匀之杂木为之，杆之形式不拘方圆，长适营造尺五尺，故曰五尺杆。（五四页，一〇行）

丈杆

【河工要义】丈杆亦曰度杆，以直长❶之细竹杆，或杉杆等匀直木料为之。丈杆必须长逾一丈五尺乃至二丈，亦照营造尺按寸、按尺、按丈分记标号，其标号用红黑油分明尺寸，量准记之。（五四页，四行）

丈杆

【河器图说】《传疑录》："度起于黄钟之长，后每❷十寸谓之尺，十尺谓之丈，凡公私所度，皆以丈记❸矣。"丈杆、五尺杆为查量土（扫）〔埽〕、砖石工程，并收料垛石方必需之具。（卷一，七页）

丈绳

【河工要义】丈绳亦曰篁绳，有以匀细苎麻绳及蜡皮老弦为之者，有以铜丝铁丝为之者。第绳弦则以晴雨燥湿而松紧

---

❶ 原书"直长"二字互乙。

❷ 每 原书作"世"。

❸ 记 原书作"计"。

不同，钢铁则以伸缩拘屈而短长不一，然舍此亦无别项（之）可代丈绳之用者，只有临❶时用尺较准，而后勘丈，做法用鲜明色线，按一尺一档，拴系尺志，一丈一档，拴系丈志，以便记认。（五三页，七行）

篁绳

【河器图说】万❷福《安南日记》："篁，纤索。"《演繁露》："杜诗舟行多用百丈，问之蜀人，云：水峻岸石又多廉棱，若用索牵，遇石辄断，不耐久，故擘竹为大辫，以麻索连贯其际，以为牵具，是名百丈。"百丈，言其长也。近时多以绒线结成，而总名曰篁绳。凡量堤估工，必拉篁以视高卑长短，用时须随丈杆❸、均高等具。（卷一，八页）

云缠

【河器图说】云篁用与地篁同，稍细❹。（卷一，一〇页）（图一二之1）

圖　一　二

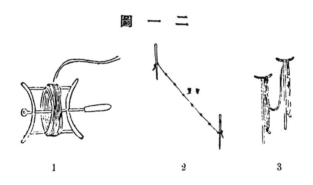

1　　　　　　2　　　　　　3

响篁

【河器图说】响篁，或籐或竹，连以铁圈，每节五尺，共二十节，计长十丈，较之麻篁、篾篁，质稍坚结，用则相同。

---

❶　原书"临"下有"用"字。

❷　万　原书作"黄"。

❸　原书作"大杆"，疑应作"夹杆"。

❹　稍细　原书作"稍细，用亦略同"。

（卷一，一〇页）（图一二之 2）

地纆

【河器图说】地纆，丈量堤之长短，每五尺用红绒为记，二人拉量，远观便知数目。（卷一，一〇页）（图一二之 3）

夹杆（均高）

【河器图说旧本】夹杆者，夹高宽用之，上头安铁马镫，要起落随和以看高矮，一名夹杆，又名均高。

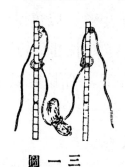

圈 一 三

【河器图说】夹杆、均高，一物二名，对以峙之，故曰夹；齐以一之，故曰均。长二三丈，刻划尺寸，上钉铁圈，中有腰圈，量堤时将杆分列于南北两堤❶，若堤高一丈，将腰圈拉至一丈之处，堤上兵夫踏住纆绳，以视高矮。（卷一，九页）（图一三）

均旱❷

【河器图说】见"夹杆"。（图一三）

旱平

【河器图说】旱平，以木制成，三角式，或铜为之，长阔不满尺，上以二钩备挂，中有活铜针，用时平挂于纆绳，视针之斜正知地面之高低、河底之平洼。《传疑录》："衡起于黄钟之平，权与物钧而为衡，衡平而权钧矣。"衡以准曲直也，旱平类是。（卷一，一〇页）（图一四）

圈 一 四

---

❶ 堤　原书作"坦"。

❷ 旱　当作"高"。

水平

【宋史·苏轼传】且凿黄堆欲注之于淮，轼始至颍，遣使❶以水平准之，淮之涨水高于新沟几一丈，若凿黄堆，淮水顾流颍地为患，轼言〔于〕❷ 朝，从之。（卷三三八，九〇二页，一格，一三行）

【行水金鉴】水平法，用锡匣贮水，浮木其上，而两端各按小横板，置于数尺方棹之上，前竖水❸表长竿，悬红色横板而低昂之，必在❹匣上横板平准以测高下，凡上下闸底高低，及所浚河底浅深，悉借此以度之。（卷二四，三页，一六行）

【河器图说】水平之制，用坚木长二尺四五寸，或长四五尺，厚五寸，宽六寸，中间留长三寸，两边凿槽各宽八分，余宽七分以作框，两头各留长三寸，亦凿槽宽八分，通身槽深二寸，周围一律相通。再于中央凿池一方，宽长各二寸，深二寸，左右各添凿一槽，其宽深与通身槽同，便于放水通连。槽内须放浮子一个，浮子方长一寸五分，厚六分，面按❺小圆木柄一根，高出面五分，其两头亦各放浮子一个，宽长均与中央同，惟两头之槽仅宽八分，未免浮宽槽窄，必得于两头适中之处开二方池，照中央宽深尺寸，名曰三池。用时置清水于槽内，三浮自起，验浮柄顶平则地亦平，如有高下即不平矣。但用在五六丈之内尤准，若多贪丈尺，转属无益。（卷一，一一页）（图一五）

---

❶ 使　原书作"吏"。
❷ 原书"言"下有"于"字。
❸ 水　原书作"木"。
❹ 在　原书作"于"。
❺ 按　原书作"安"。

【河工要义】凡测量地平、估量建瓴大小必用之，测量仪皆随带水平一具。（五四页，一四行）

志桩

【河工要义】志桩、灰印，皆所以防偷〔减〕❶之弊，桩志❷以橛木充用，灰印用牛皮如碗口大，中画押❸照字样，密穿细眼，可以漏灰，四缘用布缝成一袋，袋内满装白石灰粉，用时照所估河口及堤脚，细加较准，两面距口脚五尺，签钉志桩，与地相平，朴打灰印一个，上覆粗碗，用土掩埋。（五五页，八行）

信桩

【河器图说】信桩，其法截木为桩，凡筑堤挑河，估定尺寸后，较准高深，签〔桩〕❹相平，用灰印于桩顶，裹以油纸，覆以磁碗，取土封培，俟工完启，验灰印完整，然后拉绳桩顶验收，可杜偷减等弊。（卷二，二页）（图一六）

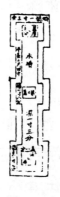

圖一五

圖一六

---

❶ 原书"偷"下有"减"字。

❷ "桩志"当从原书作"志桩"。

❸ 原书"押"下有"字"字。

❹ 原书"签"下有"桩"字。

牌笺❶

【河器图说】大小牌籖❷，木板削成，尺寸不拘，上施白油粉，籖头涂朱。有工之处，标写扫❸坝丈尺段落；无工之处，载明堤高滩面，滩高水面并堡房离河丈尺，即筑土工，亦可以籖分工头、工尾，注写原占❹丈尺。《说文》："籖，验也，锐也。"籖之用与籖之式皆备矣。（卷一，一四页）

标杆

【河工要义】立杆以定标准之用❺，谓之标杆。（五六页，一〇行）

---

❶ 笺　原书作"籖"。

❷ 籖　原书作"籖"，下同。

❸ 扫　原书作"埽"。

❹ 占　原书作"估"。

❺ 原书"用"下有"者"字。

第四章　堤

第一节　名称

堤，防也，与隄通，又称埵防。以土壅水曰堤，亦称为堰。堰，俗作堨，堤堰二字，名异实同，皆积土而成，障水不使旁溢之谓也。吾国作堤，始于唐虞。《禹贡》曰："九泽既陂，四海会同。"按：陂者，阪也，地形高下倾斜相属处也，此非陡崖之岸，乃坦坡之堤也。

堤（堨）

【河工要义】堤，防也，与堤通，以土壅水曰堤，亦称为堰，堰俗作堨，堤堰二字，名异实同，皆积土而成，障水不使旁溢之谓也。故河工通用之。（七页，四行）

埵防（塍）

【治河方略】《淮南子》曰："狼狈得埵防弗去而缘。"解之者曰：埵，水埒也，防土刑也，埵当作塽，与塍同，凡此所云，非[1]堤防而何？（卷九，二三页，一二行）

堤之种类

【河防辑要】堤防之名不一，其去河颇远筑之以备大涨者，

---

[1] 原书"非"上有"防者"。

曰遥堤。近河之侧，以束河流者，曰缕堤。地当顶冲，虑缕有失，而复作一堤于内，以防未然者，曰夹堤。夹堤有不能绵亘，规而附于缕堤之内，形若月之半者，曰月堤。若夹堤与缕堤相比而长，恐缕堤被冲则流遂长，系于两堤之间而不可遏，又筑一小堤横阻其中者，曰格堤，又曰横堤，堤防虽多，不出此数者。（四页，七行）

堰（埭）（硬堰）（软堰）

【行水金鉴】凡河流之旁出而不顺者，则堰之。（卷一〇八，五页，二一行）【又】壅水为埭，谓之堰。（卷一〇五，七页，一八行）【又】宋哲宗元祐八年二月乙卯，三省奉旨北流软堰，并依都水监所奏，门下侍郎苏辙奏：臣尝以谓软堰不可施于北流，利害甚明，盖东流本人力所开，阔止百余步，冬月河流断绝，故软堰可为，今北流是大河正溜，比之东流何止数倍，见今河水行流不绝，软堰何由能立，盖水官之意，欲以软堰为名，实作硬堰，阴为回河之计耳，朝廷既已觉其意，则软堰之请，不宜复从。（卷一三，一一页，三行）

陂

【行水金鉴】陂，《说文》：阪也，一曰池也。《禹贡》"九泽既陂，四海会同"，言治水功成也。《风俗通义》曰"陂者，繁也"，言因下钟水以繁利万物也。今陂皆以灌溉，夫中古之陂以灌溉也，胜国之[1]没民田，旱则漕船阻滞，嗟乎升科者，徒知聚敛耳，富国耳，而不知适所以病国且困民也。（卷五，一三页，二〇行）

---

[1]　原书"之"下有"陂以济运也，后人不知此义，凡遇陂湖水柜之处，尽请升科，以致水无潴蓄潦，则淹"。

【治河方略】陂，陂障，亦堤也，又今浚县尚有鲧堤，防之作，实始于唐虞之时❶。【又】陂者，坂也，土披下而衺❷侧也，此非陡崖之岸，乃坦坡❸之堤。（卷九，二五页，一〇行）

堤之名称颇为繁多，由官修者，曰官堤，亦曰正堤，亦曰大堤。由民修守者，曰民堤，亦曰民堰。以土筑成者，曰土堤。以石筑成者，曰石堤，又曰石䇅。

官堤

【河工要义】堤由官❹守者，曰官堤，官堰。（七页，六行）

正堤（大堤）

【河防志】《易》曰：重门击拆❺，以御暴客。后世师之以治河，故有正堤，有月堤。（卷四，三一页，二行）（图一八）

【河工要义】河之两岸，积筑成堤，借资保障，设官驻守，一有疏虞，即干吏议者，谓之正堤，亦曰大堤。（七页，九行）

民堤（民埝）（私堰）

【河工要义】堤由民〔修〕❻守者，曰民堤、民堰。（七页，六行）

【河工名谓】民间自修自守之小堤，不归官守者。（二〇页）（图一八）

【河工名谓】民间私自筑埝，以保护滩地者，曰私堰。（二

---

❶ 出处待考。

❷ 衺 原书作"衺"。

❸ 坡 原书作"陂"。

❹ 原书"官"下有"修"字。

❺ 拆 原书作"柝"。

❻ 原书"民"下有"修"字。

○页）

土堤

【河防榷】土堤每岁伏秋，划地分守，随汕随葺，似可无虞矣。但帮护之法，须于冬春，门桩内贴席二层，紧细草木挨席密护，毋使些须漏缝，然后实土坚夯，则是以桩席护草牛，以草牛护土，浪窝何从得来，至于密植檞柳菼苇，以为外护，须于水落即种，庶免淹浸❶。

【河工要义】以土筑成者，曰土堤，土堰。（七页，六行）

石堤

【河工要义】堤以石筑成者，曰石堤，石堰。（七页，六行）

石菑

【河防志】汉武《瓠子❷歌》曰："隤竹林兮，犍石菑。"师古谓：石菑者，臿❸石立之后，以土填筑之，即今石堤也。（卷四，一七页，二行）

其去河遥远，筑之以备大涨者，曰遥堤。近河之侧，以束河流者，曰缕堤，亦曰束水堤，束水攻沙之义也。地当顶冲，虑缕有失，而复作一堤于内，以防未然者，曰夹堤，又名重堤，夹堤有不能绵亘，规而附于缕地之内，形若月之半者，曰月堤；越堤、圈堤、套堤护岸堤均与此同义，其重叠环筑形如鱼鳞，曰鱼鳞堤。缕堤被冲则流遂长击于两堤之间，而不可遏，又筑一小堤，横阻其中者，曰格堤，又曰横堤。两河并下，一清一浊，筑堤隔绝，名曰隔堤。正堤卑矮，恐不足以御盛涨，于堤

---

❶ 出处待考。

❷ 原书"子"下有"之"字。

❸ 臿 原书作"重"。

（项）〔顶〕内口筑一小缕堤，曰子堤，又曰子埝。堤身单薄而帮贴之于堤内帮者，曰贴堤。堤外帮堤，撑持险要，曰撑堤，亦曰戗堤。用以堵塞支流，道水仍归故道，曰石船堤；截河堤或亦同一意义。以堤式坡坦，便于车马上下行走，有走马堤、斧刃衬堤之称。

遥堤

【宋史·河渠志】宋太祖乾德二年，遣使按行黄河，治古堤，议者以旧河不可再❶复，力役且大，遂止，诏民治遥堤，以御冲决❷之患。（卷九一，二三二页，三格，二六行）（图一七）

【行水金鉴】堤以遥言，何也？驯应之曰：缕堤即近河滨，束水太急，怒涛湍溜，必至伤堤，遥堤离河颇远，或一里余，或二三里，伏秋暴涨之时，难保水不至堤，然出岸之水必浅，既远且浅，其势必缓，缓则堤自易保也。（卷三五，一〇页，四行）

【河防榷】今有遥堤以障其狂。（卷三，一六页，一五行）

【又】遥堤离河颇远，或一里余，或二三里。（卷三，一七页，一〇行）

【河工简要】在缕堤之内，防意外异涨，或缕堤蛰陷不支，则赖遥堤以为重障，或缕堤❸离河颇远，相去一二三里不等，远则水浅势缓，而堤易保，故不名缕堤，而曰遥堤也。（卷三，二七页，五行）

【河工要义】遥堤有二说，一说正堤内之老堤，因其年远呼

---

❶ 再　原书作"卒"。

❷ 决　原书作"注"。

❸ 堤　原书作"而"。

为遥堤，一说初筑新堤，取其久长绵远之意。（七页，一一行）

缕堤（缕水堤）

【河防榷】缕堤即近河滨，束水太急，怒涛湍溜，必至伤堤。（卷三，一七页，一行）（图一七）

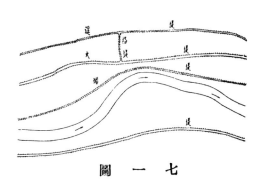

图 一 七

【治河方略】防河之法，首在于堤，然堤太逼则易决，远则有容而水不能溢，故险要之处，缕堤之外，又筑遥堤。（卷一，一五页，三行）

【又】曰缕堤，即近河滨，束水太急，怒涛湍溜，必至伤堤，遥堤离河颇远，或一里余，或二三里，伏秋暴涨之时，难保水不至堤，然出岸之水必浅，既远且浅，其势必缓，缓则[1]自易保也。（卷八，二三页，一五行）【又】近世堤防之名不一，其去河颇远，筑[2]以备大涨者，曰遥堤，逼河之游，以束河流者曰缕堤。（卷九，二五页，一四行）【又】凡堤有缕、遥、越、格、饿之别，临河者曰缕，离河远者曰遥。（卷一〇，九页，二行）

【河工简要】离河近者，曰缕，俗名大堤是也。（卷三，一一页，二行）【又】近河而随河势以障水迤，长如缕夹岸而立者，即近河滨之大堤也。（卷二，二七页，二行）【又】缕水堤[3]，即缕堤也，盖取缕随水性之意。（卷三，二七页，

---

[1] 原书"则"下有"堤"字。

[2] 原书"筑"下有"之"字。

[3] 缕水堤 原书作"何为缕水堤，曰"。

四行）

【河工要义】正堤内面，临河处所，修筑小堤，势甚卑矮，形如丝缕，故名之也。（七页，一○行）

束水堤

【行水金鉴】康熙十六年，总河靳辅创筑云梯关于❶束水堤一万八千余丈。（卷六五，一○页，一行）

束水攻沙

【治河方略】筑堤束水，以水攻沙，水不奔溢于两旁，则必直刷乎河底，一定之理，必然之势。（卷八，二三页，一行）

夹堤

【治河方略】地当顶冲，虑缕堤有失而复作一堤于内，以防未然者，曰夹堤。（卷九，二五页，一六行）

重堤

【河工简要】何为重堤？曰：又在遥堤之内也，又名夹堤。（卷三，二八页，一六行）

月堤

【行水金鉴】十一月，尚书省奏河平军节度使王汝嘉等言，大河南岸旧有分流河口，如可疏道，足泄其势，及长堤以北，恐亦有可以归纳排瀹之处，乞委官视之，济北埽以北，宜创起月堤，臣等以为宜从所言其本，监官皆以谙练河防，故注以是职，当使从汝嘉等同往相视，庶免异议，如大河南北必不能开挑归纳，其月堤宜依所料兴修，上从之。（卷一五，七页，四行）（图一八）

【河防志】防河如防寇然，故设险者，城有月城，御险者，堤有月堤，水之性至柔，而亦至刚，其激于一往也，可以

---

❶ 于　原书作"外"。

穿山溃石，其❶遇坎而止也，如强弩之末，势不能穿鲁缟，故月堤为防河之至要也。（卷五，一七页，二行）

【治河方略】夹堤而❷不能绵亘，规而附于缕堤之内，形若月之半者，曰月堤。（卷九，二六页，一行）

【河工简要】因外堤单薄，以及紧临黄河险要之处，恐难捍御，内筑堤形如月牙，故名月堤。（卷三，一一页，一七行）【又】因堤埽单薄，河形冲射之处，恐大堤不能御暴，堤后筑堤，两头湾贴大堤，其形如月，故曰月堤，与越堤异，盖越在堤外，此在堤内，以为重门埽工之后，断不可少，今则月越不分，因不知有内外之故别❸耳。（卷三，二七页，一五行）

【河工要义】因外堤单薄，或紧临险要之处，恐难御捍❹，内筑月堤一道，以资重障，形如半月，故名，亦有谓为圈堤与圈堰者。（八页，三行）

越堤

【治河方略】遥单薄而为之重门者，曰越堤。（卷一〇，九页，三行）

【河工简要】因内堤单薄，或系（作）〔坐〕湾，以及地势卑洼，恐内地不能捍御，又无别堤可恃，越出旧堤之外，修筑堤工，以为藩外，故为越堤。（卷三，一一页，七行）

【又】因旧堤单薄，或坐兜湾，乃地势卑洼，旧堤难以御暴，越出旧堤之外，旱地另筑一堤，以护大堤也，越有里

---

❶　原书"其"上有"及"字。

❷　而　原书作"有"。

❸　故别　当从原书作"别故"。

❹　御捍　当从原书作"捍御"。

外，或筑于大堤之里者，名曰越堤也，此筑于外，为覆庇之意。（卷三，二七页，九行）（图一八）

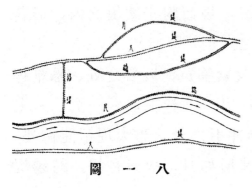

图 一 八

【河工要义】因内堤单薄，或系坐湾❶，以及地势低洼，不足以资保卫，又无别堤可恃，随越出旧堤，另作新堤，以为外藩，故曰越堤，更有称月堤，为内越堤，而以越堤为外越堤者，命意亦同，两存其说。（八页，五行）

圈堤（圈埝）

【河工简要】何为圈堤？曰：（拒）〔柜〕，四围周遭环筑也；水（拒）〔柜〕，即湖之别名也。（卷三，三四页，一七行）

【河工名谓】若堤前埽坝不守，堤身塌御❷，则在堤外建❸筑圈埝，为退守之计，形如半月，名曰圈埝。（二〇页）

套堤

【河工名谓】险工之处，堤后添筑之月形堤，曰套堤，亦曰圈堤。（一九页）

护岸堤

【河工简要】何为护岸堤？曰：即越堤也，建于堤外以护堤，故名。（卷三，二八页，二行）

鱼鳞堤

【河工简要】即重叠层筑之月堤，形如绦环，又似鱼鳞也。（卷三，二七页，一三行）

---

❶ 原书"湾"下有"兜湾"。

❷ 御 原书作"卸"。

❸ 建 原书作"赶"。

格堤（横堤）（土格）

【河防榷】防御之法，格堤甚妙，格而横也，盖缕堤既不可恃，万一决缕而入，横流遇格而止，可免泛滥，水退本格之水仍复归槽，淤溜地高，最为便益❶。（图一八）

【治河方略】若夹堤与缕堤相比而长，恐缕堤被冲，则流遂长驱于两堤之间而不可遏，又筑一小堤，横阻于中者，曰格堤，又曰横堤❷。【又】越堤❸有里外，盖在因时制宜，间于遥越之中者，曰格堤❹。（卷一〇，九页，四行）

【河工简要】凡河紧逼外堤，恐有疏虞，即顺堤走溜，民舍田庐均有关系，必建堤隔绝险地，使水由堤内，险工之下，尚有一带官堤可保无虞，故名格堤。（卷三，一一页，一〇行）【又】如缕堤近水，恐难尽保，水势顺流，其势长则溜急，恐伤别处，并碍遥堤，故于缕堤之后，遥堤之前，中筑横堤数道，如格子形，以防缕堤失守，遇格即可捍御，以杀其势，别格官堤，田舍可保无虞，水落仍归漫口入河，淤可渐积滩面高也，与格堤之意，有大小之别，又曰横堤。（卷三，二八页，三行）

【河工要义】正堤之内，既有遥堤（新堤内或老堤），以备河势紧逼之用，犹恐遥堤一有疏虞，即顺正堤走溜，仍与堤防大有关碍，故于正堤之内，遥堤之外，横筑格堤数道，纵使冲破遥堤仅止一格，水流遇阻，不能伸腰，其别格之官堤田舍，可保无虞，形如格子，故曰格堤。此法用于截

---

❶ 出处待考。

❷ 出处待考。

❸ 原书无"堤"字。

❹ 原书无"堤"字。

堵❶支河，或其附堤塘坑❷，亦曰土格。（八页，八行）

隔堤

【河工简要】内河外湖筑堤隔开，名曰隔堤。（卷三，一一页，五行）【又】何为隔堤？曰：内河外湖，筑堤隔开，并可筑以截拦积涝之水，顺流直下也。（卷三，二八页，九行）

【河工要义】内河外湖，或两河并下，一清一浊，筑堤隔绝，名曰隔堤，如❸大清河之隔淀堤也。（七页，一四行）

子堤（子埝）（子堰）

【河工简要】当水势平堤，虑其漫涨堤顶之上，加筑小堤也，又如堤之小者，凡运河两岸，以及束散漫之水者皆是。（卷三，二八页，一一行）【又】何为子埝？曰：埝者，壅水也，堤上加小堤，即子埝之异名，又如堤工漫水，则内加子埝，外用埽由以拦护之。（卷三，二八页，一四行）

【又】大堤之上，又添一缕分，其大小似物之堰口，故名子堰。（卷三，一二页，一行）

【河工要义】正堤卑矮，恐不足以御盛涨，乃❹于顶堤内口，添筑❺小缕堤，即为子堤，又曰子堰。筑子堤者，多缘节省工款起见，或其临时抢筑❻者也。（九页，一行）

贴堤（里戗）

【河工简要】外堤单薄，难资捍御，务❼贴新土，培其宽厚，

---

❶ 截堵　当从原书作"堵截"。

❷ 塘坑　当从原书作"坑塘"。

❸ 原书"如"上有"即"字。

❹ 乃　原书作"复"。

❺ 原书"筑"下有"一"字。

❻ 筑　原书作"挑"。

❼ 务　原书作"加"。

名曰贴堤。（卷三，一一页，一五行）【又】遇险要时，适值阴雨，堤前不能用力贴堤，背后帮宽不与老堤相平者，则曰贴❶堤也。（卷三，二九页，一一行）

【河工要义】堤身单薄而帮贴于堤内帮者，名曰贴堤，贴堤高与正堤相平。（八页，一五行）

【河工名谓】堤身单薄，而帮贴❷于堤内之堤，曰贴堤，亦曰里戗。（一九页）

撑堤

【河防志】伏秋水大溢岸，坝后将有浸灌之虞，复于坝面❸添筑撑堤一道。（卷五，一二页，三行）

【河工简要】外堤撑持险要者，为之撑堤。（卷三，一一页，六行）【又】月堤内斜筑一堤也，即格堤之意。（卷三，二八页，一七行）

【河工要义】堤外帮堤撑持险要❹，故名，大致与下戗堤相类。（七页，一五行）

【河工名谓】于格缕之间，南北直筑，借以撑持也，大意与格堤同。（一九页）

戗堤（半戗）（后戗）（养水盆）

【治河方略】大溜逼近堤根，欲为卷埽之基，或堤工有渗漏之病，于背后帮贴❺者，皆谓之戗。（卷一〇，九页，六行）（图一九）

【河工简要】外堤单薄不足，必须内帮宽厚，名曰戗堤，戗

---

❶　贴　原书作"戗"。

❷　原书"贴"下有"之"字。

❸　面　原书作"西"。

❹　原书"险要"二字互乙。

❺　贴　原书作"帖"。

其脚根。（卷三，一一页，一三行）【又】堤后帮贴加厚与老堤相平者，其名则一，而为用有三，或堤工有渗漏之病，用以帮筑堤后，或下❶溜逼近堤根，用卷埽之用，或水势顶冲险要，堤工坍塌，外面下埽，尚恐不足捍御，用以帮宽堤工，又如石工以内，埽工以里，于后尾用土填筑，则曰里𰾖。（卷三，二九页，六行）

【河工要义】𰾖，音锵，去声，解如𰾖风行舟之𰾖，亦寓楷柱之意，虽有堤而单薄不足以资抵御险工，必须外帮加筑𰾖堤，𰾖其堤脚，𰾖堤大抵低于正堤，与盛涨时河内水势相平，亦有因工款

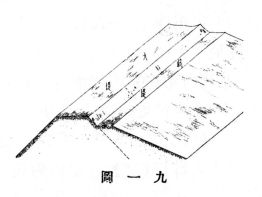

图 一 九

支绌而分年挑筑者，故曰半𰾖，又曰后𰾖。（八页，一二行）【又】挑筑于平时之堤外帮堤，借以撑持要险者，曰𰾖堤。其抢筑于临时者，曰撑堤，一撑不已，再加一撑，与本河大工养水盆之盆外套相似，必俟内帮稳定，外帮不致透水，始可撒手。

【河防辑要】至于缕堤欲为挑埽之计，则于身后帮宽，其高与缕堤平，谓之𰾖堤。𰾖者，缕堤得有依照之谓。𰾖者，有里外之分，里系后面，外则临河，若以不与水争尺寸之土之语而论，只宜于里，而不宜于外，因外帮则离河（暨）〔既〕近，且恐新土不能御水。

【河工名谓】于堤后加土，低于正堤，曰𰾖堤。前后𰾖之总称。（一九页）

---

❶ 下　原书作"大"。

78

石船堤

【河工简要】元时，贾鲁治河，漫决难堵，以船载石，使其沉底而筑之，工成即为石船。（卷三，二九页，四行）

截河堤（治水堤）

【河防榷】治堤一也，有创筑、修筑、补筑之名，有治水堤，有截河堤，有护岸堤，有缕水堤，有石船堤。（卷五，六页，一四行）

【河工简要】即拦河坝之意也，如有越河之处，时当水小，漕艘难行，则堵塞正河而使水行越河，则河窄水溜易刷深通，又或河溜不顺，另开一河，将正河筑堤截断也。（卷三，二八页，一八行）

走马堤

【行水金鉴】验堤之法，用铁锥筒探之，或间一掘试，堤式贵坡，切忌陡峻，如根六丈，顶止须二丈，俾马可上下，故谓之走马堤。（卷三六，四页，一三行）

【河防榷】堤式贵坡，切忌陡峻，如根六丈，顶止须二丈，俾马可上下，故谓之走马堤。（卷四，二三页，二行）❶

【治河方略】同上文。（卷八，三〇页，一〇行）

斧刃衬堤

【问水集】车马行人路口之堤，必两厢各筑阔厚斧刃衬堤，俾车可上下。（卷一，一六页，八行）

堤之本身，曰堤身。堤之中心，曰堤心。堤之顶上部分，曰堤顶。顶之平如砥者，曰平顶。高出两唇数寸及尺许者，曰花鼓顶，亦称鲫鱼背。堤顶之两边，曰堤唇，又曰堤边。堤之

---

❶ 出处有误，待考。

底下部分，曰堤底。坦坡之下端，曰堤根。坦坡与土面相接之处，曰堤脚。从堤唇至堤脚之横距离，曰收分。两面坡分，名曰堤坡，亦曰坦坡，坡之平者，曰走马坡，陡者，曰卧羊坡，又曰陡坡。中间鼓起者，曰腰鼓坦。里外三收（即 1∶3），谓之马鞍式。临河，曰堤内，亦曰堤前。背河，曰堤外，亦曰堤后。帮土加于堤前，曰前戗。加于堤后，曰后戗。一次未能筑完之土戗，曰半戗。二层台堤顶预留料车往来之路。埠道、堤爪、接爪均同义，筑于堤坡之马道也。

堤身

　　【河工名谓】堤之本身。（二○页）

堤心

　　【河工名谓】堤之中心。（二○页）

堤顶

　　【河工名谓】堤之上部。（二○页）

平顶

　　【河工要义】堤顶❶之平如砥者，谓之平顶。（一○页，六行）

花鼓顶

　　【河工要义】中心高出两唇数寸及尺许者，谓之花鼓顶，亦有称为鲫鱼背者也。（一○页，六行）

鲫鱼背

　　【河工简要】堤顶平整则为平顶，如中心稍高两唇数寸以及尺许者，名曰鲫鱼背。（卷三，一二页，一○行）

　　【河上语】堤面中高两头下，曰鲫鱼背。（二五页，一二行）（图见三○页）

---

❶　原书"顶"下有"顶"字。

堤唇

　　【河工名谓】堤之两边。（二〇页）

堤边

　　【河工名谓】与"堤唇"同。（二一页）

堤底

　　【河工名谓】堤之下部。（二〇页）

堤根

　　【河工名谓】堤坡之下端。（二〇页）

堤脚

　　【河工名谓】堤坡与土面相接之处，曰堤脚。（二〇页）

收分

　　【河工简要】凡筑堤以顶宽若干，底宽若干，除去顶底不算其余，即系收分，或筑外坦内陡，或筑马鞍式样，按高尺寸分出收分，每尺当收若干尺寸，至顶完工，一律并无高低不平者，名收分。（卷三，一二页，一七行）

堤坡

　　【河工要义】堤坡者，堤工两面之坡分也。堤坡有坦坡陡坡之别。修筑堤工，其临河面之坡分，必须平坦广大，即使溜走堤根，不致坍塌为妥，但堤内不临河流，或其根下埽段者，则坡分不妨收窄，盖宽则费帑无益，窄则省土节工。（九页，三行）

　　【河工名谓】堤顶两边之斜坡，亦曰坦坡。（二〇页）

坦坡

　　【治河方略】水，柔物也，惟激之则怒，苟顺之自平，顺之之法，莫如坦坡，乃多运土于堤外，每堤高一尺，填坦坡

---

❶　广　原书作"宽"。

八尺，如堤高一丈，即填坦坡八丈，以填出水面为准，务令迤科以渐高，俾来不拒而去不留。（卷二，三页，一二行）

【河上语】堤边有陡有坦，今概曰坦坡，坦坡以二五为率。（二五页，九行）

【河工简要】凡修堤以临河一面平坦宽大，即经水漫刷，不致倒崖卸壁，有损堤工，故名坦坡。（卷三，一二页，三行）

走马坡

【河工要义】坦坡势堪驰马，亦曰走马坡。（九页，五行）

【河工名谓】坡之大者，坡之平坦可以走马，而无危险者。（二二页）

卧羊坡

【安澜纪要】堤顶宽或五丈，或三丈，两坦收分，按里三外五估算，名卧羊坡。

【河工简要】如新堤底宽十丈，顶宽二尺❶，高一丈者，临河一面，坦平宽六丈，内坦收进二丈，陡直仅容卧羊，名为卧羊坡，外坦平宽，名为跑马坡。（卷三，一二页，七行）

【河防辑要】堤又有卧羊坡走马坦之名，走马卧羊，皆言坡坦宽大，而羊可卧马可上也。如何坦坡宽大，只须收方里二外四。【又】估计之要，先堤顶丈尺，以须收分，顶宽五丈或三丈，两坦按里三外五估算，名卧羊坡。

【河工要义】陡坡仅容卧羊，亦曰卧羊坡。（九页五行）

【河工名谓】坡之小者，坡之可以卧羊，而无陡滑之危者。（二二页）

陡坡

【河工简要】凡修筑坝工，内坡宜陡，盖以不临河流，宜窄

---

❶　尺　原书作"丈"。

而不宜宽，宽则费帑，窄则有工。（卷三，一二页，五行）

【河工名谓】坡之陡峻者。（二二页）

腰鼓坦

【河上语】堤边有陡有坦，今概曰坦坡，平曰走马坦，陡曰卧羊坡，中间鼓起曰腰鼓坦，里外三收谓之马鞍式，堤面中高两头下，曰鲫鱼背。（二五页，一一行）

【河工名谓】坦坡中间鼓起，曰腰鼓坦，又名舐肚。（二三页）

马鞍式

【河上语】见"腰鼓坦"。

堤内

【河上语】临河，曰堤内。（二五页，二行）

堤前

【河工名谓】堤之临河一边。（二一页）

堤外

【河上语】背河，曰堤外。（二五页，二行）

堤后

【河工名谓】堤之背河一面。（二一页）

前戗

【河工名谓】堤前加帮之堤，曰前戗，亦曰里❶，又在大堤之前。（二一页）

后戗（外戗）

【河工名谓】堤后加帮之堤，低于厚堤者，曰后戗，亦曰外戗❷，又在大堤之后。（二一页）

---

❶ 里　原书作"外戗"。

❷ 外　原书作"里"。

二层台

【河防辑要】堤顶须留二层台，以便料车往来。

埠道

【河工名谓】横过大堤之车道。（二一页）

堤爪

【河工简要】堤坡拖出接地处，即为堤爪，形如神爪也。
（卷三，一二页，一二行）

【河工要义】堤爪者，如指筑堤高一段，堤上加堤，两头壁
立，势必阻绝往来，因于两头居中放坡，筑成马道，以便
料路行人之用，此马道即是堤爪。（一〇页，八行）

接爪

【河工名谓】堤端直立修成坦坡，以便人畜行走，曰接爪。
（二一页）

第二节　工程

无堤之处，筑新堤曰创，亦曰创筑。将旧堤加高培厚，曰加，
亦曰帮，又曰修筑。新旧堤土接合处，筑成阶形，曰开蹬，又曰
咬查。月堤与大堤接脑处，曰搭脑。加高以旧堤之顶作底，曰以
顶作底。培厚以原有之坡培修，曰以坡还坡。翻筑者，翻工重筑
之谓也。筑堤有五要、三坚、两不宜。取土有跑号之法。就水筑
堤，宜先筑围埝，将水戽干，再做土工。方坑、土塘均筑堤取土
之处，如塘坑连成一起，中无土格者，曰顺堤河，为堤之隐患。

创

【河防辑要】无堤之处，筑出新堤曰创❶。

---

❶　出处待考。

创筑（刺水堤）

【河防榷】治堤一也。有创筑、修筑、补筑之名。（卷五，六页，一四行）

【治河方略】修筑之名，有刺水堤，有截河堤，有护岸堤，有缕水堤，有石舡堤。（卷七，八页，一六行）

加

【河防辑要】堤本卑矮，而增之使高，曰加。

帮

【河防辑要】因堤身薄而培之使宽，曰帮。

修筑

【河防榷】见"创筑"。

帮堤

【河防辑要】凡帮堤必止帮堤外一面，毋帮堤内，恐新土水涨易坏。

帮筑堤工法（老土）

【河防志】河道为筑堤，束水归以防旁溢，无论创筑加帮，总以老土为佳，但黄河两岸率多沙土，恐难尽觅老土，须于堤完后，务寻老土盖顶，盖边栽种草根以御雨淋冲汕，筑堤之法，每土六寸行硪，其歧缝处用夯坚筑，其新旧堤交界处，又用铁杵力筑层层夯硪，期于一律坚实，总以签试不漏为度。（卷四，四五页，三行）❶

开蹬

【河工名谓】新旧堤土接合之处，必须切成阶形，以便衔结。（二三页）

---

❶ 出处待考。

咬查

　　【河工名谓】与"开蹚"同。（二三页）

搭脑

　　【河工名谓】新筑月堤两端，与大堤之连接处，曰搭脑。（二三页）

以顶作底

　　【河工名谓】加高旧堤，旧堤之顶❶，即作加高部分之底。（二三页）

以坡还坡

　　【河工名谓】培厚堤身，仍照原有坡度培修者，曰以坡还坡。（二三页）

翻筑（方夫）

　　【河工要义】翻筑者，翻工重筑之谓也，新估土工方夫（挑筑土方之夫役，曰方夫，即土夫也。）分段挑筑，中留界线，未经以硪落沟虚松，不能连合一气，难免渗透❷之虞者，皆❸自堤顶刨挖到底，层土层硪，重复套打，故曰翻筑。（三三页，二行）

翻工

　　【河上语】堤不如法，责令刨起重硪，曰翻工。（二六页，五行）

新堤五要

　　【河上语】筑新堤有五要：（一）勘估要审势；（二）取土要远；（三）坯要薄；（四）硪要密；（五）承修监修要认真。

---

❶　顶　原书作"硪"。

❷　透　原书作"漏"。

❸　皆　原书作"必"。

（二六页，五行）

（一）必择地势较高处，不与水争，又不宜太直，使他日河流埽弯而来处处生险。

（二）规定十五丈，宜从新定堤根量出十五丈，立一标竿，先远后近，至标竿为止。

（三）以上土一尺筑碶❶六七寸为最善，近来各工俱做不到，似以限定一尺三寸，打成一尺，每尺一坯较易查核。

（四）连环套打，方可保锥。

（五）承修勤，监修不得惰，监修终日在工，事事目击，则诸弊自少。

筑堤三坚

【河上语】筑堤有三坚：（一）底坚；（二）坦坚；（三）顶坚。（二六页，九行）

（一）老土只用重碶套打，如系新淤，必须刨开一二尺套打数遍，再上新土。

（二）坯坯包坦套打，完工后普面套打一遍，临河尤要。

（三）堤顶坚实，即遇大雨，水沟浪窝自少。

筑堤两不宜

【河上语】筑堤有两不宜：不宜隆冬，不宜盛夏。（二六页，一一行）

跑号

【安澜纪要】跑号乃用本塘人夫，一塘为一号，一人可跑五号。先于五塘适中之处，地上挖坑五个，如遇一筐或一车，报明某号，即于某号坑内丢一钱。散工后算账，某号共若干，再为给价。（卷下，二四页）

---

❶ 碶　原书作"成"。

取土法

【治河方略】取土之法，最忌逼堤，盖逼堤则堤址卑洼，便有积水伤堤之患，故必离堤十五丈之外取之。（卷下，二五页，六行）

就水筑堤法

【治河方略】于水中筑堤，取土最远或至数十里外，工费不赀者，当用水中取土之法，其法先定堤基，随用船装远土于水中，筑成围埝，出❶水二尺，中阔三十丈，长五十丈，围埝既成，用草纠❷防护，随将埝内之水车干，然后于离堤基十五丈之外启土，挑至堤基之上，密加夯硪，筑成大堤。（卷一，一七页，一行）

方坑

【河工要义】方坑者，取用土方之坑塘也。无论堤内外，至近亦须距堤逾十丈，且宜坑❸间隔，且忌通连，通连者，堤外则阻断道路，堤内则有串沟之病。（三一页，六行）

土塘

【安澜纪要】筑堤首重土塘，务离堤根二十丈，各塘留梗界，每十丈留宽一丈土格一道，每三十丈留宽二丈土格一道。（上卷，四五页）

土格

【河工名谓】取土方坑所留之格，曰土格。（二一页）

顺堤河

【安澜纪要】筑堤首重土塘，工员稍不经心，外滩则挖成顺

---

❶　原书"出"上有"其埝"。

❷　纠　原书作"斜"。

❸　坑　原书作"坑坑"。

堤河，致成隐患。（上卷，四五页）

缘堤塘坑积水，进土必须绕越者，曰绕越远土。筑堤自底至顶，挨层挑筑，每层高一尺，为一步，曰步土，亦曰片儿土。接筑新堤，所挑之土，曰新筑堤土。坡脚不敷，找补还原之土，曰找坡土。堤后加帮戗堤之土，曰后戗土。堤身卑薄，加高倍❶厚之土，曰加倍❷土。堤顶残缺，加高贯平堤顶之土，曰贯顶土。堤上因车轮往来，渐成沟道，或有浪窝、獾洞、鼠穴，用土挑补平整者，曰填补沟槽土，又曰填筑浪窝、水沟、獾洞、鼠穴土。堤顶备储土堆，以备大汛抢险之用者，曰土牛土。冬春帮护土堤有用草牛。古时修建堤岸既成，置铁犀一座，以镇水势，事属迷信，无足取法。隔堤取土，曰过梁。重担拾级过坡，曰扒坡。跳板，架于陡坡或水沟以便输土。硙磋，平堤之具；掀，整坡用也。堤有蛰腰、躺腰、洼腰、洼顶、獾洞、鼠穴、蚁穴、水沟、浪窝、穿井❸、过梁之病；工有戴帽、穿靴、剃头、修脚、假坯、切根、贴坡、种花、倒拉筐之弊。

绕越远土

【河工要义】土塘距堤本近，因缘堤有积水坑塘，非绕越坑塘进土不可者，谓之绕越远土。（三四页，一五行）

片儿土❹（步土）

【河工要义】凡土工以高一尺为一步。（一层也）自底至顶，挑筑一步，而后再挑上一步者，谓之片儿土❺，亦曰步土。

---

❶ 倍　当作"培"。
❷ 倍　当作"培"。
❸ 穿井　当作"井穿"。
❹ 土　当作"方"。
❺ 土　原书作"方"。

（二九页，一行）

新筑堤土

【河工要义】按❶筑新堤，或挑缕越诸堤，皆为新筑堤土。（二六页，二行）

找坡土

【河工要义】坡脚不敷，找补还原之堤坡土也。（二六页，七行）

后戗土

【河工要义】后戗土者，堤后加帮戗堤，或其大工背后之半戗土也。（二六页，四行）

加倍❷土

【河工要义】加倍❸土者，因堤身单❹薄，估做加高倍厚之土也。（二六页，五行）

贯顶土

【河工要义】贯顶土者，堤顶残缺，仅估加高贯平堤顶之土也。（二六页，六行）

填补沟槽土

【河工要义】堤之顶部，因车轮人畜往来，日久渐成道沟，势将接座雨水，或其风揭沟槽，凹凸不一，用土挑填，一律平整者，谓之填补沟槽土。（二六页，一〇行）

填筑浪窝、水沟、獾洞、鼠穴土

【河工要义】浪窝水沟，皆被雨水冲揭而❺成，獾洞鼠穴，

---

❶ 按　原书作"接"。

❷ 倍　原书作"培"。

❸ 倍　原书作"培"。

❹ 单　原书作"卑"。

❺ 而　原书作"所"。

乃是獾鼠营巢所致，如不亟❶修筑，及其填筑不实者，势必冲断堤身，或留日后漏子之病。古云：蚁❷沉灶，可不慎欤？（三一页，一行）

土牛土（土牛）

【河工要义】堤顶预储土堆，以备大汛抢险之用者，谓之土牛土，遇内临河流，外有积水坑塘，土路转❸远者，更须多积土牛，免致临时束手，其有堤顶窄小而附❹于堤外帮者，谓之跨帮土牛。跨帮土牛，亦可当戗堤之用，洵一举两得之工也。（二七页，三行）

【河工名谓】堤上堆积土堆，以备汛期单❺，堤两面无可取土时，抢险之用。（二二页）

草牛

【行水金鉴】土堤帮护之法，须于冬春桩门❻内贴席二层，紧捆草牛，挨席密护，毋使些须漏缝，然后实土坚夯，则是以桩席护草牛，以草牛护土。（卷六三，一六页，一行）

铁犀

【行水金鉴】马家港，康熙三十五年，前河臣董安国以海口淤浅，开挖引河导黄由小（清）河口入海，至三十九年二月间，前河臣于成龙堵塞，是年六月间被水冲开，复筑未就，今大通口深宽❼，河流顺轨，此港尽淤，四十年置铁犀

---

❶ 原书"亟"下有"加"字。

❷ 原书"蚁"下有"穴"字。

❸ 转　原书作"较"。

❹ 原书"附"下有"储"字。

❺ 单　原书作"中"。

❻ "桩门"当从原书作"门桩"。

❼ 原书"深宽"二字互乙。

堤上以镇之。（卷六○，一六页，一八行）

过梁

【安澜纪要】其有堤之南坦洞穴，通至北坦者，名为过梁。（卷上，二页，二行）

【河工要义】过梁者，隔堤取土之谓也。隔堤取土，既上坡尤须下坡，故较扒坡为更难。（三五页，三行）

扒坡

【河工要义】堤高坡陡重担拾级而升，谓之扒坡。（三五页，二行）

跳板

【河工要义】跳板非土工必须之具，然亦有不得不用之时，如筑堤坡分太陡，土路有坑塘水沟者，又如挑河过水，必须倒塘挖取者，无不皆赖跳板以为之用。（五八页，一○行）

碌碡

【河器图说】《正字通》："碌碡，石辊也。平田器。一作礰礋。"北方多以石，南人用木，其制可长三尺，或木或石，刊木括之，中受簨轴，以利旋转，农家借畜力挽行，以人牵之，碾打田畴块垒及碾捍场圃麦禾。工则用以平治堤顶，且豫备韦❶缆打成，用以砑压，可期软熟。（卷二，八页）（图二○）

掀

【运工专刊】铁制，长七寸宽五寸，装以木柄，修做土坡收分铲削，顺势整齐之用。（图二一）

---

❶ 韦　原书作"苇"。

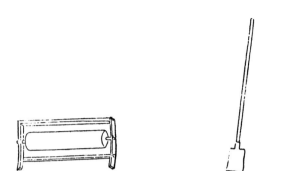

圖　二　〇　　　　　　　圖　二　一

螳腰

【河工简要】坦坡中间少土不丰满也，又或旧堤日久，堤坡
低洼之处，亦名螳腰，恐致积水，堤身易塌，必补筑丰满
为要。（卷三，三〇页，一三行）

【河工名谓】堤坡有低洼之处。（二六页）

躺腰

【河工名谓】堤坡中间低洼，曰躺腰。（二六页）

洼腰

【河工名谓】堤坡两头高仰，中间低落者，曰洼腰。堤坡两
头伸长，中间缩短，亦曰洼腰。坡土不足，腰身洼下，谓❶
洼腰。（二六页）

洼顶

【河工名谓】堤顶中间低洼，两边高仰，曰洼顶。（二六页）

獾洞

【河工名谓】獾藏之洞。（二五页）

鼠穴

【河工名谓】鼠穿之穴。（二五页）

---

❶　原书"谓"下有"之"字。

蚁穴

【河防榷】止须掘一蚁穴，而数十丈立溃矣。（卷四，一三页，一六行）

水沟

【河上语】阴雨冲刷狭长者，曰水沟。（二六页，二行）

【河工名谓】堤身被雨水冲刷之坎潭，如沟形者。（二五页）

浪窝

【河防辑要】如旧堤有洞穴，必要挖至尽头，再行填垫，否则雨后即成浪窝。

【河上语】阴雨冲刷狭长者，曰水沟，或方或圆，曰浪窝。（二六页，二行）

【河工名谓】堤身被雨冲刷之坎潭宽阔者。（二五页）

井穿

【治河方略】有❶堤顶雨过有窟，名❷井穿。此系❸筑堤之时，或系冬月冻土，或系胶泥大块，叠砌而成❹，硪力未到，桥搁棚架于中，百虫乘虚攒❺入，大雨一过，即成井穿。由顶及坡，深四五尺不等，始则大如箕块❻，填垫不得其法，愈冲愈大，竟有填土数方，不❼得满者，此临河水涨时，多有冲决之害也。（卷一〇，一一页，一六行）

---

❶ 有　原书作"凡"。

❷ 原书"名"下有"曰"字。

❸ 系　原书作"因"。

❹ 而成　原书作"成堤"。

❺ 攒　原书作"钻"。

❻ 块　原书作"斗"。

❼ 原书"不"前有"而"字。

过梁

【河工名谓】堤面穿口虽尚小，而窟内已透堤坦者，曰过梁。（二五页）

戴帽（歪戴帽）

【河工简要】报完工之日，顶高不足，再行加高，不能加坡，顶宽腰窄，加高旧堤，切宜防此戴帽之病。（卷三，三〇页，一一行）

【河工要义】加倍❶堤工，其原堤系坦坡，或估量原堤过肥者，方夫希图减工，偷将加倍❷部分任意少挑，复于背面用新土掩盖旧坡，以致下坦上陡者，即是戴帽之病，亦谓之歪帽也。（三三页，五行）

【河防辑要】戴帽之处，俱系加高旧堤，如旧堤坦大，接高新土坦陡，上陡下坡，即是戴帽。

【河工名谓】（一）收方时土墩上加做一节，曰戴帽。（二）旧堤顶上加筑新堤，旧坡平坦，新坡陡峻，名曰戴帽。（三）又填垫窝洞，新土高出堤面少许，亦曰戴帽。（二六页）

穿靴

【河工名谓】筑堤单加培堤脚者。（二六页）

剃头修脚

【河工要义】削去堤顶，刨松，见新，将土搂下，铲去堤根，假种草茅，收❸土翻上，以为帮培堤坡之用，一转身即符所估丈尺，并无方坑，可验者，即是剃头修脚之病。（三

---

❶ 倍　原书作"培"。

❷ 倍　原书作"培"。

❸ 收　原书作"将"。

三页，七行）

【河工名谓】为土夫作弊之法，削去堤顶，刨松，见新，将土搂下铲去堤根，将土翻上。（二六页）

假坯

【河工简要】铺土厚之二三尺，而工头分作二三层也，欲捉此弊，视坯头虚松之处，以尺杆插试之，其土深处即是假坯，令其挖爬摊薄，加硪坚筑。（卷三，三〇页，一八行）

【河工名谓】凡做土工内未加硪，希图省工，其松土层谓之假坯。（二六页）

切根

【河工简要】堤不足将堤根土挖深，加在堤顶以补尺寸也，欲察此弊，验看时先看地形之老土，次看结草之根盘，如系新土并无草根，兼之外昂根深，即系盗窃根土之弊也。（卷三，三一页，三行）

贴坡

【河工简要】何为贴坡，曰亦切铲堤根之弊。（卷三，三一页，一一行）

种花

【河工简要】切堤之时，随即密布草子，草芽一出，则可掩其新迹也。（卷三，三一页，七行）

【河工名谓】切堤者，随即散布草子，借芽掩其新迹，名曰种花。（二六页）

倒拉筐

【河工简要❶】后退积土，不用脚踏，曰倒拉筐，其土较松。（二六页）

---

❶　河工简要　当作"河工名谓"。

工程困难亏累贻误者，曰累工。工头欠款逃走，曰逃铺。土夫有要约而停工者，曰扣筐。

累工

【河工名谓】工程困难，亏累贻误者，曰累工。（二六页）

逃铺

【河工名澜❶】工头赔累亏负❷相率逃走者，曰逃铺。（二六页）

扣筐

【河工名谓】土夫有所要求相约停工之谓也。（二六页）

硪，石岩也，堤土松疏，举石套打，通称曰行地硪，亦曰夯，用力以举物也。硪有铁硪、木硪、石硪，又有云硪、桩硪、坯硪、地硪、墩子硪、灯台硪、面硪、片硪之称；大抵无甚差别，各以其轻重形式之不同，而异其名耳。硪筋、硪辫均以苘麻为之，紧扎于硪肘；鸡心，用以提硪高举者也。

硪

【安澜纪要】堤之坚实，全仗硪工。硪有腰子硪、灯台硪、片子硪等名。三者之中，以腰子硪为最。每❸硪头，应重七十余斤，方为合式，灯台硪、片子硪皆短辫子，宜于坦坡，而不宜于平地。（上卷，四一页，一五行）

夯硪法

【治河方略】取起之土，挑至堤基之上，用大石夯硪之，或

---

❶ 澜　当作"谓"。

❷ 负　原书作"欠"。

❸ 原书"每"下有"架"字。

以七寸为❶层，夯至五寸，或以一尺为层，夯至七寸，然后再上一层土，如前法夯之，务要自底至顶，层层夯砑打就，则彻底坚固，可免渗水之患。（卷一，二五页，七行）

行地砑（行砑）

【安澜纪要】堤既估定，应看坝基，如系老土，只须重砑套打一遍，谓之行地砑。（卷上，四〇页，一一行）

【河工名谓】铺土用砑打之，谓之行砑。（二三页）

夯

【安澜纪要】大夯之法，以整木为之，四人相对，共持一夯，缓步细筑，五夯相继，鱼贯而行，那❷步仅可愈寸，举夯必使过眉，凡打夯既宜坚实，又忌用力过猛者，即不宜砑而宜夯。（上卷，六三页）

【河工要义】夯以坚实粗重之段木为之，长四尺左右，圆径约六寸，上下一律，夯面须平，距夯面二尺以上，四方穿孔，中留圆木柱四根，大过❸盈握，以便把持。凡砑力未经❹达到之处，如填补水沟、浪窝、獾洞、鼠穴，及土柜两边靠占处所，皆用夯筑以代砑工。（六〇页，七行）

铁砑

【河工要义】铁砑亦有三❺种：其一小而厚者，桩砑用之；其一大而薄者，土砑用之，亦即前项之片砑也，不过较形薄小耳。（五九页，一四行）

---

❶ 原书"为"下有"一"字。

❷ 那　原书作"挪"。

❸ 过　原书作"适"。

❹ 经　原书作"能"。

❺ 三　原书作"二"。

木硪

【河工要义】木硪者，圆木之板硪也，圆径一尺二寸，厚一寸五分，硪面须平，硪顶凿轴槽，每❶设木柄，长约七八尺，亦专备边硪之用，木硪所以补片硪之不足，筑子堰用最为相宜。（六〇页，三行）

石硪

【河工要义】石硪以坚硬石料❷为之，分为坯硪、面硪二种❸。【又】此桩硪也，做法与❹土硪不同，桩硪凿成鼓形，高约一尺二寸，圆径一尺。（七二页，一二行）

云硪

【河器图说】云硪，凿石如础，厚数寸，比地硪轻一二十斤，打硪兵夫用十二名，硪肘鸡腿俱用杂木，全恃盘硪之人盘得结实。硪夫在梯上用以签桩，桩高则硪自空而下，有似云落，故曰云。《说文》："硪，石岩也。"《玉篇》："砐硪，山高貌。"郭璞《江赋》："阳侯砐硪以岸起。"注："砐硪，摇动貌。"未闻用以名物，顾硪夫举硪，声扬则力齐，其音类莪，称之曰硪，殆亦❺书所谓谐声者乎？（卷三，一四页）（图二二）

桩硪

【运工专刊】用坚石造之，大者约重一百八十斤至二百斤，小者八十斤至一百二十斤，直径大者一尺至一尺一寸，小者八寸至九寸不等，高一尺至一尺三寸，四周近平面二寸

---

❶ 每　原书作"安"。

❷ 石料　原书作"青石"。

❸ 分为坯硪、面硪二种　原书无。

❹ 原书"与"下有"上"字。

❺ 亦　原书作"六"。

半处凿成半寸深半寸径小圆洞,上下二十个(即上十个下十个),上下圆洞成直线,以便装硪肘之用。硪肘用坚质木制之,径半寸,长约一尺三寸至一尺六寸,视硪之高矮定之,其两端依据石硪上凿成圆之间距,装以二寸余之横短木二支:一端即装入石硪小圆洞之内,外以麻缠分上下二处密密缠紧,不使与石硪有滑脱之虞,然后以一寸径长约五尺之粗麻辫,由硪肘之下端穿套至上端拴牢。其另一端为硪夫执手处,每架硪夫十人至十六人不等,视硪之轻重而定硪夫之多寡也。(图说均载附图四十四)(图二三)

 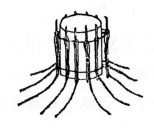

图 二 二 　　　　　　　　　　　　 图 二 三

坯硪

【河工要义】亦曰花盆硪,系专备打胚之用,且形如❶花盆,故名之也。用时先以麻筋束腰,(无硪肘鸡心等件)缠扎绕❷实,亦曰硪筋,将硪辫(长约八尺)八根分(挡)〔档〕挽结。(五九页,四行)

地硪

【运工专刊】坚石造之,重约六十斤至一百斤,直径一尺一寸至一尺二寸,厚五寸,其背面有石奶五个,名硪奶,近平面二寸处四周凿成半寸深半寸径之小圆洞十个,装硪肘,硪肘系用坚质木制之圆形,长约二寸,装入石硪圆洞之内,

---

❶　如　原书作"似"。

❷　绕　原书作"结"。

硪肘之外，以小麻绳扣扣之，外加篾箍，亦名硪箍，即使麻扣不至滑脱硪肘之用，以长约七尺径一寸之粗麻辫套入扣内拴紧，以硪夫十人使用之。（附图四十四）（图二四）

墩子硪（束腰硪）（乳硪）

【河器图说】堤之坚实，全仗硪工。硪有墩子、束腰、灯台、片子等名。四者之中，墩子、束腰宜于平地，灯台、片子宜于坦坡，统名地硪，比云硪重二三十斤，下大上小。凡筑堤坝，用以连环套打，始得保锥。又墩硪最重，豫东用之；灯硪稍轻，淮徐用之；腰硪、片硪最轻，高宝用之，盖因人力不齐之故。至辫分长短，以长为佳，缘长则抛得起，落得重，自增坚固。再硪夫必须对手，倘十人中有一二不合式者，其筑打之迹，形如马蹄，硪虽重亦不保锥。办工者当随时更换也。至硪质，向专用石，近更有❶铁铸者，取其沉重。又硪面平整，近有于一面凿起，状如五乳者，俗曰乳硪，名甚不雅，然用以敲拍灰礓，尤为得力。（卷二，五页）（图二五）

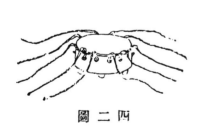

图二四

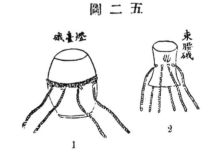

图二五

灯台硪

【河器图说】见"墩子硪"。（图二六）

---

❶ 原书"有"下有"以"字。

面硪

【河工要义】亦曰片硪，打顶硪与边硪用之，以其形似花鼓而扁（亦有非花鼓式者），故曰片硪[1]。硪边凿成辫鼻八个，以为套辫之用。（五九页，八行）

片硪

【河器图说】见“墩子硪”。（图二七）

圖二六

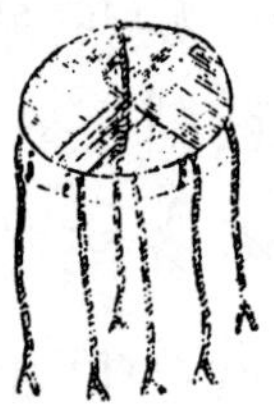

圖二七

硪斤[2]

【河工要义】以苘麻一股拧长三十余丈，从一头起手紧扎于硪肘鸡心之上者，谓之硪筋。（七三页，五行）

硪辫

【河工要义】以苘麻打成发辫之状，故曰硪辫。（七三页，八行）

硪肘鸡心

【河工要义】皆以榆木为之，每硪一盘，用硪肘十个，鸡心二十个，硪肘需视硪身之鼓肚如何，以定湾势之大小，肘身圆径约一寸余，长与石硪顶底相平。鸡心（硪）每肘上下二个，一头镶在硪肘与硪眼相对地步，一头镶入硪眼中，长以硪肘与石硪相距二寸为限，上下四周用硪筋扎紧，勿

❶ 原书“片硪”下有“片硪亦大小不一，约在二百斤左右”。

❷ 斤 当作“筋”。

稍摇动❶，方能应用。（七三页，一行）

筑堤土层，名坯头，旧例每堆土六寸，谓之一皮。加土一坯，行碾一次，曰层土层碾。一处用碾连打二下，曰套二碾。每处连打两碾，曰压花套打。虚土打成实土尺寸，曰碾分。立桩志以示碾工应打之尺寸，曰纱帽头。虚土经脚踏后如同碾分，曰脚踏碾，亦曰自然碾。堤坡上行碾，曰打边碾。

坯头

　　【河工名谓】筑堤按层填土，每一层曰一坯，坯头即土层之厚薄也。（二二页）

一皮

　　【河防志】旧例每堆土六寸，谓之一皮，夯杵三遍，以期其坚实，行碾一遍，以期其平整，虚土一尺，夯碾成堤，仅有六七寸不等，层层夯碾，故坚固而经久。（卷七，二页，一二行）

层土层碾

　　【河工名谓】加土一坯，行碾一次。（二三页）

套二碾

　　【河工名谓】一处用碾连行二下，曰套二碾。（二三页）

压花套打

　　【河工名谓】夯碾时，每处连打两碾，依次连环。（二四页）

碾分

　　【河工要义】虚土一尺，用碾打成六、七、八寸，其折实之二、三、四寸，即是碾分。（三二页，一行）

---

❶　原书"摇动"二字互乙。

纱帽头

【安澜纪要】每坯以虚土一尺三寸，打成一尺为式❶，每分工上，多截木段，以一尺三寸为志，俗名谓之纱帽头，每坯土照此高厚，以凭一律。（卷上，四〇页，一六行）

脚踏硪（自然硪）

【河工要义】踏❷着土头，望前进土，将土踏实，如同硪分，故曰脚踏硪，亦曰自然硪。（三二页，五行）

打边硪

【河工简要】筑堤临边，一层上下均停如登基样，以便用硪层筑至顶，再将堤边平铲，用硪坚筑则实矣。（卷三，三〇页，六行）

【河工名谓】堤坡上用硪夯打之谓也。（二三页）

夯，有石夯木夯。杵，亦夯之属，不过形体较小，便于运用，有圆石杵、方石杵。

石夯（铁石杵）

【河工要义】筑堤每土一层，用石夯密筑一遍，次石杵，次铁石杵，各筑一遍。

木夯

【河器图说】《字汇》：“夯，人用力以坚举物。”《禅林室❸训》：“累及他人担夯。”亦用力之意。凡筑室必先平地，平地必须加夯，大者长七八尺，围二三尺不等，不独河工然

---

❶ 此处省略“如估高一丈五尺之堤，令其十五坯做，傥少有不敷”。

❷ 踏 原书作“跴”。

❸ 室 原书作“宝”。

也。工次木夯长四尺，旁鉴❶两鼻，俾有把握，填垫獾洞、鼠穴，以夯夯之，可期坚实。又有四鼻者，形制较秀，俗名美人夯，然其用实逊耳。（卷二，六页）（图二八）

杵

【河工要义】杵为桩捣所用之杵子，故曰杵，亦夯属焉，不过较形轻巧，且便利耳。长与夯等，其形亦圆，而粗则不及，持手处细仅盈把，用时或二人合力拱举，或一人独把持❷皆可，其有夯力不能到者，杵力无不到者。（六〇页，一一行）

圆石杵

【河器图说】《易·系词❸》："断木为杵。"《字林》："直春曰捣。"古人捣衣，两女对立，各执一杵，如春米然，其韵丁东相答，后人易作卧杵，对坐捣之，取其便也。今工上有石杵，仍存古制，琢石为首，受以丁字木柄，俾一人可举，两手可按，用以平治土堤、填筑浪窝甚便。至圆方则各肖其形，各适其用耳。（卷二，七页）（图二九）

图二八

图二九

---

❶ 鉴　原书作"凿"。

❷ 独把持　原书作"单独抱持"。

❸ 系词　当作"系辞"。

方石杵

【河器图说】见"圆石杵"。

夯杵

【河工要义】凡碛工未能达到之处，用木杵夯筑坚实，以代碛工之用者，谓之夯杵。（三二页，三行）

签试碛工坚实与否，曰试锥。用铁锥、铁锥筒或用扦，打入土中拔起后灌水，一灌即泻，名曰漏锥，半存半泻，名曰渗口，存而不泻，名曰饱锥。惟有包边碛者，行碛时，只打两边，任凭签试坦锥，不见渗漏。

试锥

【河工名谓】验收堤工之法，堤工完成用铁锥打，然后拔出，以水灌入孔内，试探是否保锥者，曰试锥。（二五页）

铁锥（铁椎）

【河器图说】《说文》："锥，锐器也。"《释名》："锥，利也。"《淮南子·兵略训》："疾如锥矢。"铁锥长四尺，上丰下尖，其丰处上有铁耳，便于手握。修筑堤工，每坯试锥一遍，用木榔头下打，拔起后，以水壶贮水灌入锥孔，不漏为度。若一灌即泻，名曰漏锥；半存半泻，名曰渗口；存而不泻，名曰饱锥。然试锥须直下，不可摇动，则[1]土填孔中，试亦不准。且闻验收土工时，有用鲇鱼涎、榆树皮汁和水灌下，即可饱锥者。（卷二，三页）（图三〇）

圖三〇

【河工要义】铁椎状如火柱，或即以火柱充用亦可，专备验收土堤探试碛工是否坚实之用。探试之法，用铁椎签堤成

---

[1] 原书"则"上有"摇动"。

孔，灌水孔中，水不渗漏足征坚实，其渗漏者，便是虚松。（五六页，一四行）

铁锥筒

【河防榷】验堤之法，用铁锥筒探之，或间一掘试。（卷四，三三页，九行）

扦

【运工专刊】铁质，长三尺至一丈不等，方形，上有铁环，以便验扦时，用扛穿入起抬用。（附图四十四）

漏锥

【河器图说】见"铁锥"。

渗口

【河器图说】见"铁锥"。

饱锥（保锥）

【河器图说】见"铁锥"。

【河工名谓】堤工坚实试锥不漏，曰保锥，又名保签。（二五页）

包边碾

【安澜纪要】何谓包边碾，如堤底宽十五丈，坡系五收，行碾时两边只打丈许，任凭签试坦锥，不见渗漏，故收工时，坦锥饱满后，尚应用锹于坦上刨挖一坑，用签横打，如有此病，立见渗漏。（卷上，四三页，四行）

【河工名谓】堤内土层疏松，将坦坡夯打坚实，以便验收包锥者，曰包边碾。（二五页）

行碾时，土工与碾工，未有适当分配，而致累工者，有地间碾间之称。

地间

【河防辑要】如土塘夫多而碶少，必致无地上土，俗名地间。

【河工名谓】筑堤之时，土工多，碶工少，以致无堆土之地，谓之地间。（二三页）

碶间

【河防辑要】土塘夫少而碶多，又无地可打，俗名碶间。

【河工名谓】筑堤时，碶工多，土工少，以致无地可打者，曰碶间。（二三页）

第三节　修守

修，修治也；守，守防也，二者为护堤之要事，不可偏重，亦不可偏废。修有岁修、抢修，统称"二修"。岁修多以冬勘春修，又曰春工；抢修则临时抢筑之谓，又曰抢险。守有官守、民守，统称"二守"，又有官民分守、官民合守、官督民守、民助官守，防分昼防、夜防、风防、雨防，总称"四防"。

修守

【河工要义】修，修治也；守，防守也。修守云者，治其病而防其患之谓也。有修斯守，有守始修，守因修生，修从守出，不可偏重，不可偏废。（八一页，六行）

岁修

【治河方略】按工程每年必须修理者，名为岁修工程。（卷三，二二页，八行）

【安澜纪要】河务工程，宜未雨绸缪，不可临渴掘井，人皆知伏秋大汛，为修防紧要之时，殊不知❶冬勘春修，一交桃

---

❶　原书"知"下有"全在"。

汛后，土埽各工皆竣，料物储备充足，入伏经秋，从容坐守，不过遇险即抢而已。若冬勘未周，春秋不足，伏汛之水已涨，厢筑之工未竣，事事措手不及，鲜有不溃败者，纵幸而抢救保全，然所费钱粮，已不❶几倍倍矣。（上卷，五页，一三行）

【河工要义】岁修者，以岁定额款，兴修❷通常工程之谓也。（八八页，一〇行）

【河防辑要】即前云大工，保固一年之后，题请归于岁修者，乃岁岁修防之谓，不拘段落银数，不与抢修用。

【河工名谓】以岁定额款兴修，通常之修筑也。（二四页）

抢修

【河工要义】抢修者，工须急办，于抢修项下提出经费，无论何时，赶紧照❸修之要工也。（八九页，一五行）

【河工名谓】河工出险，赶紧抢筑之谓也。（二四页）

二修

【河工名谓】堤之岁修及抢修，谓之二修。（二四页）

春工

【河工名谓】春季动工之修筑。又岁修，多在春季，与"岁修"同。（二四页）

抢险

【河工名谓】与"抢修"同。（二四页）

官守

【河防榷】官守，黄河盛涨，管河官一人，不能周巡两岸，

---

❶　原书"不"下有"知"。

❷　原书无"修"字。

❸　照　原书作"兴"。

须添委一协守职官分岸巡督，每堤三里原设铺一座，每铺夫三十名，计每夫分守堤一十八丈，宜责每夫二名，共一段，于堤面之上，共搭一窝铺，仍置灯笼一个，遇夜在彼栖止，以便传递，更牌巡视，仍画地分委省义❶官，日则督夫修铺❷，夜则稽查更牌，管河官并协守职官，时常催督巡视，庶防守无顷刻懈弛，而堤岸可保无事。（卷四，四三页，一三行）

【永定河志】官守，平时各汛设官一员，堤工埽坝督兵修理，是其专责，伏秋大汛，复委试用官一员，或千把外委住堤协防险工，临时添派河道率厅员都司等皆移驻堤上，上下往来，昼则督率修补，夜则稽查玩忽。（卷九，四页，七行）

【河工要义】官守者，别所分汛，设官驻守，修治防护，是其专责。（九一页，一五行）

【河工名谓】由政府设官驻守，负修治防护之责，曰官守。（二四页）

民守

【河防榷】民守每铺三里虽已派夫三十名，足以修守，恐各夫调用无常，仍须预备，宜照往年旧规，于附近临堤乡村，每铺各添派乡夫十名，水发上堤，与同铺夫并力协守，水落即省放回家，量时去留，不妨农业，不惟堤岸有赖，而附近❸之民，亦得各保田庐矣。（参看"官守"）（卷四，四四页，五行）

---

❶　原书"义"下有"省"字。

❷　铺　原书作"补"。

❸　近　原书作"堤"。

【永定河志】民守各汛堤工长短不一，每二里五分安设铺房一所，铺兵一名，长年住守，汛期每里添设民铺一间，拨附堤十里村庄民夫五名，日夜修守，民夫五日更番替换，复檄沿河州县另拨民夫或百名或五十名预备，一有紧要，立传上堤协力抢护。（卷九，四页，一一行）

【河工要义】民守者，虽有河务，未设专官，守汛之责，属之❶居民。（九二页，五行）

【河工名谓】修治防护之责，由居民担负，曰民守。（二四页）

二守

【治河方略】遵四防二守之制。（卷二，二二页，一六行）

【又】二守曰官、民。（卷一〇，二四页，一〇行）

【山东运河备览】守有二，曰官守，曰民守。（卷一二，二三页，二〇行）

【河工要义】二守者，官守、民守也。（九一页，四行）

【河工名谓】堤归官守及民守，谓之二守。（二四页）

官民分守

【河工要义】官民分守者，官民各有责成，如《河防一览》所谓二守之法，亦即今日之黄河之守汛法也。（九三页，八行）

官督民守

【河工要义】官督民守者，未设河员，防守之责在于附近居民，而由地方官监督办理者也。（九四页，七行）

官民合守

【河工要义】官民合守者，官民合力守汛，如《永定河志》

---

❶ 之　原书作"于"。

所谓二守之法也。（九二页，一三行）

民助官守

【河工要义】民助官守者，原设河员，专任修守，及至汛期，复由沿河居民帮同防护险要者也。（九四页，一〇行）

防

【新治河】顺水性以闲其溢，谓之防。

昼防

【河防権】每日卷土牛小扫❶听用，但有刷损者，随刷随补，毋使崩卸，少暇则督令取土堆积堤上，若子堤然，以备不时之需，是为昼防。（卷四，四二页，六行）

【永定河志】凡汛期兵夫齐集堤上，每日往来巡查，遇有急溜扫湾，水近堤根或稍汕刷，及时修补，埽镶或有蛰陷，及时抢护，少暇则督令积土堤上，如遇阴雨则填垫浪窝水沟。（卷九，三页，三行）

【新治河】伏秋大汛，黄河盛涨，水力最大，为时亦久，急溜扫湾处所，未负刷损，若不及时补修，则扫湾之堤，愈渐坍塌，必致溃决。宜督守堤勇夫，每日卷小埽听用，但有损刷者，随刷随补，勿使崩决，平工险工，防查一律详慎，勿稍疏懈，少暇则责令取土，堆积堤上，或筑土牛，或倍❷子堰，以备不时之需，是为昼防。

夜防

【河防権】守堤人夫，每遇水发之时，修补刷损堤工，尽日无暇，夜则劳倦，未免熟睡，若不设法巡视，恐寅夜无防，未免失事，须置立五更牌面，分发南北两岸协守官，并管

---

❶ 扫　原书作"埽"。

❷ 倍　疑作"培"。

工委官照更挨发各铺传递，如天字铺发一更牌，至二更时，前牌未到，日字铺即差人挨查，系何铺稽迟，即时拿究，余铺仿此，堤岸不断人行，庶可无误巡守，是为夜防。（卷四，四二页，一〇行）

【永定河志】守堤兵夫每遇水发，防守堤上，抢护埽坝，昼❶日无暇，夜则劳倦贪睡，亦情所难免，若不设法巡警，恐黉夜失事，各汛要工既皆有灯笼、火把照看，并置更签官兵❷照更挨发各铺传递（或即用循环签），如起更时发一更，签由某号至某号若干里，按一时行二十里，分别限二更几点递回，二更至五更皆如之，并差人挨查，如有稽迟，即将该铺兵究治，堤岸彻夜不断人行，庶无贻误。（卷九，三页，六行）

【新治河】水涨之时，恐黉夜无防，最易误事，须多置五更牌面，分发南北两岸，协守官员，按更挨发，各铺传递，如天字铺一更牌，至二更则应到日字铺，届时不到，即差人挨查，系何铺稽留迟递，即时严究示众，以昭惩戒，而壮效尤，余铺仿此，则往来堤上，夜不断人，庶可无误巡守，是为夜防。

雨防

【河防榷】守堤人夫，每遇骤雨淋漓，若无雨具，必难存立，未免各投人家，或铺舍暂避，堤岸倘有刷埽，何人看视，须督各铺夫役，每名各置斗笠簑衣，遇有大雨，各夫穿带，堤面摆立，时时巡视，乃无疏虞，是为雨防。（卷四，四三页，七行）

【永定河志】伏秋大汛，多有骤雨，兵夫每人铺舍躲避，堤

---

❶ 昼 原书作“尽”。

❷ 兵 原书作“弁”。

埽无人看守，倘有刷蛰，贻误匪浅，督率汛弁各备雨具往来巡查，并先期置备簑笠，分给兵夫。（卷九，四页，一行）

【新治河】伏秋水涨之际，正大雨时行之期，必须督令勇夫，各带斗笠簑衣，以时巡视，以免防务疏忽，是为雨防。

风防（防风埽）

【河防榷】水发之时，多有大风猛浪，堤岸难免撞损，若不防之于微，久则坍薄溃决矣，须督堤夫捆扎龙尾小埽，摆列堤面，如遇风浪大作，将前埽用绳桩悬系附堤，水面纵有风浪，随起随落，足以护卫，是为风防。（卷四，四三页，二行）

【永定河志】汛期水发，每有大风，闲时于要工督率兵夫捆扎龙尾小埽，摆列堤旁，如遇风浪大作，用绳橛悬于附堤水面，随水起落，足以护堤。（卷九，三页，一四行）

【河工简要】河水长发，聚积洼下，风浪鼓荡，汕刷堤根，层土层柴，颠倒钉厢，以资防御，名曰防风❶。（卷三，三页，七行）

【新治河】黄河两岸，障堤蜿蜒曲折，最为兜风。伏秋大风，水发之时，多有大风作虐，鼓浪掀涛，堤岸难免撞损，须督守堤勇夫，捆扎龙尾小埽，摆列堤面，如遇风浪大作，将埽用绳桩悬系于附堤水面，纵有风浪，随起随落，可以护卫堤崖，免致撞损，是为风防。

【河工要义】河水漫滩积聚沿堤洼下处所，因无出路，势成积水坑塘，若遇风浪鼓荡，汕刷堤根，在所不免，于是层土层料，颠倒镶成❷小埽，以御风浪者，曰防风埽。（一三

---

❶　层土层柴……名曰防风　原书作"层柴颠倒，丁镶以资御止，名曰防风埽"。

❷　成　原书作"做"。

页，五行）

四防

【治河方略】四防者，曰昼防，曰夜防，曰风防，曰雨防，乃黄河大发时防堤之决者也❶。（卷八，四〇页，四行）

【治河方略】遵四防二守之制。（卷二，二二页，一六行）

【又】四防曰风、雨、昼、夜。（卷一〇，二四页，九行）

【山东运河备览】防有四，曰昼防，曰夜防，曰风防，曰雨防。（卷一二，二三页，二一行）

古时岁虞河决，有司常以孟秋预调塞治之物，即所谓筹办春料是也。凡伐芦荻，曰芟，伐山木榆柳枝叶，曰梢，均为未雨绸缪之计。栽柳护堤，自明陈瑄始，其后又有刘天和创六柳之说，六柳者，卧柳、低柳、编柳、深柳、漫柳、高柳是也。此外尚有长柳、直柳、挂柳、梦柳之称。

春料

【宋史·河渠志】旧制岁虞河决，有司常以孟秋预调塞治之物，稍芟薪柴楗橛竹石菱索竹索凡千余万，谓之春料。（卷九一，二三三页，三格，三九行）

芟梢

【宋史·河渠志】诏下濒河诸州所产之地，何❷遣使会河渠官吏乘农隙率丁夫❸收采备用，凡伐芦荻谓之芟，伐山木榆柳❹谓之梢。（卷九一，二三三页，三格，四一行）

---

❶ 乃黄河大发时防堤之决者也　原书无。

❷ 何　原书作"仍"。

❸ 原书"丁夫"下有"水工"。

❹ 原书"柳"下有"枝叶"。

【河防志】同上。（卷一一，六一页，七行）

栽柳护堤

【河防一览】卧柳长柳，须相间❶栽植，卧柳须用核桃大者❷，去堤址约二三尺密栽，俾枝叶搪御风浪。（卷四，九页，七行）

六柳说

【行水金鉴】凡沿河种柳，自明平江伯陈瑄始也。其根株足以护堤身，枝条足以供卷埽，清阴足以荫纤夫，柳之功大矣。然种柳不得其法，则护堤之用微，且成活者少，惟明臣刘天和六柳说曲尽其妙，尝仿其法行之。（卷五一，九页，二行）

六柳

【治河方略】沿河种柳，自明平江伯陈瑄始❸，其根株足护身❹，枝条足以供卷扫❺，清阴足以荫纤夫。（卷一，一七页，一三行）

【治河方略】明臣刘天和六柳说：曰卧柳、低柳、编柳、深柳、漫柳、高柳。（卷一，一八页至二一页）

【山东运河备览】复施植柳六法，以护堤岸；曰卧柳，低柳，编柳，深柳，漫柳，高柳。

卧柳

【问水集】凡春初筑堤，每用土一层，即于堤内外边箱，各横铺如钱如指柳枝一层，每一小尺许一枝，毋太稀疏，土

---

❶ 间　原书作"兼"。

❷ 原书"者"下尚有文字。

❸ 原书"始"下有"也"字。

❹ 足护身　原书作"足以护堤身"。

❺ 扫　原书作"埽"。

内横铺二小尺许❶，土面止留二小寸，毋过长，自堤根直栽至顶，不许间少。（卷一，一九页，一三行）

【治河方略】卧柳须用核桃大者入地二尺余，大❷地二三寸许，柳去堤址约二三尺密栽，俾枝叶搪御风浪❸，宜于冬春之交，津液含蓄之时栽之，仍须常时浇灌。（卷八，三九页，四行）

低柳

【治河方略】凡旧堤及新堤不系栽柳时❹修筑者，俱候春初用小引橛，于堤内外，自根至顶，俱栽柳如钱如指大者，纵横各一小尺许，即栽一株，亦入十二小尺许，土面亦只留二小寸。（卷一，一八页，一五行）

编柳（活龙尾埽）

【问水集】凡近河数里紧要去处，不分新旧堤岸俱用柳桩如鸡子大，四小尺长者，用引橛先从堤根密栽一层，六七寸一株，入土三小尺，土面留一尺许，却将小柳卧栽一层，亦内留二尺，外留二三寸，却用柳条将❺桩编高五寸，如编篱法，内用土筑实平满，又卧栽小柳一层，又用柳条编高五寸，于内用土筑实平满，如此二次，即与先栽一尺柳桩平矣。却于上退四五寸，仍用引橛，密栽柳桩一层，亦栽卧柳编柳各二次，亦用土筑实平满，如堤高一丈，则依此栽十层即平矣。以上三法（卧、低、编），皆专为固护堤岸，盖将来内则根株固结，外则枝叶绸缪，名为活龙尾埽，

---

❶　许　原书作"余"。

❷　大　原书作"出"。

❸　原书"风浪"下尚有文字，此处略去。

❹　原书"时"下有"月"字。

❺　原书"将"下有"柳"字。

虽风浪冲激，可保无虞，而枝梢之利，不❶可胜用矣。（卷一，二〇页，六行）

深柳

【问水集】卧柳，低柳，编柳❷，只❸可护堤，以防涨溢之水。如倒岸冲堤之水亦难矣，凡近河及河势将冲之处，堤岸虽远，俱直急栽深柳，将所造❹四尺，长八尺，长一丈二尺数等铁裹引橛，自短而长，以次钉穴俾深，然后将劲直带梢柳枝，如根梢俱大者为上，否则不拘大小，惟取长直，但下如鸡子上尽枝梢长如式者，皆可用。连皮栽入，即用稀泥灌满穴道，毋令动摇，上尽枝梢或数枝全留，切不可单少，其出土长短不拘，然亦须二三尺以上，每纵横五尺，即栽一株，仍视河势缓急，多栽则十余层，少则四五层，数年之后，下头根株固结，入土愈深，上则枝梢长茂，将来河水冲啮，亦可障御，或因之外编巨柳长桩，内实梢草埽土，不犹愈于临水下埽，以绳系岸，以桩钉土，随下随冲，劳费无极者乎！（卷一，二一页，一行）

漫柳（随河柳）（柽柳）

【问水集】凡坡水漫流之处，难以筑堤，惟沿河两岸，密栽低小柽柳数十层，俗名随河柳，不畏淹没，每遇水涨既退，则泥沙委积，即可高尺余或数寸许，随淤随涨❺，每年数次，数年之后，不假人力，自成巨堤矣。如沿河居民，各分地界，筑一二尺余缕水小堤，上栽柽柳，尤易积淤增高，

---

❶ 原书"不"上有"亦"字。

❷ 卧柳，低柳，编柳　原书作"前三法"。

❸ 只　原书作"止"。

❹ 原书"造"下有"长"字。

❺ 涨　原书作"长"。

一二年间，堤内即可种麦，用功甚省，而为效甚大，黄河用之。（卷一，二二页，一行）

高柳

【问水集】照常于堤内外用高大柳桩，成行栽植，不可稀少，黄河用之，运河则于堤面栽植，以便牵挽。（卷一，二二页，六行）

长柳

【河防一览】栽柳护堤，卧柳长柳，须相间栽植，长柳须距堤五六尺许，既可捍水，且每岁有大枝可供埽料。（卷四，九页，七行）

直柳

【河工要义】直柳以径二寸长八九尺之柳杆作秧，间五尺或一丈，刨坑深三尺栽种，仍高地平五六尺者为直柳。（一六七页，一行）

挂柳

【河防辑要】凡切坡之处，溜必埽崖，不无刷卸，必须于沿边密钉桩橛，挂柳，使溜不致刷卸崖岸，名曰挂柳。

梦柳

【河工要义】梦柳以径二寸、长三尺余之柳❶棍作秧，距离五尺或一丈，挖坑深三尺，通身埋入地中，微令露尖者为梦柳。（一六七页，三行）

堤成之后，多播茭苇草子，或笆根草，以御风浪雨淋之侵蚀，亦为护堤要策。又有坦坡护堤法，更属万全。如堤土松散，可将堤面包淤一层。石版、木岸、木龙、马牙桩均为护堤之具，

---

❶ 原书"之柳"二字互乙。

堤成后，每于二、三月间，签堤一次，细心察看，兜网、挠钩、獾刺、獾沓、獾兜、拶子、鼠弓、弓签、地弓、狐柜为常备之具，用以捕捉鼠獾狐兔之类也。

茭苇草子

【河防一览】茭苇草子用以护堤❶，凡堤临水者，须于堤下密栽芦苇或茭草，俱掘连根丛株，先用引橛锥窟❷栽入，计阔丈许，将来衍茁愈蕃，即有风不能鼓浪，此护临水堤之要法也。堤根至面❸再采草子，乘春初稍锄，覆密种，俟其畅茂，虽雨淋不能刷土矣。（卷一，九页，一四行）

笆根草

【新治河】堤面种笆根草，其护堤之能力，不逊于包淤，取笆根草或其子，于堤唇并两坦坡，分行布种，一雨之后，立即蔓延萌生，不过一年，满堤青草，将堤土笆护结实，雨冲不动，自免水沟浪窝之病。（上编，卷一，八页，四行）

护堤要策

【治河方略】堤面及根，必多种茸❹草以盖之，盖草能柔水性，能庇雨淋，而坦坡又可杀风浪之怒也。（卷一，一五页，一二行）【又】堤成之后，必密栽柳苇茭草，使其茁衍丛布，根株纠结，则虽遇飚风大作，总不能鼓浪冲突，此护堤之最要策也。（卷一，一六页，二行）【又】凡堤临水者，须于堤下密栽芦苇或茭草，俱掘连根丛株，先用引橛❺窟深数尺，然后栽入，计阔丈许，将来衍茁愈蕃，即有风

---

❶　茭苇草子用以护堤　原书作"栽茭苇草子护堤"。
❷　原书"窟"下有"深数尺，然后"。
❸　面　原书作"而"。
❹　茸　原书作"葺"。
❺　原书"橛"下有"锥"字。

不能鼓浪，此护临水堤之要法也。（卷八，三九页，一二行）

坦坡护堤法

【治河方略】于堤外近河❶之处，挑土帮筑坦坡，每堤高一尺应筑坦坡五丈，若高一尺之堤，则坦坡应宽五丈，即有旧存桩木，亦听其埋于土内，以为堤骨，一律夯杵，务期坚实，密布草根草子于其上，俟其茂长则土益坚，堤土既坚，而又有草护，再行设兵看守之法，禁止民人之采樵❷，驱逐牛畜之蹂躏，则坦坡自可永❸无虞，则❹本堤更属万全矣。（卷五，二四页，一二行）【又】如堤根见被水占，必须先于离堤一丈之处，密下排桩，多用板缆，以蒲包包土填出水面，然后用芦柴捆一尺高小埽镶边，内加散土，用力夯杵，筑成坦坡。（卷五，二五页，一〇行）

包淤

【新治河】堤面包淤，所以护堤也。按堤防水沟浪窝之病源，由沙堤土质松散所致，若不设法固护外层，每经一雨，即劳工费款，松散如故，与其填垫频烦，不如用包淤一法，尚可以资抵护堤坦，包淤愈厚愈好。（上编，卷一，七页，一一行）

【河工名谓】沙土堤面，以胶泥包之，曰包淤。（二五页）

石版

【行水金鉴】以右谏议大夫知延州，州有东西两城夹河，秋夏水溢，岸辄圮，役费不可胜纪，若谷乃制石版为岸，押

---

❶ 河　原书作"湖"。
❷ 原书"采樵"二字互乙。
❸ 原书"永"下有"久"字。
❹ 原书"则"上有"坦坡无虞"。

以巨木后，虽暴水不复坏。（卷一〇，一三页，七行）

木龙

【宋史·河渠志】宋真宗天禧五年正月，知滑州陈尧佐以西北水坏，城无外御，筑大堤，又叠埽于城北，护州中居民，复就凿横木，下系木数条，置水旁以护岸，谓之木龙。（《行水金鉴》❶ 卷一〇，一二页，二〇行）

【宋史·陈尧传❷】天禧中河决，起知滑州，造木龙以杀水势。

【回澜纪要】金门收窄，下水回溜必大，应做护崖埽段，所费不赀，拟以木龙代之，较为省便。当以开工前发办龙木亘绳❸运至工次，并预备钩手，一见回溜，即赶扎木龙，以资挑护，合龙后仍可折❹起，以为他用。（上卷，二六页，六行）

（木龙全式）

【河器图说】木龙之制，创始于宋。按史载，天禧五年，陈尧佐知滑州，以西北水坏，城无外御，筑堤叠埽于城北，复就凿横木，下垂木数条，置水旁以护岸，谓之木龙。元贾鲁塞北河口亦曾用之，而其法初不传。乾隆❺五❻年，陶庄涨滩，屡挑不成，河督高文定❼用州同李昞所献图议，照法试办，立见成效。（卷三，三〇页）（图三一）

❶ 《行水金鉴》引《宋史·河渠志》。

❷ 陈尧传　当作"陈尧佐传"。

❸ 亘绳　原书作"箮缆"。

❹ 折　原书作"拆"。

❺ 原书"乾隆"上有"我朝"。

❻ 五　原书作"初"。

❼ 原书"高文定"下有"公"字。

（木龙四五层龙骨边骨）

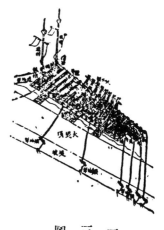

圖　三　一

　　【河器图说】木龙第四、五层，曰龙骨，用木六根；曰边骨，用木四根。均叠作双层，每节长一丈五尺，计七节，余稍连搭次节，先用连半竹缆双行箍扎，又用缆兜绾下层横梁，其龙身宽长者，另用行江大竹缆绞三为一，名曰"龙筋"，每层各加二条，节节扣紧。其第六、七层仍用横梁，扎法如二、三层，一曰"齐梁"。（卷三，三二页）（图三二）

（木龙一层编底二、三层横梁）

　　【河器图说】木龙每长十丈，宽一丈，九层，得单长九十丈。其第一层密编纵木为底，每排用木十三根，共计七排，仍于中心酌留空档，以备插障安馋。其二、三层横梁，每道用木六根，双层叠扎，均用犁头竹缆兜绾，下层纵木每间二根交股顺去叠回编扎。升关为牮龙挑溜之用。其第一层亦用纵木，每排十根，计五排。二层亦用横梁，每道用木二段。三、四层各用直梁一，长十丈，亦用七节。扣缆等法则，均如扎龙式样，惟只四层耳。（卷三，三一页）（图三三）

（木龙八层纵木九层面梁）

　　【河器图说】木龙第八层如第一层，用纵木，惟在水面不比底层搪溜，只须六排。第九层仍用横梁，一名"面梁"，每道用木二根，以操把竹缆贯过八层纵木，扣住六七层横梁，交股编扎。（卷三，三三页）（图三四）

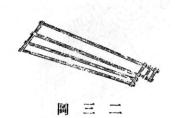

图三二

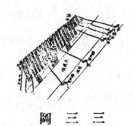

图三三

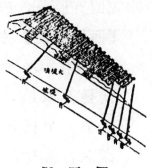

图三四

木岸

【行水金鉴】惟忠为溜❶都大管勾汴河使建议，以为渠有广狭，若水阔而行缓，则沙伏而不利于舟，请即其广处束以木岸，三司以为不便，后卒用其议。（卷一二，一一一页，一二行）

马牙桩

【河防志】堤岸坚固者，莫如石工，次则密钉马牙桩。（卷四，六五页，八行）

签堤

【安澜纪要】签堤之法，用尖头细铁签，长三尺，上按丁字木柄，如柱杖式，先量明两坦丈尺，每人摊管三尺。如坦长三丈，派兵夫十名，按坦之长短，排定人数，开定名单，自上而下，按次持签排立，挪步前行，每挪一步，即立住，中、左、右，用力签试三签，再向前进，步步皆然，堤唇派识字❷一名，力作兵夫七八名，各持铁签木郎❸头随行，

---

❶ 溜　当作"留"。

❷ 原书"识字"二字互乙。

❸ 木郎　原书作"榔"。

遇有签出洞穴，该兵❶报明，一面令字识在某兵夫名下登记，一面令力作兵夫刨挖，寻其根底……所签洞穴，小则立饬力作兵夫，随时填垫坚实，大者报之厅营，速即亲临查看估计土方，专派委员，务须泼水行碨，认真填筑，使土性新旧交粘，外挂淤土，高出老堤❷二三寸，以便复行签试，兼免雨淋❸之患。（卷上，一页，一〇行）

【新治河】签堤之法，用尖端细铁签长三尺，上端横安丁字木柄，如柱杖式❹，签入堤身，探试漏洞。河工向章，先修后守，修者，春融工作之谓也。签堤即工作之一，太早则冻土未解，签不能下，太晚则伏秋将至，抢办不遑，最好举办于二、三月间，时日闲暇，既免勇夫坐耗余❺粮，又除却许多隐患。堤防髦患者❻，如獾洞鼠穴、井穿过梁，或埽根朽烂、冰雪冻裂、冻裂胶块、挤搁架棚等是也。如签堤由顶而腰而底，步土必详，由中而左而右，尺地不息❼，果然照此办到，大风❽自不致有渗漏，河工语云："平工怕出险，险工怕变形。"凡平工失事，皆渗漏为害，使平工而不出漏，工斯平矣。（上编，卷一，二页，二行）

堤签

【河工要义】签查堤身之洞穴用之，以尖形❾细铁签，长三

---

❶　原书"兵"下有"夫"字。

❷　堤　原书作"坦"。

❸　雨淋　原书作"雨水冲淋"。

❹　原书"柱杖式"下尚有文字，此处略去。

❺　余　原书作"钱"。

❻　原书"患者"下尚有文字，此处略去。

❼　息　原书作"忽"。

❽　风　原书作"汛"。

❾　形　原书作"头"。

尺，上按丁字木柄，如柱杖式。（七五页，九行）

大签子

【河器图说】大签子，长四五尺，有类铁锥而木其柄。每年春初百虫起蛰之候，例饬文武汛员督率兵夫持签签堤，用木郎❶头打签，深入土中，一经签出洞穴，即以铁杴刨挖到底，将逞木工❷抬土填筑❸，用木夯筑实。（卷一，二九页）

兜（钢）〔网〕

【新治河】兜獾之网也，旧堤如有獾洞，或嗾猎犬捕捉之，或蒙兜网掩取之，或捣辣椒陈棉于洞口，燃烟薰毙之。（上编，卷一，六页，八行）

挠钩

【河工名谓】铁制木柄直刃向上，倒钩双垂，用以捕獾之具。（四九页）（图三五之1）

獾刺

【河工名谓】锻铁为之，其锋铦利，上有倒钩捕獾之具。（五〇页）（图三五之2）

獾沓

【河工名谓】以麻结成，捕獾用具，有长柄者。（五〇页）（图三六之1）

獾兜

【河工名谓】以麻结成，捕獾用具，无❹柄者。（五〇页）（图三六之2）

---

❶ 郎　原书作"榔"。

❷ 逞木工　原书作"筐杠"。

❸ 筑　原书作"蛰"。

❹ 原书"无"上有"而"字。

掞子

【河工名谓】结绳为网，兜口穿活绳，易于收束，张于獾洞门口，用以捕獾。（四九页）（图三六之 3）

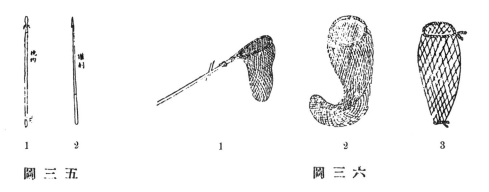

图 三 五　　　　　　　　　　图 三 六

弓签

【河工要义】堤身除獾洞鼠穴外，其害堤者，尚有地羊之一种。地羊收捕甚难，非暗设地弓铁戳，不能捕获。（七五页，一四行）

鼠弓

【河器图说】地鼠，俗名"地羊"，即《本草》"鼹鼠"，《尔雅》"鼢鼠"，《广雅》"犁鼠"。堤顶两坦均有之，但见虚土一堆，即此物也。爪铦牙利，顷刻穿堤，搜捕不可不净。捕法：趁其迎风开洞，用竹签❶铁箭射之，百不失一。鼠弓有三：一用铁签，张于弓上，签直如矢；一用挑棍撑杆，悬以消息；又一式三叉其木，坠以巨砖，悬以消息，若今之取禽兽用罦获然。（卷一，三〇页）（图三七）

图 三 七

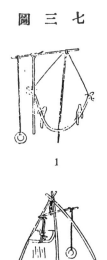

---

❶　签　原书作"弓"。

地弓

【新治河】地弓者，用以捕堤内之鼠也，鼠性畏风，捕鼠之法，迎风开门，洞口暗置地弓、铁签，鼠恶风吹，出穴覆口，触落地弓，铁签齐下，百不一失。（上编，卷一，六页，七行）

狐柜

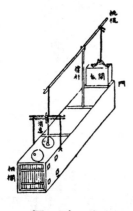

图 三 八

【河器图说】狐柜，以木制成，形如画箱，前以挑棍挑起闸板，以撑杆撑起挑棍，后悬绳于挑棍而系消息于柜中，以鸡肉为饵，安置近栅栏处，使狐见而入柜攫取，一碰消息，则绳松棍仰，杆落板下，而狐无可逃遁矣。《韵会》："攫，捕兽机槛。"《名物考》："罟获以局羂禽兽，今之扣网也。"柜亦类是。（卷一，三三页）（图三八）

守险宜审辨情势，择要防范，古分堤防向著与退背各三等，所以分别工情之险夷也。险有明险、暗险。无险之处，称平工，又曰背工。顶冲工段称险要。险工对岸必有淤滩，曰险滩。水沟、龙沟、浪窝（见前）皆雨水冲激而成，堤工之显患。走漏、穿井、过梁、蚁穴、鼠穴、獾洞（均见前），皆堤工隐患。苟有不察，每致失事。大河湾曲直冲堤埽，潜流掏于下，致成塌崖，或曰塌岸。汛期水涨，堤岸不及修守，每多溃毁于水溜之冲刷，小则形成串沟，大则惨遭决口。堤决之后，水流冲刷，背河堤根成为跌塘，如不填实，遗患无已。

守险之方

【治河方略】守险之方有三，一曰埽，二曰逼水坝，三曰引

河，三者之用，各有其宜。（卷一，一〇页，一四行）【又】
埽之用，是固其城垣者也；坝之用，捍之于郊外者也；引
河之用，援师近至❶，闲❷营而延敌者也；夫吾❸修其内备，
而外又或捍之或延之，敌虽强，未有不迁怒而改图者，保
险之法尽矣。（卷一，一一页，一三行）

向著与退背

【河防通议】凡埽去水近者，谓之向著；去水远者，谓之退
背。（卷上，二一页，二行）【又】又逐埽所积薪刍之备，
其退无涯，不可按验。由是缘而侵盗，鲜能禁止，退背之
地，任其朽败，至于向著之处，居常阙乏，危急之际，无
所救护，坐待溃决。（卷上，七页，一〇行）

【行水金鉴】又言："北京南乐、馆陶、宗城、魏县，浅
口、永济、延安镇，瀛州景城镇，在大河两堤之间，乞相
度迁于堤外。"于是用其说，分立东西两堤五十九埽。定
三等向著：河势正著堤身为第一；河势顺流堤下，为第
二；河离堤一里内为第三。退背亦三等：堤去河最远为第
一；次远为第二；次近一里以上为第三。立之在熙宁初已
主立堤，今竟行其言。（卷一二，九页，三行）

明险

【治河方略】凡水侵❹堤坡，及埽工平垫❺，谓之明险，即次
险也。若相机加厢❻，估做防风，小心保护，俱可抵御。

---

❶ "近至"当从原书作"至近"。

❷ 闲　原书作"开"。

❸ 原书"吾"下有"既"字。

❹ 侵　原书作"浸"。

❺ 垫　原书作"蛰"。

❻ 厢　原书作"镶"。

（卷一〇，一七页，一行）

暗险

【治河方略】埽下有猫洞，串水内汇，埽基❶依然平整，堤坡均❷已裂缝❸，渐至桩尖外奔水底，抽撒物料，崖塌埽爬，蛰陷无已。倘❹内有獾窟，或冻土大块，玲珑其间，平❺遇异涨之水，冲刷坦坡，引水内注，以致堤身串水❻，谓之暗险，即首险也。（卷一〇，一七页，三行）

平工

【新治河】平工者，非险工也，距河当远必无埽坝。河工语云：平工怕出漏，险工怕变形。

【河工名谓】工段去河远者。（三页）

背工

【河工名谓】同"平工"。（三页）

险要

【河工简要】大溜冲泓紧逼埽根，环曲盘折，顶冲工段是也。（卷三，一六页，二行）

险滩

【安澜纪要】险工对岸，必有淤滩，南滩则北险，北滩则南险，前人有于对岸挑引河之法，可以化险为平。（上卷，一〇页）❼

---

❶ 基 原书作"埧"。
❷ 均 原书作"先"。
❸ 原书"裂缝"二字互乙。
❹ 倘 原书作"及堤"。
❺ 平 原书作"卒"。
❻ 以致堤身串水 原书作"致成漏洞"。
❼ 该页无此文，出处待考。

水沟

【河上语】阴雨冲狭长者，曰水沟，或方或圆，曰浪窝。（二六页，二行）

龙沟

【安澜纪要】即阳沟也，与阴沟异。欲治水沟浪窝，除包淤种草外，尚有挑挖龙沟一法，或隔三十丈一条，五十丈一条，总视堤顶宽窄定之。将堤坦上挑一龙沟，深四尺，口宽一丈，圆底，寻老淤土填淤沟内，用水和匀，俟将干时，用夯套打，只许七寸一坯，打成五寸四坯，共垫二尺，留二尺过水，堤唇须做水盆一个，如簸箕形，宜细心盘筑，如办不如法，则于淤沙相接处，水溜势必激岩，冲激更大，为害愈巨❶。（卷上，四页，四行）

塌崖

【河工简要】大河环曲盘者，直冲堤埽❷滩崖土岸，万难抵御，河溜刷溃崖岸，根脚不能站立，以致易于坍塌。（卷三，一六页，三行）

塌岸

【河防志】埽岸故朽，潜流漱其下，谓之塌岸。（卷一一，六〇页，一六行）

串沟

【新治河】伏秋大汛，分段守堤，须先查看近堤有无土塘串沟，有无积水洼塘。

决口

【河防辑要】决口者，堤工开口，大溜横冲直撞，其害于郡

---

❶ 水溜势必……为害愈巨　原书作"漫水所冲更大"。

❷ 直冲堤埽　原书作"直撞无埽"。

邑苍生也广矣。

【河工名谓】凡堤埝被水冲刷，漫溢或被人盗掘，因而横断过溜者，曰决口。（二九页）

跌塘

【河工名谓】决口时冲刷之水塘。（二九页）

凡大溜傍崖侵堤，将陡岸切成坦坡，使无崖可坍，名曰切坡。或挖引河，以杀其势，曰分势。临险挑槽下埽，曰搂崖。顶冲处建埽坝，曰敌冲。风浪啮堤，挂大树于旁，以破其怒，曰龙尾。或用碎石坦坡尤为得力，拦截串沟有用木筏。弥塞走漏用铁锅或塞絮。大汛时欲慎密巡防，周流无滞，用循环签。员工梭巡堤埽，每因堡房遥远，搭席抬棚以栖身。

切坡

【河工简要】切坡有二，其一因溜刷堤根，即将堤顶铲削斜坡，然后下救护，又如岸本壁立，当大汛之际，虑水长发，先切斜坡挂柳防之。（卷三，三三页，一五行）

【河防辑要】用其将陡岸切坡，与水面相平，使其无崖岸可塌，名曰切坡。

分势

【河防辑要】如险工之处，逼临大海，欲分其势以杀之，必挖引河以道之使去。

搂崖

【新治河】险已至，在水中挑槽下埽，名曰搂崖，是抢险也，其工较难。（上编，卷二，二一页，六行）

【河防辑要】险已至，而挑槽下埽者，是谓搂崖。

敌冲

【河防辑要】凡河势顶冲之处，或建埽坝，或沿边顺下鱼鳞埽个，敌其直冲崖岸。

龙尾

【河防榷】龙尾者，伐大树连稍系之堤旁险水上下，以破啮岸浪者也。（卷五，八页，一五行）

碎石坦坡

【河防辑要】碎石坦坡最能御浪，黄河险工之处，多用碎石抛砌坦坡，较埽工为得力，而用于湖堤，尤为相宜。湖水遇风，浪力极猛，非土埽等工所能抵御，惟碎石坦坡，任浪上下，既不与水争力，且能经风浪淘刷，此等工程，须先收土堤，筑做坚实，以坡还坡，收分宜大，四五收最好，极小非三收不可。

木筏

【河器图说】《方言》："附❶谓之簰，谓❷之筏。"注："木曰簰，竹曰筏，小筏曰泭。"木筏又名木把，系扎杉木制成。凡工头工尾淤闭旧埽，忽尔溜到，筑坝不及，赶扎木筏挡护，后安撑木，以顺

圖　三　九

溜势。再漫水上滩，拦截串沟，及坝工搜后，均可用此。其扎法，每筏用木一二层，长宽丈尺随时酌定。（卷三，二九页）（图三九）

---

❶　附　原书作"泭"。
❷　原书"谓"上有"簰"字。

铁锅

【河器图说】《玉篇》："锅，盛膏器。"扬子《方言》："自关而西，盛膏者乃谓之锅。"《正字通》："俗谓釜为锅。"凡遇河水盛涨漫滩时，大堤里面忽然遇❶水，名曰"走漏"。见有旋窝处，即是进水之穴。蛟龙畏铁，急以铁锅扣住，然后壅土，自可化险为平。（卷三，二四页）

覆锅

【河防辑要】堤岸走漏，则堤外如碗口大小，水性下旋之处，即系漏孔，令人下水，大者用锅覆之即止矣，是为覆锅。

塞絮

【河防辑要】堤岸走漏之处，如锅盆不敷，必以棉被衣袄之类塞之，则水即止，名曰塞絮。

循环签

【河器图说】《韵会》："循环，谓旋绕往来。"《史记·高帝纪》："三王之道若循环，终而复始。"韱之命名本此，与大小牌韱不同：彼或标记段落，或载明高低丈尺，或做工时分别首尾，其用止而不迁；兹则环往循返，循去环来，梭织巡防，用加慎密，有周流无滞之义焉。（卷一，一七页）

席抬棚

【河器图说】《集韵》："圆❷屋为庵。"抬棚，以席象其形而制之。风雨厢工堡房距远，借此聊以藏身，且厢埽迄无定所，抬棚可以随行。（卷一，一九页）

---

❶ 遇　原书作"过"。

❷ 圆　原书作"园"。

凌汛时，若遇严寒冻结，凡河身浅窄湾面之处，冰凌拥积，愈积愈厚，河流竟有涓滴，不能下注，水壅则高，或数时之间，陡长数尺，一时不及提防，每致失事，故当凌汛必须多备打凌器具，如打凌槌、铁穿、凌钩，载于打凌船上，一见冰凌拥挤，即行从速打开，搪凌把、逼凌桩均为保护埽眉之物。

打凌槌

图四○

【河器图说】《礼记》："孟冬之月，水始冰，地始冻。""仲冬之月，冰益壮。""季冬，冰方盛。水泽腹坚，命取冰。"冰以入，则凿冰宜急矣。锤❶有石，有铁，有木，《说文》："硾，捣也。"《吕氏春秋》："礩❷之以石。"此石锤❸也。（卷三，二一页）（图四○）

铁穿（三棱镢）

【河器图说】铁穿，其式两头似戈而宽大，中挺圆，又有橛形三棱，均以坚木为柄，约长七八尺至一丈，此船上用者。《易》曰："履霜坚冰，阴始凝也。驯致其道，至坚冰也。"河水溜不易结冰，冰至于坚，非凿不可，苟器勿备，其何以"凿冰冲冲"？故锤❹之外，又有穿。《说文》："穿，通也，穴也。"夫然后冰可以斩矣。（卷三，二二页）（图四一）

凌钩

【河工要义】防护凌汛之器具也，凌钩极似船上所用之挽子，以铁做成尖锥式，旁出一钩，置柄长约一丈，以便推

---

❶ 锤　原书作"钟"。

❷ 礩　原书作"礩"。

❸ 锤　原书作"钟"。

❹ 锤　原书作"钟"。

挽冰凌之用，小榔头锤小而柄长，打凌用之。（七六页，四行）

打凌船

【河器图说】《风俗通》："积冰曰凌，冰壮曰冻，水流曰澌，冰解曰泮。"河工向有凌汛，当冬至前后，天气偶和，凌块满河，擦损埽眉，其病尚小，所虑忽值严寒，凡河身浅窄湾曲之处，冰凌壅积，竟至河流滑❶不能下注，水势陡长，急须抢筑，而地冻坚实，篸土难求，每易失事。所以必须多备打凌器具，分拨兵夫，驾浅如艑艖、小如船艋之舟，各携器具，上下往来以凿之。但船底须用竹片钉满，凌遇竹格格不相入，庶几可以御之。（卷三，二三页）

搪凌把

【河工名谓】用细木二三根，扎把排于拖溜埽前，以避凌撞埽眉者。（五二页）（图四二）

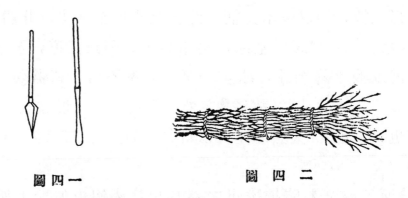

圖　四　一　　　　　　圖　四　二

逼凌桩

【安澜纪要】逼凌桩，乃凌汛时各工用以护埽者，欲求得力，须将桩木下节先用苏缆连环扣住，然后入水，再于上埽生根，用细铁练扣紧，庶冰凌过时，不致挤动，但凌锋

———————————

❶　滑　原书作"涓滴"。

最利，力能截木，所有桩木，必用连青毛竹片子迎水一面密钉，庶无截断之患，总须入水二尺，出水三尺。（卷上，二九页，七行）（图四三）

【河器图说】上游冰凌随水而下，谓之淌凌，或大如山，或小如盘。其性甚利，埽段过❶之易❷擦损，则用丈余长木排护，迎溜埽前，名逼凌桩。又用细木二三根扎把排于拖溜埽前，名搪凌把。倘逢溜急凌大之时，桩把以外仍如❸大柳树，以粗铁链系之，名卧桩，

圖四三

以作重卫。惟是排桩之法，必须先将下节用苏缆连环扣住，然后入水，再于上埽生根用细链扣紧，庶几冰凌过时不致挤动，仍擦埽眉。又凌锋利，能截木，必用毛竹片或铁片密钉桩木迎水一面，方免此患。（卷三，二〇页）

【河工要义】冻河以前，所有险工埽段，皆须护以逼凌长桩，其桩身迎水一面，或钉竹片或裹铁皮，免被临锋截断，空档中加以柳捆，以御淌凌擦损埽段之用❹。（七五页，一四行）

【河防辑要】旧法防守凌汛，多用逼凌桩以护埽者，盖霜降后，水落归槽，各工埽段高出水面五、六、七、八尺不等，所挂桩木，高二三丈不等，挂桩之法，于迎溜埽段前眉，隔五尺空档，钉橛一根，用绳系住桩尾，将桩头侵入水内。

---

❶　过　原书作"遇"。

❷　原书"易"上有"最"字。

❸　如　原书作"加"。

❹　用　原书作"害"。

第五章 疏浚

第一节 通论

疏，通也，亦曰道，水流不畅，掘去壅塞之谓也，又曰掘地。瀹与疏同义。去河之淤，因而深之，曰浚，又曰浚淤。切去滩嘴，曰切嘴。（栽）〔裁〕❶滩取直，曰裁滩，挑河必先治水，有大挑小挑之分。专挑者，专挑河床之土，如将此土筑堤，曰兼筑。挑河宜先挖龙沟，使水有去路，龙沟又名子河。挑河土分七等：曰干，曰淤，曰稀淤，曰瓦砾，曰小沙礓，曰大沙礓，曰罱捞。嫩淤深一二尺者，于边口挑挖五尺宽沟至硬地，俗称抽路。浚泥之最陷者，用斗子法。挑浚运河有寄沙囊之制。利用水中之淤泥，放入滩地，曰放淤。贴帮，以土培铺坡之谓，垫口，将河内挑出之土垫铺河口之上，二者均有少挖土方之弊。

疏

【至正河防记】酾河之流因而道之，谓之疏。（三页，五行）

道

【汉书·沟洫志】善为川者，决之使道。注：师古曰："道

---

❶ 栽 当作"裁"，以下径改。

读曰导，导通引也。"（《前汉书》卷二九，一四三页，四格，一一行）

掘地

【治河方略】禹掘地而注之海。朱子释曰：掘地，掘去壅塞也。（卷八，一五页，一六行）

瀹

【河防榷】禹疏❶九河，曰疏济漯，曰瀹汝汉。……瀹亦疏通之意。（卷九，五二页，一四行）

浚

【至正河防记】夫河之淤，因而深之，谓之浚。……疏浚之别有四：曰生地，曰故道，曰河身，曰减水河。生地有直有纤，因直而凿之，可就故道。故道有高有卑，高者平之，以趋卑，高卑相就，则高不壅，卑不潴，虑夫壅生溃，潴生湮也。河身者，水虽通行，身有广狭。狭难受水，水益悍，故狭者以计辟之；广难为岸，岸善崩，故广者以计御之。减水河者，水放旷，则以制其狂，水隳突，则以杀其怒。（三页，五行）

浚淤

【河工要义】浚淤者，挑浚中洪之土。（二六页，一四行）

切嘴

【河工要义】切嘴者，切去滩嘴之土。（二六页，一四行）

裁滩

【河工要义】裁滩者，裁滩取直❷。（二六页，一四行）

---

❶ 疏 原书作"之治水"。

❷ 原书"直"下有"之土"。

治水（龙沟）

【河防辑要】河里挑河，首重治水，水去则土松而易挖，水存则土坚而难挑，当先挖龙沟使水有去路。

【河工名谓】滩内挑河设法排去积水，以便工作，谓之治水。（二〇页）

大挑小挑

【河防榷】自今万历十八年挑正河为大挑，十九年挑月河为小挑，以后著为定规。（卷四，二三页，一三行）

专挑

【河防方略】专挑者，止挑去河身之土，而不系筑堤者也，所挑之土，必离河边四五丈地面，方许卸弃，若就近竟卸，一经淋雨，仍复淌入河内矣。（卷一，二六页，一〇行）

兼筑

【（河防）〔治河〕方略】兼筑者，即用挑河之土，以筑防河之堤也。（卷一，二七页，八行）

子河

【回澜纪要】凡挑河无论宽深若干，总以得底为先，盖底土难出，腮工易挑，而人夫插塘后，大都先抢头坏面上，一经阴雨，则满塘是水，无土可挑，故必先抢子河，有子河即逢阴雨，尚有腮可取土，不致停工以待，子河以底宽二三丈为度。（下卷，二二页）

挑河土之类别（瓦砾）（罱捞）

【河上语】挑河土分七等：曰干，曰淤（用锨），曰稀淤（锨不能挖，用勺用布兜），曰瓦砾（用钯），曰小砂礓（用镬），曰大砂礓（用梨❶），曰罱捞（多在湖荡中，碍难

---

❶ 梨　当作"犁"。

筑坝，戽水须雇船用罱捞泥）。（二一页，一○行）

【河工名谓】凡逼近城市中居民稠密处，瓦砾等物倒卸河内，深入泥中结成一块者。雇募船只，在河湖巨荡之内，用罱以捞浚淤泥者。（三○页）

抽路

【回澜纪要】嫩淤，先分深浅，次分宽窄，其深一二尺者，于边口挑挖五尺宽沟至硬地，俗名谓之抽路。（卷下，一九页，一三行）

【河工名谓】如遇嫩滩，淤深一二尺，于边口挑挖五尺宽沟至硬地，使其透风易干，谓之抽路。（二○页）

挑河之法

【治河方略】挑河之法，固宜相土地之淤松以施浚，然亦有本无松土，不得不于淤处挑挖者，后水到之时，不比浮沙易刷，此等水中之淤，最难施力，必须初开之时，分外加深乃可。（卷一，六页，八行）【又】凡挑河，面❶宜阔，底宜深，如锅底样，庶中流长深，且岸不坍塌，如不用堤，须将土运于百余丈外，以免淋入河内。（卷八，三八页，五行）

【回澜纪要】大都河里挑河，底宽十五丈，照二收，随估挑之深浅，以定口宽之丈尺，老滩挑河，底宽二十丈，口宽亦照二收，总视土头是淤是沙，沙土不妨稍❷窄，淤土尚须加宽，仍须循旧河形，因势利导。（卷下，一三页，一一行）

斗子法

【山东运河备览】浚泥之最陷者，用斗子法，涂泥为坎，自

---

❶ 面　原书作"而"。

❷ 稍　原书作"少"。

下倒庢于上，出水堤外。（卷一〇，九页，四行）

【河工要义】泥最陷者用之，涂泥为坎，自下倒庢于上，出水堤外。

寄沙囊

【山东运河备览】沙堆既平，又虑岁岁挑浚，不久沙滩如故，复移沙于东，浚渠周围四五百步，东西短而南北长，俨如囊形，岁纳岁转，不使沙土久积，名之曰寄沙囊。康熙十九年运河厅任玑创制。（卷五，一九页，一四行）

放淤（进黄沟）（顺清沟）

【河防辑要】河工放淤，乃化险为平之一法，然（未）放以前，越堤必须增倍，放成之后，埽工不可废弃，有此二者，方为尽善。否则利未可知，而害已在目前，或利在目前，而害在日后，其实利轻而害重，不可不知也。

【河工名谓】利用河水淤垫沿河碱卤洼地，曰放淤。（二八页）【又】迎溜之处掘沟引水，曰进黄沟，放淤之处，挑沟以泄清水，曰顺清沟。（二八页）

放淤法

【河防辑要】有盘做里头，挖挑倒沟开放者。有由外滩挑沟开放者，有做木涵洞开放者，只要越堤坚实，无所不可。

贴帮垫口

【河工要义】贴帮垫口，皆挑河之病，贴帮与垫口相连，不垫口即❶不须贴帮。垫口者，将河内挑出之土，垫铺河口之上，垫口一尺，内外核算，计可少挖河深二尺。贴帮者以土倍铺坡之谓也，贴帮则挖河宽数，亦因之而缩❷减。（三

---

❶ 即　原书作"则"。

❷ 缩　原书作"偷"。

三页，一二行）

第二节　器具

　　宋李公义创铁龙爪、扬泥车浚河，同时黄怀信患其太轻，遂与公义别制浚川杷，均驾于舟上，行浅水中，舟过则泥去。又有混江龙，大体与浚川杷相仿。铁篦子乃混江龙之变相，以其形如篦子故名。铁扫帚亦附船拖带泥土之具。

铁龙爪（扬泥车）（浚川杷）（扬泥飞车）

　　【宋史·河渠志】宋神宗熙宁六年四月，始置疏浚黄❶河司。先是，有选人李公义者，献铁龙爪扬泥车法以浚河。其法用铁数斤为爪形，以绳系舟尾而沉之水，篙工急擢❷，乘流相继而下，一再过水已深数尺。宦官黄怀信以为可用，而患其太轻。王安石请令怀信、公义同议增损，乃别制浚川杷，其法以巨木长八尺，齿长二尺，列于木下，如杷状以石压之，两旁系大绳，两端矴大船，相距八十步，各用滑车绞之，去来挠荡泥沙，已，又移船而浚。或谓水深则杷不能及底，虽数往来无益；水浅则齿碍沙泥，曳之动❸，卒乃反齿向上而曳之。人皆知不可用，惟安石善其法，使怀信先试之，以浚二股，又谋凿直河数里，以观其效。且言于帝曰，开直河则水势分，其不可开者，以近河每开数尺，即见水不容施功尔，今第见水即以杷浚之，水当随杷改趋直河，苟置数千杷，则诸河浅淀，皆非所患，岁可省开浚

---

❶ 黄　原书作"六"。

❷ 擢　原书作"櫂"。

❸ 原书"动"上有"不"字。

之费几百千万。帝曰：果尔甚善。闻河北小军垒当起夫五千，计合境之丁，仅❶此数，一夫至用钱八缗。故欧阳修尝谓：开河如放火，不开如失火，与其劳人，不如勿开。安石曰：劳人以除害，所谓毒天下之民而从之者。帝乃许春首兴工，而赏怀信以度僧牒十五道，公义与堂除；以杷法下北京，令虞部员外郎、都大提举大名府界金堤范子渊与通判、知县共试验之，皆言不可用。会子渊以事至京师，安石问其故，子渊意附会，遽曰：法诚善，第同官议不合耳。安石大悦，至是乃置浚河司，将自卫州浚至海口，差子渊都大提举，公义为之属。许不拘常制，举使臣等人船木铁工匠皆取之，诸埽官吏奉给视都水监丞司行移，与监司敌体。当是时，北流闭已数年，水或横决散漫，常虞壅过❷。十月，外监丞王令图献，议于北京第四、第五埽等处开修直河，使大河还二股故道，乃命范子渊及朱仲立领其事，开直河深八尺，又用杷疏浚二股，及清水镇河，凡退背鱼肋河则塞之。王安石乃盛言用杷之功，若不辍工，虽二股河上流可使行地中。（卷九一，二三五页，二格，二一行）

【宋史·文彦博传】初，选人有李公义者，请以铁龙爪治河，宦者黄怀信沿其制为浚川杷，天下指笑以为儿戏，安石独信之，遣都水丞范子渊行其法。子渊奏用杷之功，水悉归故道，退出民田数万顷。诏大名核实，彦博言河用杷可浚，虽甚愚之人皆知无益，臣不敢雷同罔上。疏至，帝不悦，复遣知制诰熊本等行视，如彦博言。子渊乃请觐，言本等见安石罢，意彦博复相，故傅会其说。御史蔡确亦论本奉使无状，本等

---

❶ 原书"仅"下有"及"字。

❷ 过　原书作"遏"。

皆得罪，独彦博勿问。（卷三

一三，八四五页，二格，三

六行）

【八编类纂】扬泥飞车十乘，

以木为之，轮用铁皮包裹，

入水自行，高一丈，身长三

丈，用水自浚，止坐二人收

拾绳缆，转辘轳而回。（卷九三，四页）（图四四）

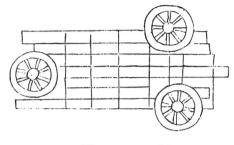

图　四　四

混江龙（泥犁）

【行水金鉴】曾见前辈文集中，有以混江龙浚河者，其制用
檀木造轴，沉水入泥随船行走，船行龙转，积泥随起。（卷
二八，一〇页，二一行）

【河器图说】车以硬木为轴，长一丈一尺五寸，围一尺二
寸，周身密排铁箭，两头凿孔，穿钩系绳，每车用轮三个，
每轮排铁齿四十，每齿长五寸，轮身用铁箍四道，间钉铁
扒❶如八卦式，用船牵挽而行，泥河❷翻动。顾尝试之，于
顺水尚可流行，逆水则船重难上，车亦无从置力。此外尚
有泥犁等具，均备疏浚之用，大约重则沉滞，轻则浮漂，
非利器也。姑存备考。（卷二，三〇页）（图四五）

【河工要义】初制混江龙时，以杏叶爬❸齿短而锐，挽以竹
篙，轻而无用，故创造此器，铁轴或木轴尺许，排列铁齿，
坠石沉底，用船拖带。（六七页，二行）

---

❶　扒　原书作"朳"。

❷　河　原书作"可"。

❸　爬　不能简化为"耙"，因为"耙"在不同读音时对应的工具不同，本丛书
中两种情况均有，故遵循底本，不作统一简化。

铁篦子（虎牙梳）

【河器图说】铁篦子，疏河之具。《物原》："神农作篦篦❶。"《诗·魏风》："佩其象揥。"揥，即今之篦子，取其疏利，铸铁以象形，故名。其制不一：大者如鹦鹉架，高六尺六寸，上嵌铁环一，下排铁齿十四，每齿长七寸；小者形如箕，高二尺八寸，上嵌铁环一，下排铁齿二十一，每齿长四寸五分。其用法，以大船一只，系铁篦子于船尾，往来急行，不使流沙停滞，但下水顺风张帆较快，若上水则两岸须用虾须缆，多人牵挽方可，倘船行稍缓，即无效矣，曾历试不爽。南河又有混江龙、虎牙梳等具，木质铁齿，稍为便捷，其用略同。（卷二，二九页）（图四六）

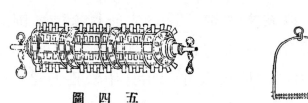

图 四 五

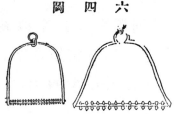

图 四 六

【河工要义】铁篦子乃混江龙之变相也，其形偏乎❷如篦子，故名。用时将铁篦子系于船尾，益以木制铁叶混江龙一具，俾刨刮翻扰诸作用一具❸全备。（六七页，一一行）

铁扫帚

【河工要义】用铁扫帚❹法，亦以浚船拖带，每船二具，分系梁端，大抵与搂草竹爬相似，形如扫帚，故名之也。（六七页，九行）

---

❶ 篦 原书作"箅"。

❷ 偏乎 原书作"扁平"。

❸ 具 原书作"器"。

❹ 原书"帚"下有"之"字。

浚船古有清河龙式之制，仅能施于运河。土槽船、行船、牛舌头船，均与浚船无异，惟大小不同。最近又有机器挖泥船，功效甚巨，轮机亦机器之一，附于船旁或底部，以挖刷沙泥。

浚船（垡船）

【河工要义】浚船又名垡船，亦即捞淤浚船也。（六四页，五行）

【河工图说❶】此具创自黄司马树穀，凡九舱，末一舱安舵为龙尾，其七为龙腹，每舱宽八尺，长九尺，高六尺，各自为体，联以铁钩，第一舱为龙头，长二丈，头上合二板，中安一柱，身❷即绞关也，柱下围以铁齿，柱后为龙口，口内之末，用铁为龙舌，舌上为龙喉，内衬铁皮。其法，以人推关，船自前进，齿动泥松，从舌入口，逆喉而上，出口落舱，舱❸满就堤卸泥，以次更换。卸异❹，复联成一龙。再柱凡十眼，水渐深则柱渐下，口亦渐长。又龙口内有物曰探泥，一曰格水，使水不得入喉，喉之外有板曰批水，象龙颊也，用以分水。腹之外有把，曰剔泥，象龙爪也，用以梳泥。龙之外又有小船，备探水深浅、系绳解卸等用，名曰子龙，其用法，以两龙系绳对缴，中距二十丈，龙既对头，河底自深。前人曾如法试之，运河不无小效，黄河则随过随淤，竟属无用。（卷二，三一页）（图四七）

土槽船

【河工要义】土槽船为浚船之一种，每只身长二丈，底宽二尺

---

❶ 指完颜麟庆所著的《河工器具图说》。
❷ 原书"身"前有"柱"字。
❸ 原书"舱"前有"一"字。
❹ 异 原书作"毕"。

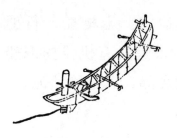

二寸，面宽四尺五寸。（六四页，一三行）

行船

【河工要义】行船为浚船之一种，每只长二丈二尺，底宽二尺四寸，面宽四尺五寸。（六四页，六行）

牛舌头船

【河工要义】牛舌头船为浚船之一种，每只一丈八尺，底宽二尺，面宽四尺二寸。（六四页，一五行）

圖　四　七

机器挖泥船

【河工要义】船式方长，向船腰以至船头，分开两叉如凹，罱泥船设备略同，不过易车为罱，运用较❶易耳。（六六页，六行）

轮机

【河工要义】轮机即汽机也，西人有轮机刷沙之法，法用特别轮船，分设四齿大轮叶数具，置诸船旁或底部，上下伸缩，皆可随意拨机运用。（六八页，六行）

挖石子河或刨槽，用铁镐。破除块壤，搜剔瓦砾，用九齿杷。破砂礓用双齿锄。捞拉浅水沙淤，用十二齿钯。刨挖芦根芟除水藻，用四齿爬，或用绞杆。除胶淤用五齿钯，泥稍坚者用方勺。

铁镐

【河工要义】挖石子河或刨槽用之，镐长二尺，一头锥形，一头斧形，中留圆孔，以便置柄，柄长约三尺余，镐之为

---

❶ 较　原书作"稍"。

用，刨插兼施。（六三页，一二行）

九齿杷

【河器图说】九齿杷，横木为首，锻铁为齿，每齿约长三寸，为破除块壤、搜剔瓦砾利器。（卷二，二一页）（图四八之1）

图 四 八

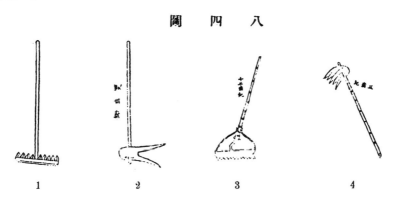

1　2　3　4

双齿锄

【河器图说】双齿锄，锻铁为首，形如燕尾，受以木柄，可破砂礓。（卷二，二〇页）（图四八之2）

十二齿钯

【河器图说】十二齿钯，铸铁为首，曲竹为柄，首长一尺五寸，宽四寸，厚三分，为捞拉浅水沙淤之器。（卷二，二一页）（图四八之3）

四齿爬

【河工要义】所以刨挖芦根，芟除水藻，扰动泥沙，使之随波下注。（六五页，六行）

绞杆

【河工要义】以长细竹竿为之，专备捞取菰蒋苲草之用。（六五页，一四行）

五齿钯

【河器图说】五齿钯，锻铁为齿，形长而扁，受以竹柄，

可除胶淤，为捞浚利器。（卷二，二〇页）（图四八之4）
方勺

【河工要义】以铁为平底，而周遭各高寸许，泥稍坚者用之。

插锹，兴工之初，必须插锹取土，故俗称兴工为插锹。牛犁本农具，可用浚浅，与混江龙等器略同。挨（排）〔牌〕、逼水板皆运河浚浅，用人力逼水行沙之具。
插锹

【河工要义】插锹者，兴工挑办之初，必须插锹取土，因插锹为土工最初第一事，是以俗呼兴工为插锹也。（三四页，二行）
牛犁

【河器图说】《广韵》："犁，垦田器。"《释名》曰："犁，利也。利则发土绝草根也。"利从牛，故曰犁。……工次进埽，前推后卷，恐人力不齐，犁亦必用之物，但其制与农具不同，且斫木而不治❶金耳。又疏浚引河有牛犁之法，所用犁即系农具，惟施之浅水则宜。（卷二，二七页）（图四九之1）

【河工要义】古来挑河有牛犁起土、装车运送之法，牛犁浚浅一法，其用略与混江龙等器相同。（六八页，二行）
木犁

【河器图说】见"牛犁"。（图四九之2）
挨牌

【河器图说】《六书故》："挨，旁排也。"扬子《方言》："强进曰挨。"《正字通》："凡物相近谓之挨。"挨牌、逼水板皆

---

❶ 治 原书作"冶"。

运河浅滞、纯用人力逼水行沙之具。其制，挨牌上下相同，逼水板上窄下宽，约高六七尺，宽三尺，中安横衬三道，两面横钉厚板，用人夫在背后擎托，立浅水处八字摆设，借以逼刷深通，然只能用于数丈之地，长则无益。（卷二，三三页）（图五〇之1）

逼水板

【河器图说】见"挨牌"。（图五〇之2）

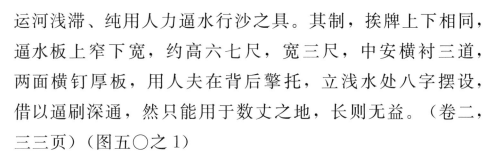

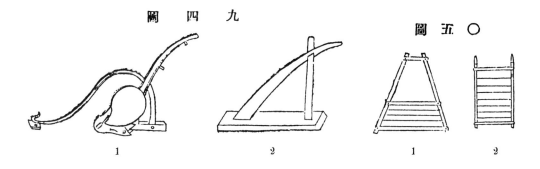

挑河必先戽水，用畜力者，曰水轮车。脚转动者，曰水车，又名翻车，地狭水浅处用戽斗。

水轮车

【河器图说】水轮车，其制与人踏翻车同，但于流水岸边掘一狭堑，置车于内，外作坚❶轮，岸上架木立轴，置一卧轮，适❷与竖轮辐支相间，用卫❸拽转，轮轴旋翻，筒轮随转，比人踏功殆将倍之。元王祯诗云："世间机械巧相因，水利居多用在人。可是要津难必遇，却将畜力转筒轮。"（卷二，二六页）（图五一）

---

❶ 坚　原书作"竖"。

❷ 原书"适"前有"其轮"。

❸ 卫　驴的别称。

水车（龙骨车）

【河器图说】水车，农家所以灌溉田亩、取水之具也，今河工用以去水，又名翻车。魏略以为马钧❶所作。王凤秲《名物通》："江浙间目水车为龙骨车。"其制除压栏木及列槛桩外，车身用板作槽，长可二丈，阔四尺❷至七尺❸不等，高约一尺，槽中架行道板一条，随槽阔狭比槽板两头俱短一尺，用置大小轮轴，同行道板上下通周以龙骨板叶，其在上大轴两端各带枴木四茎，置于岸上木架之间，人凭架上踏动枴木，则龙骨板随转循环，行道板水❹上岸。堤内积水无处疏通，日久不涸，当以此法治之。（卷二，二五页）（图五二）

圖 五 一

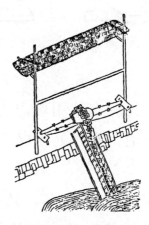

圖 五 二

【河工要义】水车亦舀水器也，较戽斗尤为便利，车底及其两旁各照车身长短，满钉木板，不致漏水，中间横档数道，上钉光滑竹木片，长与车身齐，横档上下，满做车叶，节

---

❶ 钧 原书作"钩"。
❷ 尺 原书作"寸"。
❸ 尺 原书作"寸"。
❹ 原书"水"上有"刮"字。

节活钉，状如蜈蚣，长抵车身之二倍❶有余，连环套接不断，叶之大小以能转还于车箱横档上下为限，车之上身，不钉车板，但两旁立柱数根（即是下车❷钉旁板之柱），下通车底，底部及中间横档数与立柱相同，斗榫衔接，以备钉车底板与竹木片之用。（六二页，八行）

翻车

【河器图说】见"水车"。（图见卷二，二五页前面）

戽斗

【河器图说】《广韵》："戽，杼也。"
《物原》："公刘作戽斗。"又戽以木
为小桶，桶旁尝系以绳，两人用以
取水，名曰戽桶。如堤内陂塘潴
蓄，地阔水深，宜用翻车；地狭水

圖 五 三

浅，宜用戽斗。南方多以木罂，北人多以柳筲，从所便也。
（卷二，二四页）（图五三）

【河工要义】挑挖运河，挖至见水，必须将水戽尽，方能施工，戽水之器，即戽斗也。戽斗以柳条编成斗式，斗口穿绳四根，用以戽水，故曰戽斗。（六二页，二行）

戽淤之具，有杏叶勺、杏叶杷、铁笆、吸笆、空心掀、勺、竹罱、铁罱、刮淤枚、刮板线袋、墩子、皮篙、十字马脚。

盛淤之器，有布兜、兜勺、柳斗、泥合子、合子掀、长柄泥合、长柄枚。

水基板，一名水基跳，河底泥泞无从着脚，覆板于上以仁足。

---

❶ 原书无"倍"字。

❷ 车　原书作"身"。

杏叶勺

【行水金鉴】治黄河之浅者，旧制列方舟数百如墙，而以五齿爬杏叶勺疏底，淤乘急流冲去之效莫睹也，上疏则下积，此深则彼淤，奈何以人力胜黄河哉！（卷二七，一四页，一八行）

杏叶杷

【河器图说】杏叶杷，锻铁为首，形如杏叶，受以木柄，为捞浚河底淤柴之器。（卷二，二一页）（图五四）

铁笆

【河器图说】《广韵》：“笆，竹名，出蜀郡，竹有刺者。”《竹谱》：“棘竹，骈深一丛为林，根若推论❶，节若束针，亦曰笆竹。”铁笆，铸铁象形为之，亦挑河疏淤之具也。（卷二，二八页）（图五五）

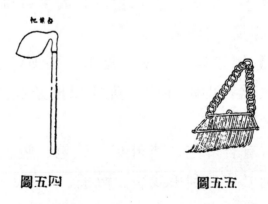

图五四　　　　　图五五

吸笆

【河器图说】《说文》：“吸，内息也。”《正字通》：“吸，引也。”《六书故》：“俗谓饮曰吸。”《篇海》：“笆竹有刺者。”《史记索隐》：“江南谓苇曰篱笆❷。”有竹斗编眼如篱，因名

---

❶　论　原书作“轮”。

❷　原书作“谓苇篱曰笆”。

笆斗。今治淤器有名吸笆者。其制，取斗口向下，两旁各系绳一，中贯竹竿，遇有沙淤积成土埝之处，用船排泊，人持一笆插入河底，时起时落，刻不停手，自得吸引之妙，历时既久，埝去河深矣。（卷二，二三页）（图五六）

空心掀

【河器图说】刳木中空，四面凿眼，钉布袋于锨❶后，用长竹为柄，前系一绳，捞浚稀淤，一人引绳，一人扶柄。（卷二，二〇页）（图五七）

圖 五 六

圖五七

勺

【河工要义】（勾）〔勺〕及布兜亦挑水活挖河之要具也。沙淤哄套，带水和泥，虽有筐锨，无能为力者，然借勺及布兜以代筐锨之用，势必束水无策，勺以舀之，布兜以盛之，须将稀浆舀尽，用布兜抬出，始能着手，用筐锨挑挖。（六三页，九行）

竹罥

【行水金鉴】取泥之法，用船千艘，船三人，用竹罥捞取淤泥，日可三载，月计九万载。

铁罥

【河器图说】《玉篇》："罥，夹鱼具。"《三才图会》："铧阔

---

❶ 锨　原书作"掀"。

而薄，翻覆可使。"今起土捞浅之具，有铁板，其首类铧，受以长木为柄。又有铁罱，铸❶如勺，中贯以枢，双合无缝，柄用双竹。凡遇水淤，驾船捞取，以此探入水内，夹取稀淤，散置船舱，运行最便。（卷二，二二页）（图五八）

罱具

【河工要义】罱具，用竹竿或木篙两根，长约一丈，其一端约在二尺地步，用绳捆扎，绳以下三角布兜一个，兜底尖角向上，兜口平面向下，适与杆端齐，两杆端依照兜口长短安置铁包竹片两块，联于兜口以便夹罱之用，用时浚夫站立船旁，将罱兜竖立河底，分开罱杆，用力翕张则兜在水底罱满泥沙，缓缓提起，倾诸舱内，但罱具最宜胶淤。（六五页，一〇行）

刮淤板

【河器图说】刮板❷，剡木为之，连柄长三尺，宽六寸，用之刮淤入合。（卷二，一九页）（图五九）

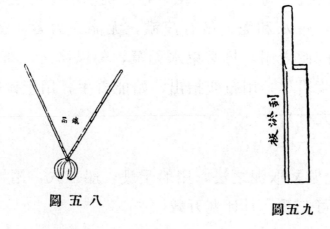

图五八　　　　图五九

---

❶ 原书"铸"下有"铁"字。
❷ 刮板　疑作"刮淤板"。

156

刮板线袋

【河工要义】用时将刮板布袋斜入河底，一手扶住袋杆，一手用刮板将沙泥刮入袋内，取起倾倒舱中，舱满运往他处卸却。（六六页，二行）

墩子、皮篙、十字马脚（拉木）

【河工要义】三者皆挖稀淤嫩淤及哄套河用之，淤套浅者用墩子，墩子亦曰枕杷，扎料成之，即捆把也。径一尺，长三尺，分行按档竖立哄套内，以便用宽厚跳板纵横搭架，使土夫得往来其上，如法做工。淤套深者，墩子不能着力，须用带皮杉篙扎成十字马脚，亦分行按档义立哄套内，再用拉木系于十字义处，俾十字马头不致倾倒，上承跳板以便土夫工作之用。其用皮篙之意，盖以皮篙虽入泥，亦不滑溜也。（六三页，四行）

布兜

【河器图说】见“柳斗”。（图六〇之1）

麻布兜

【河器图说】河工挑淤之具，布兜外尚有麻兜，长宽对方二尺四寸，口连四角，包系以绳，用之盛淤漏水。（卷二，一九页）（图六〇之2）

图 六 〇

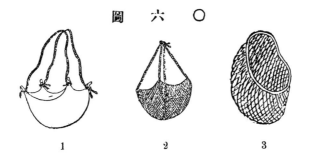

1　　　　2　　　　3

兜勺

【问水集】以铁为方口，系布为兜，以取泥几至斗许，泥稀

及溜沙用之。（卷二，三八页，一〇行）

柳斗

  【河器图说】《汉·律历志》："量者，龠、合、升、斗、斛也。十龠为合，十合为升，十升为斗，十斗为斛。"柳斗，柳条编成，口扎竹片，其形似斗，挑河戽水用之。若挑河挑出稀泥，筐不能承，用布兜为佳。（卷二，一八页）（图六〇之3）

图 六 一　泥合子

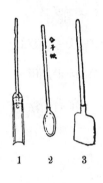

  【河器图说】泥合子，坚木为之，宽尺二，长尺八，高四寸，中安提把，用之戽淤转贮。（卷二，一九页）

合子掀

  【河器图说】剡木为首，中凹如勺，四围镶铁，可盛稀淤。（卷二，二〇页）（图六一之2）

长柄泥合

  【河器图说】长柄泥合，坚木为柄，长四尺六寸，柳木为首，长一尺四寸，状如蒲锹，边高中凹，相接处加束铁箍、铁锔，用之摔淤于远。（卷二，一九页）（图六一之1）

长柄枚

  【河器图说】长柄枚，系挑河出淤之具，柄长则摔远，以便人立河槽洼处，摔淤于岸也。（卷二，四页）（图六一之3）

水基板（水基跳）

  【河器图说】水基板，一名水基跳。河底泥泞，无从着脚，用木配成板，或用大竹以谷草拧缳，排做如地平式，长一二丈。人立在上，如履平地，得以挑挖。扬子《方言》："基，

据也，下❶物所依据也。"人在泥中，板有所据，故曰水基。（卷二，一六页）（图六二）

神浚具：如意轮、扬沙锡、双拖泥扒、短拖泥扒、自在河车、滚沙轮、常转轮、开沙辇、淘沙船、搯江辗、混江轴、百节帚、伏波艇、披河排、锁泥鳅、八（浆）〔桨〕❷船、刷江帚、定波缆、开江犁、驱山鞭、四桨船、千里健步、绕江桴、夜游巡、法轮、双推轮、阔口扒、（开）〔阔〕齿扒、扬沙大锡、单拖泥扒、推沙刨、大推沙刨、浚浅筏、吸沙桴、开口铁扒、长柄铁扒、短柄铁扒、阔罱头、窄罱头。

如意轮

【八编类纂】如意轮有单轮夹轮，自二尺八寸高至三丈皆可用。单轮依旧制，夹轮高二尺八寸，厚一尺四寸至尺六止，高一丈者，二尺四寸至三尺六止，轮口带开沙斧。（卷九三，二页）（图六三）

 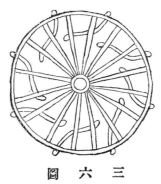

图六二　　　　　图　六　三

扬沙锡

【八编类纂】扬沙锡二百，以铁为之，重五斤，长竹柄。每件铁楞铁齿如梯样，长一尺五寸，头阔四寸，根阔六寸，

---

❶　原书"下"上有"在"字。

❷　浆　当作"桨"。以下径改。

仰掌形，齿用九九，每齿阔二寸，长一寸，连竹柄。（卷九三，二页）（图六四）

双拖泥扒

【八编类纂】双拖泥扒二百，以木为横梁，铁齿，长毛竹柄。每件梁长三尺，径五寸，两旁横梁径二寸，铁齿八根，穿过两头，露齿一寸三，梁中间各空一寸，连竹柄。（卷九三，三页）（图六五）

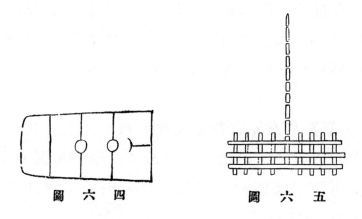

图 六 四　　　　图 六 五

短拖泥扒

【八编类纂】短拖泥扒一千，以木为之，柄尾用铁圈或篾圈，每件梁长三尺，径五寸，齿用八根，阔一寸六分，厚一分，穿过两头，各露一寸，铁箍四道，俱实坚木为之。（卷九三，三页）（图六六）

自在河车

【八编类纂】自在河车十乘，以木为之，轮俱铁皮包裹，入水自行；轮高一丈，身长三丈六尺，用水自浚，只坐二人，收拾绳缆转辘轳以回。（卷九三，四页）（图六七）

滚沙轮

【八编类纂】滚沙轮十乘，以木为之，包裹轮如前，用四双轮，入水自行；轮高一丈，身长三丈六尺，阔一丈二尺，

床下用二层割水板，余如前。（卷九三，五页）（图六八）

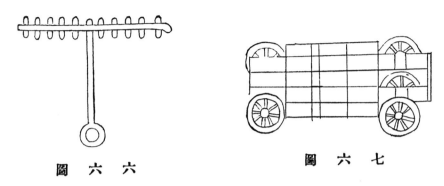

圖　六　六　　　　　　　　圖　六　七

常转轮

【八编类纂】常转轮十乘，以木为之，铁皮包轮，入水自行；轮高一丈，长五丈，阔二丈，身系拖泥扒，尾带刷江篙，此轮往回一次，河深一尺，坐二人，收缆而转。（卷九三，五页）（图六九）

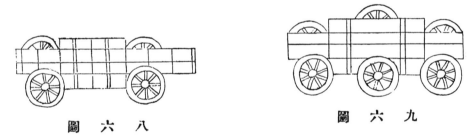

圖　六　八　　　　　　　　圖　六　九

开沙辇

【八编类纂】开沙辇十乘，以木为之，四轮铁包。带开沙斧，入水自行；四轮高一丈，长六尺，阔二丈，前后上下四层，水推板尾，拖割沙扒，此辇往回五次，平地可行舟。（卷九三，六页）（图七〇）

淘沙船

【八编类纂】淘沙船一千，每舡载浚夫一名，用厚板打造；用大浅舡价多，不足以❶用，淘沙舡名最妙，价廉可多置。

---

❶　以　原书作"于"。

（卷九三，六页）（图七一）

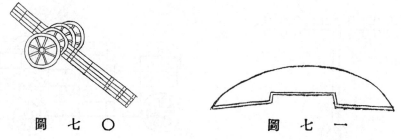

图 七 〇   图 七 一

掺江辗

【八编类纂】掺江辗一千，以铁为之，大舡方可不造而自足用，斯为妙矣，惟利于顿，不利于渐。（卷九三，七页）（图七二）

混江轴

【八编类纂】混江轴一千，以木与铁为之，舡随其器为妙，顿渐皆可用。（卷九三，七页）（图七三）

图 七 二   图 七 三

百节帚

【八编类纂】百节帚一千，以木为之，每舡一只，用水手四名，该四百名，可当大一千。（卷九三，八页）（图七四）

伏波艇

【八编类纂】伏波艇三百，该水手六百名，篷猫具全，即此一千二百，可当一万。（卷九三，八页）（图七五）

披河排

【八编类纂】披河排一百，水手六百名，以竹为之。（卷九

三，九页）（图七六）

圖 七 四　　　　　　　圖 七 五

锁泥鳅

【八编类纂】锁泥鳅一百，以竹为之，水手二百名。（卷九三，九页）（图七七）

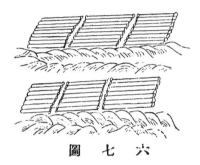 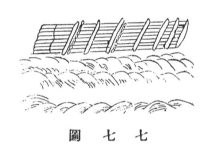

圖 七 六　　　　　　　圖 七 七

八桨船

【八编类纂】八桨船用八桨，共二十只，水手一百六十名，以备差使。（卷九三，一〇页）（图七八）

刷江帚

【八编类纂】刷江帚一千，以铁为之，重十斤。（卷九三，一〇页）

开江犁

【八编类纂】开江犁三百，以铁为之，专利（用）于渐，不可轻用于顿。（卷九三，一〇页）（图八〇）

定波缆

【八编类纂】缆有二：一以铁为之，一以竹为之。与常用者

同，在手随宜而用之。（卷九三，一一页）（图八一）

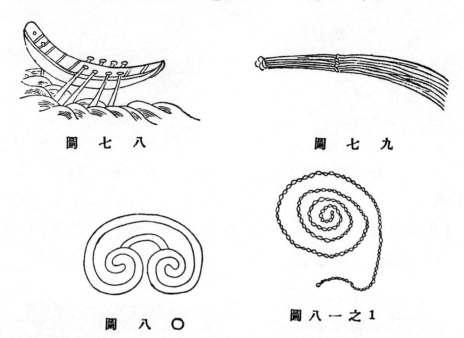

圖 七 八　　　　　圖 七 九

圖 八 〇　　　　　圖 八 一 之 1

驱山鞭

　　【八编类纂】驱山鞭，以竹为之。（卷九三，一一页）（图八二）

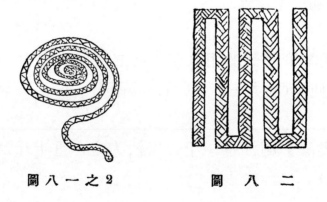

圖 八 一 之 2　　　　圖 八 二

四桨船

　　【八编类纂】每船四桨，用一百只，水手四百名，以备顿浚。（卷九三，一一页）

千里健步

　　【八编类纂】二十，以木为之，用报水信，于顿最妙。（卷

九三，一一页）

绕江桴

【八编类纂】一百，以木为之，制似披河排，用水手二百名，夫二百名。（卷九三，一一页）

夜游巡

【八编类纂】一千，以木为之，可备夜浚，惟利于渐，不利于顿。（卷九三，一一页）

法轮

【八编类纂】法轮一百，以坚木为之，铁板为齿，槁木为柄；每件高二尺四寸，厚一尺二寸，两边带开沙泥斧数片，一人可推。（卷九三，一二页）（图八三）

双推轮

【八编类纂】双推轮二百，以坚木为之，铁板为齿，槁木为柄，每件高三尺，厚一尺四寸，两边带开沙铁斧数片，二人共推。（卷九三，一二页）（图八四）

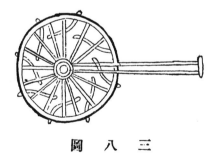

图 八 三　　　　　　图 八 四

阔口扒

【八编类纂】大阔口扒二百，以铁为之，重千❶斤，连梢毛竹作柄；每件阔一尺八分❷，齿长二寸六分，下匾上方，用

---

❶　千　原书作"十"。

❷　分　原书作"寸"。

铁管柄连毛竹柄。（卷九三，一三页）（图八五）

阔齿扒

【八编类纂】阔齿扒一百，以铁为之，重五斤，长梢竹作柄；每件阔一尺二寸，铁齿长三寸六分，下匾上方，用铁管柄，连竹柄。（卷九三，一三页）（图八六）

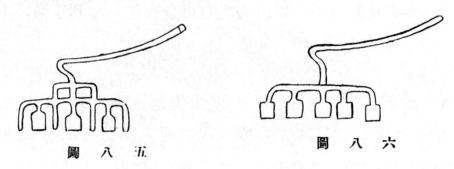

图 八 五　　　　　　　　　　图 八 六

扬沙大锡

【八编类纂】扬沙大锡二百，以铁为之，重十斤，毛竹作长柄；每件如前式，中多一梁，齿用十六。（卷九三，一四页）（图八七）

单拖泥扒

【八编类纂】拖泥扒一百，以木为之，横梁铁齿，连稍竹作柄；每件梁长二尺，径四寸，齿厚一分，阔一寸，露梁一寸二分，或八齿十齿任用。（卷九三，一四页）（图八八）

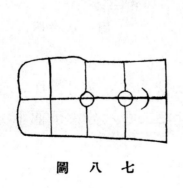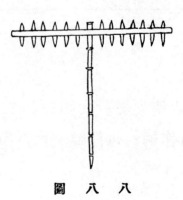

图 八 七　　　　　　　　　　图 八 八

推沙刨

【八编类纂】推沙刨一百,以木为之,铁齿长竹柄共重五斤,每件长二尺,头阔五寸,根阔六寸,厚一寸六分,每刨用齿三片。(卷九三,一五页)(图八九)

大推沙刨

【八编类纂】大推沙刨二百,以木为之,铁齿重一十二斤,长毛竹柄;每件长二尺四寸,头阔八寸,根阔一尺,厚二寸,每刨用齿二对,刨面如舡底形。(卷九三,一五页)(图九〇)

图 八 九

图 九 〇

浚浅筏

【八编类纂】浚浅筏一千,每筏用杉木二十五根,每筏用夫二名;杉筏可耐久,浚毕可更他用。(卷九三,一六页)(图九一)

吸沙桴

【八编类纂】吸沙桴三百,每桴浚夫二名,以大毛竹九节为之;大毛竹每根银一钱,每桴并横栓毛竹,共银一两。此桴潮来则浮,潮去则拽,置于干滩,比舡较轻且便。(卷九三,一六页)(图九二)

开口铁扒

【八编类纂】一千副,连竹稍❶为柄。(卷九三,一七页)

———

❶ 稍 原书作"梢"。

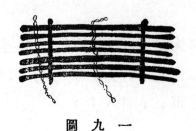

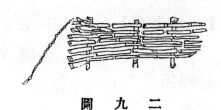

圖 九 一 　　　　　　　　　　圖 九 二

长柄铁扒

　　【八编类纂】一千副，连竹稍为柄。（卷九三，一七页）

短柄铁扒

　　【八编类纂】一千副，以竹为之❶柄。（卷九三，一七页）

阔罱头

　　【八编类纂】一千副，以竹为之竿。（卷九三，一七页）

窄罱头

　　【八编类纂】一千副，以铁为之竿。（卷九三，一七页）

---

❶　原书无"之"字。

第六章　埽

第一节　名称

埽，即古之茨防，又称奠，用以护堤或塞决者也。大者曰埽，小者曰由。

埽（茨防）（奠）（由）（埽岸）（入水埽）（争高埽）（陷埽）（盘簨）

【宋史·河渠志】辫竹纠芟为索。以竹为巨索，长十尺至百尺，有数等。先择宽平之所为埽场。埽之制，密布芟索，铺梢，梢芟相重，压之以土，杂以碎石，以巨竹索横贯其中，谓之心索。卷而束之，复以大芟索系其两端，别以竹索自内旁出，其高至数丈，其长倍之。凡用丁夫数百或千人，杂唱齐挽，积置于卑薄之处，谓之埽岸。既下，以橛臬阂之，复以长木贯之，其竹索皆埋巨木于岸以维之。遇河之横决，则复增之，以补其缺。凡埽下，非积数叠，亦不能遏其迅湍。又有马头、锯牙、木岸者，以蹙水势护堤焉。（卷九一，二三三页，三格，四四行）

【河防通议】埽之制非古也，盖近世人创之耳，观其制作，亦椎轮于竹楗石蒀也。今则布薪刍而卷之，环竹絙以固

169

之，绊木以系之，挂石以坠之，举其一工以称之，则曰橐。案：橐音混，《字书》：大束也。橐既下，又以薪刍填之，谓之盘篅，两橐之交，或不相接，则以网子索包之，实以梢草塞之，谓之孔塞盘篅。孔塞之费，有过于埽橐者，盖随水去者大半故也。其橐最下者，谓之扑崖埽，又谓之入水埽。橐之最居上者，谓之争高埽。河势向著恐难固护，先于堤下掘坑卷埽以备之，谓之陷埽。叠二三四五而卷者，盖河堨皆沙壤疏恶，近水即溃，必借埽力以捍之也。下埽橐既朽，则水埽❶而去，上橐压下，谓之实垫，于上又卷新埽以压之，俟定而后止。（卷上，二〇页，四行）

【至正河防记】治埽一也，有岸埽、水埽，有龙尾、拦头、马头等埽，其为埽台即推卷牵制埋挂之法，有用土、用石、用铁、用草、用木、用杙、用絙之方。（四页，三行）

【治河方略】以竹络实以小石，每埽不等，以蒲苇绵腰索径寸许者从铺，广可一二十步，长可二三十步，又以拽埽索鈎，径三寸或四寸，长二百余尺者衡铺之，相间复以竹苇麻苘大缚，长三百尺者为管心索，就系绵腰索之端于其上，以草数千束多至万余，匀布厚铺于绵腰索之上，囊而纳之，丁夫数千，以足踏实，推转稍高，即以水工二人立其上而号于众，众声力举，用小大推梯推卷成埽❷。【又】镶边裹头，必须用埽，急❸欲闭合龙门之时，包土稍缓，应速卷大埽，立时填塞断流，修❹建滚水石闸等项，应先筑拦水小

---

❶　埽　原书作"刷"。

❷　出处待考。

❸　埽，急　原书作"埽者，有急"。

❹　流，修　原书作"流者，有修"。

坝，于闸工告成之日，原应毁废，俾水流通，若❶下桩包
土，恐日后难于毁坏，宜仍用埽。（卷五，二九页，一二行）
【河器图说】埽，即古之茨防。高自一尺至四尺，曰由；自
五尺至一丈，曰埽。《史记·河渠书》"下淇园之竹以为楗"
是也。其贯于埽中而两头余出甚长者，曰楸❷头；连埽两头
所捆者，曰边战；连埽外通身皆捆，每离五尺一根者，曰
底钩；埽中段用缧子捆扎者，曰滚肚：皆为系埽之绳。逐项
有橛，橛长四五尺、五六尺不等。埽名不一，有等埽、迈
埽、肚埽、面埽、套埽、护厓、磨盘、雁翅、鼠尾、萝卜
之别。又有龙尾埽，代❸大柳树，连梢系之长堤，根随水上
下，破齿❹岸浪，俗名曰挂柳。从铺、衡铺，即俗谓丁厢。
管心索，即俗谓揪头绳。其分上下水揪头者，凡埽下水头
必高上水头二三尺不等，拉时须从下水头先拉两号，然后
一齐叫号，两头自然平整。埽初下时，未曾得底，绳抉须时
时派兵看守，缘揪头过松则无力，钩战过紧则发橛。迨埽
沉水即行加厢，每尺压土五寸，厢二尺用骑马一路，俟埽
平水，签钉长桩，钉桩须靠山、迎上水，不宜陡直，否则
防推埽离当。倘水深溜急，新做之埽身轻，难以下坠，每
坯必高，厢料厚四五尺不等，再点花土，如已得底，方可
用重土按坯盘压。但此论寻常厢做，设遇脱胎陡垫❺，即为
抢厢，顾名思义，自当以速为主，而厢做之法，仍不外是。
（卷三，一页）（图九三，九四）

---

❶　原书"若"上有"今"字。
❷　楸　原书作"揪"，以下径改。
❸　代　原书作"伐"。
❹　齿　原书作"啮"。
❺　垫　原书作"蛰"。

【河工要义】埽者，所以护岸而捍水者也。或称埽段，亦曰埽个。堤系积土而成，溜逼堤根，时虞汕刷，于是就堤下埽，以御水势，喻诸战事，埽实堤工之前敌也。（一〇页，一二行）

【河工名谓】桩绳联结柴薪而成之，一种捍水护岸工程。（六页）

圖 九 三　　　　　　　圖 九 四

以其材料之不同而言可分竹楗、柳埽、石埽、秸埽、砖埽、灰埽数种。

竹楗

【史记·河渠书】自河决瓠子后二十余岁，岁因以数不登，而梁楚之地尤甚。天子既封禅，巡祭山川，其明年旱，乾封少雨，天子乃使汲仁、郭昌发卒数万人，塞瓠子决。天子❶……自临决河，沉白马、玉（壁）〔璧〕于河，令群臣从官自将军已下，皆负薪窴决河。是时东流❷郡烧草，以故薪柴少，而下淇园之竹以为楗。（《史记》卷二九，一一八页，四格，一〇行）

柳埽

【新治河】如遇绞边顺溜、回溜，堤坦被刷生险，如做秸埽工料不及，近来发明一种柳枝埽，既省且速，做法由春厢

---

❶　原书"天子"前有"于是"二字。

❷　原书无"流"字。

工作时审定地势，先筑埽台（即土埽心），外面距埽台一尺外，斜钉细❶长签，向上收分，相离六七寸一根，再用细柳枝横排密编签上，似编笆然，编高一丈❷，靠笆一面先用软草密填，将笆缝堵严，免致汕土，里面用土夯筑坚实。（上编，卷二，一六页，二行）

【河工用语】柳编者，曰柳埽。（五期，专载四页）

石埽

【河工用语】石修者，曰石埽。（五期，专载四页）

秸埽

【河工用语】以秸料修者，曰秸埽。（五期，专载三页）

砖埽

【河工用语】砖修者，曰砖埽。（五期，专载四页）

灰埽

【河工用语】用三合土修者，曰灰埽。（五期，专载四页）

险将至而旱地下埽者，名曰等埽。险已至而挑槽下埽者，是谓搂崖埽。顺堤根初下之埽，曰肚埽，其迎水一面，曰面埽。埽外下埽，曰迈埽。肚埽、迈埽并筑，统称二路一层。沉水埽上加埽谓之套埽，若再埽上套埽，是谓二路二层。

等埽

【治河方略】险将至而旱地下埽者，名曰等埽。（卷一〇，一三页，五行）

【河工简要】河势较近，水长必险之地，预在干地挑槽卷下埽个，以待水长抵御，名曰等埽。（卷三，三页，五行）

---

❶ 原书"细"下有"直"字。

❷ 丈　原书作"尺"。

（图九五）

【河工要义】河势距堤较近，水长必生险工，预在旱地挖槽，做埽以备河溜靠溜[1]之用者，名曰等埽。（一三页，三行）

【河工名谓】预修埽段于旱地，以待水至者，曰等埽。（八页）

搂崖埽

【新治河】（顺厢）遇绞边溜急，刷汕坍土，丁厢不及，作此埽以护之，取其埽身小而成功易也。（图九六）

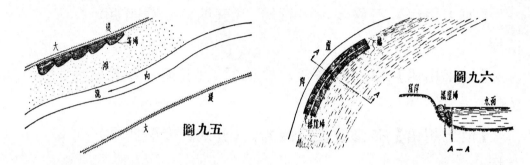

图九五

图九六

A—A

【河工要义】紧贴崖岸，做龙尾埽段，谓之搂崖，其用法与下龙尾埽同。（一二页，一行）

肚埽

【治河方略】顺堤根初下者，谓之肚埽。（卷一〇，一三页，六行）（图九七）

【河工要义】内外并下埽段二路，迎水一面为之面埽，靠堤一面为之肚埽。（一一页，四行）

【河防辑要】顺堤根下埽者，谓之肚埽。初下之护崖，谓之肚埽。如并归二路，内路即为肚埽。

【河工名谓】下埽数路靠堤初下之埽，曰肚埽。（七页）

面埽

【治河方略】埽外迈埽，谓之面埽。（卷一〇，一三页，七

---

[1] 溜　原书作"堤"。

行）（图九七）

【河工简要】上下二三埽，其在上者，即为面埽，或下埽二三路，其外面一路即为面埽。（卷三，一页，一三行）

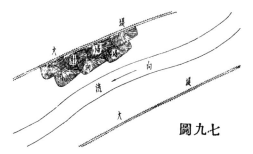

圖九七

【河防辑要】凡埽有二三层者，在上一层，即为面埽，或平下二三路者，外面一路，亦为面埽。

【河工名谓】下埽数路，其外面，曰面埽。（八页）

迈埽

【河工要义】河溜冲激，势非一路边顺埽所能抵御者，埽外再行迈出一路，谓之迈埽。一迈不已，得以再迈，须视河形水势酌量定夺。迈埽即上迎水一面之面埽也。其内一路或二路，皆为肚埽，又上下接连在二三埽以上者，其最上之第一埽，亦曰面埽，然不得谓迈埽也。（一一页，五行）

【河防辑要】因势涌溜猛，一路单埽薄不足以御敌，埽外下埽曰迈埽，又曰面埽。【又】乃埽外再下以帮埽也。

二路一层

【新治河】下埽又分层路，竖分上下为层，横分内外为路，顺堤根初下者，谓之肚埽。（里面）埽外迈埽，谓之面埽。（外皮）此为二路一层。（上编，卷二，二一页，七行）

【河防辑要】如止有迈埽、肚埽两个，而不加套埽，则曰二路一层。盖路者，指埽之并肩者而言，层则指上下重叠而言也。

沉水埽

【河工简要】水❶之下者，即为沉水埽。（卷三，一页，一七行）

---

❶ 原书"水"上有"在"字。

【河工名谓】卷埽之时，内加砖石易沉到底者，曰沉水埽。
（九页）

套埽（二路二层）

【治河方略】沉水埽上加
埽，谓之套埽。（卷一〇，
一三页，八行）（图九八）

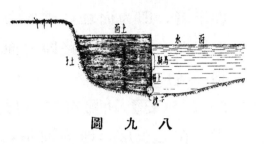

圖 九 八

【河工简要】水深埽矮不
能沉底，再用套埽联签，下坠二三四五层，层叠尽用，名
为套埽。（卷三，一页，一五行）

【河防辑要】凡水深埽矮，不能沉底，再行加埽，联签下
坠，二三四层尽用，即为套埽。【又】是两路一层，沉水埽
上加埽，谓之套埽。【又】若再埽上套埽，仍曰套埽，便谓
之二路二层。【又】乃埽上重加之埽也，近用加厢，套埽
废矣。

【河工名谓】一埽套一埽，曰套埽。（八页）

兜缆下埽，堵塞支河者，曰神仙埽，又曰兜缆埽。边埽两

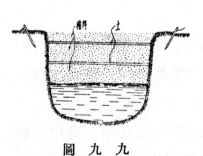

圖 九 九

面对头捆下大埽，
势若关门，曰门埽，
又曰关门埽。耳子
埽，以其形如耳，故
名。戗埽形圆如半月，
或作椭圆斜长，
以一埽为限，用以防闸坝或金门下之回
溜。两埽接口处，所下之埽，曰接口
埽。凤尾埽、萝卜埽，头大尾小，鼠头
埽则头细尾大，堵塞决口用之。

神仙埽（兜缆埽）（吊缆镶）（金门兜子）

【治河方略】水溜而深者，两岸盘镶马头，用物料迎溜，吊

缆软镶，背后跟土填堵，一名吊缆镶，一名神仙埽。（卷一〇，二一页，四行）

【河工简要】如支口之河❶，其形势小者，在于口门两边，兜起绳缆，用柴铺于绳❷上，（层柴）层土厢❸压到底，一名神仙埽，一❹名兜缆埽。（卷三，二页，一四行）

【河工要义】大工合龙，两坝进占，察其形势，酌留金门两面兜起绳缆，用料铺于绳上，层料层土，镶压到底，名曰神仙埽，又曰兜缆埽，在永定河称为金门兜子，堵截支河亦用之。（一二页，五行）

【河工名谓】上水预做大埽与口门等，做就放入口门，层料层土追压到底，谓之神仙埽。【又】又兜缆下埽堵塞支河者，曰神仙埽，一曰兜缆埽。（一〇页）

门埽（关门埽）

【河工简要】凡堵塞❺支河两岸建筑坝台，对面卷埽❻，形如闭户，名曰门埽。（卷三，三页，三行）（图一〇〇）

【河工要义】门埽亦曰关门埽。大工合龙，两坝跟❼下边埽，及至金门故❽窄，神仙埽镶压到底，边埽两面对头捆下大埽，势若关门，是以名之。（一二页，七行）

【河工名谓】堵截支河，对面下埽，相对如门者，曰门埽。（一〇页）

---

❶ 支口之河　原书作"支河之类"。

❷ 原书"绳"下有"缆"字。

❸ 厢　原书作"镶"。

❹ 一　原书作"又"。

❺ 塞　原书作"截"。

❻ 两岸建筑坝台，对面卷埽　原书作"两边，岸立坝台，对曰卷埽"。

❼ 跟　疑作"根"。

❽ 故　原书作"收"。

耳子埽

　　【河工名谓】埽形似耳者，曰耳子埽。（九页）

馂埽（馒头埽）

门埽图

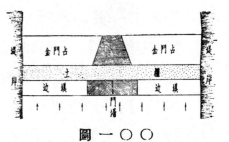

圆一〇〇

　　【河工要义】坝埽以下及闸坝金门堤外帮，往往有用馂埽之处；其形圆如半月，或作椭圆斜长，但以一埽为限，接连二三埽者，即是雁翅，其用法专防回溜搜后而设，亦所以揸柱上扫，或其堤脚者也。又有以斜长者为雁翅埽，以半圆及椭圆者为馒头埽，皆随人口称之而已。（一二页，一五行）

接口埽

　　【濮阳河上记】于两占接合之处，用以堵塞漏患者，谓之接口埽。每段占埽做成接口之处，亟须留意，遇有埽眼，上口赶做接口埽，以堵其隙。至合龙以后，尤宜注意下水有无翻花，有则即是漏患。（甲编，六页，九行）

　　【河工名谓】堵口所进各占于两埽接口处所下之埽，曰接口埽。（一〇页）

凤尾埽

　　【河防辑要】乃头大尾小，合龙门之埽也。

　　【河工名谓】护岸挂柳者，曰凤尾埽。【又】其埽形似凤尾者，曰凤尾埽。（九页）

萝卜埽（老鼠埽）

　　【治河方略】凡埽坝要小头大尾，一名老鼠❶埽，一名萝卜埽，上水小头，下水大头，以便二埽小头藏于大头之内。（卷一〇，一三页，一二行）

---

❶　老鼠　原书作"鼠尾"。

178

【河工简要】凡合龙之处，口门必系上水宽，下❶水窄，须下大头小尾埽个，形如萝卜，故名萝卜埽。（卷三，二页，一二行）（图一〇一）

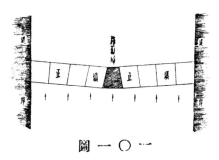

圖 一〇一

鼠头埽

【行水金鉴】塞将完时，水口渐窄，水势益涌，又有合口之难，须用头细尾粗之埽，名曰鼠头埽。俾上水口阔，下水口收，庶不致滚❷失而塞工易就也。（卷三六，五页，二行）

【治河方略】塞决口❸将完时，水口渐窄，水势益涌，又有合口之难，须用头细尾粗之埽，名曰鼠头埽。俾上水口阔，下水口收，庶不致流失而塞工易就也。（卷八，三一页，九行）

埽身窄狭而紧贴堤埝者，曰边埽。包滩埽、护崖埽，名异实同，均为保护滩岸之被大溜汕刷者也。马头埽亦护岸之一种，并具挑水之功。护根干埽，卫护堤根埽湾之用。龙尾埽，系挂连梢大树于堤旁，以破啮岸浪者也，又称挂柳。龙尾小埽，防风用之。埽之在一段中最吃紧者，曰当家埽。

边埽（边埽占）

【河工简要】埽临水面尚宜二❹三四层者，即为边埽。（卷三，一页，一八行）（图一〇二）

【河防辑要】漫水护崖，即为边埽。【又】乃闭口埽工，两

---

❶ 原书"下"前有"而"字。
❷ 滚　疑作"流"。
❸ 原书无"决口"。
❹ 宜二　原书作"有工"。

边帮之下顺埽也。

【河工名谓】埽身窄狭而紧贴堤埝者，曰边埽。（九页）

【河工名谓】边埽所进之占，曰边埽占。（三二页）

包滩埽

【河工简要】堤根低洼，河势渐近，滩岸❶日渐塌❷卸，势（在）借滩以抵全流，必须卷下❸埽个，以御刷卸旁泄❹，名曰包滩埽。（卷三，二页，六行）

【河工要义】堤根洼下，河水距堤较近，溜一靠堤，堤防吃紧，不足以资保固，势非借前面淤滩以抵全河大溜不可。若淤滩被❺汕刷，日渐塌卸，必须卷下包滩埽个，以御刷卸串泄之患，因名之曰包滩埽。（一二页，二行）

护崖埽（护沿埽）（护埝埽）

【河工简要】因崖岸离堤较近，且系漫水不时冲刷，须下边埽护崖，名为护崖埽。（卷三，二页，三行）（图一〇三）

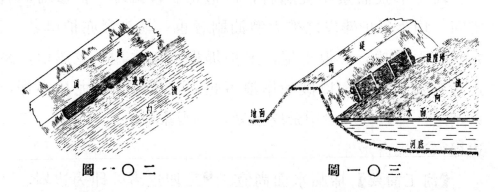

圖一〇二　　　　　　圖一〇三

【河工要义】崖岸离堤较近，河水因崖不时汕刷，恐络续坍

---

❶ 原书"岸"下有"土地"。

❷ 塌　原书作"刷"。

❸ 原书"下"后有"包滩"。

❹ 泄　原书作"流"。

❺ 原书"被"下有"水"字。

陷，水靠堤根，不可收拾，即就崖岸顺下护崖边埽，谓之护崖埽。此多用于兜湾膊肘之处，盖虞水至堤根，势成入袖也。（一一页，一四行）

【河防辑要】临河下埽，总而言之曰护崖，曰鱼鳞。护崖者，紧靠堤根，挨顺而下，以护堤根之崖岸也。鱼鳞者，即此护岸埽，假如接下数个，每个须小头大尾，挨次以下，埽之小头，藏于上埽之大尾内，形如鱼鳞者是也。【又】因崖岸离堤较近，且系漫水，不时汕刷，须下边埽护崖，即为护崖埽。

【河工名谓】傍堤埝下桩，薄铺料束者，曰护沿埽，亦曰护崖埽，亦曰护堰埽。（一〇页）

马头埽

【问水集】河性湍悍，如欲杀北岸水势，则疏南岸上流支河，上策也。然支河或不顺水势，则虽开而复淤。旧有马头埽之制，盖卷埽出河丈余，稍顺水势，连出数埽，虽终不能御，然水性极悍，一有所触，即折而他往，连触数埽，有坏即补，多因之而全岸者，亦不可废也❶。

护根干埽

【治河方略】凡堤系埽湾，须预下干埽，以卫堤根，此埽须土多料少，签桩必用长壮，入地稍深，庶不坍蛰。（卷八，三四页，一二行）

龙尾埽

【河防一览】黄河大发之时，用以防风❷。（图一〇四）

---

❶　出处待考。

❷　出处待考。

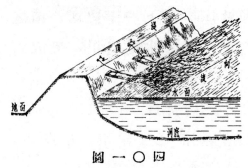

图一〇四

【治河方略】埽亦有名龙尾，又曰萝卜，皆头大尾小之形也❶。

【又】伐大树连梢，系之堤旁，随水上下，以破啮岸浪者也。（卷七，一一页，一行）

【新治河】溜逼堤根，不及做埽，或埽已陡垫❷，不及补厢，用此可以救急。法以大❸树连皮带枝❹伐来，以绳系桩，倒挂水中，可以抵溜，可以挂淤，十余枝❺为一排，每排用绳编联，恐单株见溜滚摆，转致伤堤。（上编，卷二，一五页，一〇行）

【河工要义】缘堤有分流沟槽，或深坑陡崖者，一经盛涨，虑其冲堤刷岸，须于堤内排钉桩木，用一尺高埽由，联络签套，量度地形高下、河门宽窄、水势浅深，以定埽由。层数之多寡，自二三层至十数层，相机应用，以其形像，故曰龙尾。（一二页，九行）

【河工名谓】用埽由联络签套，或三四层或十数层，形似龙尾编排者，曰龙尾埽。（一〇页）

挂柳

【河工名谓】将柳树连枝带叶系于迎溜之滩岸，以为缓溜护险之用者。（一一页）

---

❶ 出处待考。

❷ 垫 原书作"蛰"。

❸ 原书"大"下有"柳"字。

❹ 连皮带枝 原书作"连枝带叶"。

❺ 枝 原书作"株"。

龙尾小埽

见前"风防"。(第四章第三节)

当家埽

【河工用语】埽之在一段险工中最吃紧者，曰当家埽。(五期，专载四页)

埽之本身，曰埽身。埽身之内部，曰埽心。埽之上顶，曰埽顶，或曰埽面。埽之底部，曰埽底。埽底之外边，曰埽根，又曰埽耳。埽身之周边，曰埽口。埽面迎水一面之埽唇，曰埽眉。两埽接缝及堤埽分界处之罅漏，口埽眼。上水窄而小者，曰埽头，又曰上口。下水广而大者，曰埽尾，又曰下口。埽之临水拐角，曰跨角。埽尾之跨角，曰埽嘴。埽之近水一面之坡分，曰马面。堵闭下埽之埽台，曰马头。背水靠堤之埽唇，曰埽靠。两埽接连处之空隙，曰埽档。埽之后部，曰埽墱。连埽两头两捆者，曰战箍。埽之不用绳缆揪头等者，曰埽由。有用柳橛倒钩者，钉绳头于埽内，曰埽脑，又曰埽脑子。两埽并下，或埽靠堤坦者，其中有顺埽沟（漕）〔槽〕一道，名曰眼埽。

埽身

【河工用语】埽之本身曰埽身，其临河者曰前身，靠堤者曰后身。(五期，专载四页)

埽心

【河工要义】埽既做成，其始基所卷埽由，即称埽心。(一四页，二行)

---

❶　出处待考。

埽顶

【河工用语】埽之上顶曰埽顶，或曰埽面。（五期，专载四页）

埽面

【河工要义】埽之面部曰埽面。（一三页，一五行）

埽底

【河工要义】埽底在于埽之底部。（一三页，一五行）

埽根

【河工用语】埽底之外边，曰埽根。（五期，专载五页）

埽耳

【河工名谓】埽底之上下两边，曰埽耳。（七页）

埽口

【河工用语】埽身之周边，曰埽口。（五期，专载四页）

埽眉

【河工要义】埽面迎水一面之埽唇，曰埽眉。（一四页，一行）

埽眼

【河工要义】埽眼者，两埽接缝，及堤埽分界处之顺埽罅漏也。（一三页，一五行）

【河防辑要】或两埽平下，或埽靠堤坦者，其中有顺埽沟一道，名曰埽眼。

埽头

【河工要义】上水窄而小者，曰埽头。（一三页，一四行）

上口

【河工名谓】埽之在上水一端，曰上口。【又】埽之上水一端，窄而小者，曰上口。（八页）

埽尾

　　【河工要义】下水广而大者，曰埽尾。（一三页，一四行）

下口

　　【河工名谓】埽之在下水一头，曰下口。【又】埽之在下水一端，宽而大者，曰下口。（八页）

跨角

　　【河工用语】坝之临水拐角曰跨角，在上水者曰上跨角，在下水者曰下跨角。（五期，专载六页）

埽嘴

　　【河工要义】埽尾之跨角，曰埽嘴。（一四页，一行）

马面

　　【河防辑要】底出上缩，即为马面。

　　【河工要义】马面者，埽之迎水一面之坡分也。（一四页，二行）

马头

　　【治河方略】马头者，即堵闭下埽之埽台，最宜得势得地，则自始至终，不须❷更改，埽亦安稳。（卷一○，五五页，一五行）

埽靠

　　【河工要义】埽面背水靠堤之埽唇，曰埽靠。（一四页，二行）

埽档

　　【河防辑要】有以迈埽、肚埽，两埽接连有空，曰埽档，均须以草填之。

---

　　❶　广　原书作"宽"。

　　❷　须　原书作"烦"。

埽埪

【河工用语】埽之后部曰埽埪。（五期，专载五页）

战箍

【河防辑要】连埽两头两捆者，曰战箍。

埽由

【河工简要】自高一尺起至高四尺止，不用腰缆楸❶头绳等，只用柴草用小绳箍头，即谓之埽由，此系搪风抵浪之物。（卷三，一页，五行）

【河工要义】埽由者，埽之所由起也。凡做❷，无论水旱，必先卷成埽由，推入河内，作为根基，然后铺底镶做，故曰埽由。（一三页，一二行）

埽脑

【河器图说】见“揪头枕”。（图见卷三，五页前面）

埽脑子

【治河方略】再用柳橛有倒钩者，钉绳头于埽内，名曰埽脑子。（卷一〇，一五页，六行）

眼埽

【河工简要】因两埽并下或埽靠堤坦者，其中有顺埽沟（漕）〔槽〕一道，名曰眼埽。（卷三，三页，一五行）

旱地厢埽须先挖沟槽，挖出之土，曰刨槽土。埽工背后所依靠之土，曰埽靠土。镶料一层后所压之土，曰压埽土。其顶上一部，曰埽面土。

---

❶ 楸 原书作“揪”。

❷ 原书“做”下有“埽”字。

刨槽土

【河工要义】凡做旱埽及一切落底作基之土，必先刨挖槽子，以便工作，故曰刨（挖）槽土。槽须较原占基址留大些，且宜口宽底窄，方好施工，惟埽槽有不估工价者，以挖出之土，转面即可为压埽土之用故也。（二八页，二行）

埽靠土

【河工要义】埽靠土者，埽所依靠之土，换言之，即埽工之背后土也，埽之所以必须有靠者，盖以堤坡之收分大，而埽马面之收分小，马面既小，则埽后未免难挡，如果顺堤坡普律镶做，则又埽面加宽，用料较多，而工转未能坚实，故一面做埽，必须一面挑补埽靠土。（二七页，一四行）

压埽土（实土）（花土）

【河工要义】镶做埽段，镶料一层，必须压土一层，每层所压之土，皆为压埽土。每层厚一尺，有花土、实土之分，如欲埽工坚实，尤以全用实土为是。满埽全压者曰实土，每筐一堆离有空档者，曰花土，作工时先压花土，继压实土。（二七页，九行）

埽面土（面土）（大土）

【河工要义】埽之顶上一部曰埽面。埽面土者，压埽之顶部土也。满埽追压大土，自一尺乃至二尺，以埽稳固乃止。（二七页，一二行）

【河工名谓】厢成后埽面所压之土，曰面土，亦曰大土。（一一页）

第二节　工程

顺厢即软厢，又名捆厢，做法先于堤上钉橛，一橛一绳，绳之两头，一系橛上，一系船上，再于绳上铺卷秸料，徐徐松绳，料土间层追盘到底。丁厢头一坯亦须顺厢铺底，名为生根，先以秸料，或柳枝做枕，名曰埽枕，上橛系绳于枕上，顺铺秸料，衬平以后再上，则秸皆丁厢，秸根向外，去腰打花，根根吞压成埽。

顺厢

【河工简要】将柴根俱朝外面，梢尖在内，经土压实，即系外昂内洼，各❶为顺厢。（卷三，六页，五行）

软厢

【河工简要】凡在漫水作坝，先用软草架筑柴，厢压出水，即为软厢。（卷三，六页，七行）

捆厢（搂厢）

【新治河】（亦名搂厢，又名软厢，系顺厢者。）宜用之于堵截支河，或缓溜之处，做法先于堤上钉橛，一橛一绳，绳之两头，一系橛上，一系于船，再于船上铺卷秸

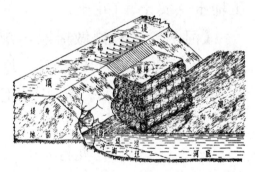

图一〇五

料，名为埽个，铺足原占丈尺，即徐徐松绳压土，使其到底，坯坯（按）搂厢如式，埽内应用暗家伙（桩、签、绳缆等）数目多少，量水力大小定之。（上编，卷二，一二页，一一行）（图一〇五）

追盘

【河工名谓】层土层柴，追压到底，曰追盘。（一一页）

---

❶ 各　疑作"名"。

丁厢

　　【河上语】丁厢用枕，枕以料为之，径二三尺，长五六丈，绳系枕上，顺铺与枕平，枕上直铺，秸根向外。（三一页，四行）

埽枕

　　【河工名谓】用秸柳等料，捆束如枕者，曰埽枕。（七页）

　　埽上加埽，曰加厢。拆埽还埽，曰拆厢。加厢埽工以长一丈宽一丈高一尺为一单长，即一方也。

加厢

　　【河防辑要】临河埽工，上面加之以料，曰加厢。此乃深水埽工。

　　【河工名谓】埽上厢埽，曰加厢。【又】加高旧埽，曰加厢。（八页）

拆厢

　　【河工名谓】拆埽还埽，曰加❶厢。【又】加高旧埽，曰加厢。❷（一〇页）

单长

　　【河防辑要】埽工加厢，必算单长，每长一丈、宽一丈、高一尺为一单长，一单长者即一方也。

　　临急行垫埽段，曰抢厢。加厢防风，曰钉厢。如沟坑比埽低洼，必须厢柴填土，即为厢填。将柴自边起至堤根止，势如以瓦盖屋，曰鱼鳞厢。用骑马拉住埽眉不使厢铺外游者，曰骑

---

❶　加　原书作"拆"。

❷　此段文字误，应为"旧埽朽腐，拆去补还新埽，曰拆厢"。

马厢。用秸料扎枕因而生根厢做者，曰扎枕厢。用船托缆厢埽者，曰跨篓厢，又曰托缆软厢。以绳缆兜料护堤者，曰护搂厢。埽之底宽上缩者，曰马面厢。堵塞浅水口门，用秸料桩绳向前铺做，上压大土，曰走马厢。

抢厢

【河防辑要】大凡行垫埽段，即为抢厢，顾名思义，自当以速为主。（卷上，一〇页）

钉厢

【河工简要】如厢防风，恐中心空虚，将柴颠倒钉厢，务使根梢合式，不致虚松，即为钉厢。（卷三，六页，三行）

厢垫

【治河方略】于套埽之❶上，钉厢❷散料，谓之厢蛰❸。（卷一〇，一三页，九行）

【河工简要】凡沟坑比埽低洼之区，必须用柴镶垫土。（卷三，六页，二行）

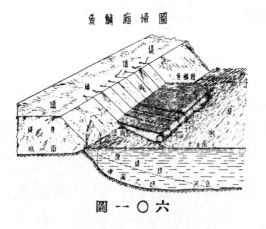

鱼鳞厢埽图

图一〇六

鱼鳞厢

【河工简要】将柴自边起至堤根止，势如以瓦盖房，时缩时退，使其厢压之内，并无虚空，名曰鱼鳞厢，又作成防风一段内缩，亦名曰鱼鳞镶。（卷三，六页，九行）（图一〇六）

---

❶ 于套埽之 原书作"此"。

❷ 厢 原书作"镶"。

❸ 蛰 原书作"垫"。

骑马厢

　　【河工名谓】用绳拴系临河一面十字木架，拉住埽眉，不使厢（埽）铺外游者，曰骑马厢。（一一页）

扎枕厢

　　【河工名谓】用秸料扎枕，因而生根厢做者，曰扎枕厢。

　　【又】用秸料扎枕，两端用绳摆头将枕推入河中，两头各用一杵撑支，使枕不靠堤，河兵立在枕上，用料迅速厢做之埽❶，曰扎枕厢。（一一页）

跨篓厢

　　【河工名谓】用船托缆厢埽者，曰跨篓厢。（一一页）

托缆软厢

　　【河工名谓】用缆编兜托缆厢做者，曰托缆软厢。（一一页）

护搂厢

　　【河工名谓】以绳缆兜料护堤者，曰护搂厢。（一一页）

马面厢

　　【河工名谓】埽之底宽上缩者，曰马面厢。（一一页）

走马厢

　　【河工名谓】塞决小口门，于水浅溜缓之处，用秸料桩绳向前铺做，上压大土者，曰走马厢。（一一页）

　　镶法之繁复，既如上述，惟可大别为丁埽、顺埽、硬厢埽三类。属于丁埽者，有藏头埽、护尾埽、鱼鳞埽、雁翅埽、磨盘埽、扇面埽、贴边埽、月牙埽。属于顺埽者，护沿埽、捆厢埽。

丁埽（丁头埽）（丁厢埽）

　　【行水金鉴】若埽未蛰实，即下丁头埽，前顺埽一有蛰陷，

---

　　❶　埽　原书作"厢"。

将别埽俱为带动矣。（卷六〇，一九页，二二行）（图一〇七）【又】下大埽防护如何？靳辅回奏：大埽下了，总是大浪来，当时就掣去了，除非是下丁头埽，庶几略加挡护，然亦要每年修补的。（卷六五，一一页，六行）

【河工简要】抵水横行，不用揪头绳，即为丁头埽，下有蛰实旧埽之处，方如此埽。或长三四丈，两箍头用缆绳迎水竖下，一头顶堤，挨排数个，名为丁头埽。（卷三，一页，八行）

【河防辑要】下有蛰实旧埽之处，方加此埽，或长三四丈，两头上用箍头绳缆，近水竖下，一头顶堤，挨排数个，此名丁埽。

【河工名谓】丁厢之埽，曰丁厢埽。（九页）

顺埽（顺厢埽）

【河工简要】沿边顺下，即为顺埽。（卷三，一页，一一行）

【河工要义】依堤顺水而下者，为之顺埽，亦曰边埽，又曰鱼鳞埽。溜靠堤前顺水下埽，曰顺埽。因漫水护堤所下之埽，曰边埽，首尾相衔，埽接一埽，藏头尾内，头窄尾张，曰鱼鳞埽。（一一页，一行）（图一〇八）

【河工名谓】顺厢之埽，曰顺厢埽。【又】秸料之顺溜向而厢者，曰顺厢埽。（九页）

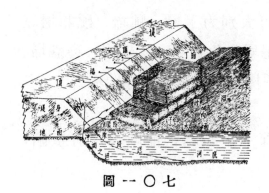

图一〇七　　　　　　图一〇八

硬厢埽

【河工用语】埽之钉桩木维系者，曰硬厢埽。（五期，专载三页）（图一〇九）

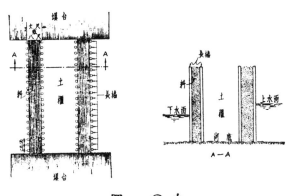

圖 一 〇 九

【河工名谓】硬厢之埽，曰硬厢埽。【又】埽之钉桩木维系者，曰硬厢埽。（八页）

藏头埽

【河工简要】顶溜兜湾之区，下埽时先于上首半水半旱处，将旱地挑槽埋藏埽头，以免河水冲激之患，名曰藏头埽。（卷三，三页，九行）（图一一〇）

【新治河】（丁厢）此埽用于险工之首，在汛前挑槽预做，屏蔽以下各埽，使藏头不致被溜揭走，所以固根基也。丁厢之法，头一坯亦须顺厢铺底，名为生根，先以

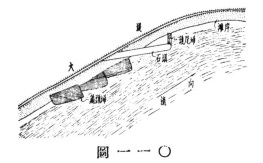

圖 一 一 〇

秸料或柳枝束成径二三尺或五六尺，长五六丈或八九丈之枕，上橛系绳，于枕上顺铺秸料衬平，以后再上，则料皆丁厢，秸根向外，有褙打花，根根吞压，再用暗家伙，使其

结成一个，埽工成矣❶。

【河工要义】顶溜兜湾之处，下埽时先于上首半旱半水之间，将旱地挖槽埋藏第一段埽头，以免河水冲击之患，名曰藏头，藏头即是裹头之意，但藏头计划于事先，裹头设谋于事后，此藏头、裹头之所以有别也。又一埽自有一埽之藏头，如下埽藏头于上埽之下者，亦曰藏头。（一三页，七行）

【河防辑要】凡顶溜兜湾之处，下埽时先❷上水半旱半水处，将旱地挑槽埋藏埽头，以免河水冲激之患，名曰藏头。

【又】藏头者，乃是通工之第一埽，相度形势，必将藏住埽头，方免一埽掀揭，全工撼动。

【河工名谓】埽在工段之上首，而藏护他埽者，曰藏头埽。

【又】头埽于下埽时在半水半旱处，挑槽藏头，以免溜势冲击，曰藏头埽。（一〇页）

护尾埽

【河工简要】临河之处，上首建坝挑溜，其下水必系回溜冲❸刷，须卷下斜横埽个，不使回溜迎冲埽尾，名曰护尾埽。（卷三，三页，一二行）（图一一〇）

【新治河】（丁厢）每段埽工之末应做斜横之埽，以防回溜绞边。

【河工要义】临河上首建坝挑溜，其下水必有回溜汕刷之病，须卷下斜横个埽❹，使❺回溜迎冲埽尾与坝土者，名曰

---

❶ 出处待考。

❷ "先"下当有"于"字。

❸ 冲 原书作"汕"。

❹ 个埽 当从原书作"埽个"。

❺ 原书"使"上有"不"字。

护尾埽。（一三页，一一行）

【河防辑要】凡临河之处，工首建坝挑溜，其下水必系回溜汕刷，须卷下斜横埽个，不使回溜迎冲埽尾，名曰护尾。

鱼鳞埽

【河工简要】顶冲大溜之处，下埽务将埽个上头藏于前埽尾内，使前埽尾向外出，可以挑溜，后埽藏头，以免撞击之患，形如鱼鳞，名曰鱼鳞埽。（卷三，二页，九行）（图一一一）

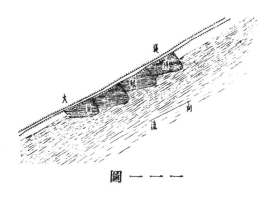

图一一一

【新治河】（丁厢）此埽最为得力之工程，每逢大溜顶冲，兜湾绞边，各要工均宜用之，凡做此等埽，必连至数段或数十段，如鱼鳞之毗连，故名。做法小头大尾，头小易藏，生根稳固，尾大能托溜外移。又有倒鱼鳞埽，应施之于大回溜之处，做法如前，惟以头为尾，以尾为头，倒置而已。（上编，卷二，一四页，三行）

【河防辑要】凡顶冲大溜之处，下埽务将埽个上头，藏于前埽尾内，使前埽尾外出，可以挑溜，后埽藏头，以免撞击之患，形如鱼鳞，名曰鱼鳞埽。【又】乃上埽宽于下埽，挑水开去之埽也。

雁翅埽

【河工要义】泄水闸坝，上下土堤头，及大工口门，上下裹头，每坝台酌量形势，斜下埽个二三段，以御迎溜冲激、回溜搜刷之患。亦以形像雁翅，而名之也。雁翅埽有内外之别，在临河一面者，曰内雁翅，在出水一面者，曰外雁

翅。（一二页，一二行）

【新治河】（丁厢）与鱼鳞埽大同小异，亦需连做多段，方有功效。

磨盘埽

【新治河】（丁厢）凡正溜、回溜交注之处，宜用之。此埽为半圆式，上水迎正溜，下水抵回溜，一工两用，最为相宜，惟此等工程，必在深水大溜，难做难守，应多用绳桩❶，多压大工❷，坯坯追实，方能稳固，埽个体积较他❸大逾加倍，费料颇巨，然非此则镇不住也。（上编，卷二，一四页，一〇行）（图八一）

扇面埽

【新治河】丁厢与磨盘埽相似，亦可抵御正、回二溜，但埽身较小，不能吃大力，宜施之于坝工首尾，以便抵御，而固坝根。

【河工用语】磨盘之较小者，曰扇面埽。（五期，专载四页）

贴边埽

【新治河】（丁厢）贴边之溜，势缓气长，用护沿则力小，用鱼鳞则费重，惟此埽贴边丁厢最为合宜，宽不得过一丈，长则分个接连，数十丈或百丈均可。

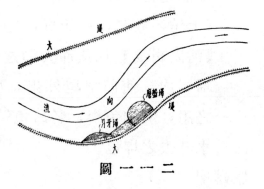

图 一一二

---

❶ 绳桩 当从原书作"桩绳"。

❷ 工 原书作"土"。

❸ 原书"他"下有"埽"字。

月牙埽

【河工用语】如磨盘埽、扇面埽❶之形较窄者,曰月牙埽。(五期,专载四页)(图一一二)

护沿埽

【新治河】水上漫滩,必须护堤,若用丁厢,工料太费,且水无大力,顺厢即可,做法向内斜钉桩木,入地二三尺,顺长一尺一桩,桩内横填秸料,或薄填散料,或捆二三寸径之料把,堤外料内,用土随厢随填,务令稳实,其高长丈尺,按水势定之。

捆厢埽

【河工要义】顺厢因以绳缆捆束,亦曰捆厢埽,或曰软厢埽。(五期,专载三页)

埽台,又称软埽台,堤顶窄狭架与堤平之木台也。厢埽之前,凡旧埽旧桩树根盘踞埽眉不齐,一律用月铲铲除之。铁杈,又软草、填埽眼、挑碎秸之用。齐板,一名边棍,厢工堆秸用以拍打埽眉。(大)〔太〕平棍,俗名开棍,用以挑松绳结,埽因得底。木牮,一名牮杆,埽至河涯人不得力,用牮戗推。锹捣,捆厢时斩解柴捆之用,铖即大柄斧,斩绳缆之用。

埽台

【河工名谓】预筑土台,为修埽用者。(七页)

软埽台

【河防志】如遇堤顶窄狭者,架木平堤,名曰软埽台。(卷五,三八页,八行)

---

❶ 磨盘埽、扇面埽 原书作"上二"。

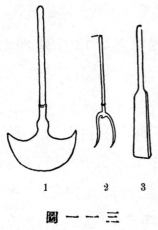

圖一一三

月铲

【河器图说】《古史考》："公输般作铲平铁。"《博雅》："签谓之铲。"木华《海赋》："铲临厓之阜陆。"杜甫诗："意欲铲叠嶂。"铁首木身，形如半月，凡旧埽、旧桩、树根盘踞、埽眉不齐，皆用之。（卷三，一七页）（图一一三之1）

铁杈

【河器图说】铁杈，《说文》："权，枝也。"徐曰："岐枝木也。"木干铁首，二其股者，利如戈戟，如❶软草、填埽眼、挑碎秸用之。（卷三，一九页）（图一一三之2）

齐板

【河工要义】齐板者，埽镶必须之具，自捆卷埽由，以致做成埽段，齐板之用居多，铺料长短不齐，厚薄不一，故凡埽由二❷头，以及埽眉、马面、跨角等处，参差错杂者，皆须齐板打成一律平整，不使张牙舞爪，致有抽签、激溜、透水、患❸眼之虑。（六九页，三行）

【河器图说】齐板，一名边棍，厢工堆料所用，一恐埽眉参差不齐，一恐料垛凹凸不平，用此拍打，以期一律。《玉篇》："齐，整也。"故名之曰齐板。（卷三，七页）（图一一三之3）

【运工专刊】坚木造之，长二尺二寸，宽五寸，厚约半寸或

---

❶　如　原书作"叉"。

❷　二　原书作"两"。

❸　患　原书作"串"。

四分不等，上有圆柄，长亦二尺至二尺二寸，厢埽时用以拍齐柴料之用。（附图四四）

太平棍（开棍）

【河器图说】太平棍，约长三尺，下带弯拐。新做之埽，层柴层土，按坯加厢，每厢一坯，绳随埽下，拴袂之结徐徐松放，此棍用以挑松结绩，埽因之而得底。俗名曰开棍，因有避忌，以此名之。（卷三，八页）

木牮

【河器图说】《字汇》："屋斜用牮。又以石木遮水，亦曰牮。"木牮，一名牮杆，埽至河涯，人不得力，须用木牮。视埽长短，每埽档长一尺，用行绳一条，每行绳两条，中用牮木一根，前以绳拉，后以木牮，埽个方能卷紧行速，凡撑枕撑船皆须用之。木牮或用杨桩，或用长大杉木均可，近时购材为难，多以大船二桅代之。（卷三，九页）（图一一四）

锹捣

【运工专刊】铁制，长八寸，宽五寸，装三尺余木柄，捆厢时解柴捆之用。（附图四四）

钺

【河器图说】钺，即大柄斧。桩手均须预备，凡埽上绳缆有不妥之处，用以斩截甚利。（卷三，一六页）（图一一五）

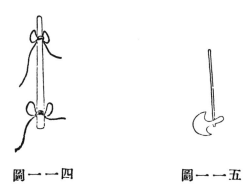

图一一四　　　　　　　　图一一五

卷埽物色：山梢、杂梢、心索、底楼索、束腰索、箍头索、芰索、斯绹索、网子索、签桩、枵橛、擗橛、小橛、坠石。

山梢

【河防通议】出河阴诸山，埽军采斫，舟运而下，分置诸埽场，以其坚直可久，故用之。（卷上，二四页，一〇行）

杂梢

【河防通议】即沿河采斫榆柳杂梢，或诱民输纳者。（卷上，二四页，一〇行）

心索

【河防通议】大小皆百尺，此索在埽心横卷两系之。（卷上，二四页，一〇行）

底楼索

【河防通议】❶（卷上，二五页，一行）

束腰索

【河防通议】❷（卷上，二五页，一行）

箍头索

【河防通议】两端用之。（卷上，二五页，一行）

芰索（绰篓）

【河防通议】卷埽密排用之，亦名绰篓。（卷上，二五页，一行）

斯绹索

【河防通议】长二十尺小竹索也，以吊坠石。（卷上，二五页，一行）

---

❶ 原书作"在上曰搭楼索"。
❷ 原书作"单使令多"。

网子索

【河防通议】以竹索交结如网，置两埽之交，以实盘簟。（卷上，二五页，二行）

签桩

【河防通议】长一丈八尺，埽上以云梯篸下之，以贯下埽。（卷上，二五页，二行）

枅橛

【河防通议】长二尺，首端安横牙，故云枅橛。（卷上，二五页，二行）

擗橛

【河防通议】长五尺，即槛橛盘簟即用之。（卷上，二五页，二行）

小橛

【河防通议】长一尺五寸，以接索头。（卷上，二五页，三行）

坠石

【河防通议】大小规模类碓嘴，以斯绚索贯其窍。（卷上，二五页，三行）

卷埽器具：制脚木、制木、三脚拒马、进木、长木篸、短木篸、大小篸、小石篸、卓钩、推梯、云梯、卓斧、拍把、栎木、钞棒、三棱木、土捧、头绵索、通河索。

制脚木

【河防通议】用大木枋，先置埽台上，以衬铺埽，使其势不滞也。（卷上，二五页，五行）

制木

【河防通议】以枋为之，先置埽下，以制绵萋。（卷上，二

五页，五行）

三脚拒马

【河防通议】亦用拒扫，使不退有进，往往不用。（卷上，二五页，五行）

进木

【河防通议】以圆木作转轴，按类而推之，每卷埽即用五七枚于奙下，使埽奙不退。（卷上，二五页，五行）

长木篗

【河防通议】以圆木为之，四出枢廓，方木为之，如篗之状，恃以下桩。（卷上，二五页，六行）

短木篗、大小篗、小石篗

【河防通议】与"长木篗"同。（卷上，二五页，六行）

卓钩

【河防通议】以铁为钩，贯木柄，用铺埽匀梢草。（卷上，二五页，七行）

推梯

【河防通议】以大木径尺许者为之，每二尺凿一窍，以横木贯之，卷埽用数百人，拱其横木推❶埽奙，又有大❷横梯、蜈蚣梯，其制一也，但大小不同。（卷上，二五页，七行）

云梯

【河防通议】以木为之，如梯横跨桩首，人立以待篗打桩。（卷上，二五页，八行）

卓斧

【河防通议】（卷上，二五页，八行）

---

❶　推　原书作"惟"。
❷　大　原书作"火"。

拍把

【河防通议】（卷上，二五页，八行）

栎木

【河防通议】（卷上，二五页，八行）

杪棒

【河防通议】（卷上，二五页，八行）

三棱木

【河防通议】（卷上，二五页，八行）

土捧

【河防通议】（卷上，二五页，九行）

头绵索

【河防通议】（卷上，二五页，九行）

通河索

【河防通议】（卷上，二五页，九行）

厢埽用船，船身宽大，板片坚实，名曰捆厢船，亦曰兜缆船。上按垫墩（或称龙枕）三个，以承龙骨，龙骨又称捆厢绳架。船旁又置帮厢船一只，船之上水挂锚，系缆将船头提住，名曰提脑。下水亦如上水将船艄兜住，名曰揪艄。如缆长垂腰，浸入水中，不能得力，则用圆船数只，均匀排开，将缆架于船上，谓之舵缆船。溜急时移动船位，须借绞关船力提之。

捆厢船

【回澜纪要】此即兜缆之船，最关紧要，必得船身宽大，板片坚实，方可合用。如正坝定宽十丈，船必须十一丈；如坝宽十五六丈，必须长八九丈。船两只接连应用。（卷下，一页，一八行）（图一一六）

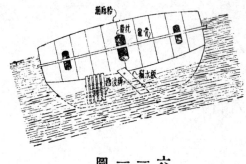

圖一一六

【濮阳河上记】横泊占前，用以兜缆者，谓之捆厢船。此船为进占之提纲，最关紧要，须择船身宽大、方帮方底、舱板坚实者，方可合用。将船中篷舵卸去，安置龙枕龙骨，以备兜缆之用，约计占长十丈，船身须长❶一丈，倘占身过长，亦可两船接用。此项船只有雇用者，有特造者。（丙编，一页，五行）

【河工要义】旱占用架，水占用船，乃坝工不易办法，须船身宽大，板片坚实，方帮方底，始能合用。（七八页，三行）

垫墩

【河工要义】捆镶船仍用捆镶绳架，亦以桩木为之，每船一根，用垫墩三个，在于船之居中，连墩带架，一齐扎紧，以便架绳之用。垫墩截桩为之，长三尺六寸，一面做成平面，俾可平放船上，一面凿成凹形，上承桩木，即是绳架，此绳架亦有谓之龙骨❷。（七八页，八行）

龙枕

【河工名谓】龙骨下所垫之柴束，曰龙枕。（四九页）

龙骨

【回澜纪要】先将捆厢船❸船舵褪去，再将中舱棚板拆卸，用木一根，如船身长，架于船上，用绳连底捆住，名为龙骨。（卷下，二页，一二行）

---

❶　原书"长"下有"十"字。
❷　龙骨　原书作"为龙骨者"。
❸　原书无"捆厢船"。

捆厢绳架

【河工要义】捆厢旱占埽用之，大坝兴工，初进占初做埽时，如系旱滩，例须挖槽进做，槽既挖好，槽内自必有水，彼时挂缆兜厢，务宜搭架，将行绳一头，安放架上，谓之捆厢绳架。（七七页，一五行）

帮厢船

【濮阳河上记】于捆厢船之外旁，附一船，谓之帮厢船。盖因捆厢船绳缆过多，难敷容纳，故旁附帮厢船一艘，以资分载绳缆，便于取用。（丙编，一页，一二行）

铁锚（神仙提脑）

【河器图说】"船上铁猫曰锚。"其制尾叉四角向上，首戴环，以铁索贯之，投入水中使船不动。河工厢埽每遇水深溜急，提脑不得戗桩，用锚挂缆，谓之神仙提脑。（卷三，一八页）（图一一七）

图一一七

提脑（提脑船）

【回澜纪要】先于大坝上水水浅之处，签钉排桩约二十根，入土丈许，用缆生根，将捆船头提住，不使随溜下移，谓之提脑。（下卷，一页，三行）

【濮阳河上记】大凡堵口工程两坝进占之处，如与滩岸相近，向筑提脑坝一道，钉立桩木以为系绊各船绳缆之根据，所以系牢捆厢船，不致为溜冲动。濮工面临大河，故改用提脑船，船上架横木二根，一系船前所下铁锚，一系提脑绳，其提脑绳向以铁缆或竹缆为之，亦有两种并用者，长约百数十丈至二百丈不等，分左右两行，连贯各船，依次衔接，两坝各用一艘。（丙编，一页，一五行）

揪梢（揪艄船）

【回澜纪要】于大坝下水滩上❶，钉橛三根，将船艄用缆兜住，以防回溜，谓之揪梢。（卷下，一页，五行）

【濮阳河上记】于捆厢船之后，用以牵系捆厢船艄，以防回溜，其最后之船，谓之揪艄船，用法与提脑❷同，惟一在前，一在后也，其揪艄绳亦以铁缆或竹缆为之，长约三四十丈，两坝均用船一艘。（丙编，一页，二二行）

舵缆船（托缆船）

【回澜纪要】如上水水面太宽，缆长则垂腰，侵❸入水中，不能得力，当用小❹船十数只，均匀挑❺开，将缆架于船上，谓之舵缆船。（卷下，一页，六行）

【濮阳河上记】于提脑船之后，捆厢船之前，又捆厢船之后，揪艄船之前，用以托提脑揪艄各用❻绳缆者，谓之托缆船，每档十余丈，用船一艘，所以架住绳缆，免致坠入水中，易于朽坏，且船多则足以联络，绳长则便于移动❼也。（丙编，二页，二行）

【河工要义】黄河决口多系分溜，正河水面甚宽，在对岸钉桩，缆腰侵入水中，不能得力，用船匀列河中，将缆架于船上，谓之托缆船。

【河工名谓】提脑揪艄各缆，因水面太宽，恐垂腰浸水，用船

---

❶ 于大坝下水滩上　原书作"其下水亦于滩上"。
❷ 原书"脑"下有"船"字。
❸ 侵　原书作"浸"。
❹ 小　原书作"圆"。
❺ 挑　原书作"排"。
❻ 原书无"用"字。
❼ 原书"动"下有"故"字。

十数只，均匀排开，将缆架于船上，谓之托缆船。（五一页）

绞关船

【濮阳河上记】两坝进占，口门愈收愈窄，溜势亦愈❶紧，如戊占告成接进己占，每铺料一坯，须用人夫喝采，倘占首上口，大溜顶冲撑挡不出，即另用绞关船一艘，督率水手以绳缆系于捆厢船前，徐徐外绞，则铺料较易，踩出下口，用时亦如之，又两坝金门占告成，龙门仅五六丈，溜势更紧，如捆厢等船，提不出时，亦须借绞关船力提出之。（丙编，二页，九行）

黄河内下埽法

【河防志】凡黄河内埽工，有修防，有救险，有抢险，有新生险，修防工程于霜降后，水势退消，验书❷旧埽倾欹者，蜇陷者，卑矮者，朽烂者，须将旧埽清消平妥，相机补下层层签钉大桩，照依大汛水涨之痕，仍高出数尺，一律下成顺埽，薄敷以土，俟其蜇定方可下丁头埽，若埽未蜇实即下丁头埽前顺埽，一有蜇陷将别埽俱为带动矣，其救险工程将有危陷，埽尚未去，急须临河添压，大埽长桩靠堤，急清旧埽恐为汇崖，填之以软草，将两旁安隐❸之埽，亦须补下大桩，并力救护，勿使走动，则工程自然平隐❹矣。其抢险乃因旧埽朽烂，或因顶冲急溜将埽下冲空，旧埽全去，水汇崖岸，旧堤坍卸，岌岌堪虞……抢险工程，事有先后，埽有缓急。……其新生险工，每于旧险工之上下，黄河大

---

❶ 原书"亦"下有"愈逼"。

❷ 书　原书作"查"。

❸ 隐　原书作"稳"。

❹ 隐　原书作"稳"。

溜一时冲至，埽旁旧堤坦坡坍卸，急须下埽，直至开溜之处而止，大率埽料，黄河之内，以柳柴为重，次则红草桩，必长大，绳须坚实，至于压土，非比清水埽个，黄水一入埽中，即泥沙停滞，若压土太厚反恐敧卸，俗云：下埽无法全凭土压者，乃清水之埽也。（卷五，三九页，一一页）

卷埽下埽法

【河防志】凡应用埽个，须卷长十丈八丈者方稳，高一丈者，埽台要宽七丈，方卷得紧。如遇堤顶窄狭者，架木平堤，名曰软埽台，然后卷下。先将柳枝捆成埽心，拴束充心绳、揪头绳，取芦柴之黄亮者，拧打小纼，总系于埽心之上，每丈下铺滚肚苘绳一条，或不必用苘者，即用芦缆，又将大芦缆二条、行绳一条密铺小纼，于小纼之上铺草为筋，以柳为骨，如柳不足，以柴代之，均匀铺平，需夫五六十名。如长十丈者共需夫五六百名，八丈者四五百名。用勇健熟谙埽总二名，一名执旗招呼，一名鸣❶锣以鼓众力。牵拉捆卷后，用䇯杆创❷推，埽将临岸，将小纼均束于埽上，岸上每丈钉下留橛一❸根，看水势之缓急❹，定揪头绳之多寡，渐次将埽推入水中，将揪头滚肚用活扣系于留橛之上，然后慢慢压土，俟埽将次沉下，然后下桩，每丈用一尺八寸木一根，若水势湍急，顶冲埽湾，并合龙之埽须用大木，不在一尺八寸之例。（卷五，三八页六行）【又】凡运河排桩工，昔皆镶以龙尾埽，不久则蛰陷零落，如遇

---

❶　鸣　原书作"鸣"。

❷　创　原书作"戗"。

❸　一　原书作"二"。

❹　原书在"看水势之缓急"上有"将滚肚绳挽于留橛之上，每揪头绳一根，亦钉留橛一根"。

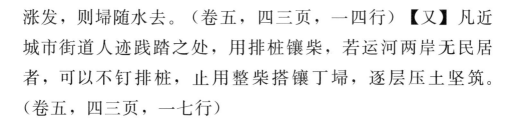

涨发，则埽随水去。（卷五，四三页，一四行）【又】凡近城市街道人迹践踏之处，用排桩镶柴，若运河两岸无民居者，可以不钉排桩，止用整柴搭镶丁埽，逐层压土坚筑。（卷五，四三页，一七行）

第三节　埽病

如埽底埽眼空悬，即有走漏之弊。漏有底漏、腰漏。凡由埽间漏过之水，曰帘子水。埽料朽腐，或被溜冲刷而走动者，统称垫陷，又曰垫动。垫之轻者，曰形垫，重者曰陷失。秸料被溜抽出，曰抽签，全埽平下，曰平（垫）〔垫〕，又曰平墩。埽下，曰陡垫，又曰墩垫。前眉垫动者，曰吊眉，上角或下角垫动者，曰吊角。埽身中间下陷者，曰吊塘。凡垫动一部份者，统称曰吊垫。埽身后部之底，被溜淘空，以致埽身前部上仰者，曰仰脸。原埽变形，曰脱胎。旧埽腐化，曰脱胎汇化。埽眼离开，曰离档。埽眉破烂之处，曰毛洞。埽不扎枕，合缝之处虚悬，一经厢压柴土，即为栽头。埽之下部虚悬浮于水面，随溜簸动者，曰播簸箕。

走漏

【河防辑要】如顺埽或因地势不平，则埽底埽眼空悬，皆为走漏。

底漏

【河工用语】帘子水由埽底漏出者，曰底漏。（五期，专载二页）

腰漏

【河工用语】帘子水由埽之中部漏出者，曰腰漏。（五期，

专载二页）

帘子水

【河工用语】由埽间漏过之水，曰帘子水。（五期，专载二页）

蛰陷

【河工简要】大凡埽工，每岁❶经历桃伏秋凌汛❷，埽料朽腐，次❸年再经桃汛，水性急迫冲刷，即渐蛰陷，务宜不时加镶新料，将旧埽追下方免再蛰。（卷三，一六页，一六行）

蛰动

【河工名谓】秸埽被溜刷动低蛰者。（一三页）

形蛰

【河工名谓】埽蛰之轻者。（一二页）

抽签

【河工名谓】大溜淘入埽腹，内部均已刷动，以致秸料被溜抽出，如射箭❹。（一二页）

平蛰

【河防辑要】或因河底漏深，或因埽料压偏，平平而下，此乃常事耳。

平墩

【河工名谓】秸埽被溜淘刷全埽平下者。（一二页）

陡蛰

【河防辑要】陡蛰者，陡然蛰于水底，此即埽个漂淌之别名，不宜轻说。

---

❶ 岁 原书作"年"。

❷ 原书"汛"上有"四"字。

❸ 原书"次"上有"至"字。

❹ 如射箭 原书作"状如射箭者"。

墩蛰

　　【河工名谓】埽被急溜淘刷，陡然见蛰。（一三页）

吊眉

　　【河工名谓】秸埽前眉蛰动。（一二页）

吊角

　　【河工名谓】秸埽上角或下角蛰动❷。（一二页）

吊塘

　　【河工名谓】大溜淘入埽底，以致埽身中间下陷者。（一二
　　页）

吊蛰

　　【河工名谓】秸埽蛰动一部份者。（一二页）

仰脸

　　【河工名谓】埽身后部之底被溜淘空，以致埽身前部上仰
　　者。（一二页）

脱胎

　　【河工名谓】秸料年久腐烂，一经大溜淘刷，全埽脱陷失形
　　者。（一二页）

脱胎汇化

　　【河工名谓】背工淤闭之旧埽，河溜忽来，即时腐化者。
　　（一三页）

离裆

　　【河防辑要】埽眼土多，埽往外爬者，埽眼离开，即为离裆。

毛洞

　　【河工名谓】埽眉破烂之处。（一二页）

---

❶　原书"动"下有"者"字。
❷　原书"动"下有"者"字。

栽头

【河防辑要】倘遇埽不扎枕，合缝之处虚悬，一经厢压柴土，即为栽头。

播簸箕

【河工名谓】埽下部淘空，埽身浮在水面，随溜簸动者。（一三页）

第七章　堵口

第一节　通论

决口又称缺口。堤岸被水溜冲决引溜外注之口也，又称口门。决口之浅小者，曰豁口。口门进水处，曰上口，出水处，曰下口。大溜全归口门，正河下游干涸，谓之夺溜。如大溜尚走正河，漫口不过分溜几分，谓之分溜，又曰通决。故意掘堤引水为患，曰盗决。河水盛涨，普面漫野，曰漫滩，水过堤顶，曰漫溢，因而决口者，曰漫决。或因堤有渗漏等弊，而致溃决者，曰漫滩决口。

塞，即堵也。改者，不与争而任其改道也。筑圈堤曰内堵，厢埽曰外堵。昔贾鲁沉舟法作船堤以扼水之暴，因一时不及厢埽恐故河尽塞也。

天平架、水闸，有缓溜停淤之功，堵截支河或串沟用之。

决口

【河防辑要】决口者，堤工开口，大溜横冲直撞，其害于郡邑苍生也广矣。

缺口

【至正河防记】缺口者已成川。（四页，五行）

【河防榷】同上。（卷五，七页，三行）

口门

　　【河工名谓】堤决之处，曰口门。（二九页）

豁口（龙口）（串沟）

　　【至正河防记】豁口者，旧常为水所豁，水退则口下于堤，水涨则溢出于口。（四页，五行）

　　【河工名谓】即隘决水退而口敞者。（二九页）

　　【至正河防记】龙口者，水之所会，自新河入故道之溾也。（四页，六行）

　　【新治河】伏秋大汛，分段守堤，须先查看近堤有无土塘，串沟有无积水洼塘。

上口

　　【河工名谓】口门进水之处，曰上口。（二九页）

下口

　　【河工名谓】口门出水之处，曰下口。（二九页）

夺溜分溜

　　【回澜纪要】漫口有分溜夺溜之别❶，大溜全归口门，正河下游干涸，谓之夺溜。（上卷，一页，八行）

　　【河防辑要】大溜全归口门，正河下游干涸，谓之夺溜。

通决（隘决）

　　【河工要义】决口之患如上决而下泄者，曰通决。此不过少需抢筑可也，否则流冲势泄，恐成河身，则正河流缓而淤矣。

　　【河工名谓】凡决口下有所泄，曰通决。（二九页）

　　【河工名谓】凡决口下无所泄（者），曰隘决。（二九页）

---

❶　原书此处有"如大溜尚走，正河漫口不过分溜几分，谓之分溜"。

盗决

【治河方略】盗决有数端：坡水稍积，决而泄之，一也；地土硗薄，决而淤之，二也；仇家相倾，决而灌之，三也；至于伏秋水涨，处处危急，邻堤官夫，阴伺便处，盗而泄之，诸堤皆易保守，四也。❶

【河工名谓】双方因利害之关系，故意掘决者。（二九页）

漫滩

【河防辑要】每至水长出槽，普面漫野而来，或会聚于堤根，或归积于支河，微洼之处，即可成溜，名曰漫滩。

漫溢

【河工名谓】水位过高因而溢出者。（二九页）

漫决

【河工名谓】水流漫过堤顶因而决口者。（二九页）

溃决

【河工名谓】冲塌堤岸因而决口者。【又】因生漏而决者。（二九页）

漫滩决口

【安澜纪要】因河水盛涨，普面漫滩，大堤或有渗漏，或堤本单薄以致漫溢溃决者，此等决口，既非顶冲，又非埽湾，究无大溜，应急切裹头，勿使刷宽。（卷上，四页，一二行）

塞（毛道）

【至正河防记】抑河之暴因而扼之，谓之塞。（三页，六行）

【河防志】凡黄河初决，且不必急计裹头，亦不必急计堵塞，初开之时，水势汹涌，未可与争，看其出口急溜若有夺河情形，须建挑水坝，以遏其势，上流挑挖引河，以挽

----

❶ 出处待考。

其流，速运积料物，料物既积矣，犹在得时时可堵矣。裹头旧堤务必多下边埽，坚固停妥，然后逐渐进埽，埽不可缓，缓恐决口渐深，又不可急，急恐下埽有失，埽必欲其大而长，长大则稳，卷埽首重于绳缆，其揪头充心滚肚，必须长壮，务使绳胜埽，莫使埽胜绳，埽既下矣，薄用土压，埽将沉于水，方钉签桩，再加套埽，其桩亦必须长大，计埽将到底，方可再进沉水，将次合龙之际，须查在工料物，除合龙之外，仍多积料物，须防合龙之后，必有一大（蜇）〔蛰〕陷，❶于合龙之时，昼夜兼工堵塞，遇有毛道过水，或系桩顶不平，或系埽手作弊，故留罅隙必须急为压土，使其平实，于罅隙用稻草，或红草塞之，务使断流。（卷五，四一页，一行）

【河防志】凡清水河内塞决，于初开之时，若旧堤原系沙土，须将旧堤多下边埽，保护坚固，次计裹头，俟埽台平稳方可进埽，其埽料首重软草，次用柴柳。埽之初下，多用揪头绳，压之以土，❷俟埽将沉底，再为套埽，至合龙时，须兼工急攒，庶水不致冲深，合龙之后，高加柴草，势若马鞍，清水之埽，多以土胜。（卷五，四三页，五行）

【治河方略】急将诸小口尽行堵塞，而后以全力施之大者，至于先下而后上，从事乎其所易，其理亦然，截其尾，毋撄其锋，下口既截而后以全力施其上，或挑引河，或筑拦水坝，或中流筑越坝，审势置宜，而大者小者，当亦无有不受治者矣。（卷一，九页，三行）

---

❶　原书此处有"每于合龙之后，复开决者，率因蛰陷故也"。

❷　原书此处有"俟埽将沉水，方可签桩，恐桩一钉早，则埽不能沉到底"。

改

【河防志】改者，改别地而不与争也，夫上流不杀，则决口不可塞，长堤不筑而河防不可成，河防不成则淤不可浚，而故道不可复，北❶今之漕河所以不容不改也。（卷一〇，二三页，一四行）

内堵

【安澜纪要】或临河一面不见进水形象，无从下手，只得于里坡抢筑月埝，先以底宽一丈为度，两头进土，中留一沟出水，俟水❷埝周身高出外滩水面二尺，然后赶紧抢堵，如水流太急，扎一小枕拦之，里面再行绕❸土，更为稳当，仍须外面帮宽，夯硪坚实，俟里❹水势相平，则不进水矣，此内堵法也。（卷上，二六页，二〇行）

【河上语】筑圈堤曰内堵。（二六页，四行）

【注】堤外赶筑圈堤，不拘大小丈尺，但高外水一二尺，使之闭气，水灌圈内既满，外水不动，然后用土将圈堤填满，水退再将大堤刨开，层层紧筑。

【河防辑要】堤岸走漏之处，依锅絮覆塞，须将堤开掘，刨挖到底，层层紧筑至顶，再将内部掘开，仍前堵筑坚实，则为内堵。

外堵

【安澜纪要】堤根见有漩涡，即是进水之门，速令人下水踹摸，一经踹着，问明窟窿大小。如系圆方洞，则用锅扣住，

---

❶　北　原书作"此"。

❷　俟水　原书作"水俟月"。

❸　绕　原书作"浇"。

❹　原书"里"下有"外"字。

令其用脚踹定，四面绕❶土，即可断流；如系斜长之形，一锅不能扣住者，应用棉袄等物，细细填塞，或用口袋❷土一半，两人抬下，随其形象塞之，仍用散土四面绕❸筑，亦可堵住，此外堵法也。（卷上，二六页，一四行）

【河上语】厢埽，曰外堵。（二六页，五行）

【河防辑要】堤岸走漏之处，既经内堵，其外堵之处，必俟水落，再为刨挖，逐层填实并下埽厢护，即曰外堵。

沉舟法（船堤）

【治河方略】昔贾鲁治河，用沉舟之法，人皆称之。（卷二，五七页，一三行）【又】恐埽行一迟，水尽涌决，决则故河复淤，前功尽堕，因急沉舟为坝以逼之，所谓抢救也，故前则曰鲁乃精思障水入故河之方，后则曰船堤之后草埽，三道并举。（卷二，五八页，一〇行）

【山东运河备览】闸漕与河接，若河下而易倾，则萃漕船塞闸河之口数重，闸水为船所扼，不得急奔，则停回即深，留一口牵而上递，相为塞障而壅水也，命曰船堤，是以船治船者也。（卷一二，二四页，六行）

天平架

【河器图说】天平架，每座用直木二、横木一，左右架木仍各扎横担木三，以便人夫上下。地成障，中柄长二丈一尺，边木长一丈八尺，上、中、下横担木各长一丈，下用交叉小木，中编竹片，从龙身空档插下，用截河底之溜，所以溜缓沙淤，化险为平。（卷三，三四页）（图一一八之1）

---

❶　绕　原书作"浇"。

❷　原书"袋"下有"装"字。

❸　绕　原书作"浇"。

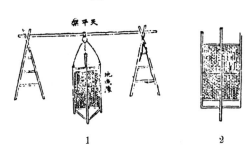

图一一八

1　2

水闸

【河器图说】水闸，一名水拦。其法与编障相仿，但直木俱用锐首。障则施于大溜，悬出龙底，使之不激；闸则用于余溜，插入河底，使之截流。用虽少异，功实相侔也。（卷三，三四页）（图一一八之 2）

堵截支河

【河工名谓】滩面支河，预为堵截，以免引溜生险，且可使水流集中冲深干流。（三三页）

第二节　引河

凡口门夺溜，故道淤垫，必先挑挖引河以分其势。挑引河须于对岸滩嘴上游寻大溜顶冲处为河头，再于滩嘴下游寻陡崖深水处为河尾，河头引溜处曰上唇，兜溜处曰下唇，与口门同岸挖河引溜于将合龙之际，曰龙须河，亦曰小引河。引河中间之小沟，曰龙沟，亦曰子河。挑引河预留之土格，曰隔堰，又曰土埂，所以备大雨淹没利便行走者也。

引河

【河防志】黄河湾曲之处，俱应挑挖取直❶，挑引河之法，

---

❶　原书此处尚有文字。

审势贵于迎溜，而施工宜于深阔，且俟水大涨乘机开放，则有一泻千里之势，若挑挖太窄，则受水无多，遽难挽溜以入新河，若挑挖太浅，水不全趋，势缓则垫，若挑引河太短，水流未舒，为正河所抑，回伏旋淤，须挑宽二十六丈或四十丈，即窄亦须十余丈，须长二千丈，或千余丈，即短亦须八九百丈，方趋溜有势而成河。若挑挖引河太直，固属节省钱粮，又恐直则平缓而无波澜湍激之势，久亦渐淤，须随黄河大势开挑，俾其河头迎溜，河尾泄水，中间湾处急溜冲刷，渐次河岸倒卸，再于河头筑接水埽坝，河尾筑顺水埽坝，对河筑挑水埽坝，庶引河可成也。（卷五，四四页，四行）（图一一九）

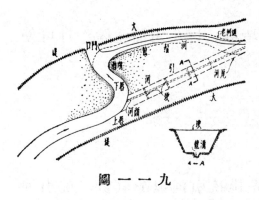

图 一 一 九

【治河方略】塞决之方，必先杀其势，平其怒，而后人力得施焉，则莫如引河之善也。引河之用有三：一曰分流以缓冲也，❶一曰预浚以迎溜也，❷一曰挽险以保堤也。（卷一，五页，九行）

【又】用以守险，若正河之身迤而曲，如弓之背，引河之身径而直，如弓之弦，则河流自必舍弓背而趋弓弦，险可立平。若曲折远近不甚相悬，河虽开无益也。（卷二，一〇页，一〇行）❸

【安澜纪要】挑挖引河，必须河头水面高出河尾水面，最少二尺以外。迨开放时，河头（庶）有吸川之形，河尾（庶）

---

❶ 原书此处尚有文字。

❷ 原书此处尚有文字。

❸ 出处有误，待考。

有建瓴之势，其成工也必矣。其必不成者有五：无河头者不成；有河头而无下唇谓之过门溜者不成；有河头下唇而无河尾者不成；有河头河尾下唇而上下水势相平者不成；四者齐备而河身纯是老淤者不成。谚云"引河十挑九不成者"，盖此故也。（上卷，九页，六行）

【河上语】欲堵口先挑引河，欲挑引河先看河头，次看河尾。（五七页，二行）（图见五九页）

【河上语】不可太窄，不可太浅，不可太短，不可太直。（五八页，三行）

【河上语】引河之用有三：一分流以缓冲，二预浚以迎溜，三挽险以保堤。（五八页，二行）

【濮阳河上记】开凿通渠，引水归原者，谓之引河。河水溃决，溜入口门，正河故道渐就淤垫。如夺溜已久，则正河淤垫之处，近在密迩；如先分溜，而后夺溜，则淤垫之处远在数千丈，或万余丈以外。估计引河须详察形势，先定河头，再测量正河淤地之长短，滩高水面之度数，然后规定开凿之丈尺，并预计开放时，可以过水若干。统宜事前熟计，河头应建于深水陡崖之处，河尾应挑至未曾受淤之地，庶于开放时，得以顺流而下，无所阻碍。于先❶，尤应注意者，全视河形之曲直，水势之高下，有非凿引河不能引水归原者，有舍引河而别筑龙须沟，以疏通者，亦有全不开凿，而自然就范者，要在当事者变而通之。（甲编，六页，一九行）

【河工要义】引河者，引正河之水分泄以杀其势，或竟使之经流他道之河也。引河全属人为，故与支河名实皆异。

---

❶　先　原书作"此"。

（六页，七行）【又】挑挖新河，引水归复中洪或其分泄水
势于堤外者，皆为挑挖引河土。挖出土方分积两面或一面
者，皆为废土。（二六页，一二行）

河头

【安澜纪要】所谓河头者，当于对岸滩嘴上游，寻河流初
转湾处，陡崖深水溜势顶冲，塌滩溃崖，似必欲于此寻一
去路，如此谓之河头。（上卷，八页，二〇行）

河尾

【安澜纪要】滩嘴下游，寻陡崖深水处，为之河尾。（上卷，
九页，三行）

【河工要义】河头下唇之下游，陡崖深水处，谓之河尾。

上唇

【河上语】河头引溜处，曰上唇。（五七页，四行）

下唇

【安澜纪要】河头之下，又有滩嘴兜住溜势，谓之下唇。
（上卷，九页，三行）

【河上语】河头引溜处，曰上唇，兜溜处，曰下唇。（五七
页，四行）

龙须河（小引河）

【河上语】口门之下曰龙须河，龙须河亦曰小引河。（五七
页，一二行）

【注】引河在口门对岸，分溜于未合龙之前。龙须河与口门
同岸，引溜于将合龙之际。

龙沟

【河上语】引河中间曰龙沟，龙沟亦曰子河。（五八页，
一行）

【注】挑成未放，须于中间开沟，以防大雨。（图八八）

子河

　　【河上语】见"龙沟"。

隔堰

　　【河防通议】自古❶遇开河，宜于上流相视地形，审度水性，测量❷斜高，于冬月记料，至次年春兴役❸，仍于上口存留隔堰，必须涨月以前终毕，待涨水浅❹发，随势去隔堰，水入新河，乘势顺下，以❺成功。（卷上，一七页，三行）

土埂

　　【河工名谓】引河内所留土格，挑土每百丈，必留一埂，以防大雨淹没，便利行走者。（二八页）

　　开引河，务使形势对溜，上口宽阔，则有吸川之形，下口窄深，则有建瓴之势。如无吸川之形，则溜经引河口门而不入，所谓过门溜是也。

吸川建瓴

　　【河防榷】闸河地亢，卫河地洼，临清板闸口，正闸、卫两水交会处所，每岁三、四月间，雨少泉涩，闸河既浅，卫水又消，高下陡峻势若建瓴。（卷四，二四页，一行）【注】瓴，盛水瓶也，居高屋之上而翻瓴水，言其向下之势易也，《史记》譬犹居高屋之上建瓴水也。

---

❶　原书"古"下有"但"字。

❷　量　原书作"望"。

❸　原书"兴役"下有"开挑"。

❹　浅　原书作"洪"。

❺　原书"以"上有"可"。

【安澜纪要】河头水面高出河尾水❶二尺以外，大可兴挑引河❷。迨开放时，河头有吸川之形，河尾有建瓴之势，其成功也必矣。（上卷，九页，五行）

【河工要义】开挑引河，看其形势，正对大溜，将上口宜挑宽阔。俟水长放河，则河水无不掣归引河，是名为吸川之形。（一一八页，九行）【又】凡挑引河，使❸形势对溜，上口宽阔，则有吸纳全河之势，下口窄深，则有建瓴直下之势。（一一八页，一一行）

过门溜

【河工名谓】河头无吸川之形，大溜经流引河口门而不入者。（二八页）

第三节　裹头

裹头者，裹护决口冲断之堤头也，又曰裹头埽，又曰坝头，着溜处曰雁翅。作裹头曰盘裹头，如裹头不住，即于本堤退后数丈挖槽下埽，曰截头裹，再裹不住，即于上首筑挑水坝，又名逼水大坝，又名顺水，又名鸡嘴，又名马头。如系土坝，则坝外须再下坝埽，或迈坝埽，方得稳固，于是大溜绕射对岸，坝以下堤脚可免冲刷，并能挂淤。

裹头

【新治河】裹头者，裹护决口冲断之堤头也。用料盘筑坚实，以防冲宽，是为决口以后未及堵合以前之第一下手要

---

❶　原书"水"下有"若干，如高"。

❷　原书无"引河"。

❸　原书"使"上有"务"字。

事。（下编，卷三，一页，一二行）

【河上语】相断堤，立坝基，就断堤用料盘筑，曰裹头。注：裹头以秸根向外，如丁厢法，占则根向两头，与头[1]厢略同。盘裹头宜分缓急，分溜之处宜赶办，勿令续坍。若溜已全夺，遽行盘筑，必仍坍塌，又宜俟其塌定从容为之。若溜势太急，裹头不住，即于本堤退后数丈挖槽下埽，如裹头之法，汕刷至彼即住，谓之截裹头。（一页，五行）

【濮阳河上记】就溃决之处，盘裹堤头，防其刷塌者，谓之裹头，此为堵筑之初步。……既经溃决，即须赶盘裹头，为退守之计，否则两岸口门，愈刷愈阔，堵筑更形棘手。是以建筑之初，亟宜辨其缓急，如漫滩分溜，当从速裹头，以防冲刷；如溜已全夺，不妨俟其塌定，再行盘裹。不然徒糜料物，于事无补，此为第一要义。至其盘裹之法，系用秸料软厢，以工程之轻重，定丈尺之广狭，此为第二要义。（甲编，一页，五行）（图一二〇）

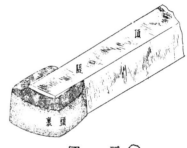

图一二〇

裹头埽

【行水金鉴】安埽之法，上水箱边埽宜出，将裹头埽藏入在内，下水埽宜退，藏入裹头埽内，庶水不得揭动埽也。（卷一二六，一六页，一八行）

【河工简要】临险处已做埽工，上水不无迎溜，须下斜横埽个包裹埽头，名为裹埽。（卷三，二页，一行）

【河工要义】临水之处，既做埽工，则上水无不迎溜，须下

---

[1] 头　原书作"顺"。

斜横埽个，以裹埽头，谓之裹头埽。此项埽段，多因面埽最上第一埽，藏不住头，而后用之。（一一页，一二行）

坝头

【河上语】裹头谓之坝头。（一页，七行）（图一二〇）

【注】凡未合龙前，通谓之坝。每进一占，又以所进为坝头，原坝头为坝基，又曰坝尾。

雁翅

【河工简要】着溜之处，建筑埽坝❶，其上下❷建雁翅以迎溜，下水建雁翅以御回溜，名为〔上下〕❸雁翅。（卷三，八页，八行）

【河防辑要】又名下裹头，亦即收缩包裹之意而已。

盘裹头

【回澜纪要】大堤漫缺，盘做裹头，如漫滩分溜者，宜漏夜趱办，若溜已全夺者，须俟其塌定然后盘头。（卷上，一页）

截头裹

【河防榷】凡堤初决时❹，水势汹涌，头裹不住，即于本堤退后数丈挖槽下埽，如裹头之法，刷至彼必住矣，此谓截头裹也。（卷四，三四页，二行）

【行水金鉴】凡堤初决时，即将两头下埽包裹，官夫昼夜看守稍待水势平缓，即从两头接筑。如水势汹涌，头裹不住，即于本堤退后数丈，挖槽下埽如裹头之法，刷至彼必住矣，此谓截头裹也。（卷三六，四页，一九行）（图一二一）

---

❶ 埽坝　原书作"坝台"。

❷ 下　原书作"水"。

❸ 原书无"上下"，编者据文意加。

❹ 原书此处尚有文字。

挑水坝

【行水金鉴】凡黄河迎溜处，宜建筑挑水坝，又名顺水，又名矶嘴，又名马头，其功最大。（卷六〇，二一页，一五行）

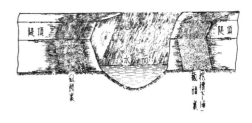

图 一二一

【河工简要】凡河溜紧急之处，在于上首建筑坝台一座，挑溜而行，名为挑水。又有顺水坝，名虽异而实则同。（卷三，八页，二行）

【河防志】凡黄河迎溜处，筑挑水坝，又名鸡嘴，又名马头，其功最大❶，建筑之法，坝欲其宽不可甚长，须做雁翅边埽以顺上流，勿使埽头逆溜，有掀揭之虞，若离缕堤远者，须接筑格堤，捍御以防异涨时，黄水隰于坝后冲刷之虞。（卷五，四二页，一九行）

【新治河】此坝用处甚大亦甚多，惟工程颇巨，修筑❷非易，必须详审形势，万勿轻易尝试。建得其地，以之挑溜攻滩，立见功效；倘非其地，对岸及下游，均受大害，糜歀❸亦不赀，不可不慎也。此坝最杀斜射溜势，宜于埽湾险工。（上编，卷二，一七页，四行）

【濮阳河上记】挑溜远引以捍卫坝基者，谓之挑坝。此坝应建于西坝（黄河自西而东，西坝上游也），上游坝头须与引河头相对，一则掩护西坝坝基，一则逼溜注入引河。挑坝吃力较重，引河得力亦较多，倘与引河分道背驰，则其效

---

❶ 原书此处尚有文字。

❷ 筑 原书作"建"。

❸ 歀 原书作"款"。

用全失……挑坝形势宜于长斜著溜而止，否则其力不足以捍卫大坝。（甲编，三页，一三行）

【河工要义】凡河溜紧急之处，在于溜势上首一座挑溜开行，名曰挑水坝。长十余丈，乃至二三十丈不等，伸至河心，能挑大溜，则溜以下堤脚可免冲刷，并能挂淤，即对面嫩滩老坎，均可借挑出之溜，以资刷卸，如险工太长，应做❶坝数道，须将空档排开，远近得宜，使上坝挑溜，接住中坝，中坝挑溜接住下坝，方免❷刷堤之患。（一五页，三行，又一四行）

【河防辑要】凡建挑水坝，宜于埽湾之上游，相度水势，初湾之处，酌量大溜离堤若干，自河岸起约计大溜一半之处，应筑挑坝，直长若干丈，如溜急水深，则宜筑矶嘴大挑坝，自岸至溜，全用埽个。（卷三，八页，九行）【又】有堵筑决口，上游挑挖引河，分泄水势，若引河泄水不畅，应于引河头对岸上游，筑做挑坝，逼溜全归引河。（卷三，九页，一三行）【又】凡河溜紧急之处，在于上首建筑挑坝一座，挑溜开行，名曰挑水坝。【又】挑水坝宜于埽湾拖溜处，筑坝下埽，挑溜开行，以期下游堤工不十分着重生险。

逼水大坝

【河防一览】如是决口时，两头下埽包裹不住，再用截头裹法，❸又不住，即于上首筑逼水大坝一道，分水势，射对岸，使回溜冲刷正河，则塞工可施矣。（卷四，二页，四行）

---

❶　原书"做"下有"挑"字。

❷　原书"免"下有"回流"。

❸　如是决口时……再用截头裹法　为《辞源》编者据文义撰。

顺水坝

【河防榷】顺水坝，俗名鸡嘴，又名马头，专为吃紧迎溜处所，如本堤水刷汹涌，虽有边埽，难以久恃，必须将本堤首筑顺水坝一道，长十数丈，或五六丈。一丈之坝，可逼水远去数丈，堤根自成淤滩，而下首之堤俱涸矣。安埽之法，上水厢边埽宜出，将裹头埽藏入在内，下水埽宜退藏入裹头埽内，庶水不得揭动埽地，如筑长六丈，阔四丈，高一丈，用埽两面厢边，每边用埽二行，裹头二行，中间填土，每行用埽三层，共计用中埽十八个，每个长五丈，高三尺，用草四百束，柳梢八十束，草绳四十条，排桩签桩共用桩木四根，人夫二十五工，共用卷埽堤夫四百五十工，运土堤夫二百工，俱不议。（卷四，三六页，一行）

【行水金鉴】俗名鸡嘴，又名马头，专为吃紧迎溜处所。如本堤水刷汹涌，虽有边埽，难以持久，必须将本堤首筑顺水坝一道，逼水远去。（卷一二六，一六页，一四行）

【新治河】形式浑如挑坝，而坝工则顺溜斜修，不作挑势，遇大溜横冲之处，作坝势短，且不能使溜开行，若修挑坝，又恐拦水入袖，且虑逼成回溜，生险不已。最好修顺水坝，使溜顺坝斜行，坝长则送溜远出，庶无他虞。（上编，卷二，一九页，一行）

【河工要义】迎水之处，恐堤工受伤，顺流建坝以御之，故曰顺水坝，亦有谓为迎水坝者，顺水坝与挑水坝之区别，在近水顺下与挑溜远出之一间耳。（一七页，二行）

【河防辑要】顺水者，或大溜虽可稍开，而下埽仍难歇手，因接下以顺其势。

---

❶ 近 原书作"迎"。

鸡嘴坝

【河防榷】卷筑鸡嘴六道，每道相去二三十丈不等，阻隔来流，复于鸡嘴中间卷埽，护岸即可支持。（卷四，三页，八行）【又】鸡嘴即顺水坝之俗名。（卷四，四页，一行）

【河工简要】凡湾之处，建筑坝台，其埽坝迤上迤下，必须用料厢做防风雁翅。上雁翅则迎溜顺行，下雁翅则抵御回溜，中间坝台远出尖挑，其形如鸡嘴，名曰鸡嘴坝。（卷三，八页，四行）

【新治河】坝身抵力，均较挑水坝为❶小，而形势及形❷用稍似，惟里宽外窄，基础稳固后，援力足耳。施之边溜半（漕）〔槽〕水，挑溜开行最为得力。（上编，卷二，一八页，六行）

【河工要义】河流刷湾之处，建筑埽坝，其埽坝迤上迤下，必须用料厢做防风雁翅。上雁翅（则）迎溜顺行，下雁翅（则）抵御回溜，中间坝台，远出尖挑，（其）形如鸡嘴，名曰鸡嘴坝。（一六页，三行）

马头

【宋史·河渠志】且地势低下，可以成河，倚山可为马头。（《行水金鉴》卷一四，八页，二行）

【行水金鉴】八月河决郑州，原武埽溢入利津阳武沟刁马河，归纳梁山泺。诏曰：原武决口已引夺大河四分以上，不大治之将贻朝廷巨忧，其辍修汴河堤岸司兵五千，并力筑堤。修闭，都水复言两马头垫落水面，阔二十五步，天寒乞候来春施工，至腊月竟塞云。（卷一二，九页，一三行）【又】马默为河北都转运使，初，元丰间河决小吴，因

---

❶ 为　原书作"短"。

❷ 形　原书作"功"。

不复塞，纵之北流，元祐❶议臣以为东流为便，❷御史郭知
章复请从东流，于是作东西马头，约水复故道，为长堤壅
河之北流者，劳费甚大，明年复决而北，竟不能使之东。
（卷一三，一六页，二〇行）

坝埽

【河工要义】依堤先筑土坝一道，上窄下宽，势能挑溜外移
者，谓之坝，坝外下埽，以卫坝工者，谓之坝埽，坝埽多
下于河面较宽，迎溜顶冲，或其水势坐湾之处；河面窄者，
恐对面生险，则只有下迈埽与顺水坝埽耳。（一一页，八行）

迈坝埽

【河工要义】坝埽之外，再做迈埽一路，谓之迈坝埽。（一一
页，一一行）

挂淤

【河工要义】挑水坝伸至河心，能挑大溜，则溜以下堤脚可
免冲刷，并能挂淤。

第四节　进占

择定坝基后，如水力猛大，筑盖坝以御冲激，然后测量口
门宽度，曰缉口。盘筑坝台，谓之出马头，所出马头即第一占。
占，堵口时直进之捆厢埽也，古称纤，有草纤、土纤。厢占前
进，曰进占，又曰出占，铺料以数百千人齐力跳踊，曰和哨，
亦谓之撑档，撑足丈数加料前眉，以帘子绳绾之，安骑马，压
以花土（即压占土），加二坯料，安暗骑马，挽底钩，又曰拉活

---

❶　祐　原书作"祐"。
❷　原书此处尚有文字。

溜，紧溜则挽占绳，皆随挽随接，追压大土用揪头绳束之，占未到底再加料，再压土，再拉揪头绳，到底乃已。占如不稳，用抱角绾其两头，占向前扒，以束腰绳束之，自左之右，自右之左，用大绳绾之，谓之抄手。每压大土，去边土宽二三尺，截秸料为两段，以根向外包，与下层料齐，曰包眉子。镶至顶部追压大土一层，曰占面土。

坝基（定坝基）（坝尾）

【濮阳河上记】扼要建坝为进占之基础者，谓之坝基，此事最为重要，盖全工之关系，全以坝基为枢纽，倘建非其地，鲜有不偾事者，宜详加讨论，择善而从，尤宜统筹全局，庶不致有偏重之患。如漫口仅属分溜，坝当建于两岸分岔之处，若全河已经夺溜，则坝宜外越，但须依傍老崖，方可着手，前者为扼要计，后者为退守计也。查历来坝基有就裹头而定者，亦有舍裹头而别择相当之地建筑者，总以相机规画，庶几胜算可操。（甲编，一页，一六行）

【河工用语】预修土坝为修裹❶之用者，曰坝基。（五期，专载六页）

【河工名谓】预定正坝经过之路线。（二二页）【又】裹头，谓之坝头，每进一占，又以所进为坝头，原坝头为坝基，又曰坝尾。（三〇页）

盖坝

【濮阳河上记】掩盖坝基，防御回溜者，谓之盖坝，坝基既定之后，如水力猛大，坝基固不免有所冲激，而进占时阻力尤多，故于坝基上水接筑盖坝，分水势也。（上册，二页，一七行）

---

❶ 裹 原书作"里"。

缉口

【回澜纪要】漫口已成，择定坝基后，即须缉量口门宽度❶，以便估计物料也。（上卷，六页，一〇行）

【濮阳河上记】以篾绳缉量口门之广狭者，谓之缉口，此在坝基既定以后，为进占之准备，缉口之绳宜用丝篾，缉口之日，不宜有风，如口门在百丈以内，小船即可缉量，在二百丈以外，当以大船排列下锚定住，无使摇动，一面再用划船将篾绳由坝头牵至大船，依次缉量知口门之广狭，则应进若干占，便可依此估计，此后每进数占亦当随时缉量，以定丈尺。（甲编，四页，八行）

出马头

【回澜纪要】坝基既定，即应盘筑坝台，昔人谓之出马头。（卷上，一二页，一二行）

占

【河工用语】堵口时，直进之捆厢坝，曰占，占成而加帮土戗于❷后，统称曰坝。（五期，专载五页）

【河工（各）〔名〕谓】堵口时逐段直进之捆埽，曰占。（二三页）

纤（草纤）（土纤）

【河防通议】先行检视旧河岸口，两岸植立表杆，次系影水浮桥，使役夫得于两岸通过，兼蔽影河流，紧势于上口难前处，下撒星桩，抛下树石，镇压狂澜，然后两岸各进草纤三道、土纤两道，又于中心抛下席袋土包子。若两岸进纤至近合龙门时，得用手持土袋土包，多广抛下，鸣锣鼓

---

❶ 度　原书作"若干丈尺"。

❷ 于　原书作"之"。

以战河势。既闭后，于纤前卷拦头压埽于纤上修压口堤，若纤眼水出，再以胶土填塞牢固。仍设边检，以防渗漏。（一八页，二行）

进占

【河上语】节节前进，曰进占，占约五丈。（七页，二行）（图一二二，一二三，一二四，一二五，一二六，一二七）

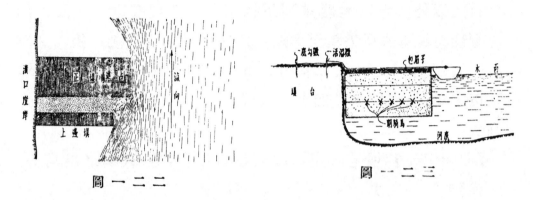

圆一二二　　　　　　圆一二三

【注】每坝以占计，曰第几坝。每进占自清晨起，尽一日之力，继以夜工，层料层土，追压到底。次日加料加土，赶浇后戗，如前一人举重物，后一人力撑腰背，以防倾跌者然。又次曰占蛰则厢，稳则将占绳底钩绳全数挽起，重加大土，提捆厢船，移拖缆船，钉桩安绳为次占张本。凡三日成一占，此就一二丈浅水言之，深至三丈则须五六坯，深至四丈须七八坯，方能抓底，其上又加坯[1]三坯，随蛰随厢，以稳实为度，不能刻期也。水不及丈，亦有两日一占、三日两占者。防营积习，每撑至四丈以外，即报五丈，若每占一量口门，则不敢诳报矣。大约起手数占，非撑足五丈不可，迨渐进渐逼，实其[2]为溜势所遏，欲进不能者，则

---

❶ 坯　原书作"两"。

❷ 其　原书作"有"。

三四丈亦可搂起，若求必❶撑足，则头坯为时已晚，❷ 估工时每占只能以四丈计算，如口门一百丈，应算二十五占，盖作至中间必难占占如数，且两坝均向上迎，形似弓背，亦不能如绳量之直也。

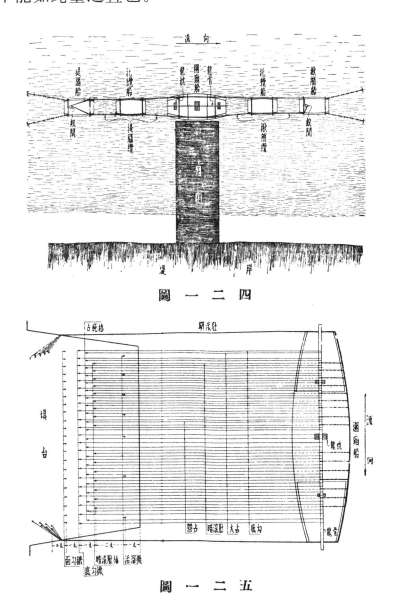

图一二四

图一二五

---

❶ 求必　当从原书作"必求"。

❷ 原书"晚"下有"甚耽险也"。

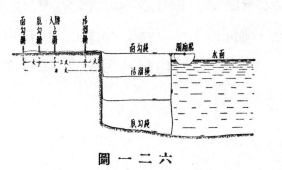

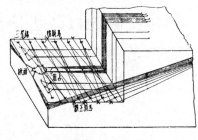

图一二六　　　　　　　　　　　图一二七

【濮阳河上记】用料铺厢，接坝壅而前进者，谓之进占。占之命意不可考，以字义诂之，有侵占、占据之意，盖治水无异用兵，虽治术各有不同，而勇往直前，志在进取，则相同也，命之曰"占"，其此意乎？占之组织纯用桩、绳、土料。当其着手之先，将捆厢船横泊坝头，再用底勾绳、站绳，由坝基而达于捆厢船之龙骨。布置就绪，悬旗买料。旗分三色：如红旗要秸料，黄旗要土，花旗要碎料也。秸料纳于底勾绳、站绳兜内。铺料长约五尺，即雇夫压埽。每压一层，下料一次，至丈尺合度而止。每次均用金斗骑马二三付，倒骑马及拐头骑马一二付不等。至二三次以后，当用羊角暗橛数付。一俟丈尺压足，高与坝齐，即将底勾勾上八九根，覆练子绳一排，并用暗橛数付，或三星，或棋盘，或五子，以后每坯皆然。头坯谓之宣料，宣料之上压以花土。俟用头坯揪头当压大花土一层。第二坯以后，全视形势如何：如占未到底，宜仍用揪头，以到底为度；若已到底，则用束腰。第三、四坯或用束腰，或用分边。第五、六坯如占形偏侧，当用包角，否则无需此矣。要之，暗橛为经络之贯通，明橛为纲领之提挈。若者为必要之品，若者为可省之物，不能执为定论。神而明之，存乎其人。二坯以后，宜重加厚土，压力愈大，占埽愈稳。压土宜先

占头，占头既稳，可无他虞。至于每占所用料土之多寡，全以水势深浅为衡。（甲编，四页，一五行）

出占

【河工名谓】兜缆软厢，堵口时，用秸料桩绳，逐段厢作，节节前进之谓也。（三〇页）

和哨（撑占）（压埽）（打张）

【河上语】铺料以数百千人齐力跳踊，曰和哨，和哨谓之撑占，亦谓之撑挡，亦谓之压埽，河南谓之打张。（七页，七行）

【注】哨官站船头为倡，众人和之。撑一次，加料一次，撑足五丈乃已。

撑档

【回澜纪要】船上兵丁先于上下水厢起，用边棍打齐埽眉，退后满厢，愈厢愈宽，谓之撑（挡）〔档〕。（卷下，五页，二行）（图一二三）

骑马

【河工用语】骑马以二木钉成十字，长四五尺，有一骑马，必有一缆一枺，是以骑马为一副，厢埽一坯须用骑马一路，恐埽往前游，钉枺搂住则埽稳固矣。《说文》：骑，跨马也。《逸雅》：骑，支也，

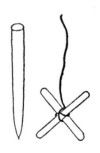

圖一二八

两脚支别也。以一木跨于一木之上，而脚支别，故曰骑马。（卷三，六页）❶（图一二八）

【河上语】缚两桩为十字，曰骑马。（六七页，九行）（图见六九页）

___

❶　出处有误，待考。

【注】骑马以四五尺桩为之，每上料，两坯上下口各用四五
具，每具相去约一丈，外面历历可数，上口拴桩于下口，
下口拴桩于上口，每用一二十人齐号拉紧，水浅用核桃绳，
水深流急，用加重核桃绳，或六丈、八丈绳。

【河工要义】以木料做成方径二寸左右、长四尺以上之交叉
十字架，用绳缆一头系骑马中间，叉立于埽工前眉马面，
复在堤上钉橛，将绳拉紧拴于橛上，俾埽工不致扒游。（五
一页，一四行）

【河防辑要】如厢埽工又赖骑马管束，不使外爬。骑马者，
以橛木一锯二片，形如十字者也。

压占土

【河工要义】压占土与压埽土同，大坝进占，亦须层镶层
压，故曰压占土。（二八页，九行）

暗骑马

【河上语】以两桩斜插料间，曰暗骑马，又❶曰抓子。（六七
页，一○行）（图见六九页）

底钩

【回澜纪要】橛离坝头四丈，横排签钉，每根离空档一尺或
一尺五寸，或上水一尺，下水一尺五寸，总视水之深浅❷，
临时酌定。钉橛后用绳一头上橛，一头活扣于龙骨上，此
即兜缆，最为吃重。（卷下，三页，七行）

【濮阳河上记】兜托占底层层上勾者，谓之底勾绳，濮工用
加重十丈绳，正坝用六十二条，边坝用四十条，均分布于
站绳之空处，一端系于占后根桩，一端系于龙骨，过渡与

---

❶　又　原书作"暗骑马一"。

❷　原书"深浅"二字互乙。

站绳均分排底勾，则系散置。每加料一坯，勾绳八九条不等，每次勾上之数必须随时照补，仍系于原处，占成全数勾上，再进再系，用法与站绳同。（乙编，三页，二三行）

【河工用语】绳之用于埽底者曰底勾绳。（六期，专载三四页）

拉活溜（搂底勾）（搂起）

【河工名谓】每厢一坯，勾回底勾数条，搂束埽眉，曰拉活溜。冀省谓之搂底勾，简称曰搂起。（三一页）

占绳

【河工要义】占绳者，小苘绳也。专备拴系之用，三❶五尺不等，径同小指。（四四页，八行）

揪头绳

【濮阳河上记】拱抱（上）〔占〕头，使之下蛰者，谓之揪头绳。凡新进之占，料质松浮，欲其坚实，必以追压为不二法门。若❷规束之方，则偏侧之患立见，故揪头之作用为全占之纲领。丈尺既足，稍压花土，即下揪头。如二坯尚未到底，宜仍用之，以到底为度。水深四丈以外，非三次揪头不足以资巩固。至其用法，由前眉适中处环钉揪头桩。其式有二：用七根者，谓之七星式；用五根者，谓之簸箕式。以二十丈苘盘绳围绕桩上，至前眉中间擘为两翼，由占头引下，左右环抱，均束于占后根桩。每次用绳由九条至二十一条不等，以溜势大小为衡。（乙编，五页，一五行）

抱角（包角绳）（单边笼头）

【濮阳河上记】缚束占之一边，防其偏侧者，谓之包角绳，

---

❶ 原书“三”上有“长”字。

❷ 原书“若”下有“无”字。

又名单边龙头。上口偏侧，用于上口，下口偏侧，用于下口。此种作用，全以形势而定，如无此弊，则不须用单边。亦用二十丈苘盘绳，其数当在九条二十一条之间，用法与双边绳同，惟用于一边耳。（乙编，六页，一七行）

【河工名谓】捆束占之一边，防其偏侧者，又名单边笼头。（四四页）

束腰绳

【濮阳河上记】拱抱占腰，使之紧束者，谓之束腰绳。束腰系用于揪头之后，揪头所以巩固占之基础，束腰所以巩固占之中部，每次九条至二十一条不等。水深三丈以内，大都用苘盘绳十五条，两边旋绕环抱占头，左右均束于占后根桩。（乙编，六页，五行）

抄手

【河上语】占向前扒，以束腰绳束之，束腰亦曰箍腰。自左之右，自右之左，用大绳绾之，谓之抄手。（八页，四行）

【濮阳河上记】环抱金门占，使之巩固者，谓之抄手绳，又名门帘绳。当用二十丈苘盘绳，其数不得过二十一条。两边均系于占后根桩，左右盘旋绕至占头，在适中处钉以木签。左则由占头引下环抱右角，右亦由占头引下环抱左角，均束于占后根桩。此绳用于金门占，筑成之候，他占无须用此。其形交错有似抄手，一以巩固金门占，一以壮观瞻也。（乙编，六页，二二行）

包眉子

【河上（记）〔语〕】每压大土，去边土宽二三尺，截秸料为两段，以根向外包，与下层料齐，曰包眉子。（八页，七行）（详注见原书）（图一二九、一三〇）

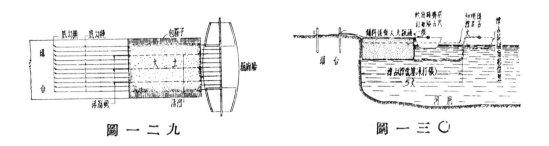

圖一二九　　　　　　　圖一三〇

占面土

【河工要义】占面土亦与埽面土同，坝占捆镶至顶部，近[1]压大土一层，因曰占面。（二八页，一〇行）

进占时须用料土，设三升标旗于坝头以资号召。

三升标旗

【河器图说】三升旗，即标旗也。凡大工向于坝头竖立长竿，上扣三环，贯以长绳，系黄、红、蓝布旗三面，随用拉扯上下。派兵守之，如须土升黄旗，料升红旗，柳草升蓝旗。夜则易以三色灯笼，以为号令。（卷一，三七页）

河自东西，坝亦以东西名，故有东坝、西坝之称。大坝即正坝，二坝又称边坝，不用边坝曰单坝，不用东西坝，一面单进曰独龙过江。正坝、边坝之间实土曰土柜，又曰土柜土；坝后为后戗，浇于大坝上水上边埽之内，谓之上戗；大坝下水下边之内，谓之里戗。

东坝

【河上（记）〔语〕】河[2]自西而东，故有南岸北岸，而坝以

---

❶　近　原书作"追"。

❷　原书"河"上有"黄"字。

东西名❶。河势即有迁折，而名称❷不变。（一页，八行）
（图一三二）

西坝

【河上语】见"东坝"。（图一三二）

大坝二坝

【回澜纪要】历来漫工，大坝合龙者，不一而足，何取乎二坝，殊不知专仗大坝成功者固多，而失事者亦复不少。缘两坝口门收窄时，上水高乎❸下水几至丈许，奔腾下注，势若建瓴，坝前愈刷愈深，因之蛰塌不已，如有二坝擎托，以水抵水，则大坝上水不过高下水（面）三四尺，二坝上水亦高下水四五尺，丈许水头，分面❹为二，两坝各任其力，大坝得以减轻矣，惟二坝距❺大坝不可过远，当以二百丈内外为率。（卷上，三页，八行）（图一三一）

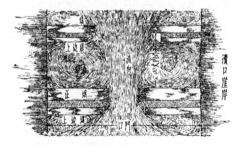

图 一 三 一

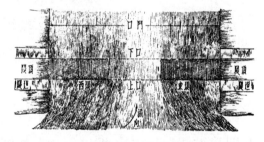

图 一 三 二

【河防辑要】二坝初建时，似与大坝无关痛痒。迨坝工渐长，口门渐窄，则大坝借二坝为擎托。二坝仗大坝为捍卫，如辅车相依，上下呼吸相通。倘二坝矬失，必掣动大坝，

---

❶ 原书此处尚有文字："运河自南而北，故有东岸西岸，而坝以南北名。"
❷ 原书"名称"二字互乙。
❸ 乎 原书作"于"。
❹ 面 原书作"而"。
❺ 距 原书作"离"。

尤宜追压稳宽，刻刻小心，不可忽视，依照大坝跟接进占，必应同时慎重合龙，可收实益。

正坝（边坝）

【河上语】边坝在正坝前，得正坝六之四。（一页，九行）

【注】正坝六丈，则边坝四丈，广狭以是消息之。潘彬卿、方伯骏文云：西坝以边坝挑溜，东坝以边坝迎溜，皆使溜势不直攻正坝也。边坝视正坝约退半占，边坝有在正坝后者，亦有作两边坝，曰上边坝、下边坝者。（图一三三）

【濮阳河上记】捍卫正坝，同时并进者，谓之边坝。查历来大工，有用单坝者，有用正坝、二❶坝者，有用一正坝、二边坝者。单坝进堵谓之独龙过江，盖形势有不同，坝亦因之而增减。说者谓堵筑决口，单坝既有先例，则边坝非必要之工，徒多耗费，何为哉？殊不知专恃一坝以成功者，事属侥幸；因无边坝而败事者，不堪枚举。况工程之难易，各有不同，又乌可执一以概论。（甲编，二页，五行）

单坝（独龙过江）

【河上语】边坝在正坝前，得正坝六之四。正坝边坝之间，实土二丈曰土柜，不用边坝曰单坝，不用东西坝，一面单进曰独龙过江。（一页，九行）（图一三四）

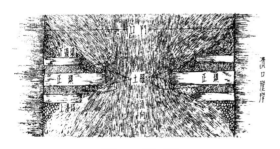

图一三三

图一三四

---

❶ 二　原书作"边"。

土柜

【河上（记）〔语〕】正坝、边坝之间，实土二丈，曰土柜。注：正边坝皆有料土在其中，则料之虚者皆实，为两边❶则有土柜两重。（一页，一一行）（图见《河上语图解》四）

【濮阳河上记】填土于正、边坝夹道内者，谓之土柜，又名夹土坝。俟正坝进两三占，边坝进一两占后，即须并力合填，随占前进，层土层夯，填筑坚实。既可塞两坝之罅隙，且可作两坝之中坚。盖占以秸成，恐其不可持久，故用土柜，使正❷坝凝结一气，更为得力。如合龙之前水深溜急，土不能容，宁可暂缓须臾，不可用料填塞。一俟两坝合龙，即从速接堵。用土所以闭气，用料则渗漏可虞。若万不得已而求速效，亦惟有用麻袋包淤，以之填底，可免冲刷。（甲编，二页，二二行）

土柜土

【河工要义】堵塞决口大工，坝占内外齐进，虑有坝眼透水之病，故二坝生根，与大坝间隔数尺，中填胶土，谓之夹土柜土，其形似柜，是以名之。（二八页，一四行）

后戗

【河上语】坝后为后戗。注：土柜与坝平，后戗出水三四尺，宽以二丈为率，单坝无土柜，后戗宜高宜宽。（二页，三行）（图见《河上语图解》五）

【濮阳河上记】筑❸于边坝之后身者，谓之后戗。进占于狂澜横溜之中，奔腾直泻，首当其冲者，为正坝。恐正坝不

---

❶ 原书"边"下有"坝"字。

❷ 原书"正"下有"边"字。

❸ 原书"筑"下有"土"字。

足以抵御，于是借边坝以分其力，借土柜以实其中，犹恐或有牵动，接以后戗，作为后盾，由上坡下，抵御力较土柜尤强。（甲编，三页，七行）

土戗

【回澜纪要】浇土于大坝上水上边埽之内，谓之上戗。（卷上，四页，三行）

里戗

【回澜纪要】浇土于大坝下水下边埽之内，谓之里戗。（卷上，四页，三行）

占向前曰扒，向上曰游，向下为坐，坐甚曰拜，平下曰蛰，前蛰曰低头，前错曰掉头，中蛰曰螳腰，左右蛰曰掉膀，后裂曰崩裆，翻转曰栽跟头。

扒

【河上语】占向前曰扒。（八页，一〇行）

游

【河上语】占向上曰游。（八页，一〇行）

坐

【河上语】占向下曰坐。（八页，一〇行）

拜

【河上语】占向下曰坐，坐甚曰拜。（八页，一〇行）

蛰

【河上语】平下曰蛰。

低头

【河上语】占前蛰，曰低头。（九页，三行）

【注】当由前面水深之故，急加大坯土料铺平。

掉头

【河上语】占前错，曰掉头。（九页，三行）

【注】上口前扒则掉头内向，下口前扒则掉头外向。

螳腰

【河上语】占中蛰，曰螳腰。（九页，四行）

【注】急钉基盘桩，用绳纵横拴系，以防分裂。

掉膀

【河上语】占左右蛰，曰掉膀。（九页，四行）

【注】上口水深则上口蛰，急于上口加料，以防水入，下口加土以配之，下口反是。

崩裆

【河上语】占后裂，曰崩裆。（九页，五行）

【注】占前扒则后崩裆，如于崩处加土，则前扒愈甚，宜急用黄草铺塞，而将前眉加压大土，用束腰绳束之，俟前面半占业经压实，可以站住，然后在后面加料大❶土，逐渐铺平，上口崩裆，下口过水难治。

栽跟头

【河上语】翻转曰栽跟头。（九页，六行）

第五节　合龙

　　两坝进占至口门窄狭时，将船拉出，曰出船。所留之口门，曰金门，又曰龙口，又曰合龙门，金门左右两占，曰金门占，金门占亦曰关门埽，金门占上捆一大枕，曰龙枕，枕上钉签，曰龙牙，上挂合龙网，曰龙衣。合龙时所做最后之一占，

---

❶　大　原书作"加"。

曰合龙占。合龙后滴水不漏，曰闭气。口门外之跌塘，用堤围圈，以减正坝之水压力，曰养水盆。

出船

　　【河工名谓】合龙时，金门甚窄，将船拉出，曰出船。（三二页）

金门

　　【河上语】口门将合，曰金门。（八五页，二行）（图一三六）

龙口

　　【河上语】金门谓之龙口。（八五页，二行）

合龙门

　　【行水金鉴】凡塞河决垂合中间一埽，谓之合龙门。（卷一〇，一八页，二行）

金门占（关门占）

　　【河上语】全❶门东西两占，曰金门占，金门占亦曰关门占，亦曰关门埽。（八五页，二行）（图一三五）

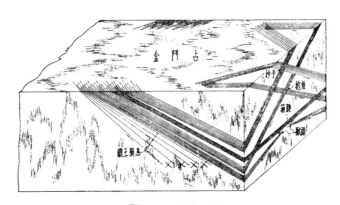

图　一　三　五

　　【濮阳河上记】两坝最后之占，逼近金门者，谓之金门❷。

---

❶　全　原书作"金"。

❷　原书"门"下有"占"字。

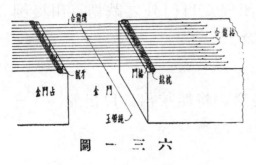

图 一 三 六

金门占为两坝之咽喉，合龙之根据，视他占大❶为重要，宜多压厚土，多加绳橛。最后一坯当用抄手，俟盘筑坚实不见下蛰，即于两坝金门占前眉横钉合龙枕各一具，长与占齐。枕之两旁插以龙牙，为规束合龙缆之用。次于金门占后面，各钉合龙桩四排，以两桩系一合龙缆，缆置枕上。两坝互牵，每缆距离约五六寸。如占宽六丈，用缆百余条。再次则用合龙衣，覆于合龙缆上，为合龙之预备。（甲编，五页，一五行）

关门埽（门帘埽）

【回澜纪要】此乃龙门兜子之外护，即就两坝上水边埽未做之丈尺或十丈或八丈补❷一埽，为❸关门埽。（卷下，一二页，四行）

【河工名谓】合龙占前做埽，压及左右两金门，俾易闭气，曰门帘埽。（八页）

龙枕

【河上语】金门占上捆一大枕，曰龙枕。（八五页，八行）

龙牙

【河上语】龙枕上钉签，以挂龙衣，曰龙牙。（八五页，八行）

龙衣（挂缆）

【河上语】合龙缆以麻为之，上挂合龙网，曰龙衣。（八五页，八行）（图一三七）

---

❶ 大 原书作"尤"。

❷ 原书"补"下有"做"字。

❸ 原书"为"上有"名"字。

【濮阳河上记】以绳结网，合龙时用以兜料者，谓之龙衣，亦名龙兜。两坝合龙绠牵成，即用龙衣覆于绠上，以备兜料。龙衣以麻绳结网为之，网格相距四五寸，作斜方式。（乙编，八页，一行）

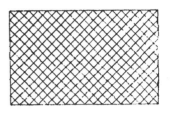

圕一三七

【河工名谓】合龙时，两坝对头钉橛，挂绳为兜，名曰挂缆。（三二页）

合龙占

【濮阳河上记】堵合金门，用龙衣兜埽者，谓之合龙占。缘金门之间，船不能容，故以绳结网，名曰龙衣。覆于合龙绠上，专为兜料之用。俟祭坝后，即买料进埽，并于河营择一熟练官长，鸣锣为号。守合龙绠者，悉听指挥，闻号松绠。每下料一坯，约松绠尺余，并于下水用五花倒骑马牵于上水，防下拜也。俟龙衣入水，即压花土二三坯，后多用蒲包大土。如下水不见翻花，即堵合矣。有谓合龙之日，宜诹其吉，此乃大误。盖大功之成败全系乎此，一发千钧，岂容玩忽！欲速则草率从事，后患堪虞，过迟则金门刷深，追压不易，必俟金门占盘筑坚结，即行动工，最为适当也。（甲编，五页，二三行）（图一三八，一三九）

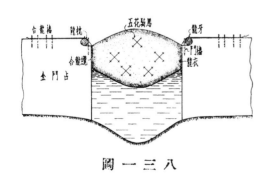

圕一三八

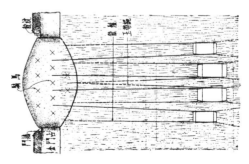

圕一三九

闭气

【河工名谓】合龙后滴水不漏，曰闭气。（二四页）

养水盆

【河工名谓】口门外之跌塘，用堤围圈以减正坝之水压力，曰养水盆。（二四页）

第六节　绳缆

绳、缆、麻缆、苇缆、灰缆、竹缆、铁缆、铁丝缆、光缆、毛缆、三花小缆、四花小缆、五花小缆、加重绳缆、行江大缆、鳝鱼骨、猫本、双扛、苘绳、麻绳、草绳、绠绳、核桃绳、卡子绳、千斤绳、家伙绳、盘绳、腰子、束腰绳、行绳、引绳、经子、网兜。

绳

【河工名谓】以苘麻绞扭成之，普通直径在半寸以下者为绳。（四二页）

缆（铅丝索）

【河工名谓】绳之直径，在半寸以上者为缆，近更有以铅丝扭成者，又称铅丝索。（四二页）

麻缆

【河工名谓】以麻拧成者。（四三页）

苇缆

【河工名谓】以苇拧成者。（四三页）

灰缆

【河防辑要】灰缆以好大芦劈篾入池，泡七日为度，柴性窥破觉棉软，入水亦耐时日，惟工本较大，且难猝办，是以大工素不多用。

【河工名谓】以高大芦草带皮卷成者。（四二页）

竹缆

【河工用语】以竹篾拧者曰竹缆，或曰篾缆。（六期，专载三三页）

铁缆

【河工名谓】以铁丝拧成，用作提脑揪艄者。（四三页）

铁丝缆

【河工用语】以铁丝拧者，曰铁丝缆。（六期，专载三三页）

光缆

【河防辑要】以黄亮大芦篾子压得匀，披子拧得紧，缆心压得熟者为佳。

毛缆

【河防辑要】毛缆系用青柴，带叶带皮，一披卷成，不用缆心者，虽系纯熟，终属体松而质轻，只可浅水处酌量用之。

三花小缆

【运工专刊】该缆对径约一生的半，计用三四米粒宽之青黄篾丝十根，分为二根与三根，各两股相间辫成，中间亦有篾丝填实，每饼计长三十丈。（图一四〇之1）

四花小缆

【运工专刊】该缆对径约二生的，计用三四米粒宽之青黄篾丝十四根，分为三根与四根各两股相间辫成，中间亦有篾丝填实，每饼计长三十丈。（图一四〇之2）

---

❶　带皮卷成者　原书作"劈（蔑）〔篾〕入灰池，浸七日后拧成"。

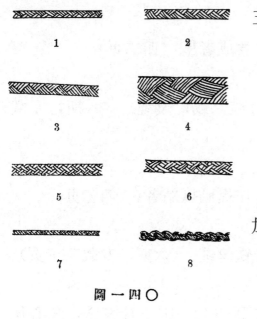

五花小缆

【运工专刊】该缆对径约二生的半，计用三四米粒宽之青黄篾丝十八根，分为四根与五根各两股相间辫成，中间亦有篾丝填实，每饼之长三十丈。（图一四〇之3）

加重绳缆

【河工用语】其重量超过原定行❶数者，曰加重绳缆。（六期，专载三四页）

图一四〇

行江大缆❷

【运工专刊】该缆名曰七花大缆，对径约六生的，用五米粒至八米粒宽之青篾丝，每股七根辫成，中间有青篾与黄篾填实，购时以丈许值，如六花者比较七花每股少一篾，其值亦稍廉，八花曰❸比较七花每股多一篾，其值亦稍贵。（图一四〇之4）

鳝鱼骨

【运工专刊】该缆对径约二生的半，计用四五米粒宽之青篾丝十六根，分为八股辫成，中间空心，每饼计长三十丈。（图一四〇之5）

猫本

【运工专刊】该缆对径约二生的半，计用三四米粒宽之青篾

---

❶ 行 原书作"斤"。

❷ 缆 当作"绳"。

❸ 曰 疑为"者"。

丝二十根分为两根与三根各四股辫成，中间用青黄篾丝约填实一半，每饼计长二十四丈。（图一四〇之6）

双扛

【运工专刊】该缆对径约八米粒，计用一米粒半至二米粒宽之青篾丝八根，分为四股辫成，中间空心，每饼计长一丈八尺。（图一四〇之7）

苘绳

【河工用语】以苘拧者曰苘绳。（六期，专载三三页）

麻绳

【河工要义】抬运料石用之。（图一四〇之8）

草绳

【河防辑要】有以草拧为褾者，乃粗草绳耳，卷埽必先密密铺之于钩于绳于铁箍之上，然后再铺秸柳草，束以此草绳，作为埽之外衣，免于秸柳簇出。

绠绳

【河工要义】亦曰苇缆，又曰光缆，以黄亮苇子用辘轴压软，三股拧紧如麻绳式❶，每根长六丈，重三十斤为一盘，二百盘凑成一垛，凡揪头（亦曰穿❷心绳）、滚肚拴、骑马及抢险挂柳等绳皆用之，亦有时大工占埽，及旱坝占埽间杂于行绳中用之。（四一页，一三行）

核桃绳

【河工用语】苘麻绳之粗细如核桃大小者，曰核桃绳。（六期，专载三三页）

---

❶ 式　原书作"状"。

❷ 穿　原书作"窄"。

卡子绳

【河防辑要】又有小绳，一名卡子，一名核桃，以备绊缠大绳之用。

千斤绳

【河防辑要】凡竖桩木，全凭云梯头上两边大绳，必须小心守护，收拴稍有疏忽，则桩木即为歪斜，因其关系重大，故名为千斤绳。

家伙绳

【河工要义】家伙绳以苘麻拧成之，每副七根，备具全梯一切作用，绳之名色不同，粗细短长不一，试分列于左。

（甲）大千斤绳三根，每根约重三十余斤，长五丈，三绳接连一气，用中间一根绕住云梯两踬板间，活锁桩头，用单扣分挽第一踬板之两端，上下水钉橛木两根，将两绳头分拴橛上，拉梯时一人看守，渐渐松放，梯已拉起，仍两面用人停匀，靠住桩梯不晃，俾上梯碳打者，站得脚稳，不致闪跌。

（乙）二千斤绳两根，每根约重五十斤，长八丈，亦接连一气，用双扣紧挽第二踬板之两端，上下水钉橛拴绳，以及看守松放靠绳等事，悉与大千斤同。

（丙）长绊绳一根，又名马绊，约重六十斤，长六丈五尺，绳之中间用连环套结，紧扣于两梯尾，将绳头上下分开，传齐兵夫并❶立两面，提起马绊绳，听管尖者，喊号等齐，劲力向前拉动，梯已拉起调如❷梯尾，两面钉马绊橛，将绳分拴两橛，绊住梯尾，不致倒回，方能保重。

---

❶　并　原书作"站"。

❷　如　原书作"好"。

（丁）搬尖带硪绳一根，约重三四十斤，长五丈五尺，点好桩眼，即在山根钉一搬尖绳橛，绳之一头牢拴橛上，试搬不动方为结实，即将绳拉向点桩之处，比较踞❶离圈作活套，套入桩尖移至桩眼，橛前拔起点眼橛逼住桩尖，俾桩尖不致错眼，桩既立起，逼尖桩搬尖绳一齐起出，则桩尖稍稍插入埽中，即可上梯签钉矣，其第一人上梯时先将搬尖带硪绳之一头带上梯巅，一头留待末一人送硪之用，送硪时在梯巅者拉绳上升，而送硪者扶硪推送，送至桩上听管下尖者敲桩起号，徐徐扪尖。（七〇页，九行）

盘绳

【河工用语】长在十丈以外粗重而作盘者，曰盘绳。（六期，专载三四页）

褃子

【河工要义】绳子二股，小苇绳也，亦以苇子用辘轴压软，二股拧紧，每根长三十丈，重十斤，六百根凑成一垛，褃子惟卷由扎把匀当拉地弦，以及由子后面挂帘，二❷种用法。（四二页，二行）

束腰绳

【河工用语】拴住埽腰者，曰束腰绳。（六期，专载三四页）

行绳

【河工用语】行绳者，以苘麻三股拧打和花停匀，粗细一律，万不可忽松忽紧，劲力不均，是为至要。每根长五丈五尺，重自十四五斤至二十斤不等。行绳者，捆镶绳缆也。

---

❶ 踞　疑当作"距"。

❷ 二　原书作"两"。

平时软镶埽及大工占埽用之。（四二页，八行）❶

引绳

　　【河工用语】细缆❷之引过龙绠等用者，曰引绳。（六期，专载三四页）

经子

　　【濮阳河上记】用以捆把厢做护沿埽者，谓之经子。排桩钉成后，即须厢把，先取秫❸秸一束，用经子缚其两端，捆作长把，依次厢做经子，每团重十余斤不等，以苘为之。（乙编，一〇页，九行）

　　【河工用语】用以捆把厢做护沿之单股绳，曰经子。（六期，专载三五页）

网兜

　　【濮阳河上记】以绳结网，用以抬取碎料者，谓之网兜，碎料一项，为数不鲜，特制网兜以便随时抬之上坝，为包填占腹之用，网以麻绳结成，网格约五六寸，宽长约二丈，两坝必须多备。（乙编，一〇页，二〇行）

托缆、锚缆（即锚顶绳）、坝缆、揪艄缆、提脑缆（即吊缆，又曰神仙提脑）、桩绳、站绳、包站绳、中占绳、边占绳、包占绳、钩绳、玉带绳、练子绳、抄手缆、包角绳、底勾、面钩、活留、大占、腰占、串心腰占、揪头、串心揪头、肚占、连环占、明暗过肚（即过渡绳，穿心绳）、龙筋绳、龙衣绳、龙须绳、合龙绠、分边绳、倒拉绳、扎缚绳、扎扣绳、过河

---

❶　原书无此文，待考。

❷　缆　原书作"绳"。

❸　秫　原书作"秌"。

绳、小引绳、扎头绳、箍头绳、绞关绳、太平绳、羊角绳、鸡脚绳、三星绳、七星绳、五子绳、九连绳、棋盘绳、金斗骑马绳、倒骑马绳、小骑马绳、拐头骑马、十三太保绳，附绳斤丈尺对照。

托缆

　　【河工要义】以行绳充用之，每船二、三、四根，视水之浅深，占之重量，酌定用缆之多寡，即在坝头钉橛生缆，一头上橛，一头从船底兜转，活扣于绳架桩上，托住船身，不致翻侧，故曰托缆，亦即黄河所用暗过肚之意也。（七九页，三行）

锚缆

　　【河工用语】用于锚上者，曰锚缆。（六期，专载三四页）

锚顶缆❶

　　【濮阳河上记】紧系锚顶，以便起提者，谓之锚顶绳，锚堕河底，易于淤沉，以绳系之，可以随时起提，不致淤塞，用麻绳长约十丈。（乙编，一〇页，一七行）

　　【河工用语】用于锚顶以便上起者，曰锚顶绳。（六期，专载三四页）

坝缆

　　【河工要义】绳长八丈，重四十斤，在上下水占眉钉橛生缆，将捆厢船外帮连头尾横兜拉紧，以防船之离档者，谓之坝缆。（七九页，一行）

揪（梢）〔艄〕❷缆

　　【河工用语】揪住捆厢船尾者，曰揪艄缆。（六期，专载三

---

　❶　缆　当作"绳"。
　❷　此处"梢"当作"艄"。

四页）

提脑缆

【河工用语】提系捆厢船者，曰提脑缆。（六期，专载三四页）

吊缆

【河工要义】绳长十六丈，重八十斤，大坝上水浅处钉桩系缆，将捆厢船头提住，不使随溜下移者，谓之吊缆，亦曰提脑。（七八页，一一行）

神仙提脑

【回澜纪要】（其有）水深溜急无处签桩者，则竟❶在上边埽❷钉桩生缆，用船❸五六只，密排（挑）边埽外，将❹缆挤开，斜吊捆厢船，俗名神仙提脑。（卷下，一页，一一行）

桩绳

【河工用语】绳之用于各项桩上者，即以其桩名名之，如棋盘绳、骑马绳、揪头绳之类。（六期，专载三四页）

站绳

【濮阳河上记】兜托占底，占成而上覆者，谓之站绳。濮工用二十丈盘绳，每条重百斤，以苘为之。计分五排，每排七条。此排与彼排相距约丈许，一端系于占后根桩，一段系于龙骨。占成即将所有站绳，由占首全数上覆，束于根桩。距❺占首约五丈，中有腰桩，每占皆同。惟站绳与底勾过渡位置相等，而作用（回）〔迴〕别。盖底勾为层层之连带，站绳为最终之结束，过渡用以兜船，站绳用以兜占也。

---

❶ 则竟　原书作"只好"。

❷ 原书"埽"下有"上"字。

❸ 用船　原书作"再用大船"。

❹ 原书"将"下有"提脑"。

❺ 原书"距"上有"桩"字。

（乙编，三页，一六行）

包站绳

【濮阳河上记】牵制揪头为其后劲者，谓之包站绳，揪头之基础逼近前眉，恐其力不足以贯彻后部，于是在揪头桩之绳上，左右各系十丈茼绳，或五条或七条直牵至占后，长约三丈，束于包站桩，如此互相维系，功效益著。（乙编，五页，二四行）

中占绳

【河工用语】用于占中者，曰中占绳，或曰肚占。（六期，专载三四页）

边占绳

【河工用语】用于占之上下口者，曰边占绳。（六期，专载三四页）

包占绳

【河工用语】牵制揪头为其后劲者，曰包占绳。（六期，专载三四页）

钩绳

【河工用语】连埽外通身所捆，每离五尺一根者，曰钩绳。❶

玉带绳

【河工用语】团于占腰❷束底勾站绳者，谓之玉带绳，此绳作用与他绳不同，他绳皆为束占之用，此则专以缚束底勾站绳者，每进一占，底勾站绳为必要品，此又为必要之附属品，由占后兜至占首，将各绳一一束住，以防紊乱，绳

---

❶　出处待考。

❷　原书"腰"下有"横"字。

用十丈，以茼为之。（乙编，四页，六行）❶

练子绳

【濮阳河上记】直兜前眉，层层茧缚者，谓之练子绳，亦名核桃绳，新埽丈尺压足，即拉头坯练子绳，此后每加料一坯，必用一次，与底勾同，所不同者，彼为经，此为络，彼则疏，此则密耳，濮工正坝每坯用七十条，边坝用五十余条，第一坯即系于底勾绳上，以后层层接续，由上下❷兜距前眉长约二丈，钉以木签。（乙编，五页，九行）

【河工用语】直兜前眉层层茧缚者，曰练子绳，连系底勾绳者，亦曰练子绳。（六期，专载三四页）

抄手绳

【濮阳河上记】环抱金门占，使之巩固者，谓之抄手绳，又名门帘绳。当用二十丈茼盘绳，其数不得过二十一条。两边均系于占后根桩，左右盘旋绕至绳❸头，在适中处钉以木签。左则由占头引下，环抱右角；右亦由占头引下，环抱左角，均束于占后根桩。此绳用于金门占筑成之候，他占无须用此。其形交错，有似抄手，一以巩固金门占，一以壮观瞻也。（乙编，六页，二二行）

【河工用语】环抱金门占使之巩固者，曰抄手绳，又曰门帘绳。（六期，专载三四页）

包角绳

【濮阳河上记】缚束占之一边，防其偏侧者，谓之包角绳，又名单边龙头。上口偏侧，用于上口；下口偏侧，用于下

---

❶ 出处有误，待考。

❷ 原书"上下"二字互乙。

❸ 绳 原书作"占"。

口。此种作用，全以形势而定，如无此弊，则不须用单边。亦用二十丈苘盘绳，其数当在九条、二十一条之间，用法与双边绳同，惟用于一边耳。（乙编，六页，一七行）

面钩

【回澜（记）〔纪〕要】橛于底钩，橛退后一丈签订，数与底钩同，占子厢压到底，然后将底钩缆全数钩回，拴上此橛。（卷下，三页，一一行）

活留（拉活留）

【回澜纪要】埽未成时，每厢一坯，须将底钩开❶钩几条，以便压土，谓之拉活留，此橛离四尺一根，钉于底钩前三丈。（卷下，三页，一三行）

【河工名谓】每厢一坯，勾回底勾数条，搂束埽眉，曰拉活溜。冀省谓之搂底勾，简称曰搂起。（三一页）

大占

【回澜纪要】上水九条，下水七条。（卷下，三页，一九行）

腰占

【回澜纪要】中间五条，与底钩同力，盖恐底钩力弱，故密如❷此缆，以昭慎重，应于底钩之前，密钉排橛，每坯厢成，压土跳埽，均须开放。（卷下，三页，一五行）

串心腰占

【河工名谓】用于占之腰部。（四五页）

揪头

【回澜纪要】亦系于埽中，而两头解出其长。【又】前人下埽，即有此名，系埽心之绳，今所谓揪头条，前眉兜住，

---

❶ 开　原书作"间"。

❷ 如　原书作"加"。

上水九条，下水七条，如水深五丈，加至二十一条，橛钉于❶下水埽眉，一条龙式，离坝头六丈，总俟二坯厢成，压土后，再于新埽前眉，钉橛一排，每根离空档四尺，再于上下❷埽眉拐角处，各钉一大橛，名为戗橛。用小縴铺于橛边，将上下水揪头大绳接连编于前眉橛上，两面以软草包住，再用先铺之小縴将大绳缚成一捆，用力拉紧，再行上橛，此为第一路，断不可松，俟加厢两坯，再下两❸路揪头，每一路总以两坯为准，层层揪紧，方可用大土追压，使埽耳不能外游，此乃揪头之力，直俟追压到底，则绳自松，俗名谓之打网，始可放心矣。（卷下，三页，一八行）

【濮阳河上记】拱抱占头，使之下蛰者，谓之揪头绳。凡新进之占，料质松浮，欲其坚实，必以追压为不二法门。若无规束之方，则偏侧之患立见，故揪头之作用为全占之纲领。丈尺既足，稍压花土，即下揪头。不足以资巩固❹。至其用法，由前眉适中处环打❺揪头桩。其式有二：用七根者，谓之七星式；用五根者，谓之簸箕式。以二十丈苘盘绳围绕桩上，至前眉中间擘为两翼，由占头引下，左右环抱，均束于占后根桩。每次用绳由九条至二十一条不等，以溜势大小为衡。（乙编，五页，一五行）

串心揪头

【河工名谓】绳名，贯串大埽之心，不使外移。（四六页）

---

❶ 原书"于"下有"上"字。

❷ 原书"下"后有"水"字。

❸ 两 原书作"二"。

❹ 原书此句前尚有文字。

❺ 打 原书作"钉"。

肚占

【回澜纪要】每排绳五条，计两排，一头将揪头捆住，一头上橛。（卷下，四页，九行）

【河工名谓】绳名，一头将揪头捆住，一头回绕腰桩上，与揪头连结为用，所以摘住埽心，不使挫动也，亦名抱占绳。（四三页）

连环占

【回澜纪要】于肚占之外，各再加绳五条，如肚占法，一头捆住揪头，一头扣于龙骨上，加厢两坯，再行勾回。（卷下，四页，一〇行）

明过肚

【回澜纪要】用大绳在船外帮，连船头船尾，横兜拉紧上橛，橛应于埽头七丈后，上下水埽眉钉如雁翅形，俗名谓之一条龙。上水九条，下水七条，惟打张时一开，其余不可轻动。此二者均为捆船，非兜缆也。（卷下，三页，三行）（图一四一）

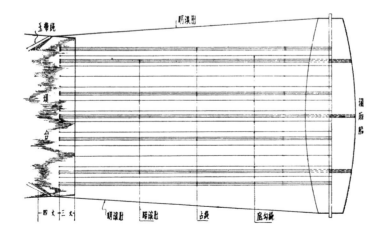

圖一四一

暗过肚

　　【回澜纪要】以船上大桡分中上水九条，下水七条，离坝头三丈后，照缆数密钉排橛，用长十丈绳，一头上橛，一头从船底兜转，活扣于龙骨之上。此绳只捆船身，与埽无涉，惟撑档打张追压时，均须随占开放，绳子不敷，再行冲用，直至将合龙时，出船后，始行勾回。（卷下，二页，一八行）（图一四一）

过渡绳（滚肚）（裹肚）

　　【河工用语】底勾之越捆厢船而拴于外帮者，曰过渡绳，或曰里❶肚绳，亦曰滚肚。（六期，专载三四页）

　　【河工名谓】亦曰裹肚，又曰过渡，用以巩固船体及其方位者。（四三页）

穿心绳

　　【河防辑要】绳以麻拧曰穿心，曰滚肚，皆包于埽中者也。

龙筋绳

　　【河工要义】大坝过河绳，两坝平匀拉紧，拴于龙门橛上，即在过河绳兜居中，横放苘绳一根，两面长较大坝宽窄略余数尺，务须掩过上下水，第一根过河绳，径同行绳，约重二十斤，用占绳将横放苘绳与过河绳分匀绳档，交叉拴住，是曰龙筋绳。（四三页，九行）

龙衣绳

　　【河工要义】龙衣有苇箔龙衣与绳网龙衣两种。绳网者，以细紧好麻绳结为网❷，每坝一领，宽窄适如金门之半，必须

---

❶　里　原书作"裹"。

❷　为网　原书作"如网状"。

略留余地，不致敷设时落成逢❶隙，以免兵夫失足落河。
（四四页，二行）

龙须绳（龙头）（龙尾）

【濮阳河上记】由上水直牵合龙绠，以防下拜者，谓之龙须
绳。金门收窄，溜势顶冲，虽金门占十分坚固，仍宜加意
慎重。俟合龙绠布置妥善，即用龙须绳两条，长约四十丈，
以麻为之。一端横纬于合龙绠，穿至下口边绠，一端系于
上口拖缆船，抛以铁锚。两绳左右分档，各不相扰，既可
防其下拜，且可规束龙绠，法至善也。正坝负力较重，多
用之，边坝或可省去。（乙编，七页，九行）

【河工要义】惟合龙时用二根，每根长六十丈，约重七百
斤。其用法于龙筋绳拴妥，先将两坝龙衣平铺密拴，中间
安放苇把一个，亦用占绳系住，名曰龙骨，前设龙头，后
扎龙尾，长与坝身宽窄相同，将龙须绳由龙尾连环套结，
紧贴龙骨两边，节节联络系定，两头❷直出龙头，在于对岸
坚实滩地，深签大桩两根，分系绳头于桩上，桩须签稳，
绳须系紧，俾可提住金门兜子，不致松劲外游，且免被水
冲斜之病。（四三页，一二行）

【河工用语】由上水直牵合龙绠以防下败者，曰龙须绳。
（六期，专载三四页）

合龙绠

【濮阳河上记】兜托龙衣，用以合龙者，谓之合龙绠。此绠
用于两坝金门占上，互相牵连。兜托龙衣者，其详已叙入
金门占款内。绠长三十丈，重二百斤，以麻为之。（乙编，

---

❶ 逢　原书作"缝"。

❷ 头　原书作"绳"。

七页，五行）

【河工用语】合龙用者，曰合龙绠，或曰合龙绳。（六期，专载三四页）

分边绳（分边龙头）

【濮阳河上记】缚束占之两边，不使前移者，谓之分边绳，又名分边龙头。用二十丈苘盘绳九条至二十一条不等，先于占后两边左右各钉根桩，分边桩上：左则由根桩沿边向下绕过占之下角，再引之向上沿右边前眉，经过门桩达于根桩；右则绕上角，沿左边前眉过门桩而达于根桩。此绳用于束腰之后，专以巩固占之上部。如水势平顺，占形稳固，亦可不用。（乙编，六页，一〇行）

【河工用语】缚束占之两边不使上下移动者，曰分边绳，或曰分边笼头。（六期，专载三四页）

倒拉绳

【河工要义】长约三十丈，重二百四十斤乃至三百斤，其用法略同龙须绳，在于龙骨两面适中之地，与过河绳交，又用占绳系住，亦在河内钉桩铨绳，拉住兜子，不使外游，或拴大倒骑马两个用之亦可。（四四页，五行）

扎缚绳

【河工要义】即细小麻绳，备扎缚楞木架木及缝联席❶等用。（五三页，一行）

扎扣绳

【河工要义】扎扣绳扣者，曰扎扣绳。（六期，专载三四页）

---

❶ 原书"席"下有"片"字。

过河绳

【河工要义】过河绳有大坝二坝着❶水盆之分，大绳❷过河绳用四十根，用时两坝各钉龙门槛两路，将绳头分挂两坝，先后活系槛上，以便松放。二坝过河绳用二十根，用法同大坝。养水盆过河绳用十六根，用法亦同大坝。（四三页，二行）

小引绳

【濮阳河上记】两坝互牵，以之引渡合龙绠者，谓之小引绳。因合龙绠量重梗粗，两坝相隔数丈，未易传达，故先用小引绳，长约三四十丈。一端系于合龙绠，一端授于对坝之人，一往一来，互相牵送。引绳既渡，龙绠亦达。引绳以麻为之。（乙编，七页，一六行）

扎头绳

【濮阳河上记】密密结扣，以之连合龙衣龙绠者，谓之扎头绳，又名结扣绳。每条长二三尺，以苘为之。龙衣铺就，即用此绳连扣于龙绠四周，中间亦须按档紧结，总以坚牢为要。（乙编，七页，二一行）

箍头绳

【河工用语】箍扎桩头，防其破裂或移动者，曰箍头绳。（六期，专载三四页）

绞关绳

【濮阳河上记】用以绞关，牵紧拖缆船者，谓之绞关绳。如提脑、揪头、横缆、倒骑马等船，均须随时收紧。惟溜势顶冲，移动不易，当用麻绳绞关，每条长约十丈。（乙编，

❶ 着　原书作"养"。

❷ 绳　原书作"坝"。

一〇页，一三行）

【河工用语】用于绞关者，曰绞关绳。（六期，专载三四页）

太平绳❶

【河工名谓】在占之两旁上下❷各一条，一头上桩，一头拴住龙骨之一端，不使捆厢船外移者。（四四页）

羊角绳

【濮阳河上记】形似羊角，横贯占腹者，谓之羊角绳，又名对面抓。在占之左右各钉斜十字桩，下截入料，上截崭露，用八丈苘绳，对面互牵，中绕腰桩，此为经络之横贯者。每加料一坯，必用一次，即丈尺未足时，亦可适用。暗橛之中，惟羊角为横牵，故其应用也亦较广，每坯约用四五付，每付距离约四五尺。（乙编，八页，六行）

鸡脚绳

【濮阳河上记】形似鸡爪，由前眉直牵向后者，谓之鸡脚绳。在占之前眉，钉桩三根，两斜中直，用十丈苘绳，环系于桩上，直牵而至占后，绕腰❸达于根桩，此为暗橛之一，为经络之直贯者。（乙编，八页，一二行）

三星绳

【濮阳河上记】三桩连带，由前眉直牵向后者，谓之三星绳。在占之前眉环钉三桩，前双后单，用十丈苘绳，互相连带直牵而至占后，绕腰桩达于根桩，此为正三星。至其变象，又有二类：一曰单头人字绳，即倒三星之疏者，桩分两排，前单后双，每排约十余桩，用十丈苘绳交错环绕，

---

❶ 绳　当作"缆"。

❷ 原书"下"后有"水"字。

❸ 原书"腰"下有"桩"字。

形如人字，每桩两绳，直牵至占后根桩；一曰暗站绳，即倒三星之密者，此亦分作两排，前单后双，用法与单头人字同，惟各桩相距较密，故曰暗站。三者均属暗橛，同为经络之用。但前者可以单行，后二者必须成排。前者为寻常所通用，后二者则专施于软弱之处，此其区别也。（乙编，八页，一六行）

七星绳（连环七星）

【濮阳河上记】七桩连带，由前眉直牵向后者，谓之七星绳。在占之前眉环钉七桩，前后各二，居间为三，用十丈茼绳交错连带，直达❶至占后，绕腰桩达于根桩。两七星相联者，名曰连环七星。前后各用三桩，居间排列四桩，将绳一一环绕引至占后根桩。七星之力强于五子，连环七星则又强于七星，二者同为经络作用之暗橛也。（乙编，九页，一八行）

五子绳（连环五子）（霸环五子）

【濮阳河上记】五桩连带，由前眉直牵向后者，谓之五子绳，又名梅花绳。在占之前眉，分钉五桩，前后各二，其一居间，用十丈茼绳交错连带，直牵至占后，绕腰桩达于根桩。此外又有所谓连环五子、霸王五子者，与两五子相套，前后各三桩，居中两桩用绳连带者，为连环五子。用五子桩于上口或下口，绳之一端绕❷桩上，其一端系于岸上根桩，以之横勒者，为霸王五子。连环五子之功用与五子同，其力则强于五子。霸王五子形式固无异于五子，而其作用则迥然不侔：一为直牵，一为横勒。直牵者使之稳固，

---

❶　达　原书作"牵"。
❷　原书"绕"上有"环"字。

横勒者防其外游也。三者均属暗橛，同为经络之用。（乙编，九页，八行）

九连绳

【濮阳河上记】九桩连带，由前眉直牵向后者，谓之九连绳。在占之前眉钉桩两排，前五后四，用十丈苘绳互相斜绕，直牵至占后，绕腰桩达于根桩。此亦暗橛，为内部经络之连贯者。其力强于七星，与单头人字绳功用相等，形亦相似，所不同者，颠倒为用耳。（乙编，九页，二四行）

棋盘绳（单棋盘）（双棋盘）

【濮阳河上记】形似棋盘，由前眉直牵向后者，谓之棋盘绳。在占之前眉，分钉四桩，前后各二列，作方形，用十丈苘绳交错连带，直牵至占后，绕腰桩达于根桩。棋盘有双单之别，独自为用，不与他棋盘相连者，为单棋盘，两棋盘互相牵连者，为双棋盘。单棋盘之力，强于三星，双棋盘之力，则又强于五子，此亦经络之用，为暗橛之一。（乙编，九页，二行）

金斗骑马绳

【濮阳河上记】横束眉头，随压随旋而下者，谓之金斗骑马绳。此种用于着手进占之际，每压料一次用金斗骑马数付，置于埽之上下两边，用十丈绳对束，中有腰桩。每付距离无使过远，庶可层层团结。新埽愈压愈沉，骑马亦愈旋愈下，用至丈尺合度而止。金斗骑马与小骑马，形式相同，惟此则用于铺料丈尺未足之时，彼则用于丈尺合度以后，其区别如此。（乙编，四页，一〇行）

倒骑马绳

【濮阳河上记】由占之下水，斜牵上水以敌大溜者，谓之倒骑马绳。一端系于下水占眉之骑马桩，一端斜牵于上水堤岸之根桩。如距岸过远，则系于拖缆船。每压埽一次，用倒骑马一二付，每占约用十余付不等。绳则或用竹缆，或用二十丈盘绳，以溜势强弱而定。至合龙时，所用者则为五花倒骑马，牵以铁缆，其力更劲。（乙编，四页，一七行）

小骑马绳（对骑马）

【濮阳河上记】横束埽边，用以防护短眉者，谓之小骑马绳。有单用一边者，有左右对牵者。左右对牵，又谓之对骑马。凡压大土一层，必须包眉，眉头甚短，故必以小骑马束之。绳用行十丈或八丈，以茼为之。（乙编，五页，五行）

拐头骑马

【濮阳河上记】紧束埽眉，使两占接河无隙者，谓之拐头骑马绳，又名霸王骑马。用于左，则在右埽眉叉入骑马桩，用加重十丈茼绳，牵至左埽眉，再沿边而折入占后，束于根桩。用于右亦然。每进一占，左右各用十数付不等。此与倒骑马、金斗骑马均为压埽时所用，丈尺合度后，无取于此。（乙编，四页，二三行）

十三太保绳

【河工名谓】绕系十三根桩，连带由前眉直牵向后者。（四六页）

绳斤丈尺对照

【濮阳河上记】（乙编，一〇页，二四行）

一号茼盘绳，长十五丈，重一百五十斤。

二号茼盘绳，长二十丈，重一百斤。

三号苘盘绳，长十五丈，重七十五斤。

一号加重十丈苘绳，重五十斤。

二号加重十丈苘绳，重四十五斤。

三号加重十丈苘绳，重四十斤。

四号加重十丈苘绳，重三十五斤。

五号加重十丈苘绳，重三十斤。

行十丈苘绳，重二十五斤。

八丈苘绳，重二十斤。

六丈苘绳，重十八斤。

加重核桃绳，长五丈，重七斤。

行核桃苘绳，长五丈，重五斤。

箍头苘绳，长五丈，重二斤半。

苘经子，每团重约十斤、十余斤不等。

扎头苘绳，长二三尺不等。

过渡麻绳，长二十丈，重一百斤。

合龙苘❶绠，长二十丈，重一百四十斤至二百斤不等。

龙须（苘）〔麻〕绳，长十丈至三十丈不等，重五十斤至一百五十斤不等。

小引（苘）〔麻〕绳，长十丈，重五斤。

绞关（苘）〔麻〕绳，长十丈，重十八斤。

锚顶（苘）〔麻〕绳，长八丈至十丈不等，重五十斤。

刘刀，获麻刃。苎刮刀，刮苎皮之刀也。苎麻整理后即用绳车绞作。绳床、绳架与绳车同，惟横板所凿窍数不同。滑子又名爪木，为拧绳合股之用。

---

❶ 苘　原书作“麻”，下同。

刈刀

【河器图说】《农书》："刈刀，获麻刃也，两刃但用镰相❶旋插其刃，俯身控刈。"（卷四，一三页）（图一四二之 3）

苎刮刀

【河器图说】"刮刀，刮苎皮刃也，锻铁为之，长三寸许，卷成槽，内插短柄，两刃向上，以钝为用，仰置手中，将苎皮横覆于上，以大指按而刮之，苎肤即蜕。"近有一式，刀首铸钩，形如偃月，亦刮苎用。（卷四，一三页）（图一四二之 1、2）

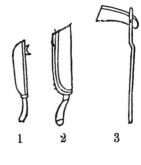

图一四二

绳车

【河器图说】绳车，绞麻作绳也。元《王祯农书》："绳车，横板中间排凿八窍或六窍，各窍内置掉枝，或铁或木，皆弯如牛角。"此只一窍，且车式迥殊。绳床，上下各四窍，绳架则中排六窍，却与《农书》绳车相仿佛，而式亦不全❷，岂古今异制，抑南北各宜耶？掉枝，一名铁摇手，俗谓之吊子。又有爪木，置于所合麻股之首，或三或四，撮面❸为一，各结于掉枝，复搅紧成绳。爪木自行，绳尽乃止。所谓爪木者，即俗名"滑子"是也。（卷四，一四页）

【河工要义】打光缆用之，即三般❹绳车也。（七七页，八行）（图一四三）

---

❶ 相 原书作"枂"。

❷ 全 原书作"同"。

❸ 面 原书作"而"。

❹ 般 原书作"股"。

制苇器具与麻不用，铡刀为铁刀，下承木床为切去根梢之用。抽子一名梳子，为抽劈皮膜之用。响板为铲削碎叶之用。滑皮、石滚为曳拉往还压扁苇料之用。至制缆器具亦与绳架不同，其式有二，一曰人字架，一曰鞑架，抽子木即摇手也。

铡刀

【河器图说】铡刀，锻铁为之，刃向下，承以木床，为切去根梢之用。（卷四，一六页）（图一四四之4）

抽子

【河器图说】抽子，一名梳子。截木一段，长盈握，中开一槽，广容指，内含钢片，为抽劈皮膜之用。（卷四，一六页）（图一四四之1）

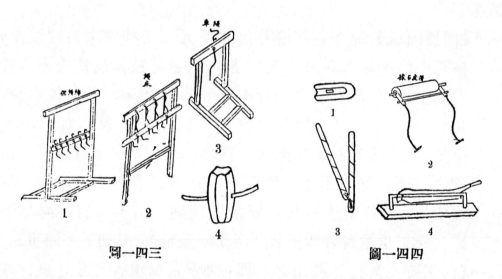

图一四三　　　　　　　　图一四四

竹响板

【河器图说】响板，取竹片约长一尺，每二片联成一副，用时两手相搏有声，为铲削碎叶之用。（卷四，一六页）（图一四四之3）

滑皮石滚

【河器图说】滑皮石滚，取石琢圆，径围三尺，两头各安

木脐，上套木耳，系以长绳，用时置苇于地，往还拉曳，为压扁柴质之用。（卷四，一六页）（图一四四之2）

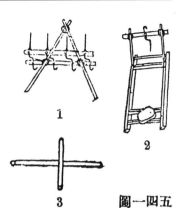

圖一四五

人字架

【河器图说】人字架，用木二根，其上缚成人字，其下分埋土内，中间横架竹片二，每片各凿四孔，每孔各安铁枝一枚。（卷四，一七页）（图一四五之1）

舵架

【河器图说】舵架，用木做成，竖高二尺六寸，横衬❶三尺二寸，均安框内，其架上亦横置竹片一，中凿一孔，孔内安一铁枝。（卷四，一七页）（图一一四2）

抽子木

【河器图说】抽子木❷，竖长尺二，横长尺八，状如十字。打缆时，将四股分摆其间，推之即合，用与梭同。铁枝俗名钓子，即摇手也。（卷四，一七页）（图一一四之3）

第七节　桩橛

桩、橛、签子、签子、签桩、长桩、头号桩、出号桩、二号桩、龙门桩、梅花桩、三星桩、五子桩、七星桩、九宫桩、九连桩、十三太保、满天星、棋盘桩、套骑马、排桩、骑马桩、暗骑马、倒骑马、五花骑马、玉带骑马、拐头骑马、过渡桩、

---

❶ 衬　原书作"榇"。

❷ 木　原书作"以木为之"。

站桩、底勾桩、玉带桩、揪头桩、揪头根桩、包站桩、束腰桩、分边桩、包角桩、抄手桩、羊角桩、鸡脚桩、单头人字桩、暗站桩、架缆桩、揪艄桩、锚顶桩。

桩

【河上语】五尺以上曰桩。（六七页，二行）

【河防辑要】桩惟杨木可用，取有性绵，杉木性脆，断不可用，自埽上钉入河底，埽资稳固。

橛

【河防辑要】橛钉于堤坝为拴绳之用。

【河工要义】亦曰行橛，截柳木为之，做尖用，长四尺五寸或四尺，径二三四寸均可，挂缆，回缆❶，揪头，滚肚，骑马，挂柳，一切绳缆皆须钉橛拴系。（四一页，三行）

签子

【河上语】四尺以下曰签子。（六七页，二行）

签子

【河上语】大曰橛，小曰签子。（四一页，五行）

签桩

【河上语】小桩也，长一丈五尺上下，径四寸，签钉由子或其防风小桩时用之。（四〇页，六行）

长桩

【河上语】丈以上曰长桩。长桩者，硬厢用之。（六七页，三行）

头号桩

【河上语】桩身较小于龙门出号，埽工加桩面桩用之，长三丈以上，径八九寸。（四〇页，二行）

---

❶ 缆 原书作"绳"。

出号桩

【河工要义】大桩也，极险埽工，水深溜急，非出号桩不能签入河底，以资稳固之处及坝埽加签面桩用之，长三丈五尺以上，径一尺。（三九页，一五行）

二号桩

【河工要义】桩身较头号又小，埽工槽桩用之，长二丈五尺以上，径六七寸。（四〇页，三行）

龙门桩（合龙桩）

【濮阳河上记】用八尺桩，着以红色，分前后四排，以两桩系一合龙绠。桩数以绠为比例。钉于金门占，距前眉约五丈。（乙编，一三页，一三行）

【河工要义】桩之最大者也，大工合龙，金门占埽始用之，长四丈以上，径一尺一二寸。（三九页，一四行）

梅花桩

【河上语】攒钉五桩，曰梅花桩。（六八页，一行）（图一四六）

【河工要义】梅花钉者，灰步下之梅花桩也，因系相错杂硪钉，故有是名，桩木大小，离档远近，亦皆随时酌定，有丈丁（长一丈径五寸）、中丁（长八尺径三寸）、梅花丁（长五尺，径二寸）之别。（四〇页，一一行）

七星桩

【河上语】攒钉七桩，曰七星，七星谓之鹰爪，亦曰独脚龙。（六八页，一行）

【濮阳河上记】用六尺桩，前后各二，居间为三，连环者，则前后各三，居间为四，均钉于新埽前眉。（乙编，一四页，一〇行）（图一四七）

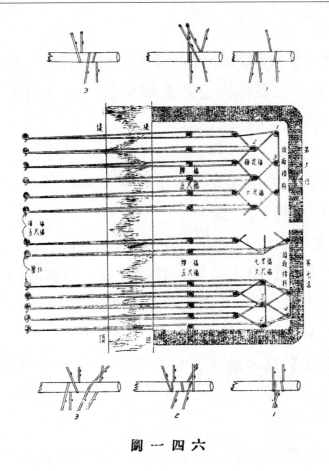

图一四六

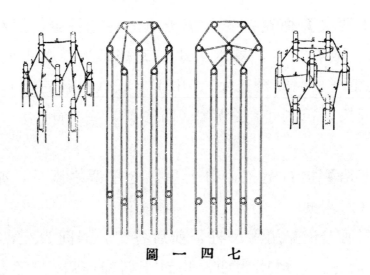

图一四七

五子桩

【濮阳河上记】用六尺桩，前后各二，居间为一，连环者，则前后各三，居间为二，均钉于新埽前眉。（乙编，一四页，七行）

九连桩

【濮阳河上记】用六❶桩，分前后两排，前五后四，钉于新埽前眉。（乙编，一四页，一三行）

九宫桩

【河上语】攒打❷九桩，曰九宫。（六八页，二行）（图一四九）

十三太保桩

【河上语】攒钉十三桩，曰十三太保。（六八页，三行）（图一四八）

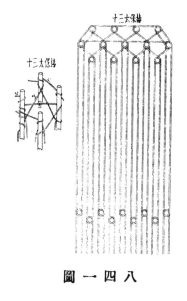

圖一四八

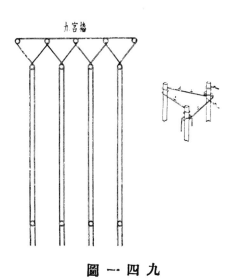

圖一四九

---

❶ 原书"六"下有"尺"字。

❷ 打　原书作"钉"。

【河工名谓】用五尺桩，前后各四，居间为五，钉于新埽前眉。（三三页）

三星桩

【濮阳河上记】用六尺桩，前两后一，钉于新埽前眉。（乙编，一三页，二一行）（图一五〇之1）

单头人字

【濮阳河上记】用六尺桩，分前后两排，前单后双，每排十余根不等，钉于新埽前眉。（乙编，一三页，二三行）（图一五〇之2）

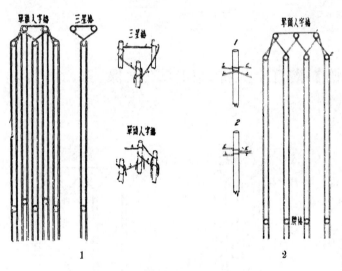

图 一 五 〇

鸡脚桩

【濮阳河上记】用六尺桩，式如羊角，惟中多一桩，故曰鸡脚。钉于新埽前眉。（乙编，一三页，一九行，）（图一五一）

棋盘桩

【濮阳河上记】用六尺桩，前后各二，列作方形，钉于新埽前眉。（乙编，一四页，五行）（图一五一）

棋盘

【河上语】纵横钉桩，曰棋盘。（六八页，二行）（图一五二）

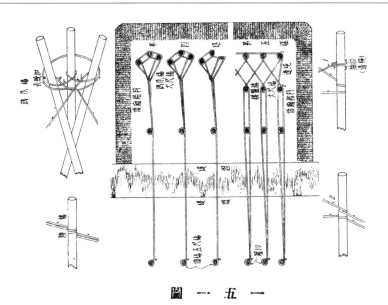

图 一·五 一

套棋盘

　　【河上语】纵横钉桩，曰棋盘。纵横之中，贯以斜道，曰套棋盘。（六八页，二行）（图一五三）

骑马桩

　　【濮阳河上记】用六尺桩或七八尺桩均可，以两桩叉成十字形，分钉于新埽两边眉。（乙编，一二页，九行）（图一五七）

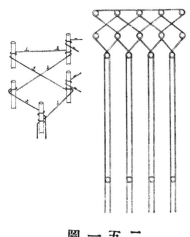

图 一 五 二

暗骑马（抓子）

　　【河上语】缚两桩为十字，曰骑马，以两桩斜插料间，曰暗骑马，暗骑马一曰抓子。（六七页，一〇行）

倒骑马

　　【河上语】下口安骑马，用长绳拴上口，前十数丈，以防后坐，曰倒骑马。（六七页，一一行）（图一五八）

　　【注】上口前一二十丈，有浅处则钉桩，为拴倒骑马之用，深则用锚。

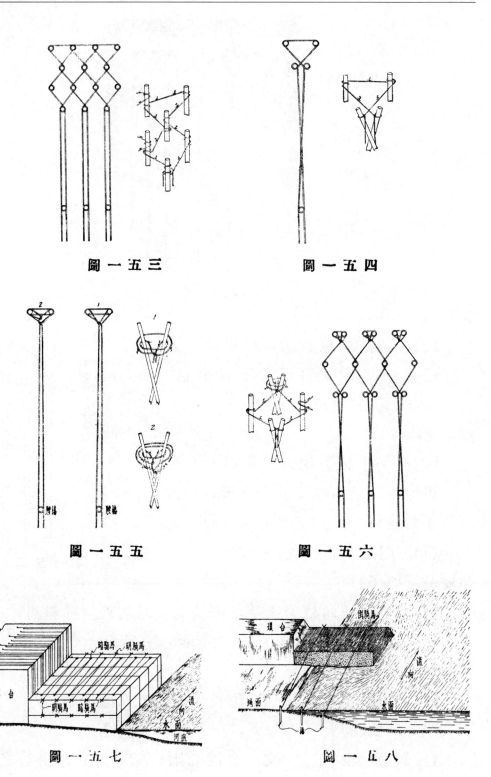

圖一五三

圖一五四

圖一五五

圖一五六

圖一五七

圖一五八

五花骑马

　　【河上语】骑马为十字，以小木四横安桩头，曰五花骑马。（八五页，一〇行）（图一三八，一三九）

　　【濮阳河上记】用丈桩，乂成十字形，再于四端各加横木，纵横如四个十字形，钉于合龙埽下水边眉。（乙编，一三页，一〇行）

玉带骑马

　　【河上语】倒骑马，一曰玉带骑马。（六八页，一行）（图一五八）

拐头骑马

　　【河工名谓】用五尺桩二根，乂成十字形，进占时，在最下两坯上下口，各用四五具，每❶相去约一丈，曰拐头骑马，一曰霸王骑马。（四二页）

过渡桩

　　【濮阳河上记】用五尺桩，分四排，每排九根，前五后四，钉于坝基，距前眉约五丈。（乙编，一一页，二四行）

满天星

　　【河上语】桩钉满，曰满天星。（六八页，二行）

排桩

　　【河上语】钉桩成排，曰排桩。（六八页，二行）

　　【河工要义】沿口排桩者，灰步两面沿口签钉保护基底之桩木也。盖虞冲动灰步，基址蛰陷，关系重要，故于灰步沿口，密钉排桩，以护根脚。

站桩

　　【濮阳河上记】用五尺桩，分五排，每排五根，前三后二，

---

　　❶　原书"每"下有"具"字。

钉于后占，新占、初进之站桩，距前眉约二丈五尺，占成
后钉之，站桩距前眉约五丈。（乙编，一二页，二行）

底勾桩

【濮阳河上记】用五尺桩分布于站绳档内，每档约十七八
根，钉法与站桩同。（乙编，一二页，五行）

玉带桩

【濮阳河上记】用五尺桩，左右分钉于占之两旁，距前眉约
四丈。（乙编，一二页，七行）

揪头桩

【濮阳河上记】用七尺桩或八尺桩均可，其式有二：用五桩者
为簸箕式，前两桩分开较宽，后两桩分开较窄，再以一桩殿
其后，又名开门式；用七桩者为七星式，前后各两桩中列三
桩，又名关门式，钉于新埽前眉。（乙编，一二页，一五行）

揪头根桩

【濮阳河上记】用五尺桩，左右斜列两行，名曰雁翅式，十
一根至二十一根不等，钉于后占两边，距前眉约七丈。（乙
编，一二页，一二行）

包站桩

【濮阳河上记】用五尺桩，前三后二，亦有分作两排者，钉
于新埽前眉。（乙编，一二页，二〇行）

束腰桩

【濮阳河上记】用五尺桩，左右斜列两行，作雁翅式，每
行十一根至二十一根不等，钉于后占两边，距前眉约五
丈。（乙编，一二页，二二行）

分边桩

【濮阳河上记】用五尺桩，左右斜列两行，作雁翅式，每行

十一根至二十一根不等。前根桩钉于新埽两边眉，后根桩钉于后占两边眉。（乙编，一三页，一行）

包角桩

【濮阳河上记】用五尺桩十一根至二十一根不等，用于占之一边，或左或右。前根桩钉于新埽边眉，后根桩钉于后占边眉。（乙编，一三页，四行）

抄手桩

【濮阳河上记】用五尺桩十一根至二十一根不等，左右斜列两行，其式与分边相似，惟此桩非金门占不用。（乙编，一三页，七行）

羊角桩

【濮阳河上记】用六尺桩，以两桩交叉，形如羊角，钉于新埽左右，两旁距边眉约二尺。（乙编，一三页，一六行）（图一五五）

暗站桩

【濮阳河上记】用六尺桩，分前后两排，前单后双，每排十余根不等，形如单头人字桩，惟距离较密，钉于新埽前眉。（乙编，一四页，二行）

架缆桩

【濮阳河上记】用丈桩或丈五桩不等。此桩大都因河水淤浅，提脑不能用船，当以架缆桩代之。每桩用两木叉钉，河中排列两行，分架提脑绳缆，每排相距约丈余。（乙编，一四页，二一行）

揪艄桩

【濮阳河上记】用丈桩或丈五桩不等，此桩用于揪艄船后，以代铁锚。以两桩为一排，排数多寡以力足敌溜为主。（乙

编，一五页，一行）

锚顶桩

【濮阳河上记】用丈桩或丈五桩不等，此桩专以挂锚，因水浅防锚淤也。（乙编，一五页，四行）

打桩须先札鹰架，或用云梯，如不宜用梯，以（橙）〔凳〕❶架代之。打桩用石桩碬或铁桩碬，遇地土坚实之处，桩尖须套用尖形铁帽，名铁桩帽。桩头箍用熟铁环，名铁桩箍，俾碬打不致劈裂。凡下桩先点就签桩地方，曰点眼。跐板、锁梯袂、梯鞋、千斤袂，多签大桩式用之。凡桩木打入，将桩头割成尖顶，名曰粉尖。戗桩船，水中打桩用之。

鹰架

【行水金鉴】地钉桩须劄鹰架，用悬碬钉下。（卷一二六，一七页，一三行）

云梯

【河器图说】云梯，打桩所用。梯之高矮视桩之长短为率，约在三丈以外。梯用二木锯级，两人并上，谓之云梯。（卷三，一三页）（图一五九）

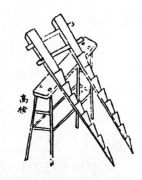

圖一五九

【河工要义】云梯者，埽桩之要具也，锁桩轰立，高可接云，故曰云梯，皆以杉木樫木为之，取其直长且坚实也，每副两根，配以绳索等件，而成签桩之具，梯之上面，做成马牙蹬级。（六九页，一五行）

---

❶ "橙"当作"凳"，以下径改。

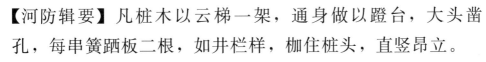

【河防辑要】凡桩木以云梯一架，通身做以蹬台，大头凿孔，每串簧跴板二根，如井栏样，枷住桩头，直竖昂立。

凳架

【河工要义】地桩直钉，用梯不宜，故以凳架为签桩[1]地桩之要具，每挂桩手用八人，须备桩凳四个，跳板四块，桩初签时，桩尖架起桩碄，站立凳面，四人正立，四人分踹，两凳头扣尖三尺，左右将跳板架于桩凳横档上，桩夫落下一步，站立跳板上，再签数尺，再落一档，及至桩头离平地三尺上下，则将凳跳撤去，即可立于平地矣。地桩不能甚大，至长不过一丈二尺，凳高八九尺，即已足用，但桩凳必须面窄底宽，四脚张开，多加横档，方为稳当，大抵凳面长三尺，宽尺许以下，相距三二尺，纵横各做粗壮档木，既可互相拉扯，且以备搭架跳板之用，所搭跳板即是桩架，分之凳则自为凳，板自为板，合之则桩凳[2]架原是一物。（七三页，一三行）

石桩碄

【河工要义】石桩碄与签埽桩之碄相同，不过碄身略轻，碄肘仅上八根，因之碄眼、鸡心亦皆减少，且签钉时手持碄肘，不须碄猝，为稍异耳。铁桩碄亦与土工之铁碄相似，惟其大则稍逊，厚则过之，牵钉地桩，用石碄居多，铁碄亦间或用之。（七四页，五行）

铁桩帽

【河工要义】亦签桩之所用，地土坚实处所，桩尖遇之不能深入，因用铁打成桩尖式样套入木桩尖上，用钉钉住，方

---

[1] 桩　原书作"钉"。

[2] 原书"凳"下有"桩"字。

可深签地底。（五〇页，一一行）

铁桩箍

【河器图说】《广韵》："箍，以篾束物也。"大小铁桩箍均厚五分。签桩时，验板❶之粗细，用箍之大小，按顶套护，庶行硪时不损桩顶。（卷二，三七页）

【河工要义】签地丁排桩用之，桩箍以熟铁打成坯状，大与桩头圆径相同，临用时套入桩头，俾硪打不致劈裂。（五〇页，九行）

点眼

【河工要义】凡下桩先宜桩兵点就签桩地方分量远近，又别埽下旧桩，名为点眼。

签大桩式

【河器图说】下埽稳固，应签大桩。若坝台铺柴多桩木撑起，兵仕❷上面打桩，恐新埽易致落空，必用梯鞋方稳，否则梯尖插入埽台，急难复退，桩受伤人落河矣。软坝台尤其非此不可。桩惟杨木可用，其性绵；杉木性脆，断乎不可。梯前后必用跐板，左右有耳，跐板可以容人足。管定桩木，四面用千斤枊锁紧，桩木以锁梯枊锁住梯脚。梯鞋剜木肖鞋形，以承梯脚。（卷三，一一页）（图一六〇）

跐板

【河工要义】跐板者，桩手签桩时足所跐踏之板也。（七〇页，五行）

锁梯枊

【河器图说】见"签大桩式"。（图一六〇）

---

❶　板　原书作"桩"。
❷　仕　原书作"在"。

梯鞋

【河工要义】梯鞋截桩头用之，长约三尺，每副二根，一头上面凿圆槽，一个套入梯尾，拉梯时用之，不致损坏堤土。（七二页，三行）（图一六〇）

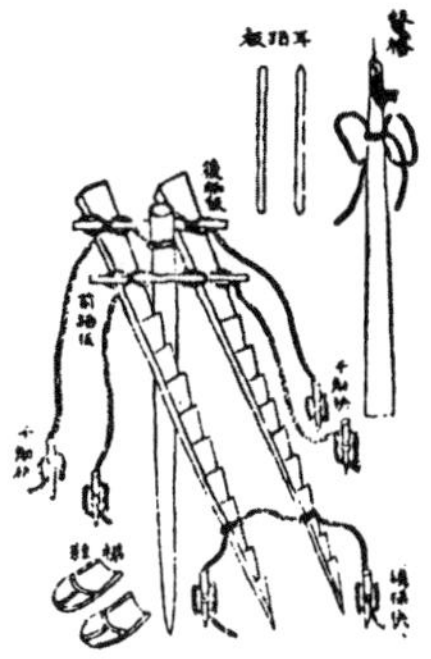

圖一六〇

千斤桨

【河器图说】见"签大桩式"。（图一六〇）

粉尖

【河防辑要】凡桩木打完，尚有三尺桩顶不能打下，不惟有碍卷埽，而且更碍套埽，必将桩顶用木匠割成尖头，名曰粉尖。

梯架

【河工要义】梯架者，架梯头以便锁桩用之高板凳也。（七〇页，七行）

戗桩船

【河器图说】戗桩，为下埽桯❶系揪头缆之用，所关最重。黄河堤坝宽厚，地尚易择。惟洪湖下埽，两面皆水，必须选长大桩木签钉湖心，以为根本。而水深浪急，颠簸不定，签订❷甚难。其法，用船二只，首尾联以铁链，每船设高凳一具，上搭磋板，中留空档安置戗桩，选桩手携硪登板，逐渐打下，较准水深，以入土丈余为度。（卷三，一〇页）（图一六一）

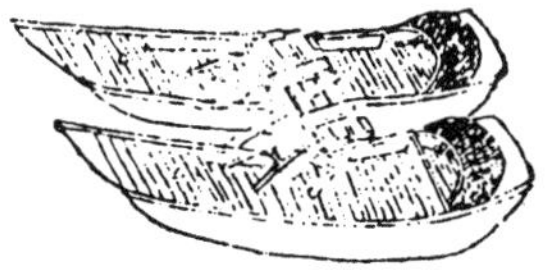

圖一六一

---

❶ 桯 原书作"栓"。
❷ 订 原书作"钉"。

第八章 闸坝

第一节 闸

闸与牐同，左右插石如门，凿槽设板以时启闭，而资宣泄者也。用以引水、泄水、潴水，均无不可，故有减水、分水、拦潮等闸之名。

闸

【行水金鉴】广济河源自五龙口，凿山取沁水，浇灌民田，❶至武陟县入黄河。……按沁水，即郦道元所谓朱沟水也。唐崔宏礼、李元淳相继疏浚。元世祖时，始名广济，有明因之。万历间，河内令袁应泰凿山穿洞，悬闸两崖之间，受水则启，障水则闭，以溉民田，引水由济源、河内、孟、温、武陟入于黄河，渠阔八尺，延袤一百五十里，分二十四堰。（卷五六，一〇页，六行）【又】建石闸以节水。（卷一二六，一七页，二一行）【又】因闸通惠河置闸二十有四，跨诸闸之上；通京师内外经行之道，置闸（或桥）百五十有六；闸以制蓄泄，桥以惠往来。……制水有闸，通道有梁，息耗有则，启闭有常。（卷一〇〇，一页，一六

---

❶ 原书田下有"经由济源河内温县"。

行；四页，一三行）【又】流驶而不积则涸，故闭闸以须其盈，盈而启之以资其❶进，漕乃可通。潦溢而不泄必溃，于是有减水闸，溢而减河以入湖，涸而放湖以入河。（卷一〇五，七页，一五行）

【河工要义】闸者，左右插石如门，凿槽设板，以❷启闭，而资宣泄者也。用以引水、泄水、潴水，均无不可。（一四页，七行）

【河防辑要】建造闸座，收束来源，分泄异涨，护卫下游，相时启闭，乃湖河蓄泄之关键。估建石闸，其高深尺寸，金门宽窄，上迎水雁翅、下分水燕尾之长短，及建闸之方向，应察看河道形势来源大小酌定，至何处应钉梅花桩，何处应钉马牙桩，何处应筑三（和）〔合〕土，暨面石里石之如何铺砌，闸形各殊，建做之法则大略相同。（卷三，一二页，一五行）

闸（制闸三法）（轮番法）

【山东运河备览】闸有三：丛石为之，有龙门，有雁翅，有龙骨，有燕尾，曰石闸；漕长恐水之泄也，则木板为之，视漕之广狭而多寡焉，中留龙门十有八尺，遇浅则旋❸，深则否，可道而上下者也，曰活闸；闸水出口，与河上下相悬，为之坝以留水，与河接也，龙门如制，曰上❹闸：皆济石闸之不及也。（卷一二，二四页，二行）

【行水金鉴】曰填漕。凡开闸，粮船预满闸槽，以免水势从

---

❶ 资其 原书作"次而"。

❷ 原书"以"下有"时"字。

❸ 旋 原书作"施"。

❹ 上 原书作"土"。

旁奔泄，如甘蔗置酒杯中，半杯可成满杯，下槽水可使逆流入上槽。二曰乘水，打闸时船皆衔尾，其间不能以尺，如前船拽过上闸口七分，即付运军为牵之，溜夫急回拽后船，循前船水漕而上，使后船母与水头斗。闸夫省路一半，过船快利一倍。三曰审浅。凡下活闸蓄水，如系上水浅，则于船头将临浅处安闸；如系下水浅，则于浅尾下流水深处安闸。故活闸必从深浅相交之界，则浅者自深。若骑浅安之，则一半浅者深，一半浅者愈浅矣。（卷一二一，四页，一行）

【山东运河备览】当春夏粮运盛行之时，正汶水微弱之际，分流则不足，合流则有余，宜效轮番法：如运艘浅于南，则闭南旺北闸，令汶尽南流；如运艘浅于北，则闭南旺南闸，令汶尽北流；当其南也，更发濒南诸湖水济之，当其北也，更发濒北诸湖水佐之；泉湖并注，南北合流，即遇旱暵，靡不克济，此诚力不劳而功倍也。（卷五，二三页，五行）

减水闸

【河防榷】中砌减水闸二三座，漕盛则闭闸，以防其泄，漕涸则启闸，以借其流。（卷三，四二页，一三行）

【行水金鉴】建减水闸，以司蓄泄。

分水闸

【治河方略】应将张庄口筑塞，于其东建分水闸二座以减之。（卷二，一四页，二行）

拦潮闸

【治河方略】弘治❶二十年，复滨江建拦潮闸，潮长放船，潮退盘坝。（卷四，三〇页，二行）

---

❶　原书无"弘治"，《辞源》编者据文义加。

斗门、涵洞、石磴，与闸功用相同，形式大小不一。水门，放淤之用。

斗门

【宋史·河渠志】宋太宗太平兴国八年五月，河大决滑州韩村，泛澶、濮、曹、济诸州民田，（怀）〔坏〕居人庐舍……乃命使者按视遥堤旧址。使回条奏，以为治遥堤不如分水势。……其分水河，量其远迩，作为斗门，启闭随时，务乎均（齐）〔济〕。通舟运，溉农田，此富庶之资也。❶

【行水金鉴】徐、沛、山东诸湖，在运河西者，分涨以泄河之有余，曰斗门。（卷一〇五，一页，二〇行）

【山东运河备览】于闸之左右，各建减水闸一座，名曰斗门……平时则斗门尽闭，中闸常开，放水入运，一遇洪水，则斗门尽启，中闸下版五块，沙泥尽随斗门入湖。（卷一二，二二页，二〇行）

涵洞

【河防榷】建涵洞以泄积水，基址亦择坚实，方可下钉桩砌石，水多则建二孔，少止一孔。（卷四，三九页，一〇行）

【治河方略】涵洞之用有三：一减水，二淤洼，三溉田。然❷神而明之，更以之挡水，以之卫闸，其用徽❸妙，非久于河者不知也。（卷二，四五页，八行）

【河工要义】涵洞者，择坚实基础，建洞启闭，以资宣泄之用者也，其洞直穿大堤，酌量河底之高下，以定设洞之位

---

❶ 出处待考。

❷ 原书"田"下有"固矣"。

❸ 徽　原书作"微"。

置，砌底筑墙，木石皆可。（二〇页，一〇行）

石磴

【宋史·河渠志】泰州海陵南至扬州泰兴，而撤于江，共为石磴十三，斗门七。❶

【宋史·汪纲传】兴化民田滨黄海，范仲淹筑堰以障舄卤，守毛泽民置石磴，函（营）〔管〕以疏运河水势，岁久皆坏，纲乃增修之。

水门

【行水金鉴】世之言治水者虽多，独乐浪王景所述著水门之法可取。……置门于水而实其底；令高长水五尺，水少则可拘之以济运河，水大则疏之使趋于海，如是则有疏❷通之利，无湮塞之患矣。（卷一〇九，五页，九行）

【治河方略】同上❸。（卷七，二一页，一〇行）（水门之考据载《黄河水利月刊》二卷三期）

以木排堵水作暂时之用，名曰活闸。普通用石闸。

活闸

【山东运河备览】每当粮运盛行之时，排木堵水，名为活闸。（卷一二，二页，二二行）【又】见"闸"。

石闸

【河防榷】建闸节水，必择坚❹开基，先挖固工塘，有水

---

❶ 出处待考。

❷ 疏　原书作"流"。

❸ 《治河方略》始自"置门于水"，"长"作"常"，"少"作"小"，"疏通"作"通流"。

❹ 原书"坚"下有"地"字。

即车干，下❶地钉桩，将桩头锯平，榙缝上用流❷骨木，地平板铺底，用灰麻艌过方砌底石，仍于迎水用立石一行，拦门桩二行，跌水用立石二行，拦门桩八行，如地平板铺完工过半矣。自金门起两面垒砌完方，铺海漫雁翅，金门长二丈七尺，两边转角至雁翅，各长五丈，共用石三千一百丈，闸底海漫拦水跌水共用石九百丈，二项共用石四千丈，并铁锭、铁销、铁镉、天桥环、地钉桩、龙骨木、地平板、万年（坊）〔枋〕、闸板、绞关、闸耳、后❸轴、托桥、木石灰、香油、苘麻、柴炭等项及各匠工食约共该银三千两有奇。（卷四，三八页，一二行）

石闸口门曰金门，建闸所开挖之基地，曰固工塘。闸板，插于石槽之木板。钩牮，启闭闸板之用。启板时上下水舟俱泊五十步外，每启一板辄停半响，命曰晾板。水小时大闸紧闭，止留隘闸通舟。石则，所以测验船长用也。

金门

【行水金鉴】闸河地亢，卫河地洼，临清板闸口，正闸、卫两水交会处所，每岁三四月间，雨少泉涩，闸河既浅，卫水又消，高下陡峻，势若建瓴，每一启板，放船无几，水即尽耗，漕舟多阻，宜于闸口百丈之外，用桩草设筑土坝一座，中留金门，安置活板，如闸制然，将启板闸，先闭活闸，则外有所障，水势稍缓，而于运艘出口，易于打放，

---

❶ 原书"下"上有"方"字。

❷ 流　原书作"龙"。

❸ 后　原书作"绞"。

卫水大发，即从速折❶卸，岁一行之，费无几何，此亦权宜之要术也。（卷一二六，一四页，一〇行）

固工塘

【河防榷】建闸节水，必择坚地开基，先挖固工塘。❷

闸板

【河器图说】《玉篇》："版，片木也。"《集韵》："以板有所蔽曰闸。"《字典》："今漕艘往来，甬石左右如门，设板潴水，时启闭以通舟。水门容一舟衔尾贯行，门曰闸门，设官司之。"按：启闭器具有闸板，削木为之，宽厚各一尺，长二丈四尺，两头各凿一孔，以贯粗绳。闸耳以石为之，各有孔，每岸三枚，内中耳孔，两头俱通，以贯闸关，关以檀木为之，长六尺，围一尺八寸，中凿四孔，备运关翅，用时两端贯闸耳，孔内插翅运之。关翅亦用檀木，每根长丈许，横插关心，以备推绞之用。（卷一，三五页）

钩筚

【河器图说】钩筚，专用以启闸板，每根长三丈六尺，围圆一尺二三寸，其下铁钩曲长二尺许，宽二寸，束以铁箍二道。（卷三，九页）

晾板

【山东运河备览】启闭❸时上下水舟俱泊五十步之外，每启一板辄停半晌，命曰晾板，则水势杀，舟乃不败。（卷一二，二五页，二行）

---

❶ 速折 原书作"拆"。

❷ 出处待考。

❸ 闭 原书作"板"。

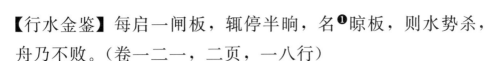

【行水金鉴】每启一闸板，辄停半晌，名❶晾板，则水势杀，舟乃不败。（卷一二一，二页，一八行）

隘闸

【行水金鉴】水大则大闸俱开，使水得通流；小则锁闭大闸，止于隘闸通舟。（卷一〇一，一二页，一六行）

石则

【行水金鉴】宜于隘闸下岸立石则，遇船入❷，必须验量，长不过则，然后放入，违者罪之。（卷一〇一，一四页，六行）

第二节　坝

坝者，霸也，强制之意，所以止水不使泛溢之谓也。坝之用，为挑水、拦河、迎水、领水、戗水、束水、减水、滚水、顺水、拦水、还水、平水、截沙、囊沙、车船，因而得名焉。

鱼鳞坝即小挑水坝，相隔十数丈，形如鳞砌。扇面坝亦挑水坝之一种，圆而长，形如扇面。大坝之下作一小坝，曰托坝。两岸对头斜建之坝，曰对坝，又曰对口坝。三面下板，中心填土，曰夹土坝。坝之用矾心板以司启闭者，曰矾心坝。挑河时圈筑草坝，曰月坝，又曰越坝。形为人字之坝，曰人字坝。以条石纵横架砌，如花墙式者，曰玲珑坝。浑圆如磨盘之坝，曰磨盘坝。

坝

【行水金鉴】河之源其最微者莫若会通，黄水冲之则随而他

---

❶　名　原书作"命曰"。

❷　原书"入"下有"闸"字。

奔，而漕不行，故坝以障其入，源微而支分，则其流益少，而漕亦不行，故坝以障其出。（卷一〇五，七页，一二行）

【新治河】谚云，大堤为坝，古云，断堤亦为坝。要之，坝者，霸也。总以土工身长，具有强制力者，名坝近似。

【河工要义】坝有与闸同其功用，亦有异其功用者，如束水、减水、滚水、矶心诸坝，其功用同，此外则皆异。其形式与做法亦与闸工迥别，建闸有不须雁翅者，筑坝则必须上水迎水，一面建雁翅以御回溜者也。（一四页，一五行）

挑水坝

见七章三节。

拦河坝

【治河方略】河不可拦，坝之所以名拦河者，因正河上游，长有沙嘴侵逼，大溜不能直趋正河，而正河之傍，或旧有支河，或原属洼地，水性就下，遇坎即行，且黄河滩地，凡近堤之处，必低于临河三、四、五尺不等，若不早为拦截，势必愈趋愈下，日刷日深，近溜各堤，必立成新险，正河亦永不可复。（卷一〇二，九页，一六行）（图一六二，一六三）

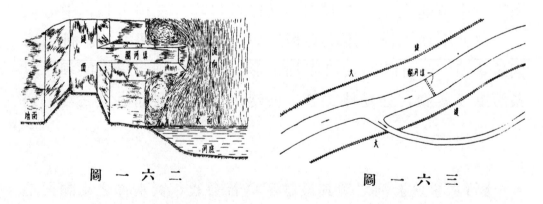

圖 一 六 二　　　　　　圖 一 六 三

【河工简要】凡修筑工程，于水之上游建横坝一道，堵截水势，名曰拦河坝。（卷三，九页，九行）

【新治河】河不可拦，人皆知之，此坝所以名拦河者，因河不两行，正河上游如长出沙嘴（名矶心滩），侵逼大溜，不能直趋正河，而正河之旁或旧有支河，或原系洼塘，水性就下，遇坎即行，且黄河滩地，或❶近堤根处，无不低❷临河滩唇数尺，若不早为拦截，势必日久刷深，沿堤另成新河，正河逐渐淤塞，而新险自❸出矣。急宜乘正河有水之日，或紧接大堤，或倚靠高滩，稍稍斜向两溜初分处，先筑土堤一道，长以至水际为止。土堤两面，如水势小，则厢做防风护沿，水势大则卷下顺厢贴边埽，其沿河堤头，一面则厢做马头埽，务将埽个挨次进至大溜过半之处，使支河溜力不畅，自必仍分大溜趋入正河，时看大❹河之溜，如较前渐次宽深，则向前再进一埽，溜递增则埽亦递进，如此一阖（支河曰阖）一辟（正河曰辟），彼消此长，不特正河可浚❺，旧险可平，即上游之沙嘴，亦自随溜刷去矣。倘遇正河与支河分溜之处，去堤太远，又无高滩可就，坝基无处生根，则看两河分流之中，必有高滩相隔，俗名为龙舌者，不妨将坝基移入支河下流一二百丈或❻堤或高滩之处，创立根基，如前法办理。倘进埽之后，水已入袖，不能退回，则再于龙舌之上，顺水势另辟❼一引河，亦必日渐宽深，河复故道矣。（上编，卷二，一九

---

❶　或　原书作"凡"。
❷　原书"低"下有"于"字。
❸　自　原书作"半"。
❹　大　原书作"正"。
❺　浚　原书作"复"。
❻　或　原书作"近"。
❼　辟　原书作"开"。

页，一〇行）

【河防辑要】凡修筑工程于水之上游，建横坝一道，堵截水势，名曰拦河坝。【又】河不能拦，或建于新挑引河对岸，逼流归引，或筑于支河旁垄，阻溜入袖，庶乎其可。

【河工要义】凡修筑工程，为水所占，无从施工者，一面由水之上游，建横坝一道堵截其水，一面于对岸视察地势，开挖运❶河，引水移向彼岸，以便庳干正河做工者，名曰拦河坝，亦曰堵闭。（一八页，八行）

迎水坝

【行水金鉴】康熙三十九年于上坝头筑迎水坝一座，迎挑水势，使大溜向南，又于对岸挑❷去滩嘴，以顺其流，险工渐平。（五八卷，一三页，一三行）（图一六五）

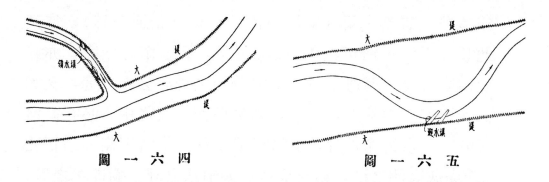

圖一六四　　　　　　　圖一六五

【河工简要】凡迎溜之处，堤土受伤，必须建坝以抵溜，名曰迎水坝。（卷三，八页，一二行）

领水坝

【河工要义】遇支河之水溜急❸，不由大河直去，务在上游

---

❶ 运　原书作"引"。

❷ 挑　原书作"乞"。

❸ 之水溜急　原书作"流水急迫"。

建筑埽坝❶领水之溜，直归❷大河，名曰领水坝。（一七页，四行）（图一六四）

饯水坝

【河❸要义】欲饯水势，必在上水对面建坝，逼其河道顺直❹，不致泛滥，名曰饯水坝。（一七页，六行）（图一六六）

束水坝

【河工简要】运河水小，建筑束水坝，使水不能旁泄，以资运行。（卷三，八页，一八行）

【河工要义】正河水小，河身浅滞，不利舟楫者，建筑束水草坝，使水不能旁泄，以资运行，故曰束水坝。束水坝多设于河面宽大、河流淤阻之处。（一七页，八行）（图一六七）

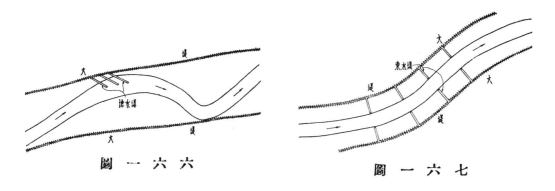

图 一 六 六　　　　　图 一 六 七

【河工简要】束水坝只宜于支河内，退后堵筑，仍留决口，以作进水停淤之计。（卷二，九页，一二行）

减水坝

【河防榷】滚水石坝，即减水坝也。为伏秋水发盈（漕）

---

❶ 原书"埽坝"二字互乙。

❷ 归　原书作"临"。

❸ "河"下当有"工"字。

❹ 原书"直"下有"不致日渐成险且防泛虞者"。

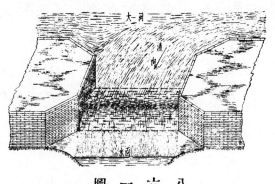

图一六八

〔槽〕，恐势大漫堤，设此分杀水势，稍消即归正（漕）〔槽〕，故❶坝必择要害卑洼去处坚实地基，先下地钉桩木，平下龙骨木，仍用石楂橪铁橪缝，方铺石底❷垒砌，雁翅宜长宜坡，跌水宜长，迎水宜短，俱用立石栏❸门桩数层，其他❹钉桩须札鹰架用悬碪钉下，石缝须用糯汁和灰缝，使水不入，如石坝一座，身❺连雁翅共长三十丈，坝身根阔一丈五尺，收顶一丈二尺，高一尺五寸，迎水阔五尺，跌水石阔二丈四尺四，雁翅各斜长二丈五尺，高九尺。（卷四，三七页，一三行）（图一六八）

【又】减水坝者，减其盈溢之水也。（卷三，二〇页，一一行）（图见《河上语图解》五五）

【治河方略】顾西南一带，自周桥至翟坝三十里，空之而弗堤，曰：此处地形稍亢，天然减水坝也。（卷二，二页，二行）

【河工简要】运河水大，不能容纳，建（筑）减水闸坝，放水归湖，保护堤工。（卷三，九页，二行）

【河工要义】因虞河中水大，不能容纳，预建坝座以资分泄水势，保护堤工之用者，谓之减水坝。（一七页，一三行）

---

❶ 原书"故"下有"建"字。
❷ 石底　当从原书作"底石"。
❸ 栏　原书作"拦"。
❹ 他　原书作"地"。
❺ 原书"身"上有"坝"字。

【河防辑要】减水坝专主分泄，似与河工有损，可以无容建设，殊不知河之深广各有定数，水之大小莫可预期，水一出槽，势必由宽就下，四散分流，使足供水面宽阔缓弱正泓，绝与大河毫不相涉，是减坝之设，非未为保固大堤，正欲分泄有余，合其力以送河也。【又】减水坝上有封土，如水涨高过坝脊一二尺，即相机减土，宣泄异涨。

滚水坝

【河防榷】创建滚水坝，以便宣泄。（卷三，二一页，一行）（图一六九）

【河防一览】虑伏秋水发，暴涨伤堤，则于土性坚实之处，筑滚水坝❶，若水高于坝，任其走泄，则水势可杀，而两堤无虞矣。（卷七，四页，一六行）

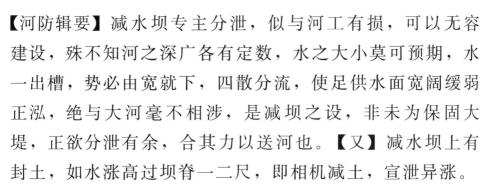
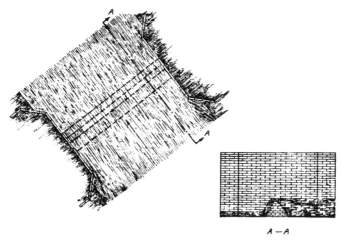

图 一 六 九

【治河方略】……土质❷坚实，合无各建滚水石坝一座，比堤稍卑二三尺，阔三十余丈，万一水与堤平，任其从坝滚

---

❶ 则于土性坚实之处，筑滚水坝　原书作"职等查得吕梁上洪之磨脐沟、桃源之陵城、清河之安娘城等处土性坚实，可筑滚水石坝三座"。

❷ 质　原书作"性"。

出，则归（漕）〔槽〕者常盈而无淤塞之患，出（漕）〔槽〕者得泄而无他溃之虞，全河不分，而堤自固矣。（卷八，一三页，二行）（图见《河上语图解》五四页）【又】即减水坝也。如❶伏秋水发盈槽❷，恐势大漫堤，设此分杀水势，稍消即归正槽❸，故建坝必择要害早❹洼去处。（卷八，三五页，五行）

【河工简要】运河建筑滚水坝，遇水小则拦水济运，水大则由坝顶滚泄保堤工。（卷三，九页，四行）

【河工要义】滚水坝水小则拦水，水大则由坝顶滚泄水势，以保堤工之坝也。迎水出水两面，签钉排桩，用灰土石料，做成坦水簸箕，务俾吸水一面，不致冲揭坝基，泄水一面，不致滴成坑塘为妥，坝身以条石乱石灰土或草为之均可，中间起脊，两面落坡，河水长至一定分数始能滚泄旁泻者，谓之滚水坝。（一七页，一五行）

顺水坝

见七章三节。

拦水坝

【河工要义】内外两河，高下悬殊，如果任水旁泻，势必一泻无余，因而筑坝拦截水势者，谓之拦水坝。（一七页，一○行）

还水坝

【新治河】此坝❺迎水横下，抵溜旁行，凡埽湾回溜及正溜

---

❶　如　原书作"为"。

❷❸　槽　原书作"漕"。

❹　早　原书作"卑"。

❺　坝　原书作"堤"。

回溜交汇之处，宜建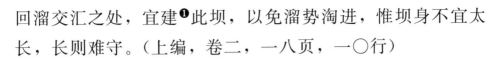❶此坝，以免溜势淘进，惟坝身不宜太长，长则难守。（上编，卷二，一八页，一〇行）

平水坝

【治河方略】河臣王新命仿东省坎河口坝之制，堆积乱石为坝，诚为深虑，然尚虞宣泄不及，当再建一平水大坝，方策❷万全。（卷二，一四页，五行）

截沙坝

【河工要义】运河水长，挟沙齐至，壅塞河身，即碍运道，自宜顺河建修石坝数层，使水漫过坝顶，沙停坝外，不致壅塞河身，故曰截沙。（一九页，一三行）

囊沙坝

【河工简要】运河水长多由山水骤发，性急勇，一入运道，恐其淤滞，建修乱石坝洞孔挈沙泻入，不使河道淤泻。（卷三，九页，一一行）

【河工要义】囊沙坝应建设于山水未出山，或既出山而犹（未）入运以前。（一九页，一〇行）

车船坝

【河防榷】先筑基坚实，埋大木于下，以草土覆之，时灌水其上，令软滑不伤船坝，东西用将军柱各四柱，上横施天盘木各二，下施石窝各二，中置转轴木各二根，每根为窍二，贯以绞关木，系篾缆于船，缚于轴，执绞关木，环轴而推之。（卷四，四〇页，二行）

【行水金鉴】建车船坝，系篾缆于船，缚于轴，执绞关木，环轴而推之。（卷一二六，一八页，二〇行）

---

❶ 建　原书作"修"。

❷ 原书"方策"二字互乙。

鱼鳞坝

【治河方略】鱼鳞坝即小鸡嘴坝，或相去十丈，或相去二十丈，重叠遥接如鳞砌者也。（卷一〇，二七页，一行）

【河工要义】凡厢埽坝，一工分为数段，每段头缩尾翘，形如马牙蹬基之样，头藏❶者，恐其来溜冲激，尾翘者，挑水远出，工程不致受伤，名曰鱼鳞埽坝，即小鸡嘴坝，相去十丈或相去❷二十丈，重叠遥接，如鳞砌者也。然此坝惟❸用于绞边拖溜直河❹，或揿用于搂崖顺埽之内，其顶冲埽湾❺无所用也。（一六页，一三行）

扇面坝

【治河方略】扇面坝即挑水坝之圆而长，其形如扇面者是也。（卷一〇，三三页，九行）（图一七〇）

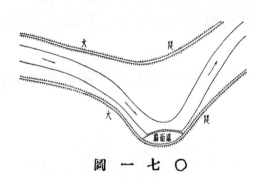

图 一 七 〇

【河工简要】凡河溜直射顶冲之处建筑坝台，中间透出抵溜上下两边，镶柴贴堤防御，形如扇面，名曰扇面坝。（卷三，八页，一〇行）

【河工要义】于河流直射冲射❻之处，建筑埽坝，中间远出抵溜，上下两边镶柴，贴堤防御，形如扇面，故名扇面坝，即挑水坝之圆而长，其形如扇面者也。下水亦应估藏头搂崖。（一六页，七行）

---

❶ 藏　原书作"缩"。
❷ 原书无"相去"二字。
❸ 惟　原书作"宜"。
❹ 绞边拖溜直河　原书作"沿边直河"。
❺ 原书"湾"下有"之处"二字。
❻ 冲射　原书作"顶冲"。

托坝

【新治河】长坝之下，多有回溜，护沿搂崖势短，溜已伸腰，力甚猛悍，宜修托坝抵御之，其长短丈尺，以托出回溜为度，所以补助大坝者也。（上编，卷二，一九页，六行）

【河上语】大坝之下，作一小坝，曰托坝。（四四页，一行）

对坝

【河上语】两岸对头斜建，曰对坝。（四四页，五行）（图一七一）

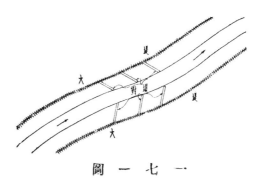

圖一七一

对口坝

【河工要语】两坝头相对者，曰对口坝。（五期，专载五页）

夹土坝（铁心坝）

【河防辑要】三面下埽，中心填土，名曰铁心坝，又曰夹土坝。

【河工要义】凡于水中建坝，两面用柴，中心填土，名曰夹土坝，又曰铁心坝，运河堵筑分溜决口，用此法居多。（二○页，三行）

矶心坝

【河工简要】建筑石坝于水洞两边，安置矶心石一块，开槽辖板以便取水❶，水小则借矶心石辖板以闭其洞，水大启板开洞以泄水，名曰矶心。（卷三，九页，六行）

【河工要义】矶心坝者，建筑坝基，安置矶心石块，凿

---

❶ 水 原书作"用"。

槽豁❶板，以便启用❷，水小则借矶心辖板，以闭其洞，水大则启板开洞，以泄河水，名曰矶心板。（一八页，四行）

【河防辑要】建筑石坝，坝下水洞两边，各置矶心石两块，开槽辖板，以便启闭，水小则借矶心石辖板，以闭其洞，水大则启板开洞以泄水，名曰矶心石坝。

月坝

【河防志】贾让❸谓东郡白马故堤亦复数重，民居其间是也，修者谓之堤，短者谓之坝，以其傅堤而立，如偃月形，故谓之月坝，亦名越坝，多于决口修建，决口汕刷深不可立，超而筑之，故亦曰越坝，皆以捍御险溜，重门之障也。（卷四，三一页，三行）

越坝

【安澜纪要】修建石工，应于工外临水一边，先筑越坝❹（土坝）一道，将坝内之水车干，以便施工。（上卷，五〇页，六行）（图一七二）

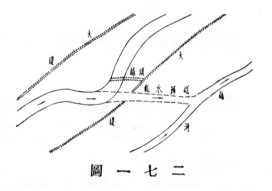

圖 一 七 二

【河工简要】挑挖河道先圈筑草坝，截水归越河，俟正河挑成，开坝放水。（卷三，九页，一五行）

---

❶ 豁　原书作"辖"。

❷ 用　原书作"闭"。

❸ 原书"让"下有"所"字。

❹ "越坝"乃《辞源》编者据文义增。

【河工要义】运河挑挖河道，先圈筑草坝，截水归入越河，俟正河挑完开放，名曰越坝。（二○页，一行）

人字坝

【河工名谓】形如人字，以减溜势者。（一五页）

玲珑坝

【山东运河备览】按戴村三坝通长一百二十六丈八尺，北为玲珑坝，高七尺，长五十五丈五尺，中为乱石坝，高六尺二寸，长四十九丈一尺，南为滚水坝，高五尺，长二十二丈二尺。汶水伏秋涨发，挟沙而来，上清下浊，

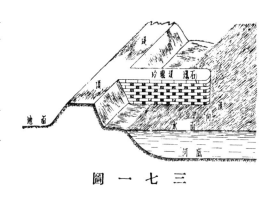

图 一 七 三

水由坝面滚入盐河，沙由玲珑乱石洞隙随水滚泻，冬春水弱，上下俱清，则筑土堰汇流济运，所以水不泛滥，沙不停淤。（卷六，一二页，九行）（图一七三）

【河工名谓】用条石纵横架砌如花墙式以泄水者。（一六页）

磨盘坝

【河工名谓】坝体浑圆形如磨盘者。（一六页）

坝之用料不一，有料坝（即草坝）、秸坝、柳坝、石坝、砖坝、灰坝（即三合土坝）、乱石坝、碎石坝、竹落坝、砌石坝、抛石坝、垒石坝、墁石坝。

料坝

【河上语】料坝，一曰草坝。（四三页，四行）（图一七四）

【注】捆厢为之，与进占同，长桩为之，与硬厢同。

秸坝

【河工用语】秸修者，曰秸坝。（五期，专载五页）

柳坝

【河工用语】柳编者曰柳坝。（五期，专载五页）

石坝

【河工用语】石修者，曰石坝。（五期，专载五页）

砖坝

【河上语】（四三页，六行）（图一七五）

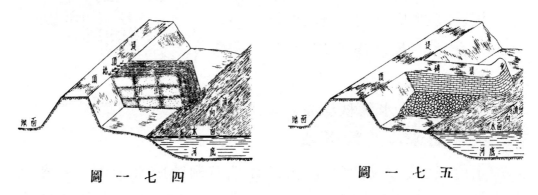

圖 一 七 四　　　　　　圖 一 七 五

灰坝

【河上语】即三合土坝。（四三页，二行）（图一七七）

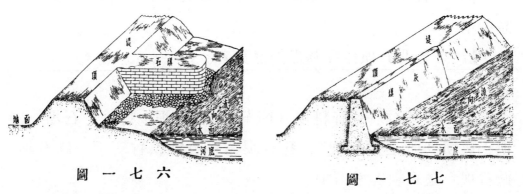

圖 一 七 六　　　　　　圖 一 七 七

三合土坝（二三合土坝）

【河上语】石灰一分，沙一分，黄土一分，筛细和匀，浇水
筑实。（四三页，三行）

【河工简要】用石❶、黄土、乌樟叶共打一处，名曰二三合土坝。（卷三，一〇页，三行）

【河工要义】三合土坝，亦曰灰坝，用石灰、黄土、（捣）〔乌〕樟叶一处匀和，打成坯基，故曰三合土，本河（指永定河）三合土，则用石灰、黄土、江米、白矾匀和而成。（二〇页，五行）

乱石坝

【河上用语】乱石抛成者，曰乱石坝。（五期，专载五页）

碎石坝

【河上语】（图一七八）

竹络坝（竹落）（竹篓）

【汉书·沟洫志】河果决淤馆陶及东郡金堤❷，河堤使者王延世使塞以竹落，长四丈，大九围，盛以小石两船，夹载而下之，三十六日河堤成。上曰东郡河决，流漂二州，校尉延世堤防三旬立塞，其以五年为河平元年。率治河者为著外繇六月，惟延世长于计策，功费约省，用力日寡，朕甚嘉之。其以延世为光禄大夫，秩中二千石，赐爵关内侯，黄金百斤。（卷二九，一四三页，二格，三二行）（图一七九）

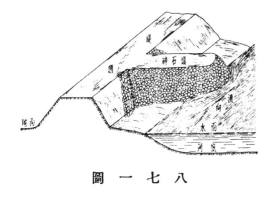

图 一 七 八

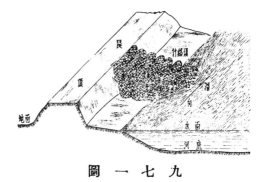

图 一 七 九

---

❶ 原书"石"下有"灰"字。

❷ 原书此处尚有文字。

【宋史·程（肪）〔昉〕传】宋神宗熙宁初，昉为河北屯田都监，河决枣强，酾二股河，道之使东为锯牙，下以竹络，塞决口，加带御器械。

【河防志】瓠子之歌❶："隤林竹（冒）〔兮〕犍石（甾）〔菑〕"，此竹络之始也，其后王景塞馆陶以竹络，长四丈九，围盛以小石两船，夹载而下之，后世遵用其法。骆马湖口之有竹络坝，自前河臣新命王公始也。（卷四，七三页，二行）

【河器图说】"篓，竹笼也。"《急就篇》注："篓者，疏目之笼，言其孔楼楼然也。"或长或圆，形制不同，或竹或荆，质地不一。河工用以满贮碎石，为护埽壅水之用，排砌成坝者，亦名竹络坝。（卷三，四〇页）

【河工要义】用毛竹篾编成❷络，内装碎石，挨次❸砌如坝样，名曰竹络坝。（二〇页，七行）

砌石坝

【河工名谓】坝之上部以石砌成者。（一六页）

抛石坝

【河工名谓】散抛块石而成者，曰抛石坝。（一六页）

垒石坝

【河工名谓】由坝根至顶，每坯均有坝台，如台阶然。（一五页）

墁石坝

【河工名谓】于坝坡用石平铺者。（一二页）

---

❶ 原书"歌"下有"曰"字。

❷ 原书"成"下有"竹"字。

❸ 原书"次"下有"排"字。

坝之中部，曰坝身；临水一端，曰坝头；靠岸一端，曰坝尾；坝之上面，曰坝顶；下面，曰坝底；坝之胚胎，曰坝基；两坝间之空档，曰坝档。

坝身

【河工名谓】坝之中部，曰坝身。（一七页）

坝头

【河工名谓】坝之临水一端，曰坝头。（一七页）

坝尾

【河工名谓】坝之靠岸一端，曰坝尾，亦名坝根。（一七页）

坝顶

【河工名谓】坝之上面。（一七页）

坝底

【河工名谓】坝之下面。（一七页）

坝基

【河工名谓】坝之胚胎，曰坝基。（一七页）

坝档

【河工名谓】两坝间之空档，曰坝档。（一七页）

第九章 材料与工具

第一节 材料

杉木、榆木、檀木、松杆、板料、大杉木、槐柏木。

杉木

【河工要义】杉木除桩料外，凡楞木（石工用）、架木（签排桩、地丁桩架用）、船脆❶皆用之。（四七页，九行）

榆木

【河工要义】夯杵、榔头、碛肘、鸡心、牵板等皆用之。（四八页，一行）

檀木

【河工要义】松篙、松挽之拐把，及棹牙等器用之。（四八页，五行）

松杆

【河工要义】挽篙、篷杆、扛木等具用之。（四七页，一二行）

板料

【河工要义】踮板跳板等之板料，以松板、杨桩或堤柳为

---

❶ 脆 原书作"桅"。

之。（四七页，一四行）

大杉木

【河工要义】云梯用之，长六丈，上下方径约一尺者，可签龙❶出号桩，五丈上下方径约八寸者，可签头二号桩。（四七页，五行）

槐柏木

【河工要义】八分厚板，挖泥浚浅船料用之。（四七页，七行）

石料、料石、片石、石子、青石、红石、白石、蛮石、砾石、石灰石、砂结石、豆渣大石、砖料。

石料

【安澜纪要】面石必要六面见方。丁石务要长三尺以外。顺石务长二尺四五寸❷。里石亦要宽厚一尺二寸。（上卷，五〇页，二行）

料石

【河工要义】料石者，方径长丈，六方皆见平面之大石料也。（四五页，四行）

片石

【河工要义】片石者，不成方圆之石料也。以有一二方平面，径约一尺上下者为宜。（四五页，九行）

石子（河光石）

【河工要义】石子亦曰河光石，河中即有，就地取材。（四五页，一二行）

---

❶ 原书"龙"下有"门"字。

❷ 原书"寸"下有"愈妙，宽厚均要一尺二寸"。

青石

【河工名谓】石之色青而质坚者。（三八页）

红石

【河工名谓】石之色红者。（三八页）

白石

【河工名谓】石之色白者。（三八页）

蛮石

【河工名谓】百斤左右之青红石块，皆曰蛮石。（三八页）

砾石

【河工名谓】大石击碎之小石。（三七页）

石灰石

【河工名谓】石之含有石灰质者。（三八页）

砂结石

【河工名谓】由青砂组成，夏遇高温与阵雨，即暴裂而碎者。（三八页）

豆渣大石

【河工名谓】质如豆渣者。（三八页）

砖料

【河工要义】砖料之为用也，或砌堤，或做埽，或建砖坝与涵洞。（四六页，一行）

灰步土、和灰土、灌浆土、三合土、灰土。

灰步土

【安澜纪要】石工砌成坝❶垫，尾土例用石灰、黄土❷掺和匀

---

❶ 坝　原书作"项"。

❷ 原书"土"下有"二八、三七"。

细，筑宽三尺，曰灰步土，灰步之后，始为堤身。（上卷，五二页，五行）

【河工要义】灰步土者，石堤或闸坝桥梁基底之三合土也。以三合土一尺，打成七寸为一步，步步碾套，以固根基，故曰灰步。（二八页，五行）

和灰土

【河工要义】以土和灰而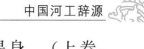砌石之用之土也。（二八页，六行）

灌浆土

【河工要义】以土和浆，灌诸石工缝隙，使其干结一气之土也。（二八页，六行）

三合土（乌樟叶）

【河防辑要】凡修砖石工程，衬里须用三（和）〔合〕土打坯，但何谓三（和）〔合〕土？一用石灰，一用黄土，一用乌樟叶，共合一处和匀，做成坯基，即名三合土。

灰土

【河工要义】灰土用灰，因用法不一，而多寡不同，是以有如下三种之分：

（甲）见方一丈，高五寸为一步，小夯二十四把者，用白灰一千二百二十五斤，黄土二尺一寸，凡闸坝金门出水等处，需用灰土，照此例。

（乙）见方一丈，高五寸为一步，小夯十六把者，用白灰七百斤，黄土四尺二寸，凡堤坝闸墙基址，需用灰土，照此例。

（丙）大式大夯见方一丈，高五寸为一步者，用白灰三百五十斤，黄土五尺六寸，凡堤闸内尾土并盖顶处，需用灰土，照此

---

❶ 原书"而"下有"为"字。

例。（四八页，一一行）

石灰、油灰、灌浆灰、叠砌灰、麻刀、麻刀灰、江米白矾、桐油、灰浆。

石灰

【张文瑞公治河条例】石灰米汁短少，河以合砖者，而联成一片。

油灰

【河工要义】修舱料石石缝及修舱船只用之。（四九页，三行）

灌浆灰

【河工要义】大料石工，每单长除叠灰每四十行外，尚须灌浆灰四十斤，每灰浆四十斤，用江米二石，白矾四两。（四九页，七行）

叠砌灰

【河工要义】叠砌片石子、砖块等工用之。（四九页，五行）

麻刀

【河工要义】拘抹片光，石缝麻刀灰，用之麻刀以旧绳缆剥成麻屑即是。（五一页，一〇行）

麻刀灰

【河工要义】拘抿片石、石子，堤工用之❶。（四九页，九行）

江米白矾

【河工要义】石工调灰和浆用之。（五二页，一五行）

桐油

【河工要义】调和油灰用之。（五二页，一四行）

---

❶　原书"之"下有"片石"。

灰浆

【安澜纪要】砌石砌砖，彼此本相联属，恃有灰浆，联为一体，所以成其固也。

正料、杂料、春料、青料、黄料、秸料、苇料、席片、苎麻、青蒿、浑麻、软草、麦穰、枝料、柳囤、坠柳、柳排、柳帘、杨木穿钉。

正料

【濮阳河上记】治水之术不一，其端凭借之方，实赖料物。《史记·河渠书》曰：是时东流郡烧草，以故薪柴少，而下淇园之竹以为楗。司❶知以薪御水，自古已然。故堵筑大工，首重正料，正料虽有柴、芦、秫秸之别，大致各工均以秫秸为多……河南每垛定为五万斤。（乙编，一页，五行）

杂料

【濮阳河上记】事有相辅而奏其功，物有相因而竟其用。杂料之于正料，亦犹是也。正料固属重要，而杂料亦不可缺。杂料之大者，如桩木、黄料、青蒿、线麻、麦穰、竹缆、铁缆，凡此数类皆大工必须之物。（乙编，一页，一五行）

春料

【河防志】旧制岁虞河决，有司常以孟秋预调塞治之物，稍、柴、楗橛、竹石、茭索之类，谓之春料。（卷一一，六一页，五行）

【河工要义】旧志岁虞河决，有司常以孟秋调塞治之物，稍

---

❶ 司　原书作"可"。

芟薪柴，楗橛竹石，茭索竹索，凡千余方，谓之春料。

青料

【河工要义】青苇、青秫秸及玉蜀秸等，当伏秋水涨，工蓄料物用罄，新险叠生，不得不搜罗新料，以资抢护者，则临时割用附堤官民青苇，或其青秫秸、玉粟秸等，以应工用，青料御水较胜于旧料，惟其既主❶成垫，枝干极嫩，欲其耐久，势所不能。（三六页，三行）

黄料

【濮阳河上记】黄料即禾黍之（杆）〔秆〕，用以厢口、包眉，并填塞占头绳隙之处，取其（杆）〔秆〕细质柔，易于融合。直隶每垛约四五千斤不等，濮工定为万斤。需用若干，当照❷百分之二估计。（乙编，一页，二〇行）

秸料（秫秸）

【河工要义】秸料者，秫秸也，即高粱之挺干也，其御水性略同苇料，而做埽后，经水三年即行蠚朽，不若苇料之耐久也。（三五页，八行）

苇料

【河工要义】苇料者，以粗大芦苇为埽镶之物料❸也，用以御水，不敷❹水怒，不透水流。其入水也，可经五年之久，故较秸料为优。（三五页，一〇行）

席片

【河工要义】苇篾所编之席片，河工用处极多，闪灰、泸

---

❶ 主　原书作"未"。

❷ 原书"照"下有"正料"。

❸ 原书"物料"二字互乙。

❹ 敷　原书作"激"。

灰、柳囤、土柜、堵漏、挑河及料厂闪盖杂料皆用之。（五二页，二行）

苎麻（好麻）

【河工要义】亦曰好麻，油灰修舱用之，硪筋、硪辫、栓❶筐绳等，亦以好麻为妥。（五一页，八行）

青苘

【濮阳河上记】青苘为杂料之大宗，专以拧绳。一经到厂验收后，即贮入苘房，以避风雨，色以青者为上，白者次之，黄者又其次也。参和泥土者谓之浑之苘，斯为最下。苘以捆计，每捆重百余斤不等，发出拧绳，须记明斤量，以便与绳斤对照。（乙编，一页，二四行）

浑麻

【河工名谓】青麻之参有泥土者。（三五页）

软草

【河工要义】软草以谷草、稻草、豆秸、麦秸及小芦苇等一切杂草为之。软草经水即腐，其耐久性不及秸料，而御水性则远出各料之上，故凡做占埽❷，眼及每步占埽眉毛，非用软草厢垫不可。（三五页，一五行）

枝料

【河工要义】以柳枝为埽镶之料物者，曰枝料。亦有杂杨榆枝而用之者，枝料枝干较粗，其御水不及秸苇，而耐久则过之，且体质较重，容易落底着实根基，是以从来埽镶多以枝料和秸苇软草做成。（三五页，一二行）

---

❶ 栓　原书作"拴"。

❷ 原书"埽"下有"其占埽"。

麦穰

【濮阳河上记】麦穰即大麦之秸，用以建造房屋为大宗。若他❶堵塞漏患，亦间有用者。（乙编，二页，九行）

柳囤

【河工要义】柳囤以柳干柳枝编成囤样，仅一圆腔，并无底盖，以高五尺径五尺为最限，大小高低临时增减亦可，柳囤维石堤抢险，或其拦河筑坝用之。（五二页，九行）

坠柳（河灯）

【河工名谓】捆柳成束，下坠块石，沉于河中，借以缓溜挂淤者，曰坠柳，亦名河灯。（三六页）

柳排

【河工名谓】以柳束横竖排列，用铅丝束结成排，为做坝挂淤之用者。（三六页）

柳帘

【河工名谓】用柳束编于柳桩❷，以为缓溜挂淤之用者。（三六页）

杨木穿钉

【河工要义】柳囤两个，用杨穿钉一根，长一丈二尺，径五寸，透贯❸两囤，以资牵连稳当之用。（五二页，一三行）

蒲包、麻袋、布口袋。

蒲包

【河工要义】亦合龙时，装土储诸坝台，以待应用。（五二

---

❶ 若他　当从原书作"他若"。

❷ 桩　原书作"坝"。

❸ 原书"透贯"二字互乙。

页，八行）

麻袋

【河工要义】麻袋一项，惟合龙抢险时用之，抢险如堵漏、挂柳、压埽等用处亦繁，合龙则装土预储坝台，金门兜子起首镶料一二三步，皆须麻袋蒲包装土追压。（五二页，五行）

布口袋

【河器图说】《玉篇》："袋，囊属。"鱼袋、照袋、锦缥袋、藻豆袋、算袋，皆古人携贮什物之具。若今之布口袋，即古有底之囊也。凡遇漫滩走漏时，其进水之穴形势斜长，非锅盆所能扣住者，急将口袋装土，两人抬下，随势堵塞，即可闭气，然后从容齐集兵夫，夯硪填垫，自保无虞。但袋中土不可装满，以六分为度。（卷三，二六页）

第二节　工具

木工

斧、刨、锛、锯、手锯、木斧、刨斧、钺斧、墨笔、墨斗、篾箍头、曲尺、围木尺（龙泉码、漕规码）。

斧

【河器图说】《逸雅》："斧，甫也；甫，始也。凡将制器，始用斧伐木，已及❶制之也。"木斧者，锁桩之物，倘各绳松紧不一，用木斧在桩上捶打紧凑，恐用铁斧致伤各绳之

---

❶　及　原书作"乃"。

故。木榔头，打埽上小木签、摆杴用之。斧，即铁斧。（卷三，一六页）

刨

【河器图说】刨，正木器，大小不一，其式用坚木一块，腰凿方匡，面宽底窄，匡面以铁针横嵌中央，针后竖铁刃，露出底口半分，上加木版❶插紧不令移动，木匡两旁有小木柄，手握前推，则木皮从匡口出，用捷于铲。（卷四，二五页）

锛

【河器图说】《集韵》："奔❷，平木器也。"铁首木柄，状如鱼尾，锋利，削桩比斧较易。（卷二，三七页）（图一八〇）

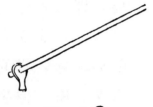

圖一八〇

锯

【河器图说】"锯，解器，铁叶为龃龉❸，其齿一左一右，以片解木石也。"（卷四，二五页）

手锯

【河器图说】手锯，系用铁叶一片，凿成龃（龉）〔齬〕，约长尺五，受以木柄，长三寸，为解❹竹头、木片之具。（卷四，二六页）

木斧

【河工要义】以坚实木料为之，状如斧而小，一头圆形略

❶ 版 原书作"片"。
❷ 奔 原书作"锛"。
❸ 龉 原书作"齬"。
❹ 原书"解"下有"析"字。

短，一头扁方形略长，中按❶木柄，长三四寸，斧长四五寸，锁桩用。（七二页，五行）

刨斧

【河工要义】以铁链做成之，长约二尺，一头横刃，一头直刃，以便两面皆可应用，中安木柄，长二尺余，砍马面（亦曰做脸），去节枝❷，做尖，分尖（做尖者，将桩尾做成锥形，以便签入埽内，容易碪打。分尖者，桩已签好，桩头露出埽面，必须分去平面，做成尖形，以便加镶）。他如做橛、砍柳、刨挖、挂柳等项用处尚多，兹不备述。（七二页，八行）

钺斧

【运工专刊】铁制，一面成月形，故名钺斧。装尺余长之柄，厢埽时用以斩解柴捆，其背面有钩，亦厢埽时钩取柴料之用。（图一八一）

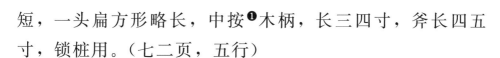

图一八一

墨笔

【河器图说】墨笔，亦取竹片为之，其下削扁，用刀劈成细齿，以便醮❸墨界画。（卷四，二六页）

墨斗

【河器图说】墨斗多以竹筒为之，高宽各三寸许，下留竹节作底，筒边各钉竹片长五寸，中安转轴，再用长棉线一条，贮墨汁内，一头扣于轴上，一头由竹筒两孔引出，以小竹扣出❹，用时牵出一弹，用毕仍徐徐收还斗内。（卷四，二

---

❶　按　原书作"安"。

❷　"节枝"当从原书作"枝节"。

❸　醮　当作"蘸"。

❹　出　原书作"定"。

六页）

篾箍头

【河器图说】《集韵》："箍，以篾束物也。"又："帮，治履边也。"今围柴篾箍，熟竹皮为之，用漆分画尺寸。定例：苇营以铜尺二尺八寸为一束。手钩，刃细而长，约四五寸，横安木柄。凡柴由沟港筏运到厂，樵兵两手各持一钩，勾柴上滩晾晒堆垛，省力而速。（卷四，一五页）

曲尺

【河器图说】曲尺，形如勾股弦式，惟股微长，便于手取，股长一尺五六，弦长尺四，勾长一尺，分寸注明勾上。凡制木器，合角对缝，非此不为功。（卷四，二六页）

围木尺（龙泉码、漕规码）

【河器图说】其制每尺较铜尺大五分，较裁尺小三分，其质以竹篾、熟皮、藤条为之均可，专备围收木植之用。俗例龙泉码离木鼻关口五尺围起，漕规码离木鼻关口三尺围起。（卷一，七页）

石工

麻龙❶头、铁绳、铁撬、钓杆、铁扳子、铁锯锤、小锯锤、铁手锤、铁椴、铁橇、劈橇、铁钩、铁勺、铁签、竹把子、铁锭、铁销、铁片、铁镐、旧镐铁片、过山鸟、铁鸭嘴、铁创、铁壮、铁柱、三棱铁刀、垫山、铁攀。

麻笼头（大木牛）（小木牛）

【河器图说】《说文》："杠，横关对举也。"凡抬条石，人数

---

❶ 龙 当作"笼"。以下径改。

或四或六或八，视石之轻重大小为准。其所用杠选大竹为之，俗名曰牛，中用麻绳打结，名麻笼头，系石四角，兜而悬之。竹杠两头用麻绳打结，名麻小扣。横穿短杠，俗名大木牛。两头再各用麻小扣穿小杠，俗名小木牛。（卷四，二一页）

铁绳

【河工要义】石料体重，起石下石，皆用铁绳。（七四页，一二行）

铁撬

【河工要义】挪动料石之用，石在地上，非人力徒手所能转移，必先于缝际插入鹰嘴，而后始用铁撬，挨次倒换，方能动移，其两石靠拢或拟分开之处，则皆榾锤之作用。（七四页，一三行）

【河器图说】铁撬，者❶铁锻成长一尺六寸，重十余斤，为撬起石块之用。（卷四，一八页）（图一八二）

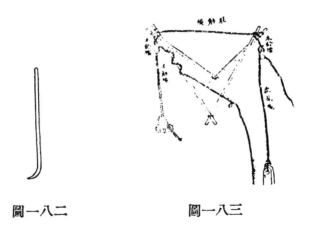

圖一八二　　　　　　圖一八三

钓杆（千斤）（虎尾）

【河器图说】南河修补石工，例应选四添六，旧石塌卸多沉

---

❶　者　原书作"以"。

水底，既深且重，人力难施，捞取之法，全仗钓杆。其制，用杉木四根，交叉对缚，仿架网式，安置岸边，前系铁链，名曰千斤，后系极粗麻绳，名曰虎尾，承缆❶之处铃名木铛❷，然后摸夫水遣河中国❸引绳扣系，集夫拉挽虎尾绳钓捞上岸。入行运船，石，水石重辞❹船浮，非跳板所能上下。装载之法，或于崖岸设立钓杆，或用本船大桅系索拉钓，卸亦如之。（卷四，二〇页）（图一八三）

铁扳子（狼虎）

【河器图说】铁扳子，俗名狼虎，形如扁钓❺，宽厚二寸许，长连湾钩尺许，上有铁环。凡（钩）〔钓〕石，如石在水❻，半陷土内，钓捞未能得力，即以扳子二个分扣钓竿千斤绳上，将扳子弯❼处栽入土下，紧贴石底，以便钓起。（卷二，三四页）（图一八四）

铁鋗锤

【河器图说】扬子《方言》："锤，重也。东齐曰錤，宋鲁曰锤。"《集韵》："撬，举也。"凡开山采石，山有土戴石、石戴土之分。见山面露有浮石，必先用鋗锤击之，审定其下有石，然后刨土开采。鋗锤之制，铸铁为首，大者形长而扁，两头皆可用，中贯籘条或竹片以为柄；小者两头一方一圆，以木为柄，约重十五六斤，〔均〕专备劈裁石料之

---

❶　缆　原书作"绳"。

❷　铃名木铛　原书作"名木铃铛"。

❸　摸夫水遣河中国　原书作"遣水摸夫入水摸石"。

❹　入行运船，石，水石重辞　原书作"又采石装船行运，石重"。

❺　钓　原书作"钩"。

❻　原书"水"下有"下"字。

❼　弯　原书作"湾"。

用。（卷四，一八页）（图一八五）

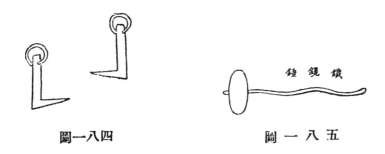

圖一八四　　　　　　　　　　圖　一　八　五

小鋦锤

　　【河器图说】见"铁鋦锤"。（图一八六之 3）

铁手锤

　　【河器图说】手锤，尖头圆底，约重三斤。（卷四，一九页）（图一八六之 1）

铁手鏨

　　【河器图说】手鏨，圆脑尖嘴。（卷四，一九页）（图一八六之 2）

铁楔

　　【河器图说】铁楔，上宽下窄，其用与橇同。凡开山，既见石矣，须审山❶形势，顺石之脉络，度量所需石料长短厚薄，划定尺寸。先凿沟槽，约宽三寸，深二寸，每尺安铁楔三根，击以鋦锤，用水浸灌刻许，然后用锤鏨尽击开采。（卷四，一九页）（图一五五之 4）

铁橇（劈橇）（鏨橇）（抬橇）（跳橇）

　　【河器图说】铁橇，圆脑扁嘴，长四、五、六寸不等……再橇名不同，右❷平处为劈橇，直处为鏨橇，兜底横处为抬橇，

---

❶　原书"山"下有"之"字。

❷　右　原书作"在"。

得❶施以铁撬而石出矣。又黑麻、豆青等名❷皆用铁楗渐击渐入，匠人谓之含楗。独黄麻石用钢楗一击即起，匠人谓之跳楗，必须系以线索，不致远跳❸，则又石性之不同耳。（卷四，一九页）（图一八六之5）

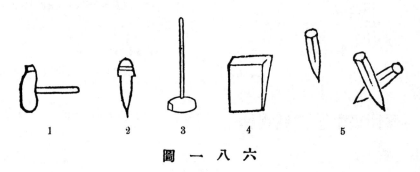

图 一 八 六

铁钩

【河器图说】石工条石，例应錾凿六面见光，然一经排砌，不能无缝，且临湖石工，后用砖柜，设非灌浆，断难胶固。其具有四：曰勺，曰钩，曰鐵，皆以铁为之；曰把，以竹为之。按：《说文》："勺，挹取也。象形，中有实。"《周礼·考工记》："勺，一升。"铁勺用以挹浆，灌时预核层路尺寸，酌定多寡，使浆无糜费。又《玉篇》："钩，致也，曲也。"《说文》："签，验也，锐也。"铁钩、铁签用以探试石缝、砖柜，使浆无沾滞。把，《汉书注》："手培❹之也。"竹把，用以抵❺腻缝隙，使浆（水）皆充满。（卷二，一四页）（图一八七）

---

❶ 原书"得"上有"抬楗"。
❷ 名 原书作"石"。
❸ 原书作"跳远"。
❹ 培 原书作"掊"。
❺ 抵 原书作"抿"。

铁勺

　　【河器图说】见"铁钩"。（图一八八）

铁签

　　【河器图说】见"铁钩"。（图见卷二，一四前面）

竹把子

　　【河器图说】见"铁钩"。（图一八九）

圖一八七　　　　圖一八八　　　　圖一八九

铁锭

　　【河器图说】《通雅》："（饼）〔鉼〕，亦谓之笏，犹今之谓锭也。"《释名》："销，削也，能有所穿削也。"《玉篇》："锔，以铁缚物也。"河工成规：凡闸坝（对）面石，例在对缝处用铁锭，转角处用铁销，横接处用铁锔，均凿眼安稳，以资联络。又有过山鸟，备砌工转角之用。旧锔片、铁片，备垫塞里石缝口之用。（卷二，一三页）（图一九〇之1）

生铁锭

　　【河工要义】大料石堤及闸坝桥工皆用之，两石接缝处所，必须凿槽安设❶铁锭，俾两石交相扣接，块块联络，不致被水冲揭。（四九页，一四行）

铁销

　　【河器图说】见"铁锭"。（图一九〇之2）

──────────────

　❶　设　原书作"扣"。

铁片

　　【河器图说】见"铁锭"。（图见卷二，一三前面）

铁锅

　　【河器图说】见"铁锭"。（图一九〇之3）

旧锅铁片

　　【河器图说】见"铁锭"。（图见卷二，一三前面）

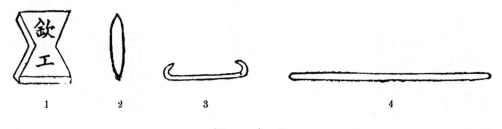

1　　2　　3　　4

图 一 九 〇

过山鸟

　　【河器图说】见"铁锭"。（图一九〇之4）

铁鸭嘴

　　【河器图说】《释文》："锄，助❶，去秽助苗也。"首长而扁，
　　一名鸭嘴，本田器，河工修筑土石工亦用之。（卷二，三四
　　页）（图一九一之3）

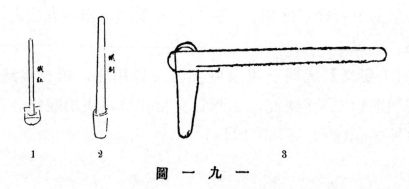

1　　　2　　　　3

图 一 九 一

---

　　❶　原书"助"下有"也"字。

铁创

【河器图说】铁创，长数寸至尺许，圆数寸至一尺，扁头，上以坚木为柄，凡补修石工，水下石缝参差，铁撬短细，非创不为功。（卷二，三四页）（图一九二之2）

铁壮（壮夫）

【河器图说】铁壮，方不及尺，厚数寸，上方下圆，中孔安木❶，凡筑打灰眉土用之，今则易以石硪。此具久不用，然尚存"壮夫"名目。（卷二，三四页）（图一九三之1）

铁柱

【河工要义】桥工闸坝墙柱用之，既将料石砌成墙柱，安扣铁锭，犹恐不能得力，因于每层石块凿成圆孔，底面穿通，上下相对，柱径一二寸，视工程酌量定之，孔之大小适可穿柱而止，用时将白矾熬融灌诸孔中，穿入铁柱，自然连成一气。（五〇页，三行）

三棱铁刀

【河工要义】桥工石柱其迎水一面，砌成斧形，即随斧之形势，铸以三棱铁刀，以分水势。（五〇页，八行）

垫山（单山）（重山）

【安澜纪要】里石最忌垫山，垫山者，安石不平，垫用碎石，垫一层者，曰单山，垫两层者，曰重山。（上卷，六〇页）❷【又】里石最忌垫山，垫一层曰单山，垫两层曰重山。（卷下，五一页，一六行）

铁攀

【河工要义】如桥柱既扣铁锭，又贯铁柱，复于桥柱两面相

---

❶ 原书"木"下有"柄"字。

❷ 原书该页无此文，出处待考。

对凿孔，用扁方铁攀穿透拉扯，攀之两头预留钉孔，露于两面，贯以上大下小之铁钉，闸坝矶心，亦有用此法者。（五〇页，六行）

(污)〔圬〕工

木灰刀、圆瓦刀、方瓦刀、挖刀、抹刀、花鼓槌、木楸、拍板、木杵、竹灰筛、竹灰篮、灰箩、条帚、灰（其）〔箕〕、油灰碾、水橙、灰桶、灰舀、提浆、对浆、浆锅、浆缸、汁瓢、汁锅、木爬、汁缸、木锨、砖架、泥（沫）〔抹〕、石壮、笃篱、铁灰勺、浆桶水桶。

木灰刀

【河器图说】木灰刀，形如瓦刀，刳木为之，石匠用以勾砌。（卷四，三〇页）

圆瓦刀

【河器图说】瓦刀，铸铁为之，长七寸，首长二寸，前窄后宽，余五寸为柄，其头南多圆、北多方，形制不同，均为削治砖瓦之用，俗名抹刀，一名挖刀，河工苫盖厂堡、修砌砖柜所必需也。（卷二，一五页）（图一九二之1）

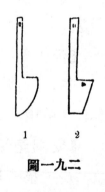

圖一九二

方瓦刀

【河器图说】（见图一九二之2）

挖刀

【河器图说】见"（图）〔圆〕瓦刀"。

抹刀

【河器图说】见"（图）〔圆〕瓦刀"。

花鼓槌

【河器图说】《集韵》："槌，击也。"《唐书》："槌一鼓为一岩。"《释名》："拍，搏也，以手搏其上也。"又："掀，举出也。"又："杵，捣筑也，舂也。"四器皆以木为之。木（掀）〔锨〕，为拌和地上散土碎灰用；〔木〕杵，为拌和桶内米汁与灰土用；花鼓槌、拍板均为捣筑三合土用。其法，先槌后拍，退步缓打，每坯以千百计，候土面露有水珠为度，俗名出汗，然后再加二坯，自臻坚实矣。（卷二，一二页）（图一九三之1）

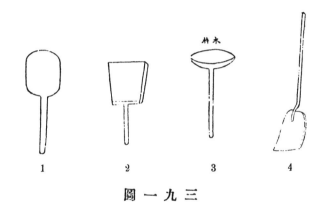

图 一 九 三

木锨

【河器图说】见"花鼓槌"。（图一九三之4）

拍板

【河器图说】见"花鼓槌"。（图一九三之2）

木杵

【河器图说】见"花鼓槌"。（图一九三之3）

竹灰筛

【河器图说】《事物原始》："筛，竹器，留粗以出细者。"又去谷之（糖）〔糠〕粃者名曰簸箕，自神农氏始。《诗》云"或簸或扬"是也。《农书》："篮，竹器。"《周礼》："桃

苅。"注："苅，（苔）〔苔〕帚。所以埽不详。"凡治三合
土，必须细石灰、黄土、沙土，而欲灰土之细，非此四器
不为功。其用筛法，向取三竹竿鼎足支立，近上缚定，挂
以长绳，贮灰土于中，从底眼筛下，承以竹篮，其遗于地
者，以箕帚❶取，乃得净细。（卷二，九页）（图一九四之2）

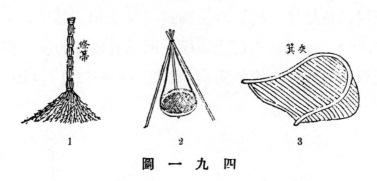

图 一 九 四

竹灰篮

【河器图说】见"竹灰筛"。（图见卷二，九页前面）

灰箩

【河工要义】灰箩抬灰用之，灰筛筛灰用之。（七四页，一
五行）

条帚

【河器图说】见"竹灰筛"。（图一九四之1）

灰箕

【河器图说】见"竹灰筛"。（图一九四之3）

油灰碾

【河器图说】《集韵》："碾，水辗也，转轮治谷也。"凡修建
闸坝，须用油灰，以资胶固。其合制之法，用石碾，石碾
周围砌成石槽，碾盘中央安置碾心木，上下有轴，上置碾

---

❶ 原书"帚"下有"扫"字。

担，下置碾脐，槽内用石碾砣，形如钱，中安木柄，三❶头接碾心木，一头驾牛，俾资旋转，贮细石灰净桐油于槽内，务使油灰成胶为度。（卷二，三六页）（图一九五）

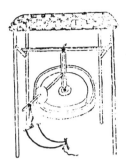

圖一九五

水梡

【河器图说】《事物原始》："夏臣昆吾作石灰。"《孔氏杂说》："俗以和泥灰为麻捣，出《唐六典》。"南河石工后槽例用三合土，系以灰土及料❷捣成，其泡灰、和灰之具，有桶有梡。梡，小桶也。又有灰舀，为捪灰水用。《说文》："抪，彼注此，谓之舀。"梡，俗字，无考。（卷二，一〇页）（图一九六之1）

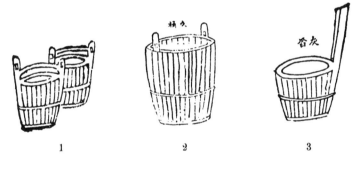

灰桶　　　桶灰　　　舀灰

1　　　　　2　　　　　3

圖　一　九　六

灰桶

【河器图说】见"水梡"。（图一九六之2）

灰舀

【河器图说】见"水梡"。（图一九六之3）

---

❶　三　原书作"一"。

❷　料　原书作"米汁"。

提浆

【安澜纪要】熬汁既浓（熬米汁也），倾一勺于石灰桶内，旋提旋用者，曰提浆❶。

对浆

【安澜要义❷】将灰水融化匀净，再以浓汁对入其中，掺和搅匀，用尽复对者，曰对浆。对浆者，周流充满灰汁调匀。（上卷，六二页）❸

浆锅浆缸

【河工要义】浆锅熬浆用之，浆缸盛浆用之。（七五页，二行）

汁瓢

【河器图说】《说文》："汁，液也。"又糯，稻之粘者，其汁为浆。《广韵》："锅，温器。"《正字通》："俗谓釜为锅。"《集韵》："爬，搔也。"《农书》："瓢，饮器。许由以一瓢自随，颜子以瓢❹自乐。"汁锅、汁爬❺、汁缸皆取浆之器。其法，先以木桶加锅上接口熬炼糯米成汁，随时用爬推搅，不使停滞，用瓢酌取验视浓淡，候滴❻成丝为度，然后贮以瓦缸，备石工灌浆及拌和三合土之用。（卷二，一一页）（图一九七之1）

汁锅

【河器图说】见"汁瓢"。（图一九七之3）

---

❶ 出处待考。
❷ 要义　当作"纪要"。
❸ 原书该页无此文，出处待考。
❹ 原书"瓢"上有"一"字。
❺ 原书"汁爬"下有"汁瓢"。
❻ 原书"滴"下有"浆"字。

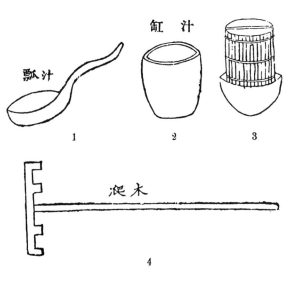

图 一 九 七

木爬

　　【河器图说】见"汁瓢"。（图一九七之4）

汁缸

　　【河器图说】见"汁瓢"。（图一九七之2）

木锨

　　【河工要义】木锨，则惟锄灰和浆用之。（七五页，六行）

砖架

　　【河器图说】砖架，以木为之，中方，两头凿孔，穿绳作系，便于抽动配平，工次用（者）〔以〕抬砖。（卷四，三〇页）（图二〇〇❶）

泥抹

　　【河器图说】《古史考》："夏臣昆吾作瓦。"《尔雅·释宫》："镘谓之杇❷。"疏："镘者，泥镘，一名钙❸，涂工之作具

---

❶　原书此处插图顺序颠倒。

❷　杇　原书作"朽"。

❸　钙　原书作"鈣"。

也。"《增韵》："乱曰涂，长曰抹。"今匠人所用泥抹，系以薄铁为底，状如鞋，前尖后宽，上安木柄为套手，盖即古之镘尔。（卷二，一五页）（图一九八）

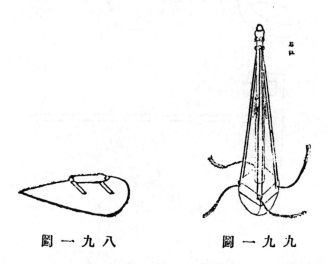

圖一九八　　　　　　圖一九九

石壮

【河器图说】凡修建石工，石后砌砖柜，砖后筑灰土，以期坚实。但筑打灰土若用硪工，硪系抛打，未免震动砖石，是以旧时用壮。其装琢❶为首，上方下圆，四隅有眼，各系麻辫，上安木（以）〔柱〕长六尺，柱顶❷四铁圈紧对壮隅，以绳绊系❸，柱腰四面有木鼻，用时四人对立，各执其一，再以四人提辫，齐提齐落，然后用夯及木榔头扑打，则灰土成矣。（卷二，三五页）（图一九九）

笊篱

【河器图说】笊篱，以竹丝编成，受以长竹柄，凡笆匠编扎

---

❶　装琢　原书作"制琢石"。
❷　原书"顶"下有"有"字。
❸　系　原书作"紧"。

既❶，登高贯顶，须和稀泥苫草，以此为递送之具。（卷四，二七页）（图二〇一）

图二〇〇

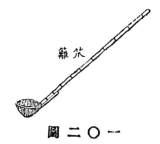

图二〇一

铁灰勺

【河工要义】铁灰勺即以炕❷勺为之，舀浆装桶需用灰勺。（七五页，六行）

浆桶水桶

【河工要义】以木勺白铁勺为之均可，浆桶灌浆用之。（七五页，四行）

杂类

艾、镰刀、打草镰、草叉、拐锹、拥把、竹搂把、木推把、撞橛、抓钩、皮帮、橇、关、拦脚板、木（椰）〔榔〕头、铁镢头。

艾

【河器图说】《诗》："奄观铚艾。"艾，殳也。《谷梁》："一年不艾而百姓饥。"艾，获也。《方言》："刈钩，自关而东谓之镰，或谓之镬。"《三才图会》："镬似刀而上弯，如镰而下直，

----

❶　原书"既"下有"成"字。

❷　炕　原书作"炒"。

其背指原❶，刃长尺许，柄盈二把。❷""又谓之弯刀，以艾草禾或斫柴篠，农工使之。"春夏之交，堤顶两坦草长，芟除之用，与镰有同功焉。（卷一，二六页）

镰刀

【河工要义】镰刀即刈稼割草之钩镰刀也，刀形略湾，状似新月，一头安设短柄，埽手携带多系插入腰带中，因之亦曰腰镰。（六九页，八行）

打草镰

【河器图说】《逸雅》："镰，廉也，体廉薄也，其所刈稍稍取之，又似廉者也。"《周礼》："薙氏掌杀草，夏日至而夷之。"郑注："钩镰迫地，芟之也。"《农桑通诀》："镰制不一，有佩镰，有两刃镰，有袴镰，有钩镰，有推镰。"《方言》："刈钩，自关而东谓之镰，或谓之锲。"《说文》："铚，获禾短镰也。"《集韵》："钐，长镰也。"皆古今通用芟器，打草镰亦不外是。（卷一，二五页）（图二〇二之1）

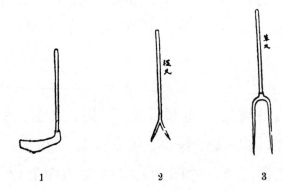

1　　　　　　2　　　　　　3

圖 二 〇 二

---

❶　原　原书作"厚"。
❷　把　原书作"握"。

草叉

　　【河器图说】草叉，削木为柄，锻铁为首，两齿铦利而长，备烧砖挑浆❶之用。（卷四，二四页）（图二〇二之3）

棍叉

　　【河器图说】棍叉，锻铁为之，柄圆齿扁，备烧窑拨火之用。（卷四，二四页）（图二〇二之2）

拐锹

　　【河器图说】拐锹，剡木为首，以铁片包镶四边，中列钉头，受以丁字长柄，用之拌和熟泥，贮模成墼，俗谓之坯，再用竹刀荡平，脱下晒干，积有成数，然后入窑烧炼，计更❷成砖。（卷四，二三页）（图二〇三）

図二〇三

拥把

　　【河器图说】《物原》："叔均作秒耙。"《逸雅》："把，播也，所以播除物也。"《说文》："把，平田器。"大都铁为多，竹次之，木则罕见。木而无齿则莫如拥把是。《前汉·高纪》："太公拥（慧）〔彗〕。"拥，持也。拥把形如丁字，用以平堤，亦犹拥（慧）〔彗〕云尔。……疏堤❸块砾，最便。又竹楼❹把，齿亦编竹为之，料厂工所搂聚碎秸，摊晒湿柴，非此不为功。（卷一，二七页）（图二〇四之1）

竹搂把

　　【河器图说】见"拥把"。（图二〇四之2）

---

❶　浆　原书作"柴"。

❷　更　原书作"曰"。

❸　原书"堤"下有"头"字。

❹　楼　原书作"搂"。

木推把

【河器图说】见"拥把"。（图二〇四之 3）

撞橛

【河器图说】《说文》："撞，卂捣也。"
"卂，持也，象手有所卂据也，读若
戟。""捣，手椎也。"坝台土头结实，
须用撞橛先撞成穴，则钩枏、揪头橛
易于深入矣。（卷三，七页）

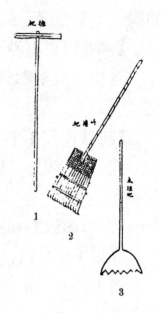

图二〇四

抓钩

【河器图说】《韵会》："古兵有钩有镶，
皆剑属。引来曰钩，推去曰镶。"纯
钩，剑也；吴钩，刀也；刘钩，镰也。
钩之名不一，钩之用亦各不同。抓钩，系（折）〔拆〕厢旧
埽所用。《博雅》："抓，搔也，又揾也。"三股内向，如搔
手然，故名。（卷三，一八页）（图二〇五页）

皮帮

【河器图说】皮帮，状如袜，以牛皮为之，水地采柴，着之
可冲泥淖，夜则浸以灰浆，经久不烂。（卷四，一五页）
（图二〇六之 1）

橇

【河器图说】橇，泥行具也。《史记·夏（木记）〔本纪〕》：
"泥行乘橇。孟康曰：'橇，形如箕，摘行泥上。'《农书》
云："尝闻向时河水退滩淤地，农人欲就泥裂漫撒麦种，奈
泥深恐没，故制木板以为屉，前头及两边高起如箕，中缀
毛绳，前后系足底。板既阔，则步❶不陷。"今之退滩淤地，

---

❶ 原书"步"上有"举"字。

344

种麦者着履如木屐，犹泥行乘檋之遗欤！（卷二，一七页）
（图二〇六之 2）

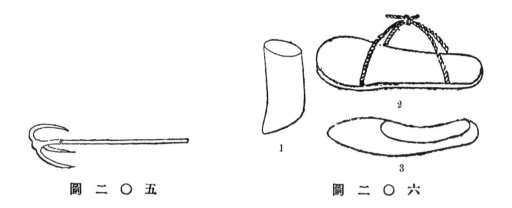

圖 二 〇 五　　　　　圖 二 〇 六

关（犁）（关翅）（关盘）

【河器图说】凡遇风逆溜激，牵挽不能得力，上水设关绞
行，下水安犁留拽，甚便，至运关之木，人各一根，名曰
关翅。安关之所用土坚筑，名曰关盘，一名升关坝。（卷
四，八页）

拦脚板

【河器图说】拦脚板，状如屐，长一尺，厚一寸，宽五
寸，前后凿孔，系绳于履，干地采柴着之，可御柴签。
（卷四，一五页）（图二〇七）

木（榔）〔榔〕头

【河器图说】木榔头，打垛上小木签、摆枛用之。（卷三，一
六页）

铁镢头（斸钁）

【河器图说】铁镢头，一名斸钁，锄属，镢之为言，掘也，
持以刨挖冻土。《物原》："神农作锄耨以垦草莽，然后五谷
兴。"则锄盖神农造也。（卷三，一九页）（图二〇八）

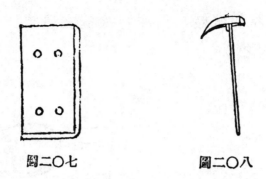

图二〇七　　　　　　图二〇八

【河工要义】掘头长不及尺，方头斧刀设柄于方头之旁，长二尺余，掘头连锤带刨，亦可两用。

灰刷、皮灰印、棕印、木灰印、煤池（粽）〔棕〕印、印桶、插牌、垛牌、抬棚、牌桶、槽桶。

灰刷

【河工要义】收料用之，料既收过，满刷灰水，以示区别。（八〇页，一五行）

皮灰印

【河器图说】皮印以白布作袋，长八寸，牛皮作底，宽五寸。底上镂字篆押，各为密记，内贮细灰，用时缓缓印之。（卷二，二页）（图二〇九之2）

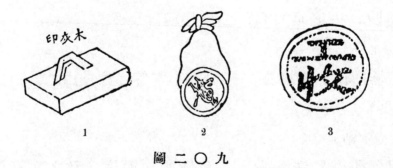

图　二　〇　九

棕印

【河器图说】棕印，以数寸木板，不拘方圆，编棕作字。

（卷二，三八页）（图二○九之3）

木灰印

【河器图说】《说文》："印，执政所持信也，从爪从❶。"象相合之形。《广韵》："印，信也，因也，封物相因付也。"古人于图画书籍皆有印记。今估土工多有自镌木印，用石灰为印泥。（卷二，二页）（图二○九之1）

煤池棕印

【河器图说】煤池用大小盆装储油煤，棕印如棕刷然，做成字模，收桩用之，每收一桩，除标明桩号外，戳一煤印，以便桩手认明。（八一页，一行）❷

圖二一○

印桶

【河器图说】印桶，以木为之，身浅梁高，内贮薄苘、灰土、桐油，以便临工查收时盖印记识，即遇雨水不致涤去。（卷二，三八页）（图二一○）

闸牌

【河工要义】以木板做成之，每号一面，上写大堤高、宽、长丈，距河远近若干。

垛牌

【河工要义】用木做成，宽二三寸、长四五寸之小木牌，收料用之，牌上填写号数，及某人监堆字样。（八○页，一三行）

抬棚

【河工要义】以木支架顶及三面绷席，一面留门出入，可以

---

❶　原书"从"下有"卩"字。

❷　出处有误，待考。

搬移抬动，故曰抬棚。（七九页，七行）

牌桶

【河工要义】牌桶所以储钱者也。（七九页，一四行）

槽桶

【河器图说】槽桶，以木为之，大桶五节，节长三丈，底宽一丈，墙高三尺。凡安槽桶，先用麻捣油灰舱缝，隔三尺一挡❶，上用木质❷，下用底托，两墙各设站柱，排钉坚固，然后剐堤。先铺芦席，上加油布、牛皮，将桶安好，三面用淤土拥护，又取牛皮一张，钉桶口底，上拖出三四尺铺平，以铁闩压定，用大钉钉入

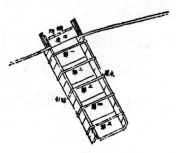

圖 二 一 一

土坡，两边筑钳口坝，方可放水。较量浅深，以次落低，如系积潦，核计水方，扣日可竣，再造槽桶，长短先量堤顶宽窄，庶启放❸不致勾刷坡脚。（卷二，三九页）（图二一一）

箱、四轮车、鞑、千斤鞑、眠车、直柱、大戗、股车、辘轳架、天戗（地犁）、（滑水）〔冰滑〕、逼水木、梯支、浮梯、拐、跳棍、拖、齐眉杠、沙帽头、号旗、牌签。

箱

【河器图说】箱，俗名板毂车，即古之行泽车也。……《农书》："板毂车，其轮用厚阔板木相嵌斫成圆象，就留短毂，无有辐也，泥淖中易于行转，了不沾塞。""独辕着地，如

---

❶　挡　原书作"档"。

❷　质　原书作"厫"。

❸　原书"放"下有"时"字。

犁托之状，上有橛以揾牛挽檠索，上下坡坂，绝无轩轾之患。"……今河滩农家尚有此车，为冲泥装运料石之用。（卷四，一一页）（图二一二）

四轮车（料车）

【河器图说】四轮车，即任载之牛车，缚轭以驾牛者，工次用以载秸料，俗谓之料车是也，而什物行李亦以此装运往来。《物原》："少昊制牛车，奚仲制马车。"《稗编》："汉初马少，天子且不能具纯驷，将相或乘牛车。"晋王道之短辕犊车，王济之八百里驳，石崇之牛疾奔，人不能追，皆牛车也。今惟四轮车驾牛，间有牛马兼用，若乘车则无驾牛者矣。（卷四，一〇页）（图二一三）

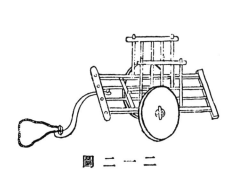

圖二一二

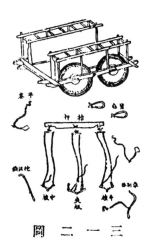

圖二一三

轮

【河器图说】《玉篇》："轮，疾驰也。"今南河有轮车，状如车盘而无轮，其行颇速，专备淤地转运柴料之用。盖淤地有轮必陷，负重难行，此则以绳为辕，驾牛三头，车盘下用拦❶杆架起，只以二木贴地平拉，无前轩后轾之患，故易

---

❶ 拦 原书作"栏"。

为力。（卷四，一二页）（图二一四）

千斤鲀

【河器图说】千斤鲀，其制三轮，坚木为之，每旱运大石料，多用此具。（卷四，一二页）（图二一五）

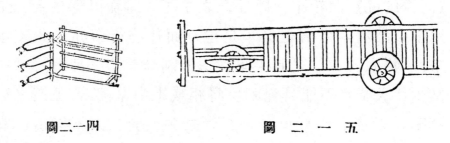

图二一四　　　　　　图　二　一　五

眠车

【河器图说】眠车，为升龙之用，每部长三丈，需用四尺四枫木，每间二尺凿通交叉圆孔，仍留空处系缆，扣紧牮木，顶住升关，两头用枕木二拦❶住，再用横木一根垫起枕木，使前高后底❷，然后用八尺长檀木棍绞车向前推转，加紧收缆，则龙身自出，挑溜用力较省。（卷三，三五页）（图二一六）

直柱（翦木）

【河器图说】直柱，为龙身内系缆要具，需用三尺八松木，长二丈，下用翦木二根扣紧两旁，用木九根围抱排挤，以竹缆三扣箍扎竖于龙身底层，仍于纵横各木层层挤紧，至出龙面，再用尺二抱木加缆箍定，用以扣系大缆，方能坚固。（卷三，三六页）（图二一七）

大戗

【河器图说】大戗，用四尺二松木，长四丈五尺，锐首象

---

❶　拦　原书作"搁"。

❷　底　原书作"低"。

眼，贯以行江大竹缆二条楔紧，以便挽住股车，易于起下。其戗上方眼横木，系备安戗时系缆竖立之用。（卷三，三六页）（图二一八）

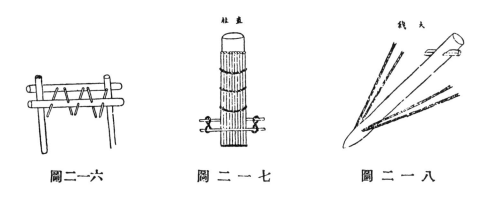

图二一六　　　　　　图 二 一 七　　　　　　图 二 一 八

股车

【河器图说】股车之制，长五尺五寸，两头各留七寸五分，凿交叉圆孔二，中四尺，细二寸，拦❶于辘轳架上稳子之内，将大戗所系之缆挽于车身，用人把住缆头，用檀棍插入圆孔，轮转戗随，缆起升牮，定位纵缆，下戗直贯河底，稳住木龙，安土❷后用以起下，殊省人力。（卷三，三七页）（图二二〇）

辘轳架

【河器图说】辘轳架，其式每架用松板二，长五尺，宽一尺三寸，厚三寸，两头上下各凿方眼二，另用五尺长松枋四根，插入眼内楔紧套住大戗，仍于架板边上两头各凿一寸二分圆孔，加檀木稳子夹住股车，使可旋转而不旁出。（卷三，三七页）（图二一九）

---

❶　拦　原书作"搁"。

❷　土　原书作"戗"。

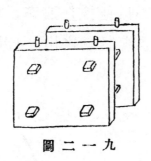

圖二一九

圖二二〇

天戗（地犁）

【河器图说】天戗、地犁，均为扣带系龙大缆之用。天戗，以二尺四木为之，长二丈，大头小尾锐首，旁加管楔，平斜入地五尺。地犁，以二尺一木为之，长一丈八尺，做法仿前，斜插入地四尺，犁尾钉青桩一，戗则腰尾各签一桩，用缆稳住，使不摇动。（卷三，三八页）（图二二一、二二二）

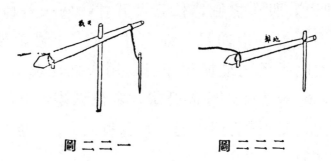

圖二二一　　　　　　　　圖二二二

（滑水）〔冰滑〕

【河器图说】《周礼》疏："滑，通利往来。"冰滑，每排以毛竹十，双层并叠，每三排以大竹劈片贯串编成。凡安木龙多在霜后，大河冰凌下注，篓缆最易擦损，置此龙旁，以为外护。（卷三，三九页）（图二二三）

逼水木

【河器图说】其制用尺二木六段，长一丈，叠扎三层，侧挡龙身外边，使大溜不能冲入，故名逼水。（卷三，三九页）（图二二四）

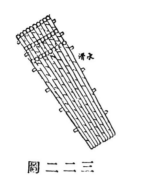
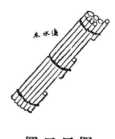

图二二三　　　　　　　图二二四

梯支

【河工要义】梯支长约丈许，木杆为之，顶上做成月牙木人❶一个，安置结实，拉梯时，用梯支叉柱桩头，则梯自然不能回步，梯愈起立，梯支逐渐移前，俾两面拉绳者，得以缓劲前进。（七一页，一五行）

浮梯

【河器图说】浮梯，以木为之，修工匠人用以伫足，随等上下画线，俾得一律。（卷四，二四页）（图二二五）

拐

【河器图说】拐，系铸铁为首，形如悬胆，重二斤，受以丁字木柄，长二尺二三寸，与铁杵仿佛，每逢两桩并缝，用拐捣筑，以期坚实。（卷二，三七页）（图二二六）

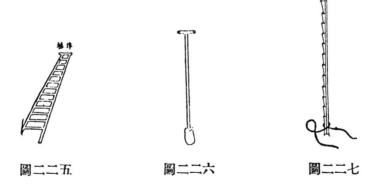

图二二五　　　　　　图二二六　　　　　　图二二七

❶　人　原书作"叉"。

跳棍

【河器图说】跳棍，一名挑杆，择坚劲之木为之，围圆一尺四五寸，长八九尺至一丈以外，面刻梯级，便于上下踩踏；稍刻月牙，便于加劲拴绳，起拧故枚。凡起枚均在埽段稳定以后，枚眼务填补坚实。《说文》："跳，跃也。"《六书故》："大为跃，小为踊。跃去其所，踊不离其所。"使故枚跃然以去其所，则非跳棍不为功。（卷三，八页）（图二二七）

拖（旱车）

【河器图说】《礼·少仪》疏："拖，引也。"《集韵》："拖，牵车也。"拖，一名旱车，江南运石用之，北路石料长大者亦用此具。其法，于拖前远立长桩，桩头系以木铃，贯以长索，一头系住拖上石料，一头以人力倒挽，人退拖进。一拖不及，再立桩，如法行之，至拖之人数，则以石之大小轻重为准。（卷四，二二页）

齐眉杠（扎杆）

【河器图说】亦名扎杆，进占时命兵夫捆厢船边，每隔五尺竖立木杆一根，为使前眉壁立整齐者。（四〇页）❶

沙帽头

【河器图说】量坯头厚薄之木杆。（三九页）❷

号旗

【河器图说】挑河筑堤，分段丈量，每十丈建一小旗，每百丈建一大旗，示兵夫有所遵守，自无舛错之患，故名曰号旗。（卷一，一二页）

---

❶ 出处有误，待考。

❷ 出处有误，待考。

牌签

【河器图说】大小牌签，木板削成，尺寸不拘，上施白油粉，签头涂朱。有工之处，标写埽坝丈尺段落；无工之处，载明堤高滩面、滩高水面并堡房离河丈尺，即筑土工，亦可以签分工头、工尾，注写原估丈尺。《说文》："签，验也，锐也。"签之用与签之式皆备矣。（卷一，一四页）

红船、条船、浚帮、浮锚。

红船

【濮阳河上记】黄河决口，大都为荒僻之区，办工人员初抵工次，无可栖止，是以须备官船以为办公止宿之所。且履勘周历，尤赖船只。此次调用山东河工中下游大小红船七艘。初抵工时，各员既悉在舟次办公，嗣后往来两坝，勘验工程，亦均红船是赖也。（丙编，二页，一六行）

条船

【河工名谓】河工用以转运料物之具。（四八页）

浚帮

【河工名谓】初为疏浚海口之用，后以运物，二只相并，俗谓一帮。（四八页）

浮锚

【河工名谓】锚上系绳，一端拴于木桩，浮于水面，曰锚浮。（四九页）

第十章　员工

总办、督办、会办、帮办、提调、掌坝、武掌坝、随坝、正料厂、杂料厂。

总办

【河上语】总办一员，以道员为之，亦❶督办。（八九页，二行）

【注】以知水性明溜势为上，综核款项熟谙工程次之。听营弁簸弄，任工员铺张，斯为下矣。

督办

【河上语】督办即总办。（八九页，二行）

会办

【河上语】会办一员，以道员或知府为之，或曰帮办。（八九页，三行）

帮办

【河上语】帮办即会办。

提调

【河上语】提调一员，以知府或同知、通判为之。（八九页，四行）

---

❶　原书"亦"下有"曰"字。

掌坝

【河上语】两坝各一员，以同通州县为之。（八九页，七行）

武掌坝

【河上语】两坝各一员，以营官为之。（八九页，一二行）

正料厂

【河上语】两坝各一员，皆以州县为之。（八九页，一〇行）

杂料厂

【河上语】两坝各一员，皆以州县为之。（八九页，一〇行）

堡老、厂老、厂夫、抱料夫、转运料夫、垛夫、扒搂夫、土夫、夯夫、硪夫、（识字）〔字识〕、浅夫、闸夫、坝夫、溜夫、埽兵、拧绳匠、木匠、铁匠、泥水匠。

堡老

【河防一览】每堡佥邻近堡夫二名，每五堡佥勤能堡老一名，统率各夫昼夜往来巡守栽培柳树，但有盗决堤防及砍伐堤柳者，即便擒拿送官究治。（卷一四，一六页，九行）（《行水金鉴》卷三三，三页，八行）

厂老

【行水金鉴】即于秋后增筑棚厂，每厂设厂老一人，厂夫四人守之。（卷三九，七页，一一行）

抱料夫

【濮阳河上记】坝头需料，先拉红旗为号，抱料夫即由转运厂抱料上坝，分路并进，委员于扼要处发给现钱，钱数视料之多少酌量发给。大约小捆五六文至十文，大捆十数文至二三十文不等。每逢压埽，亦即招集此项料夫，派员在

---

❶　原书"夫"上有"堡"字。

埽眉前分别给钱，每人约五六文至十余文不等，随发随令
下埽跳占。此事虽属细微，其中实有操纵之术。如来者不
能十分踊跃，宜即放价以广招徕，否则略为收缩，亦无不
可，要在随机应变，措置得宜耳。（丙编，一三页，九行）

转运料夫

【濮阳河上记】秸料由储料厂运至转运料厂，桩绳由杂料厂
运至坝上，均须雇用转运料夫多名，以备运送。此项料夫
系按车计算，有发现钱者，亦有由号土内开支者。（丙编，
一三页，一七行）

埕夫

【濮阳河上记】埕料（折）〔拆〕料，宜雇熟谙埕夫❶，每班
八九人至十一二人不等，每日每班可堆十余埕，每埕给钱
一千文。须派员监视，务令堆积坚实，不得稍有空虚。至
拆埕时，则由河营派弁监视，令其层层下拆，不得任意乱
抽，并严禁转运夫役，毋许上埕，以免践踏整料。（丙编，
一三页，二一行）

扒搂夫

【濮阳河上记】秸料上坝，辗转运送，碎折必多，如料厂转
运厂料路坝头一带，所在皆有。此（顶）〔项〕碎料为数既
伙，处置甚难。查前此各工，竟有委弃不顾者，亦有以之
烧窑者。委弃固不可，而烧窑亦非得计。此次严饬以碎料
包填占腹，不可稍有遗弃。除由两坝河营一律照办外，并
一面派员稽查偷漏，一面招雇扒搂夫、扛夫多名，随时随
地收检碎料。扒搂夫专司扒搂，扛夫专司抬运。此项夫役
由后路营官节制。（丙编，一四页，二行）

---

❶　原书"夫"下有"多班"。

土夫

【濮阳河上记】土夫一项，为夫役之大部分，如修堤、压占、土柜、后戗，在在需土。濮工两坝，土夫合计约有二万余人，另有土夫头统之。买土之法有三：一曰现钱土，一曰号土，一曰包方。现钱土专压占埽底坯，取其迅捷。畴昔多用柳篮，此次改用大筐抬取，以其能多容也。土路过远，则由铁车转运，再以筐买上坝，由委员分结现钱。价之大小视土多寡为定，自五六文至二三十文不等。号土则用土车推运，由夫头统率，每车以土签为号，故曰号土，又谓之跑号土。路宜分途并进，并派员在坝头分别拔签，每土一车收号签一、二、三根不等，亦视土之多寡为定，如土太少退回土签，谓之调号。（丙编，一四页，一〇行）

夯夫（戳夯）（手夯）

【濮阳上河记】面积宽阔之工，宜用硪；面积狭窄之工，宜用夯。如土柜、后戗宽径仅二丈五尺，不足以当硪夫之回旋，不得不改用夯土❶。夯有戳夯、手夯之别：四人同筑者谓之戳夯，一人独筑者谓之手夯。每加土一尺，打夯一次。夯工以人计算，每人每日发给四百文。此项夯夫两坝合计数十人。（丙编，一五页，八行）

硪夫

【濮阳河上记】修筑河堤，土贵坚实，非层土层硪不足以臻巩固。每加土一尺，打硪一次。硪价以方计，不以人计。无论是否，由夫头估包，抑由委员酌雇，而公家总以每方作价五十文为例，每盘硪用夫八名。（丙编，一五页，三行）

---

❶ 土 原书作"工"。

字识

【新治河】即书手也，春修签堤，堤唇派字识一名，登记洞穴。

浅夫

【行水金鉴】至原设堤浅夫约二千名，趁此画地分工，及至伏秋，令各管河佐贰带领原设浅夫，使自防守，亦可保无事。（卷三一，一四页，八行）【又】照得治河原有浅船浅夫，今浅船湮废日久，浅夫之设，派在郡县。夫以浅为名，非谓防河之浅，而挑挖使深乎？今自周三庄至五港口乃全河入海之未下流之处也，此段常深则上❶无所不深，此段少浅则上无不浅，深则百病全瘳，浅则众症立见，谓宜修复，昔者疏浅之法，查庙湾饷税加曩时数倍，兵不溢额而税加广，安所用之，谓❷裁处为造浅船二三十只，调厢湾余兵百余名，统以卫职，移镇其地，以时驾船捞浅。（卷三九，八页，九行）【又】若高宝湖之用船缆，闸槽之用五齿爬、杏叶勺、水刮板者是也。（卷一二〇，一二页，一六行）

闸夫

【行水金鉴】若诸闸之启闭、支篙、执靠、打火者是也。（卷一二〇，一二页，一八行）

坝夫

【行水金鉴】若奔牛之勒舟，淮安之绞坝者是也。（卷一二〇，一二页，二〇行）

溜夫

【行水金鉴】若河洪之泄溜牵洪，诸闸之绞关执缆者是也。

---

❶ 原书"上"后有"当"字。

❷ 原书"谓"下有"宜"字。

（卷一二〇，一二页，一九行）

溜夫、洪夫

【行水金鉴】庚申工部复御史陈功漕政五事，一议溜夫黄河绵亘五六百里，中间随地转曲牵挽最难，各船有限之夫前后安能调集。查徐、吕二洪设有洪夫约二千名，二洪今淤为平流，洪夫多用之修筑，宜于粮运经行时酌派沿河溜处随宜调用，此则宜如御史言权宜借调，候粮船过尽，仍归二洪者也，上然之。（卷二八，一一页，一三行）

埽兵

【金史·河渠志】遂于归德府创设巡河官一员，埽兵二百人。（《行水金鉴》卷一五，三页，九行）

拧绳匠

【濮阳河上记】苘运到厂，即须拧绳。宜择宽阔之处，多设绳架，每架用匠十一二名，每日拧绳若干。须比较苘斤之轻重为衡：如每绳重百斤者，每日可拧十五六条；每绳重四五十斤者，每日可拧三四十条；每绳重六七斤者，每日可拧百条。至其工价，则以绳之大小、斤之轻重计算：绳大者斤必重，价宜减；绳小者斤必轻，价宜增。每人平均每日可得三百余文。此项工匠于开工以前即须招集，庶不致迫不及待。拧绳之场宜派员专司其事，移❶令加工紧拧，毋许息忽。每拧一绳，必须验看，能直立一丈❷者，方为合式，更宜严密巡查，以防工匠舞（币）〔弊〕。（丙编，一五页，一五行）

木匠

【濮阳河上记】如骑马桩、木（籖）〔签〕等，以及其他各

---

❶　移　原书作"务"。

❷　原书"丈"下有"余"字。

项木器，均须木匠为之，能有熟谙河工木器者，最为得手。筹办伊始，工作较繁。（丙编，一六页，一行）

铁匠

【濮阳河上记】铁匠虽非重要，而制造一切工程器具亦不可缺。开办时，两炉可以敷用，兴工后可减一炉。每炉需匠四人，濮工两坝合计❶十余人。工值与拧绳匠、木匠等。（丙编，一六页，七行）

泥水匠

【濮阳河上记】建造公所、营垣等工须用泥水匠。工值以房间计算，濮工两坝约需三百余人，工竣即行遣散。（丙编，一六页，一一行）

---

❶ 原书"计"下有"约"字。

参考书籍表

书　　名	著　者		著　书　时　期	版　　本
《史记·河渠（志）〔书〕》	汉	司马迁	汉武帝时，西元前一四〇—八八年	开明书店版《二十五史·史记》
《汉书·沟洫志》	汉	班　固	汉明帝时，西元前五八—（七四）〔四九〕年	开明书店版《二十五史·汉书》
《宋史·河渠志》	元	脱脱等	元顺帝时，西元一三三一—三三六七年	开明书店版《二十五史·宋史上》
《金史·河渠志》	元	脱脱等	元顺帝时，西元一三三一—三三六七年	开明书店版《二十五史·金史》
《河防通议》	元	沙克什	元至治初元辛酉年，西元一三二一年	中国水利工程学会《水利珍本丛书》
《至正河防记》	元	欧阳玄	元至正九年，西元（一三四七）〔一三四九〕年	中国水利工程学会《水利珍本丛书》
《问水集》	明	刘天和	明嘉靖丙申年，西元一五三六年	中国水利工程学会《水利珍本丛书》
《河防榷》	明	潘季驯	明万历庚寅年，西元一五九〇年	吴兴潘氏藏版
《河防一览》	明	潘季驯	明万历庚寅年，西元一五九〇年	清乾隆十三河道总督署刊本
《八编类纂》	明	陈仁锡	明天启年间，西元一六二一—一六二七年	存素堂藏本
《治河方略》	清	靳　辅	清康熙二十八年，西元一六八九年	安澜堂版
《行水金鉴》	清	傅泽洪	清康熙六十年，西元一七二一年	清乾隆同傅氏刊本
《河防志》	清	张鹏翮	清雍正三年，西元一七二五年	河道总督署刊本

363

续表

书　名	著　者	著　书　时　期	版　本
《河工器具图说》	清 郭成功	清乾隆四十年，西元一七七五年	清乾隆六十年静初抄本
《山东运河备览》	清 陆 耀	清乾隆四十年，西元一七七五年	切问斋藏版
《安澜纪要》	清 徐 端	清嘉庆丁卯年，西元（一八〇八）[一八〇七]年	豫省聚文斋版
《回澜纪要》	清 徐 端	清嘉庆丁卯年，西元（一八〇八）[一八〇七]年	豫省聚文斋版
《续行水金鉴》	清 黎世序	清嘉庆二十五年，西元一八二〇年	
《河工器具图说》	清 麟 庆	清道光丙申年，西元一八三六年	云荫堂藏版
《河工简要》	清 邱步洲	清光绪十三年，西元（一八七）[一八八七]年	原刻本
《河上语图解》	清 蒋 楷	清光绪丁酉年，西元一八九七年	黄河水利委员会民国二十三年十二月版
《河工要义》	清 章晋墀 清 王裔年	清光宣之际，西元一九〇八—一九一一年	河海工科大学铅字排印本
《新治河全编》	清 辛缵勋	清光宣之际，西元一九〇八—一九一一年	河海工科大学油印本
《河防辑要》	清 周家驹	清宣统辛亥年，西元一九一一年	河海工科大学油印本
《濮阳河上记》	徐世光	民国四年，西元一九一五年	督办公署刊本
《河工用语》	山东河务局工务科	民国二十二、三年，西元一九三三、四年	山东河务局特刊五、六期
《河工名谓》	黄河水利委员会	民国二十四年，西元一九三五年	黄河水利委员会油印本

整理者：童庆钧，男，清华大学图书馆馆员。代表著作有《〈木龙书〉研究》《清华记忆——清华大学老校友口述历史》。参与多项省部校级项目，曾参与《中国河工辞源》《木龙书》的点校整理。

郑小惠，女，清华大学图书馆副研究馆员。曾任清华大学图书馆数字图书馆研究室主任、数字化部主任、古籍部主任，编著五部、译著两部、古籍整理三部。《中国水利史典》一期、二期专家委员会委员，负责《中国河工辞源》的整理点校工作。现研究方向为地方文书、水利工程史等。

杨伶媛　郑小惠　整理

河工要义

整理说明

　　《河工要义》，为清末的河工授课教材，是关于河工水利相关实务的最有代表性的经典文献。全书分为工程纪略、料物纪略、器具纪略、修守事宜四编，共二十八章，每章下列各节、款、项、目。该书对治理河流，修筑水利工程等相关的河工利弊、工程险夷、河流顺逆、器具良窳，以及河工涉及的土料和兵夫的区别、修守堵筑的方法等内容进行了简明扼要的讲解说明。既便于学员迅速掌握治河要点，了解河工的大体情况，对河工相关问题进行研究探讨，也方便对河务工程感兴趣的普通读者了解河工的基本知识和河道治理的大体原则。

　　吕珮芬，安徽旌德县人。清光绪三十三年（1907 年）七月，经学部奏准，委派赴日考察学务。光绪三十四年（1908 年）二月，任永定河道员。吕珮芬到任后，发现在任的河工职员大多都不谙河事，既不了解河流运道，也不了解相关的修筑工程。而河工之于国计民生，关系实在重大！他深刻认识到设立专门学校，培养专业人才的重要性："农、工、商业，各有专家，未专其业者，固不足以明其理。"❶为了改变"河患日亟，工政日非"的现状，必须对河工职员进行专门的培训。同年十月，吕珮芬开设河工研究所，设置河工课程，培养河工专业人才。

---

❶　吕珮芬，著. 伍成泉，校点. 东瀛参观学校记 ［M］. 长沙：岳麓书社，2016.

河工课程以一年为期，每期招收三十名学员"讲求河务，练习工程"，让他们快速掌握河流治理的知识和具备河流工程管理的资格。同时，吕珮芬还聘请章晋墀为课长，为学员授课。清宣统元年（1907 年），因章晋墀有事他任，河工研究所改聘王乔年为课长。（王乔年系河工培训班第一届学员，毕业后获得优异评价。）章晋墀、王乔年在河工研究所授课的讲义，不务虚词，专门讲授与河工水利相关的实务知识。这些讲义经辑录成册后，定名为《河工讲义》。

姒锡章，浙江绍兴人，民国 6 年（1917 年）任津海道（原名渤海道）天津县知事。民国 7 年（1918 年），姒锡章出任津海道尹兼天津县知事，即董德润序中所记"浙江姒公锡章以津海道尹兼天津河务局长"。姒锡章上任后，多方留心，寻求适合培训河务人员的书籍。他搜集到《河工讲义》一书后，认为此书对于掌握河流治理要点及河流工程管理十分有用，于是产生了将此书刊印发行的想法。随后，该书由董德润、李芳林和何玉燕校勘整理，并以《河工要义》为名，于民国 7 年（1918 年）刊刻发行。

本次整理的《河工要义》以中国科学院文献情报中心藏民国 7 年（1918 年）的铅印本为底本。以国家图书馆藏民国 7 年铅印本及台北文海出版社 1970 年版《中国水利要籍丛编》第四集所影印的《河工要义》对校，并以他书辅校。

本次整理工作中，凡底本误或底本、校本两可者，均出校记说明。底本误者，从校本。两可者，从底本。凡涉及异体字、不规范字，均直接改为规范字，不出校记。凡异文、错别字、文字脱漏者，据校本或上下文意改正、增补，并出校记说明。如："有坦坡、徒坡之别。""徒"改为"陡"，出校记说明：徒，当改为"陡"。正文部分的句读标点，则参考底本及校本。对不符合文意的标点符号进行修改，不出校记。对不符合文意的句读进行修改，并出校记说明。如："所谓卢沟石桥天下雄，正当京师，往来冲者，即为此也。"修改为："所谓'卢沟石桥天下雄，正当京师往来冲'者，即为此也。"出校记说明：见〔清〕陈琮《永定河志·卷十九·附录·古迹》："陆嘉淑《辛斋诗话》：卢沟河畔元有符氏雅集亭。蒲道源诗：卢沟石桥天下雄，正当京师往来冲。符家介厕厂亭构，坐对奇趣供醇酡。"清抄本。

本编纂单元由杨伶媛、郑小惠整理，不当之处请批评指正。

整理者

目 录

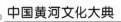

序

    河工为行政要端，理得其平，则国资其利，民赖以安。理失其平，则财赋遭莫大之损失，黎庶罹沉沦之惨劫。处今日万国交通之际，而内治外交亦受间接之影响。河工之关系于国家者，抑何重欤！独是河工为专门之学，乃向无专校以造就人才，亦大憾事。有清季叶，光、宣之际，安徽吕公（佩）〔珮〕芬莅永定，总河道，集僚属之新进者，而询以河道之源流，与夫疏浚筑堤塞决之办法，率多瞠目缄口而莫能置辨。嗟夫！以此项人才而委以治河之任，是无异责盲者以视而强跛者以履也。吕公忧之，乃请诸大府，于永定河道之防汛行辕，设河工研究所，集需次人员而教之，檄浙江章君晋墀为课长。阅一年而永定河北二下汛要工出缺，非章君莫能承乏，遂以章君理下二，改檄山东王君乔年为课长。又一年，而永定河之新进人员，素乏河工知识者，多所成就。二君与诸学员平日讲论之言，多采有清一代治河成书，又证以永定河当时办法，汇集成帙，名曰《河工讲义》。民国六年，直隶大水，各河糜烂。浙江姒公锡章，以津海道尹兼天津河务局长，公以神禹之裔，思绍前烈之徽，目睹沉灾，日夜

377

求治❶。知京兆文君慎曾官永定河同知，藏有此本，索阅而善之。今托枣梨，以备采摘。德润不敏，仰体似公有善必录之意，追念吕公造就人才之怀，与夫章、王二君后先踵继，瘏口晓音之苦心孤诣，敢不敬承斯旨，以供时贤之流览乎？遂偕李君芳林、何君玉燕重加勘校。知是书非托空谈，易其名为《河工要义》，付诸手民。凡以冀有事于河工者，为食前之一箸云尔。

民国七年岁次戊午，京兆董德润序

---

❶　似锡章以津海道尹兼天津河务局长，在民国 7 年，非民国 6 年。见清华大学图书馆编.《北洋政府职员录集成·38》载《职员录·中华民国七年第一期》，郑州：大象出版社，2019，第 22 页。

绪言

天下之河，凡有利可兴，有害当除者，莫不亟宜修治，以祛其害而享其利。特是治河之道，古鲜成书，今无善法。虽疏瀹导引，平时持论颇高，而临事每多专意堤防，不讲浚治河道者。盖以筑堤遏水为功易见，浚河去水成效难收，且亦比较工用省费系焉。在工人员，每因巨款难筹，遂安旧习，相沿日久，积病愈深。今欲讲求河务，宜急痛除积习，切实通筹全局，浚筑兼施，切勿拘泥救弊补偏之说，而但从事堤工以为徼幸之图。是则节宣泻泄浚治，修筑所当并重，而不可歧视者也。非惟河之与堤固不可畸轻畸重，即上中下三游，亦不可偏施治法，致有顾此失彼之虞焉。

三游虽不可偏治，而治下游尤较上中游为急要。下游者，尾闾也。尾闾不通，胸腹皆病。溃决溢漫，莫不由此。是以欲治河患，必须先扩达海之口。朱子云：治水先从低处下手。斯得治河之要领矣。所不可偏废者，上游有节宣之功用，则来源不骤，两岸免冲刷之害。中游有泄泻之闸坝，则减水分流，全河无盛涨之虞。若再加以浚治之方，如切嘴裁滩、挑挖中泓诸法，则河深流畅，溜不坐湾，既祛水缓沙停之患，又鲜迎溜顶冲之险。虽云治河无一劳永逸之策，如果实力奉行，遵此不渝，亦未始非底定河流之一助也。

虽然治法治人，自古并重。有法无人，法同虚设。有人无法，措手何方？治国然，治河亦何莫不然？彼东西各国，实鉴于此。故其用人必重专门学问，非若我中国习非所用，用非所习者也。

河工虽无奥旨深义，亦一专门学也。使非赖有专门之人，将何以取治河之效？今之河工，人员未到工前，河务本非素习。既到工后，又因无处研求，见闻一事，始知一事之用，而其所未及见闻者，临时仍属茫然。故欲求河治，于今日治河人员不可不亟培养，河工研究所不容稍事缓办者也。

非特此也，河工工需无限，而帑项则有定。以有定之帑，济无限之工，工款兼顾，贤愚乏术。故欲谋节省，则徒事补救。工程既未完固，防守难资保重，固非计之得者。然若全力注意于工程，专事浚筑，不留防汛抢险之余地，临时束手，工帑亦等诸无用者。用意虽殊，无功则一。一旦偾事，厥咎惟均。自来从事河务者，非欲见好上游力求撙节，即以不急之工虚糜巨款，求诸实际，裨益毫无。欲得一帑不虚糜、工归实用者，罕见其俦。于是河患日亟，工政日非，积习相沿，几至不可挽救。此其弊实在河员不谙工程，或其意图侵蚀。甚矣！河务之不可不讲，节操之不可不励也。今兹设立河工研究所，凡我河员亟宜敦品励行，保全体面，以期克副将来立宪国官吏之资格。一面讲求河务，练习工程，不失今日河工人员之职务也。

至于治河之道，势非通筹全局，相度机宜，未能握要施工，亦非周历河干，身经实验，不敢妄言治法。吾辈身列行间，阅历未多，见闻未广，只就工程实地研究，庶临事不致竭蹶张皇。

此外之审势权宜，讲求治法，惟有俟诸异日，亲历各河，随时考验。一年之期有限，空谈之用无多。即欲讲论，亦不出散见诸书之陈语。兹故不务远大，略高议而详求实用也，后当分编言之。

开堂演说

　　河工为专门之学，我同寅中，资劳既深，历练有得者非无其人，而奔走河干数十年，未窥门经[1]者反居其多数。此何故哉？盖有学与不学之分也。今道宪心焉忧之，于前年禀设河工研究所，使我同人，萃聚一方。于河工之利弊，工程之险夷，河流之顺逆，器具之良窳，以至土料兵夫之别，修守堵筑之方，皆使之虚心研究，实地练习。此长官之深心，亦我同人之幸福也。乔年头班毕业，幸列优胜，今岁蒙加以课长之重任。乔也不敏，深切悚惶，惟愿诸君善体道宪成全之意，于河工所应知应行者，互相砥砺，共切研究。且讲解时，有应质疑问难之处，尤愿于休息时间，共相探讨。同人相见以诚，为学自有进益，此乔年所愿与诸君始终相勉，兢兢自矢者也。

---

　　❶　经　当作"径"。

第一编　工程纪略

第一章　河

众水汇注，流而成河。善治者堪资利用，不善治者灾害频生。是以兴利除害，实为治河要图。而其入手第一着，则在审度河势，考察水性，与夫河及人民生计之关系焉。诚能将此三大端，融会胸中，因地措置，则庶几设施有方，治绩可睹。故分三节，说明于篇首。

第一节　河流之大势

河流有河源、上中下游、河口之别。探讨河流，势非知其大势不可。兹析五款言之。

第一款　河源

河源者，河水发生之地也。河源多属于涌泉，泉水涌出，汇流成河，支派不一。虽曰穷源竟委，不过清其源而后可节其流，无论源派若干，自古均无治法，故可略而不论。但其间亦有不可不讲者，涌泉之水有定，而山中积雪、雨后盈潦则无定。当夫伏秋大汛，积雪融化，加之经流地域大雨时行，千流万派，汇而流入。是以有定之河源，忽变而为无定之河水。有防守之责者，可不计及乎哉！如何画策，应于第二款说明。

第二款　上游

河源以下，居全河最上之域，谓之上游。河之大者，源远流长。上游流域，不设堤防，众水汇归，其势益大。若再加以冰雪雨潦之水，流入中下游，两岸束以堤堰，河水恐难容纳。且流经沙碛，挟沙迅驶，水量倍增，是不可不于上游设法施治，以免中下游冲决溃溢之虞。施治之法，约有三种。

一、开湖潴蓄。于上游近河处所，相度地势，择其低洼广袤，能容水之多量，且无害于农田民舍者，凿而为湖，以备潴蓄之用。

二、堵截汇流。察看上游汇归之水，有能别由一道，或可引资灌溉，具备饮料等用者，酌量堵截汇流，导经他处，或筑引渠以兴水利，此亦减杀水势之一法也。

三、筑坝节流。于两山夹峙间，节节筑拦水、玲珑诸坝，以缓河水出山之势。节宣有方，出山水缓，亦可借收治河之效也。

第三款　中游

河水出山，漫流平地。两岸筑堤，束水归槽之处，谓之中游。亦有俟水出山口，始分上中下游者。如黄河在直隶，以河南流域为上游，以流入山东境内为下游。而在河南、山东，又自有上中下游之别。称谓随人，无关轻重。中游所在，地平土疏，流势缓漫，每多泛滥沉淀之患。一经泛涨，则出山之水，横冲直撞，奔注迅骤，侵蚀堤身，溃决为患。治之之法，厥有二端。

---

❶　众　一作"泉"，见国图藏本《河工要义》，民国七年，铅印本，地 721/914。以下皆称"国图藏本"。

一、去淤。河性善淤，水性喜曲。是以中游地段，不生滩嘴，即垫河身。此切嘴裁滩与夫挑挖中泓之法，所当施诸此地者也。滩嘴裁切，中泓深畅，河流下驶，自无坐湾冲啮之弊。

二、减水。水流既缓，泛涨堪虞。且上游来水孔多，尤恐下游宣泄不及。河之容量有限，水之来路无穷，是宜于中游两岸建设闸坝或涵洞分泄水势，以免中下游溃决漫溢之虞。但须察看地势，必其分泄之水可以导归他河，不致为民田庐舍之害者，方可施工兴办耳。

第四款　下游

河距出山之处较远，而又下联河口者，谓之下游。下游所在，地益衷，流益散缓。两岸束以堤防，恐多漫溢之虞。如果任其荡漾，则又未免村庐、田舍悉被其害。且因水势愈缓，垫淤愈甚，随在皆生洲渚。河面虽宽，其实经流之域，仍止一线。治河者再不加之注意，苇荻丛生，形成仰釜。于是下游之病日以深，全河之患日以亟。频年漫决，职是故焉。疏浚下游，讵庸缓哉！其法俟后《修守编》，详言之。

第五款　河口

河口者，全河水流之归宿也。归宿处所，约有三种：（一）海洋；（二）湖泽淀泊；（三）他之河川。例如永定河未设堤防以前，顺水性就下之势，归淀归河，任其所之，原无河口之可稽。自康熙年间设防修守，历次改移，导归诸淀，即以诸淀为河口。及至引入清河汇流达津，则以他之河川为河口矣。今也北入凤河，汪洋一片，几无下游河口之可寻。失今不治，其害伊于何极耶❶！

河口之在湖泽淀泊，与夫他之河川者，亦每多泛滥沉淀，

---

❶　耶　一作"也"。见国图藏本。

构成洲渚，丛生苇草、芦苇之病。固宜不时浚治，以畅其流。即河口之在海洋者，泥沙自上中下游传送而来，逆被海潮抵拒，沙停潮落，非积成沙埂，即造成三角洲屿，尤须疏凿深广，以收无穷之利益也。

第二节　河水之趋向

河水之趋向者，水之原性质也。水以就下之性，避高趋卑，避坚趋弱。是以前有障碍，侧而旁驶，东长一滩，西生一险，西长一滩，东生一险。久之，长滩日益淤垫，险工日益搜刷，高者愈高，卑者愈卑，势成"之"字河形，即俗所谓对头湾者也。附图于左❶。

水之趋向如此，如果任其水性，不筑堤防，使之自寻出路，虽不免泛滥成灾，为害尤浅。若永定河，犹可收一水一麦之利。乃必束之以堤，逆其性而激之使怒，水涨则汹涌湍急，防守为难，水落则溜缓沙停，垫淤日甚。实与弃地

于水，不与水争地之说相背驰。卒至堤日加高，河亦随长，犹之墙上筑夹墙以行水。一旦溃决，其害殆有甚焉者矣。所谓束水攻沙，其效果安在哉？是故治河之道，以不拂逆水性，就其趋向，加之疏导也可。

第三节　河与人民生计之关系

河与人民生计之关系，约而言之，有如左❷之七种。

一、河之所在，因其沉淀淤积之功用，而经营极旷阔、极

---

❶❷　于左、如左　原书为从左向右排，故称如下为"于左""如左"。余同。

平坦之新陆地，以繁生殖而资垦种。

二、河之所在，新淤土壤，倍常肥沃。盖其含有物质，可资植物之长育也。是以沿河地域，膏腴者多，硗瘠者少。

三、河之所在，交通航运无不便利。

四、河之所在，引渠筑堰，可资灌溉。

五、河之所在，借其水力，以代人工，可供水机磨等之利用。

六、河之所在，可辟诸般之生业。大则捕鱼易粟、卖舟佣雇，小则采菱供食、菱藻肥田，亦无一非人民生计之所系焉。

七、河之所在，与民生以诸般之便宜。调停气候，润泽土壤，固也。此外，如汲为饮料，就而洗濯。又或借资酿酒、酿浆，及其他一切之用，不胜屈指计焉。

河之关系于民生计既如此，则是河之不可不治，不可不亟治焉，明矣。即如永定河，虽不能与上七项皆有关系，然亦非全无关系。且一旦失事，其淹浸田庐，伤害人畜之患，迨有甚于他河者也。有司河之职责者，可不慎重修防乎哉！

第四节　支河引河

第一款　支河

支河者，由正河分流旁泻之河也。支河之成，基于天然，非属人为。其在河槽内者，水落始分，水长乃合。而在河槽外者，水长而后分流，水落立即断溜。落水支河，既在河槽以内，或分或合，无关系紧要。至若长水支河，有虞掣动大溜，改变河形，致生新险者，则非堵截不可。堵截之法，容后详讲。

第二款　引河

引河者，引正河之水，分泄以杀其势，或竟使之经流他道之河也。引河全属人为，故与支河名实皆异。引河有种种之用法，试即分言于下。

一、堵合夺溜之决口。河身因断溜时，逐渐淤垫。大坝合龙，非借引河，不能使全流复归故道者，堵合决口之引河也。

二、欲将河道改移他处，经流地域，不能尽属低洼。其间高阜处所，必先挑挖引河，以备堵截正河。引水改经他道之用者，改移河道之引河也。其有河流侧注，堤防吃紧。欲使溜走中泓，裁湾取直者，亦此意也。

三、如迎溜石堤，堤身残蚀。因在水中，未易施工。必须导水经由他处，正河干涸，然后始能修筑者，又一引河之用法也。

四、闸坝以外，恐分泄河水，淹浸田庐。因而挑挖引河导入他之河川者，亦一引河之用法也。

引河用法，既有种种之别，则其挑挖开放亦自不同。当于《修守编》，分别说明之。

第二章　堤埽

第一节　堤

隄，防也，与堤通。以土壅水曰堤，亦称为堰。堰俗作埝，堤、堰二字，名异实同，皆积土而成，障水不使旁溢之谓也。故河工通用之，由官修守者曰官堤、官堰，由民修守者曰民堤、民堰。以土筑成者曰土堤、土堰，以石筑成者曰石堤、石堰。兹将"堤""堰"名目与夫命名意义，说明于左。至于如何做法，则俟《修守编·筑堤章》详言之。

一、正堤。河之两岸，积筑成堤。借资保障，设官驻守。一有疏虞，即干吏议者，谓之正堤，亦曰大堤。

二、缕堤。正堤内面，临河处所，修筑小堤。势甚卑矮，形如丝缕，故名之也。

三、遥堤。遥堤有二说：一说正堤内之内老堤，因其年远呼为遥堤。一说初筑新堤，取其久长绵远之意。而永定河之南北遥堤，则又以距河较远而名之也。北遥堤，今因溜势北趋，下口散漫，一经盛涨，几至全堤无不见水。

四、隔堤。内河外湖，或两河并下，一清一浊，筑堤隔绝，名曰隔堤，即如大清河之隔淀堤也。

五、撑堤。堤外帮堤，撑持要险，故名。黄、运两河，当劈堤极险之工，往往抢挑撑堤。永定河无此名目，大致与下戗堤相类，不过挑筑于平时者曰戗堤，抢筑于临时者曰撑堤耳。一撑不已，再加一撑，与本河大工养水盆之盆外套盆相似，必俟内帮稳定，外帮不致透水，始可撒手。

六、月堤。因外堤单薄，或紧临险要之处，恐难捍御，内筑月堤一道，以资重障，形如半月，故名。亦有谓为圈堤与圈堰者，如本河南七工之西小堤是。

七、越堤。因内堤单薄，或系坐湾兜湾，以及地势低洼，不足以资保卫，又无别堤可恃，随越出旧堤，另筑新堤，以为外藩，故曰越堤。更有称月堤为内越堤，而以越堤为外越堤者。命意亦同，两存其说。

八、格堤。正堤之内，既有遥堤（新堤内或老堤），以备河势紧逼之用，犹恐遥堤一有疏虞，即顺正堤走溜，仍与堤防大有关碍。故于正堤之内，遥堤之外，横筑格堤数道。纵使冲破遥堤，仅止一格，水流遇阻，不能伸腰，其别格之官堤田舍可保无虞。形如格子，故曰格堤。此法用于堵截支河，或其附堤坑塘，亦曰土格。

九、戗堤。戗，音锵，去声，解如戗风行舟之戗，亦寓搪柱之意。虽有堤，而单薄不足以资抵御，险工必须外帮加筑戗堤，戗其堤脚。戗堤大抵低于正堤，与盛涨时河内水势相平。亦有因工款支绌，而分年挑筑者，故曰半戗，又曰后戗。

十、贴堤。堤身单薄，而帮贴之。于堤内帮者，名曰贴堤。贴堤高，与正堤相平。

十一、子堤。正堤卑矮，恐不足以御盛涨，复于堤顶内口添筑一小缕堤，即为子堤，又曰子堰。筑子堤者，多缘节省工款起见，或其临时抢挑者也。

十二、堤坡。堤坡者，堤工两面之坡分也。堤坡，有坦坡、徒坡❶之别。修筑堤工，其临河面之坡分，必须平坦宽大，即使溜走堤根，不致坍塌为妥。但堤内不临河流，或其跟❷下埽段者，则坡分不妨收窄。盖宽则费帑无益，窄则省土节工。其背河一面，则以二坡以至三坡为率，陡坡仅容卧羊，坦坡势堪驰马。故亦有以卧羊坡、跑马坡别其名目者。收坡无论陡坦，均须略形鼓肚，千万不可洼腰。坡分盈欠，可自顶至脚，拉线验之。坡适符线，收分必盈。倘其离有空档，即是洼腰，则偷工减土，且恐雨水停座，冲成浪窝。

算坡分法。坡分，以高求之即得。如欲筑高一丈、内一五、外二五收坡之堤，计需内坡长一丈五尺、外坡长二丈五尺。盖堤高一丈，即以坡长一丈为一坡。内一外三，或内外二坡，亦可照算。其有内二外三，及内外二五坡，或三坡者，以此类推。至量坡长之法，须于堤脚立一直杆，高逾堤项，用丈绳，一头系于当杆之一丈地位，一头附于堤唇，即知盈欠。量高之法亦

---

❶　徒　当作"陡"。据国图藏本。

❷　跟　当作"根"。

然。量堤底，则内外堤脚夹杆，较之可也。

以顶求底法。如上算坡分法。高一丈、内一五、外二五收坡之堤，拟取顶宽三丈者，则须底宽七丈。盖以顶宽丈尺加入坡分，即得底宽之数也。

算堤土法。以高求坡，再以顶求底，即知需用堤土方数。如以上顶宽三丈、高一丈、内一五、外二五收坡，得底宽七丈之堤。先将顶宽三丈、底宽七丈加在一处，以五乘之❶，得顶底均宽五丈之数为实。即以高数一丈为法，再乘之，得见丈（每丈也）五十方之土数。欲知全堤总土数时，更以五十方之数为实，而以堤长若干之数为法，乘之可也。设堤长五千五百五十五丈者，则其总土数为二十七万七千七百五十方也。余亦仿此。

十三、堤顶。堤顶，顶之平如砥者，谓之平顶。如中心高出两唇数寸及尺许者谓之花鼓顶，亦有称为鲫鱼背者也，皆以像形而名。

十四、堤爪。堤爪者，如接筑堤高一段，堤上加堤，两头壁立，势必阻绝往来。因于两头居中放坡，筑成马道，以便料路行人之用。此马道，即是堤爪。永定河接高堤工两头，自内口以至外口，全行放坡者居多，但留堤爪者甚少。

第二节　埽

埽者，所以护堤而杆❷水者也。或称埽段，亦曰埽个。堤系积土而成，溜逼堤根，时虞汕刷，于是就堤下埽，以御水势。喻诸战事，埽实堤工之前敌也。故凡险要处所，慎重堤防，必先保守埽工。埽工克臻稳固，自然堤防不致吃紧，复何溃决之足患

---

❶　以五乘之　实际以零点五乘之。

❷　杆　当作"捍"。据国图藏本。

哉！至若埽一走失，犹之前敌却退。后援接应，纵能转败为胜，然亦危乎殆矣，则甚矣。防险，宜先注意于埽段也。做埽之法，详后《修守编》中。兹先说明各埽名式及其应用之处于左。

一、顺埽。依堤顺水而下者，谓之顺埽，亦曰边埽，又曰鱼鳞埽。永定河边顺埽与鱼鳞埽不分，他河略有区别。溜靠堤前，顺水下埽，曰顺埽。因漫水护堤，所下之埽，曰边埽。首尾相衔，埽接一埽，藏头尾内，头窄尾张，曰鱼鳞埽。永定河顺埽、边埽，亦皆如此做法，故其名异而实同也。

二、肚埽。内外并下埽段二路，迎水一面谓之面埽，靠堤一面谓之肚埽。

三、迈埽。河溜冲激，势非一路边顺埽所能抵御者，埽外再行迈出一路，谓之迈埽。一迈不已，得以再迈，须视河形水势，酌量定夺。迈埽，即上迎水一面之面埽也。其内一路或二路，皆谓肚埽。又上下接连在二三埽以上者，其最上之第一埽，亦曰面埽，然不得谓为迈埽也。

四、坝埽。依堤先筑土坝一道，上窄下宽，势能挑溜外移者，谓之坝。坝外下埽，以卫坝工者，谓之坝埽。坝埽多下于河面较宽，迎溜顶冲，或其水势坐湾之处。河面窄者，恐对面生险，则只有下迈埽与顺水坝埽耳。顺水坝、挑水坝之分，容于后章详言。

五、迈坝埽。坝埽之外，再做迈埽一路，谓之迈坝埽。其用意与前迈埽相同，兹不赘言。

六、裹头埽。临水之处，既做埽工，则上水无不迎溜。须下斜横埽个，以裹埽头，谓之裹头埽。此项埽段，多因面埽最上第一埽藏不住头，而后用之。

七、护崖埽。崖岸离堤较近，河水因崖不时汕刷，恐陆续坍塌，水靠堤根，不可收拾。即就崖岸顺下护崖边埽，谓之护崖埽。此多用于兜湾膊肘之处，盖虞水至堤根，势成入袖也。

八、搂崖埽。紧贴崖岸，做龙尾埽段，谓之搂崖。其用法与下龙尾埽同。

九、包滩埽。堤根洼下，河水距堤较近。溜一靠堤，堤防吃紧，不足以资保固，势非借前面淤滩以抵全河大溜不可。若淤滩被水汕刷，日渐塌卸，必须卷下包滩埽个，以御刷卸串泄之患，因名之曰包滩埽。

十、神仙埽。大工合龙，两坝进占。察其形势，酌留金门两面，兜起绳缆。用料铺于绳上，层料层土，镶压到底，名曰神仙埽，又曰兜缆镶。在永定河，称为金门兜子。堵截支河，亦用之。

十一、门埽。门埽，亦曰关门埽。大工合龙，两坝跟下边埽。及至金门收窄，神仙埽镶压到底，边埽两面对头，捆下大埽，势若关门，是以名之。

十二、龙尾埽。缘堤有分溜沟槽，或深坑陡崖者，一经盛涨，虑其冲堤刷岸。须于堤内排钉桩木，用一尺高埽由，联络签套，量度地形高下，河门宽窄，水势浅深，以定埽由层数之多寡。自二三层至十数层，相机应用。以其像形，故曰龙尾。

十三、雁翅埽。泄水闸坝，上下土堤头，及大工口门上下裹头，每坝台酌量形势，斜下埽个二三段，以御迎流冲激、回溜搜刷之患。亦以形像雁翅而名之也。雁翅埽，有内外之别。在临河一面者，曰内雁翅。在出水一面者，曰外雁翅。

十四、戗埽。坝埽以下及闸坝金门堤，外帮往往有用戗埽之处。其形圆如半月，或作椭圆斜长。但以一埽为限，接连二三埽者，即是雁翅。其用法，专防回溜搜后而设，亦所以支挂上埽，或其堤脚者也。又有以斜长者为雁翅埽，以半圆及椭圆者为馒头埽，皆随人口称之而已。

十五、等埽。河势距堤较近，水长必生险工。预在旱地挖槽做埽，以备河溜靠堤之用者，名曰等埽，亦曰旱埽。

十六、防风。河水漫滩积聚，沿堤洼下处所，因无出路，势成积水坑塘。若遇风浪鼓荡，汕刷堤根，在所不免。于是层土层料，颠倒镶做小埽，以御风浪者，曰防风埽。

十七、藏头。顶溜兜湾之处，下埽时，先于上首半旱半水之间，将旱地挖槽埋藏第一段埽头，以免河水冲击之患，名曰藏头。藏头，即是裹头之意。但藏头计画于事先，裹头设谋于事后，此藏头、裹头之所以有别也。又一埽自有一埽之藏头，如下埽藏头于上埽之下者，亦曰藏头。

十八、护尾。临河上首建坝挑溜，其下水必有回溜汕刷之病，须卷下斜横埽个，不使回溜迎冲埽尾与坝土者，名曰护尾埽。在永定河，则概称饯埽。说详前。

十九、埽由。埽由者，埽之所由起也。凡做埽，无论水旱，必先卷成埽由，推入河内，作为根基，然后铺底镶做，故曰埽由。

二十、埽头、埽尾、埽底、埽面、埽眼、埽心、埽嘴、埽眉、埽靠、马面。上水窄而小者，曰埽头。下水宽而大者，曰埽尾。埽底在于埽之底部，埽面即是埽之面部。埽眼者，两埽接缝，及堤埽分界处之顺埽罅漏也。埽既做成，其始基所卷埽由，即称埽心。埽尾之跨角，曰埽嘴。埽面迎水一面之埽唇，曰埽眉，而其背水靠堤处所，皆称埽靠。马面者，埽之迎水一面之坡分也。

此外，如丁头埽、套埽、沉❶水埽，又若萝卜埽、当家大埽、扇面埽、耳子埽等名色繁多，用处极少。且与永定河埽工无甚关涉，故不备举。

第三章　闸坝涵洞

第一节　闸

闸者，左右插石如门，凿槽设板，以时启闭，而资宣泄者也。用以引水、泄水、潴水，均无不可。运河设闸，多横截河中，潴蓄水势。漕艘往来，启板放行。其闸门，仅容一舟衔尾而进，毕即闭之。亦有设闸于两岸，以为引水、泄水之用者，大抵毗连湖泽之处居多。河中水大，泄水归湖。河中水小，引湖资运。本河金门闸之建筑，其形俨然如坝，所以称之曰闸者，仍旧名也。从前河内外地势相平，是以设立闸座。水长时，泄水归入清河，以减溜势。水落时，引牤牛河水汇入浑河，以收借清刷浑之效。后因河身淤垫，高于平地，非特不能引清助刷，且恐一旦夺溜，为害非浅。是以改建坝式，而因其名，然究不若改称金门石坝之为得也。做法详后《修守编》。

第二节　坝

坝有与闸同其功用，亦有异其功用者。如束水、减水、滚水、矶心诸坝，其功用同。外此则皆异。其形式与做法，亦与闸工迥别。建闸有不须雁翅者，筑坝则必须上水迎水一面建雁翅，以御回溜者也。做法详后《修守编》，兹先言各坝形式及其

---

❶　沉　原作"沈"。"沈"旧同"沉"。以下径改。

用处于左。

一、挑水坝。凡河流紧急之处，在于溜势上首一座，挑溜开行，名曰挑水坝。

摘录《治河方略》❶：

凡建挑水坝，宜于埽湾之上游，相度水势初湾之处，酌量大溜离堤若干。自河岸起，约计大溜一半之处，应筑挑坝直长若干丈。（与永定河做法略异。永定河挑坝，虽挑亦顺，不能挺入河心。其堵工挑坝，则又有接筑足挑大河全溜者，不过为合龙时，将溜挑入引河之用。事后如虑对岸生险，尚须折去，盖以两堤逼近故耳。）如溜急水深，则宜自岸至溜，全用埽个。（坝之下水，应下雁翅坝，以御回溜。）（中略）再如挑坝一座，大溜不能远去，可于头坝之下，相去数十丈，或十数丈之处，再做挑坝一座，接连再挑，则水自开行矣。（接连三、四、五座均可，总以挑溜开行乃止。）然两坝相隔中间之空处，须下藏头、搂崖、边顺等埽。第二三以下，亦然。约至溜缓处为度，则堤堪巩固，亦无回溜之虞矣。

节录裴芝阶先生《清河宣防纪略》❷：

挑水坝与护堤埽（边顺等埽）不同，护堤长不过三五丈，仅护堤身，挑坝则长十余丈，乃至二三十丈不等。伸至河心，能挑大溜，则溜以下堤脚可免冲刷，并能挂淤，即对面嫩滩老坎，均可借挑出之溜，以资刷卸。（中略）如险工太长，应做挑坝数道。须将空档排开，远近得宜，使上坝挑溜接住中坝，中坝挑溜接住下坝，方免回溜刷堤之患。

二、鸡嘴坝。河溜刷湾之处，建筑埽坝。其埽坝迤上迤下，

---

❶ 见［清］靳辅撰，《治河方略》。

❷ 见［清］裴季伦，《清河宣防纪略图说》。

必须用料镶做防风雁翅。上雁翅迎溜顺行，下雁翅抵御回溜，中间坝台远出尖挑，形如鸡嘴，故各❶鸡嘴坝。鸡嘴坝，亦可酌量水势，接筑数道。然在本河绝无用处，惟卢沟桥上，东岸石堤有之。因石工不须防风雁翅，其做法三角成形，坝面中高唇低，形似鸡嘴，亦名三角坝。

三、扇面坝。于河流直射顶冲之处，建筑埽坝。中间远出，抵溜上下，两边镶柴，贴堤防御，形如扇面，故名。大凡埽湾之处，其未湾之先，必顶冲直下，惟前路为堤岸所阻，不能前进，然后折而成湾。故埽湾之处，多由上游，俱系嫩滩。或去堤太远，不能于上游觅妥当建坝之基，不得不就大溜湾处建之。又恐对岸沙滩逼近，大挑则溜难舒展，必至出而复返，致成回溜，其为险更甚，则宜做扇面坝以挑之。扇埽坝，即挑水坝之圆而长，其形如扇面者也。下水，亦应估藏头、搂崖、顺埽。扇面坝，本河亦绝无用之者，以两岸距离较近，故无挺筑之坝。

四、鱼鳞坝。凡镶埽坝一工，分为数段，每段头缩尾翘，形如马牙磴基之样。头缩者，恐其来溜冲激，尾翘者，挑水远出，工程不致受伤，名曰鱼鳞坝。鱼鳞坝，即小鸡嘴也。相去十丈，或二十丈，重叠遥接，如鳞砌者也。然此坝宜用于沿边直河，或搀用于顺埽之内。其顶冲埽湾之处，无所用也。至于座数之稀密多寡，在因地制宜耳。

五、顺水坝。迎水之处，恐堤工受伤，顺流建坝，以御之，故曰顺水坝，亦有谓为迎水坝者。顺水坝与挑水坝之区别，在迎水顺下，与挑溜远出之一间耳。

六、领水坝。遇支河水流急迫，不由大河直去，务在上游建筑坝埽，领水之溜，直临大河，名曰领水坝。

---

❶ 各　当作"名"。

七、戗水坝。欲戗水势，必在上水对面，坝逼其河道直顺，不致日渐成险，且防泛虞者，名曰戗水坝。戗水坝，系于对岸设法戗直河势，以防本工生险之用，是以其名与挑水、顺水、领水皆异。

八、束水坝。正河水小，河身浅滞，不利舟楫者，建筑束水草坝，使水不能旁泄，以资运行，故曰束水坝。束水坝，多设于河面宽大、河流淤阻之处。

九、拦水坝。内外两河，高下悬殊。如果任水旁泻，势必一泄无余。因而筑坝拦截水势者，谓之拦水坝。拦水坝，欲其不碍舟行，须用圆脊长垣，方可挽舟过坝。挽舟之法，于两坝台树立转轴，用一长绠，环线舟尾，两端系转轴间，推轴牵挽，以便舟由坝脊拖过。

十、减水坝。因虞河中水大，不能容纳，预建坝座，以资分泄水势，保护堤工之用者，谓之减水坝，如卢沟桥之减坝是。

十一、滚水坝。滚水坝，水小则拦水，水大则由坝顶滚泄水势，以保堤工之坝也。迎水、出水两面，签钉排桩，用灰土石料做成坦水簸箕，务俾吸水一面不致冲揭坝基，泄水一面不致滴成坑塘为妥。坝身以条石、乱石、灰土或草为之，均可。中间起脊，两面落坡。河水长至一定分数，始能滚泄旁泻者，谓之滚水坝。今金门闸石坝、求贤村灰坝，皆是也。

十二、矶心坝。矶心坝者，建筑坝基，安置矶心石块。凿槽辖板，以便启闭。水小则借矶心辖板以闭其洞，水大则启板开洞以泄河水，名曰矶心坝。本河现以金门闸龙骨（坝脊也）过低，未便放水旁泄。拟估加高龙骨，又虑河身或再淤垫，将来势必仍形卑矮。议于龙骨居中二三十丈，预埋矶心石磴，以为日后辖板启闭地步。是则以滚水坝之基础，而又欲改筑矶心

坝者也。

十三、拦河坝。凡修筑工程，为水所占，无从施工者，一面于水之上游建横坝一道，堵截其水，一面于对岸视察地势，开挖引河。引水移向彼岸，以便屏干正河做工者，名曰拦河坝，亦曰堵闭。

摘录《治河方略》：

河不可拦。坝之所以名拦河者，因正河上游，长有沙嘴侵逼大溜，不能直趋正河。而正河之旁，或旧有支河，或原属洼地。水性就下，遇坎即行。且黄河滩地，凡近堤之处，必低于临河三、四、五尺不等。若不早为拦截，势必愈趋愈下，日刷日深。近溜各堤，必立成新险，正河亦永不可复。然致病之由，始于沙嘴。似当于沙嘴之上，挑掘引河，挽溜归故。殊不知新生沙嘴，尽属嫩滩，难施人力。况此沙嘴既能逼流改河，断非仅长数里、宽数十十丈之小滩，稽时费日。及引河告成，无论果否有济，其❶堤之费，已不可胜计矣。故急当正河有水之日，或紧接大堤，或倚靠高地，稍稍斜向正溜初分处，先筑土堤一段，或长一百丈，或百数十丈，至水际为止。其顶底高宽，相机酌估。但此堤两面，或应镶护防风，或应卷下顺埽，以防汕刷为要。其临河堤头一面，则镶做马头挨次进埽，务将埽个进至大溜过半之处，使支河之溜不能畅达，自必仍分大溜，归入正河。再看正河之溜，如下埽后，渐觉宽深，则支河再进一埽。溜若再增，埽亦再进。如此一阖一辟，两相照应，不特故河可复，旧险可平，即上游之沙，亦随溜自去，永无变迁之患矣。如遇正河与支河分流之处，去堤太远，亦无高地可就，不能建立坝基，则看两河分流之中，必有高地相隔，俗语所谓"龙舌"

---

❶ 《治河方略》卷十《河防摘要·拦河坝》此处有"保"。

者。不防❶将坝基移入支河下流一二百丈，近堤之处创立。如进埽之后，水已入袖，不能退回，则于龙舌之上，循顺水势，开一引河，亦必日见宽深，获归故道矣。其进埽护堤之法，亦照前例，万不可畏难，络❷成后患也。

十四、囊沙坝。运河水长，多由山水骤发，水急溜涌。一人❸运道，恐其淤滞，故曰❹。（按：囊沙坝，应建设于山水未出山，或既出山而犹未入运以前。若已入运，则囊沙即以阻运，非但无益，而又害之矣。此等坝式，在本河石景山以上，建之亦可。乱石、玲珑诸坝，迨有似之。）

十五、截沙坝。运河水长，挟沙齐至，壅塞河身，即碍运道。自宜顺河建修石坝数层，使水漫过坝顶，沙停坝外，不致壅塞河身，故曰截沙。（按：截沙坝，亦宜于未入运之先，建设为是。本河上源浑水各河，汇入处所，亦可仿行。）

十六、越坝。运河挑挖河道，先须圈筑草坝，截水归越河，俟河挖完，开坝放水，名曰越坝。本河石工，常有圈坝，戽水以便工作者，亦可谓为越坝。

十七、夹土坝。凡于水中建坝，两面用柴，中心填土，因名夹土坝，又曰铁心坝。运河堵筑分溜决口，用此法居多。

十八、三合土坝。三合土坝，亦曰灰坝，用石灰、黄土捣樟叶一处，匀和打成坏基，故曰三合土。本河三合土，则用石灰、黄土、江米、白矾匀和而成。

十九、竹络坝。用毛竹篾编成竹络，内装碎石，挨次排砌

---

❶　防　当作"妨"。

❷　络　当作"终"。

❸　人　当作"入"。

❹　曰　当作"名"。据国图藏本。

如坝样，名曰竹络坝。在本河惟有柳囤，而无竹络。竹络、柳囤，同一用法。

第三节　涵洞

涵洞者，择坚实基础，建洞启闭，以资宣泄之用者也。其洞直穿大堤，酌量河底之高下，以定设洞之位置。砌底筑墙，木石皆可。但须不时修葺，以免疏虞。

涵洞之用有三：曰减水，曰淤洼，曰溉地。用虽微妙，但顺❶设闸，严其启闭，毋俾暗地偷开，泄水太过，致有不测。至于建洞座数，多寡不一，亦斟酌地形水势定之可耳。

虽然涵洞之工，在他河功用大矣。而在本河，建立于河水未出石景山以上，犹可。即从前河未淤垫，偶或用之，亦无不可。若欲于今日卢沟桥以下各工行之，则有断乎其不可者。何也？盖以河身淤垫，高于平地，自数尺乃至丈许不等。而又堤土纯沙，遇水溶解，是则洞之基础、洞之位置均难交代。倘因而坚筑根底，建立金墙，以及迎水出水筐箕，虽可保无吸川跌塘之患，然功用无多，工款浩大，计亦左矣。故曰涵洞，决不可行于今日之永定河也。做法亦详后编。

摘录《治河方略》：

闸之底，深于岸，其宽不过二丈四尺至三丈而止。坝之宽，为丈者可以百，而其底则与岸平。若洞之径，仅三尺而已。其减水之用，大小不同，而其为减则一也。夫束水莫如堤，然堤有常，水之消长无常也。故堤以束之，又为闸坝涵洞以减之，而后堤可保也。今使上流河身其广数里，而下流河身，或为山冈郡邑所遏限，其广也仅得其半，更或仅得其十之一二，势必

---

❶　顺　当作"须"。据国图藏本。

滂薄奔驰，怒极而思逞。加以伏秋暴涨，非时霪雨，其不至于败城郭，荡室庐，溺人民，而淹田亩者几希矣。今于黄河两岸，及运河上下高堰一带，凡遇河道险隘，及水势激荡之处，相度地形，建置闸坝涵洞共若干座。务令随地分泄。上既有以杀之于未溢之先，下复有以消之于将溢之际，故自建闸坝以来，各堤得以保固而无冲决也。乃不知河道者，与怀怨而寻衅者，啧有烦言。夫闸坝高卑，各有规画，原以泄盛涨，非所以泄平漕❶之水。且以堤御河，以闸坝保堤，诚使河不他溃，则河底日深。河底日深，则河水亦日低，行且置闸坝于不用矣。即黄河土松而水悍，不无损伤修葺之费，然较之堤工涨溃，普面漫溢，败坏城郭，漂荡室庐，溺人民而淹田亩，塞决挑淤，经年累月，为费不赀，其利害之大小何如乎？不惟是也，耕种之区，资泄水而得灌溉，洼下之地，借减黄而得以淤高，久之而硗瘠沮洳，且悉变而为沃壤，一事而数利兴。故既有堤堰，必不可无闸坝涵洞也。

第四章　桥渡

桥梁渡船，虽与工程无甚关涉，而亦非毫无关涉，且桥渡乃河道必需要件，故于篇尾分节说明之。

第一节　桥

桥，所以通往来者也。大河横亘，设无桥道以通行之，阻碍交通，商旅俱困。故凡有河之处，莫不有桥。在永定河石景山以上，及会入运河以下之桥梁，既难屈指备举，且亦无关河

---

❶　漕　当作"槽"。

道，姑不置议。他如各道口签桩所搭之木桥，不❶过因冬日寒
冱，满河冰凌，两不靠岸。人畜车辆徒涉既有所不能，摆渡又
无从登岸。彼时地冻河冰，水流有定，是以搭成桥座，以便行
旅往来。迫至春融，即行拆去者，亦可不必具论。其火车所通
之铁桥，虽不无有碍河流，惟不属河工管辖，其地处上游，河
面宽广，两岸石堤可保无虞。惟卢沟石桥一座，金明昌三年所
建，命名广利桥，长二百余步，工程坚实，世无出其右者。卢
沟桥乃京西要道，并陕、河、晋、豫、赵、魏、番、羌悉出于
是。所谓"卢沟石桥天下雄，正当京师往来冲"❷者，即为此
也。自金元迄于今日，虽经修葺数次，而桥柱曾无损坏。但桥
洪日渐淤垫，高不盈丈，究不知其原深几许也。修建桥工，附
后石工讲明之。

第二节　渡

　　渡，补桥之不足，而亦济桥之穷者也。桥费大工巨，渡费
轻易举。若永定河，河宽流迅，土性纯沙，建立桥梁更非易事。
故不得不以渡补桥之不足，且以济桥之穷也。渡有官私之分，
当大道要津，禀准设立渡口，置有羿夫头目者，曰官渡。其未
经禀请，在于乡间小渡口，自行装船摆渡者，曰私渡。渡之设，
非特代桥之用，利济商旅已也。料物可借以装运，淤泄可资以
浚深。其在险工、险工❸处所，以护险（护险有两用，一将渡船
移靠险工，抵御大溜，一在未能挂柳处所，借渡船以为挂柳之

---

❶　不　原作"以"，当改为"不"。据国图藏本改。
❷　见〔清〕陈琮《永定河志・卷十九・附录・古迹》："陆嘉淑《辛斋诗话》：
卢沟河畔元有苻氏雅集亭，蒲道源诗：卢沟石桥天下雄，正当京师往来冲。苻
家介厕厂亭构，坐对奇趣供醇酽。"，清抄本。
❸　险工　衍字。

用）。用以捆镶，指挥立办。至于决口堵塞之际，放账❶救命，及坝埽家伙船等，亦无不倚以为重。渡船一事，其可轻忽乎哉！

虽然亦有害也，一设渡口，百弊丛生，车畜之践踏堤埽，渡夫之讹索钱文，因讹索而致启争端，固也。设遇溜紧风骤，渡船失事，则又人命攸关（此等事，官渡固所不免，私渡尤有甚焉），讵庸膜视。是在经理河员，督率有方，（如不准渡夫任意需索，当大风大水之时，禁止摆渡等），布置尽善（如道口堆积土牛，随时修垫等），庶几行旅、河工两无弊害矣。

---

❶ 账　当作"赈"。

第二编 料物纪略

第一章 土料

堤堰埽坝，皆赖土料而成。堤堰坝基，纯土积筑，占埽亦一土二料，层镶层压，即三合土。坝石工灌浆，无不惟土是赖，则土料实为河工料物之首要也，分节说明于左。

第一节 土之种类及其性质

土有干土、湿土与半干半湿土之分，夫固夫❶人而知之。除此三者而外，尚有色❷色土类之不同。因之其性质，亦未能画一，试即约举于下。

一、胶土。胶土者，其质细腻，其性胶黏。风揭不易扬尘，水刷亦难溶解，即外河所谓淤泥淤土也。有新淤、老淤、硬淞❸、稀淤之四种。甲、新淤。新淤者，新淤嫩滩之胶土也。性极燥烈，滩面结二三分厚之土皮，张裂缝道，而成土块。此项土料用以筑堤，须防走漏，用以压埽，虑有腰眼之病。乙、老

---

❶ 夫　当作"人"。

❷ 色　当作"各"。

❸ 淞　当作"淤"。

淤。老淤者，远年老坎被淤之胶土也。性颇柔软，筑成堤坝等工，异常坚实，无新淤土各种弊患。是以河工土料，此为最佳。丙、硬淤。硬淤者，性质坚硬，如石块之胶土也。本河不恒见，外河常有之。大抵坝下背溜之处，被淤以后，溜势远移，久不见水，风吹日晒，遂成硬淤。取土时，插锹不入，尽力锤凿，始能取用块土。及至上堤，块块翘阁，即经夯硪，仍不免穿漏之患。且有甚于新淤土者，惟于半干半湿时用之。虽取土非易，而行硪筑成，晒至极干，则不亚于三合土矣。丁、稀淤。稀淤者，新淤胶土之似稀浆者也。此土非时，不足以资筑堤之用。挖河若遇稀淤坑塘，而又坑面大于河口之时，畚锸既属难施，掀扬无从着力，费工糜款，方夫无不攒眉者也。做法，应俟挑河说明。

二、素土。素土者，其性渗透，其质疏散，团之不能成聚之沙土也。素土为堤，不耐风揭水刷。本河土性纯沙，胶土殊未易得，是以沙堤居多。年年加培，一经风雨摧残，非揭成沟槽，即冲成浪窝。且也溜逼堤根，不堪啮蚀，此素土所以未适于河工之用也。素土，计有四种。甲、沙土。沙土者，沙之犹含土性者也。虽不耐风揭雨淋。与夫河水之淘刷，而较诸下三种，似觉差胜之工料也。乙、流沙。流沙，有干流沙、湿流沙之分。体质极细，形如粉屑，（成）〔盛〕诸土筐，四面走漏，用以筑堤，不能显分坡口，用以压埽，又皆流入柴料缝隙，而埽面仍若无土追压者，谓之干流沙。其质似稀淤，性同流水，挖去一筐，旋复填平，装储筐内，亦由筐隙滴沥流出者，谓之湿流沙。流沙无论干湿，做工均不相宜。挖河遇此，更费周章。丙、蚂蚁沙。蚂蚁沙，体质极粗，渗形如蚂蚁，遂有是称。以蚂蚁沙筑堤，未免透漏之患。盖因质粗性渗，不能障遏水流之故耳。丁、淖沙。淖沙者，陷沙也，新淤嫩滩往往有之。淖沙沙性轻浮，含水较多。淤滩水退，滩面似已凝结，一经足踦，陷入淖中。淖沙深者，几堪灭顶。若在滩面用锹扪❶动，则沙皆沉陷，水即浮动。挖掘时，铁锹铲入，不易起出。盖锹之两面，被淖沙黏住，非缓缓晃动不得出。人若陷入淖沙中，亦非扑倒滚转不可。此等淖沙，挖河更难。

三、沙胶。沙胶者，素土之含有胶质者也。无论含胶多寡，皆曰沙胶。既含胶性，即能团聚。故与素土异，河工不能搜觅纯胶，得此较可。

四、黄土。黄土，与胶土不同。胶土色黑，黄土色黄，非近山之处，不易多得。黄土无论干湿，性较疏松。故其御水之力，不敌胶土。然和灰灌浆，则又非黄土不可。盖其黏连性质不亚于胶，而柔软细腻。与夫晾干速度，实有过之无不及也。

第二节　土工之名色

土工名色，约举可得如左之种种。

一、新筑堤土。接筑新堤，或挑缕越诸堤，皆为新筑堤工❷。

二、子堰土。子堰土者，即于堤上加筑子堰之土也。

三、后戗土。后戗土者，堤后加帮戗堤，或其大工背后之半戗土也。

四、加培土。加培土者，因堤身卑薄，估做加高培厚之堤土也。

五、贯顶土。贯顶土者，堤顶残缺，仅估加高贯平堤顶之

---

❶　扪　当作"拍"。

❷　工　当作"土"。

土也。

六、找坡土。找坡土者，坡脚不敷，找补还原之堤坡土也。

七、补还地平土。凡筑堤处所，视其底部有溜沟坑塘者，先须补还与地相平，然后再作堤土，俾方夫不致吃亏者，谓之补还地平土。

八、填补沟槽土。堤之顶部，因车辆人畜往来，日久渐成道沟，势将积座雨水，或其风揭沟槽，凹凸不一。用土挑填，一律平整者，谓之填补沟槽土。

九、挑挖引河及其废土。挑挖新河，引水归复中洪，或其分泄水势于堤外者，皆为挑挖引河土。挖出土方，分积两面或一面者，皆为废土。

十、切嘴、裁滩、浚淤土。切嘴者，切去滩嘴之土。裁滩者，裁湾取直之土。浚淤者，挑浚中洪之土。三者亦有废土，但有堆积滩面，与用船载往他处之别耳。

十一、刨除空土。空土有两种。挖河以洼下坑塘为空土，加培以原有土堆，如土牛底等。或其房基所占之之❶处，为空土。均须量其高宽长丈，而刨除之也。

十二、土牛土。堤顶预储土堆，以条❷大汛枪❸险之用者，谓之土牛土。遇内临河流，外有积水坑塘，土路较远者，更须多积土牛，免致临事束手。其有堤顶窄小而附储于堤外帮者，谓之跨帮。土牛跨帮土牛，亦可当戗堤之用，洵一举两得之工也。

十三、坝基土。筑坝先须挑基，以便卷下埽段，或其挂缆

---

❶ 之　衍字。

❷ 条　当作"备"。

❸ 枪　当作"抢"。

捆镶者，谓之坝基土。

十四、包胶土。新筑堤工，土性纯沙，既虞风雨之摧残，又恐河流之侵蚀。遂从远处觅得胶土，包其坡顶厚至二尺，或一尺，以资防御河流与风雨者，谓之包胶土。

十五、压埽土。镶做埽段，镶料一层，必须压土一层。每层所压之土，皆为压埽土。压埽土，每层厚一尺，有花土、实土之分。如欲埽工坚实，尤以全用实土，为是满埽严压者，曰实土。每筐一堆，离有空档者，曰花土。作工时，先压花土，继压实土。

十六、埽面土。埽之顶上一部曰埽面，埽面土者，压埽之顶部也。土满埽追压，大土自一尺乃至二尺，以埽稳固乃止。

十七、埽靠土。埽靠土者，埽所倚靠之土。换言之，即埽工之背后土也。埽之所以必须有靠者，盖以堤坡之收分大，而埽马面之收分小。马面既小，则埽后未免离档。如果顺堤坡，普律镶做，则又埽面加宽，用料较多，而工转未能坚实。故一面做埽，必须一面挑补埽靠土。

十八、刨槽土。凡做旱埽及一切落底作基之土，必先刨挖槽子，以便工作，故曰刨槽土。土槽须较原占基址留大些，且宜口宽底窄，方好施工。惟埽槽有不估工价者，以挖出之土，转面即可为压埽土之用故也。

十九、灰步土及砌石和灰灌浆土。灰步土者，石堤或闸坝桥梁基底之三合土也。以三合土一尺打成七寸为一步，步步碱套，以固根基，故曰灰步。和灰土者，以土和灰而为砌石之用之土也。灌浆土者，以土和浆灌诸石工缝隙，使其干结一气之土也。灰步、和灰灌浆，何以必须用土？盖以灰性腕烈，非搀和黄土，不足以资坚实之故耳。

二十、压占土。压占土，与压埽土同。大坝进占，亦须层镶层压，故曰压占土。

二十一、占面土。占面土，亦与埽面土同。坝占捆厢至顶部，追压大土一层，因曰占面。

二十二、背后土。坝占背后及柳囤背后，挑筑土工与占面、柳囤相平者，皆曰背后土。右堤背后之土堤，亦曰背后土。

二十三、坝土。占面及后背后图以上之土，工❶概称坝土。

二十四、土柜土。堵塞决口大工，坝占内外齐进。虑有坝眼透水之病，故二坝生根与大坝间隔数尺，中填胶土，谓之夹土柜土。其形似柜，是以名之。

二十五、片儿方土，亦曰步土。凡土工，以高一尺为一步（一层也）。自底至顶挑筑一步，而后再挑上一步者，谓之片儿方，亦曰步土。向章堤工，挑土一步，行硪一遍，层土层硪，方保巩固。今黄、运各河，悉遵成法。惟永定河以土性纯沙，行硪亦无用处，是以平时做工，仅采脚踏硪，不分步数，亦未行硪。但大工挑土，虽不行硪，仍用步土，一步一收方，故曰片儿方也。

二十六、现钱土。现钱土者，在于做工处所，视工程缓急、挑筐大小、装土多寡，用现钱随时收买，以应土需者，谓之现钱土。于合龙及抢险时，用之为宜。买法：须在必由土路，且土夫不能从旁绕越之地，设高凳几路。每员携现钱，坐于凳上，土挑经过，酌给钱文，令其往前出土。本河簸桶土，亦即现钱土之一种也，又曰跑买。

二十七、牌子土。土一挑或一抬、一车，给与签子一根，每日晚间计签核价者，谓之牌子土。牌子土，须先装样土。多

---

❶ 工　衍字。

装及抢险急用者，给与双签；少装者，不给签，以示罚。

二十八、抬筐土抬❶。抬筐土者，以大抬筐两人抬运之土也。本河绝无，山东堵工常用之。其用抬筐土者，往往因土路较远，土夫不多，临时招募本地人。而又土篮扁担不能凑手，故用抬筐充数。抬筐土，弊病极多，稽查宜密。筐之大小一律者，用牌子。不一律者，用现钱。

二十九、小车土。以独轮小车，取运远土者，谓之小车土，亦曰侉车。以车代挑，可省工力。盖远土筐挑，不过百斤，车运可装二百余斤，故黄河常用之。小车土收成方与牌子，均可。下三项并同。

三十、铁车运土。近年多有安设铁轨，用小铁斗车推运土方者。但以用土较多，取土较远者为宜，否则费大工小，殊不合算。

三十一、船运土。运河堤工两面皆水，必须隔河取土，又不捞浚淤浅，均非船运不可。

三十二、驴运土。从前有用筐或袋装土，令驴只驮运者。后自侉车发明，置而不用。

三十三、善后土。堵筑大工竣后，坝占垫实高下参差，非另估土工以善其后，不足以壮观瞻而资保重者，谓之善后土工。

三十四、岁修土。每年春秋水落农隙之际，估修堤工，于岁修项下动款者，谓之岁修土。

三十五、抢修土。值大汛期内，或大汛前，视工程急要，临时抢办。即在抢修项下动款者，谓之抢修土。

三十六、另案土。工程浩大，非岁、抢修常款所能办到者，先期禀明，奏咨请款。一俟奉准，始能兴办者，谓之另案土。

---

❶ 抬　衍字。

三十七、汛夫土、浅夫土及河兵积土。汛夫土者，各汛民夫既种险夫地亩，每年于抢险外，例应积土若干。若浅夫土者，浚浅船夫，每年于冰凌融化，及汛前汛后，酌量一定期间，由带夫武职员弁督率捞浚淤浅。河道河兵积土者，各汛兵丁，无论铺兵力作，除工作防汛及冬日地冻不能积土外，其闲暇时间，每兵每日挑积土牛若干。此等土工，现皆未能实行，甚属可惜。

三十八、填筑浪窝水沟、獾洞鼠穴土。浪窝水沟，皆被雨水冲揭所成。獾洞鼠穴，乃是獾鼠营巢所致。如不亟加修治，及其填筑不实者，势必冲断堤身，或留日后漏子之病。古云：蚁穴沉灶，可不慎欤！

第三节　土工答问

何谓土方？土以高一尺，见方一丈为一方，故曰土方。

何谓方坑？又方坑应如何留法？方坑者，取用土方之坑塘也。无论堤内外，至近亦须距堤逾十丈且❶宜。坑坑间隔，切忌通连。通连者，堤外则阻断道路，堤内则有串沟之病。

何以有旱方、水方之别？旱方，取土、积土较为容易。水方，取土则须捞挖，积土则虑汕刷。以取土之方价（土方价值）不同，积土之核方亦异（水方以一方作二方），是以有别。

问水方加倍，其故何在？此专指积土言之，非合取土而言也。取土虽难，取一方即得一方之用。但增方价已属可行，而积土于水中，倾土既不免被水刷失。又因坡脚伸长，不可数计，只有量其深浅，酌加一倍，以鼓其勇。否则方夫裹足，难期集事也。

分上方、下方之故何欤？挑堤以筑成之土为上方，所用方

---

❶　且　当作"为"。

坑为下方。挑河以所出废土为上方，挖成河段为下方。上方土松，下方土实。挑河收下方者，计实土也。挑堤收上方者，以一经行硪，则较下方之土为尤实也。且如此收法，工程一律，弊端较少。故永定河堤土，虽无硪分，亦收上方。

何谓硪分？虚土一尺，用硪打成六、七、八寸，其折实之二、三、四寸，即是硪分。硪分必须套打（如有单硪、双硪，等分之），如此者，方能坚实。其堤边坦坡，先留蹬基，包边坚硪，以免诸病。

何谓夯杵？凡硪工，未能达到之处，用木杵夯筑坚实，以代硪工之用者，谓之夯杵。（夯杵，用于土柜、浪窝水沟、獾洞鼠穴及堵漏子为宜。）

何谓脚踏硪？跐着土头，望前进土，将土踏实，如同硪分，故曰脚踏硪，亦曰自然硪。

何谓倒拉筐？倒拉筐者，先将前路挑成，渐向后路退缩出土者也。倒拉筐之土较松，以足踩之，几可没胫。

摔肩出土与落肩出土，何以异欤？摔肩出土者，扁担较短，不占地方，往来土路虽窄，亦可土篮一大一小。偏挑肩上出土时，先将小篮由头顶摔出，土自倒卸。一面提起大篮出土，用扁担一磕，随即回走，便捷异常。落肩出土者，其土篮两头停匀，扁担较长。倒土时，摔不出肩，落担倾倒比摔肩迟疾悬殊。继进者，尚须停候，此其所以有异也。

何以谓之均？均者，匀也，折算之谓也，亦曰牵。（外河称牵。）凡高低宽窄不同者，停匀折算之得数，皆谓之均。

何谓以顶作底，以坡还坡？加高土于旧堤顶上，或其新旧堤顶上加高若干，再收新堤顶宽若干者，谓之以顶作底。原坡收分若干，培厚仍收坡分若干者，谓之以坡还坡。不照原坡者，则以培厚顶宽若干、底宽若干，均牵合算。

何谓翻筑？翻筑者，翻工重筑之谓也。新估土工，方夫（挑筑土方之夫役，曰方夫，即土夫也。）分段挑筑，中留界线，未经以硪，落沟虚松，不能连合一气，难免渗漏之虞者。必自堤顶刨挖到底，层土层硪，重复套打，故曰翻筑。

何谓戴帽？加培堤工，其原堤系坦坡，或估量原堤过肥者，方夫希图减工，偷将加培部分任意少挑，复于背面用新土掩盖旧坡，以致下坦上陡者，即是戴帽之病，亦谓之为歪帽也。

何谓剃头修脚？削去堤顶，刨松见新，将土搂下，铲去堤根，假种草茅，将土翻上，以为帮培堤坡之用。一转身即符所估丈尺，并无方坑可验者，即是剃头修脚之病。此病由来，亦在原估过肥之故。其有单修脚者，则仅方夫一面之弊也。

何谓洼腰？坡土不足，腰身洼下，谓之洼腰。又顶土两端高仰，中间低落，及坡土两头伸长，中间缩短者，亦曰洼腰。此病，亦皆方夫取巧之故。

何谓贴帮？何谓垫口？贴帮垫口，皆挑河之病。贴帮与垫口相连，不垫口则不须贴帮。垫口者，将河内挑出之土，垫铺河口之上。垫口一尺，内外核算，计可少挖河深二尺。贴帮者，以土培补坡之谓也。贴帮则挖河宽数，亦因之而偷减。垫口何以必须贴帮？盖当方夫初插锹时，系照原估丈尺兴工挑办。及至垫口作弊，若不贴帮，非河口较宽，即河坡不顺，是以必先贴帮而后始能垫口。此等弊端，虽有封堆灰印，亦不能免。惟在承办人员，不时稽查，认真监视耳。

何谓插锹？插锹者，兴工挑办之初，必先插锹取土，因插锹为土工最初第一事，是以俗呼兴工为插锹也。

何谓逃铺？总夫头以下，必有多数小夫头，自成一铺，分工挑土。及工程累手，亏欠铺底米面，相率逃走者，谓之逃铺。此在总夫头用人不当，布置失宜之故。

何谓扣筐？扣筐者，土夫有所要求，相约停工不挑之谓也。此病由来约有三端：（一）方价太小，不敷食用。（二）夫头克扣，土夫不服。（三）土夫刁滑，故意为难。三者起因虽不同，要在司其事者，相机以权术处之。不然一经激变，相约逃散，非特委官、夫头被其拖累，误工失事，所关尤大。

问：水旱方方价，如何酌定？答曰：取土旱方易，水方难，故有如下六种之别。旱方较廉，泥泞方、旱苇板方次之，水方又次之。水苇板方，较旱方倍之。水中捞泥，施工愈难，方价愈贵，约在旱方倍半之间。至旱方价值，例章以七八分为限。现在米面抬价，工值亦昂，须临时酌量核定。

问：土路远近，又如何分别定价？答曰：方价既因水旱低昂，其值如上所言矣。土路远近，似亦不无区别。旱方近土，如距堤十丈、二十丈者，方价必廉。远者仍分别水旱方，或十丈一加价，或二十丈一加价，且有每五十丈始一加价者，亦皆随时斟酌可耳。

何谓绕越远土？土塘距堤本近，因缘堤有积水坑塘，非绕越坑塘进土不可者，谓之绕越远土。但其间亦略有区别。坑塘水深，有非绕越不可者，方价固昂。其坑塘水浅，或填筑马道，或竟徒涉，则价又廉矣。

何谓扒坡过梁？堤高坡陡，重担拾级而升，谓之扒坡。谚云：高一尺，不如远一丈。是则堤之高卑，坡之陡坦，亦挑土难易之所系焉。过梁者，隔堤取土之谓也。隔堤取土，既上坡尤须下坡，故较扒坡为更难。他如隔河取土，难易显然者，可不问矣。

第二章　柴草料

柴草料者，埽坝之骨子，换言之，乃埽坝主要之料物也。故与桩木皆称正料，试即分节言之。

第一节　柴草料之种类及其御水性与耐久性

第一，秸料。秸料者，秫秸也，即高粱之挺干也。其御水性略同苇料，而做埽后，经水三年，即行腐朽，不若苇料之耐久也。上游地段产苇不多，故用秸料。

第二，苇料。苇料者，以粗大芦苇为埽镶之料物也。用以御水，不激水怒，不透水流。其入水也，可经五年之久，故较秸料为优。从前下游苇料居多，近来苇塘淤垫，所产亦少。

第三，枝料。以柳枝为埽镶之料物者，曰枝料，亦有杂杨榆枝而用之者。枝料枝干较粗，其御水不及秸苇，而耐久则过之。且体质较重，容易落底着实根基，是以从来埽镶，多以枝料和秸苇软草做成。而今则非急要之时，不用枝料。古法失传，实可惜焉。枝料有青枝、温枝、干枝之别，下节详讲。

第四，软草。软草以谷草、稻草、豆秸、麦秸及小芦苇等，一切杂草为之。软草经水即腐，其耐久性不逮秸料，而御水性则远出各料之上。故凡做占埽，其占埽眼及每步占埽眉毛，非用软草厢垫不可。又养水盆，用料全系软草，皆取其不致透漏故耳。

第五，青苇、青秫秸及玉粟秸等。当伏秋水涨，工储料物用罄，新险叠生，不得不搜罗新料，以资抢护者。则临时割用附堤官民青苇，或其青秫秸、玉粟秸等，以应工用。一俟抢护平稳，按亩核给钱文，或在工所现钱跑买。其秫米、玉粟已熟者，先令割去秫穗、玉米。否则核价时，应将粮价一并算入，毋使小民兴嗟无食为要。青料御水较胜于旧料，惟其既未成热❶，枝干极嫩，欲其耐久，势所不能。非当切要之时，万不可用。

第二节　柴草料之堆方法及其价值

柴草料，按部定章程，计工核价，无不以束。现在通融办法，计工以方，核价以垜。今昔情形不同，未便拘泥成例，试就各料，分别说明之。

一、秸料。定章以圆径三拿为一束，连运核价捌厘，埽厢每单长一丈（即一方也），用秸料三十八束，（有以圆径两拿为一束者，则需五十七束。）约重五百七十斤。自改料垜以来，其堆方法有如下种种之分。

（甲）上游（南岸自卢沟桥至南四工末号，北岸自北上汛至北四上汛二号。）

1. 平垜。长三丈，宽一丈四尺，高一丈二尺，核秸料五十方零四尺。

2. 尖垜。长三丈，宽一丈四尺四，角连披水高七尺五寸，中间除压把脊高一丈一尺五寸，披水厚一尺五寸，两面披檐闪过垜面三尺，顶签大小束把五道。验收时，折堆平垜，长六丈，宽一丈四尺，高六尺。（按：以尖垜高宽长丈，仅核秸料三十九方九尺，即合压披束把计之，亦不过四十方零几尺耳。何以验收时，折堆平垜，亦符五十方零四尺之额？此理令人莫解，不知当日如何设定。此法疑四角垜脊高除披水压把，方能敷数，

---

❶　热　当作"熟"。

容俟调卷考查。）

（乙）下游（南岸自南五工头号至南八下汛，北岸自北四上汛三号至北七汛。）

1. 平垛。长三丈，宽一丈四尺，高一丈四尺，核秸料五十八方八尺。

2. 尖垛。长三丈，宽一丈四尺，四角连披水高九尺五寸，两头中间除压把脊高一丈三尺五寸，披水厚一尺五寸，两面披檐闪过垛面三尺，顶签大小束把五道。验收时，拆堆平垛，长六丈，宽一丈四尺，高七尺。（按：此亦不敷平垛方数，统俟调查。）其料价，则每垛连运脚银三十六两。做工时，按埽镶丈尺核方，以销料垛分数。大工用料，亦分上下游。照前式堆码平垛，而料价则以产料多寡。料路远近，不拘定价，酌量估计。去年北四上汛，大工虽在下游地界，而堆码料垛则依上游平垛之式，此例外也。

二、苇料。定章以每束长一丈，径五寸，酌定价银一分一厘。每二束，每里运价银一毫。计程途之远近，按里递加。埽厢每单长一丈，用苇料七十六束，约重六百余斤。自改码料垛垛式，料价与夫做工核方，均与秸料相同。本工产出者，尚须扣除苇余银四两。是以承办垛者，皆愿堆码秸料，而苇料上堤日见稀少矣。

三、枝料。定章每束青枝重三十斤，温枝重二十斤，干枝重十五斤，连运价银六厘。兵采官柳，例不销算。镶埽时，搀和秸料苇料用之，大抵每单长一丈搀入枝料七八束之谱。现在岁修不用枝料，即抢修偶或用之，多缘工无储积，全系青枝镶垫。每单长一丈，需千一二百斤。但用软草包眉填眼，并无苇秸搀和。枝价百斤，自二三百乃至四五百文。视工程缓急，随时酌定。（光绪二十年，南上、北下两汛，枝价按六七百文核算。）因之堆码枝料，亦无一定尺寸与斤重。

四、软草。定章豆秸谷草及一切杂草，秸每十斤连运价银一分，稻草一分六厘。近来软草，亦计垛核价。垛每长三丈、宽一丈四尺，高低正料平垛之半，四小垛给一垛正料价，然亦有另垛价者。

五、青苇、青秫秸、玉粟秸等，此等料物原系抢险权宜之举，既不堆方，亦难定价。按亩、按斤，或跑买，亦皆酌量行之可耳。

第三节　柴草料之宜忌

第一，秸料，宜新、宜干、宜长、宜整、宜带须叶、宜条直停匀，忌旧、忌潮湿、忌短、忌散乱、忌切根、忌湾曲参差。

第二，苇料之宜忌，大抵与秸料相同。所异者，不能如秸料之连须带根耳。

第三，枝料，宜细、宜长、宜新条、宜多带枝叶，忌粗、忌短、忌老干、忌湾曲丫杈。

第四，软草，宜干、宜柔、宜整、宜涩滞、宜致密，忌嫩、忌硬、忌碎、忌光滑、忌疏松。故以稻草、谷草为上，豆秸、小芦苇次之，麦秸、蒲草及其余杂草又次之。

第五，青料为临时济急起见，原无宜忌之足论。但苇柳秫粟，非经伏日，不能坚结者，用为埽镶，恒易腐败。故曰非当急要之时，切忌用之。

第六，料垛，宜堆储于平整地面；宜捆束实码；宜如起脊屋宇，檐齐眷❶起；宜四角停匀，两披密厚；宜面面俱如墙堵，不可有欹

---

❶　眷　当作"脊"。

斜倾倒之势。忌垛底不平；忌搀杂散乱；忌低檐塌脊；忌架井虚空，四角高下不同；忌两披疏密、长短不一；忌分阴阳垛面，及由缝隙可以窥天之弊。

第三章　桩橛

第一节　桩

桩为签钉埽厢、坚筑石堤、闸坝、桥梁基址之重要料物，务须圆直匀净，桩稍粗壮，切忌湾曲，软尖长稍，试分二款言之。

第一款　签钉埽厢之桩

签钉埽厢之桩，宜以匀直杨为之。曰杨脆嫩，工用不取。签埽桩约举，可得如左之六种。

一、龙门桩。桩之最大者也。大工合龙，金门占埽，始用之。长四丈以上，径一尺一二寸。

二、出号桩。亦大桩也。极险埽工，水深溜急，非出号桩不能签入河底，以资稳固之处，及坝埽如签面桩用之。长三丈五尺以上，径一尺。

三、头号桩。桩身较小，于龙门、出号埽工，加桩面桩用之。长三丈以❶，径八九寸。

四、二号桩。桩身较头号又小，埽工槽桩用之。长二丈五尺以上，径六七寸。

五、不列号桩。于右四项外，尚有一种长二丈上下，径五寸，较下签桩又大者，用为签钉，防风龙尾之用。自来既无号

---

❶　此处脱"上"。

数，因加以不列号之名。

六、签桩。小桩也。长一丈五尺上下，径四寸，签钉由子，或其防风小埽时用之。

第二款　筑石堤闸坝桥梁基址之桩

筑石堤闸坝桥梁基址之桩，以木料坚实者为贵，故多以松柏稤杉等木为之。其缺少此等木料之处，亦有间用榆木桩者。然榆木入土，不能经久，究不相宜。桩身亦宜圆直匀净，俾可深签到底。至于长短大小，则视基址之坚松，与夫地势之是否吃重，酌量定夺。该桩用法，有梅花地钉与沿口排桩二种之别。

一、梅花地钉者，灰步下之梅花桩也。因系相间错杂破钉，故有是名。桩木大小，离档远近，亦皆随时酌定。梅花桩，多以柏木为之，有丈丁（长一丈，径五寸）、中丁（长八尺，径三寸）、梅花丁（长五尺，径二寸）之别。宜密下深签，须防工匠偷削桩头之弊。

二、沿口排桩者，灰步两面，沿口签钉，保护基底之桩木也。盖虞冲动灰步，基址蛰陷，关系重要，故于灰步沿口密钉排桩，以护根脚。其排桩层数之多寡，亦审度形势而后定之。

此外如架搭便行桥座之桥柱、桥梁、桥檩等桩木，则不拘木料，但视河底之浅深以定桩料之大小已耳。

第二节　橛

橛亦曰行橛，截柳木为之，做尖用。长四尺五寸，或四尺，径二、三、四寸均可。挂缆、回绳、揪头、滚肚、骑马、挂柳一切绳缆，皆须钉橛拴系。岁、抢修工程，亦有两橛交叉，以代骑马，及签钉能尾埽由，扎把用之，大曰橛，小曰签子，乃工用必需之品。须先期采购，预储险要工段，以应急需。从前

埽厢揪头绳一根，专截桩尖，名为留橛，以便拴系。今则概用
柳橛，亦无留橛之分矣。岁、抢修橛木，皆斫本工堤柳，不估
价值。其大工用橛，须以榆木为之。大坝用者，长一丈，径约
五寸。二坝用者，长八尺，径约四寸。养水盆用者，长六尺，
径约三寸。养水盆不用兜缆镶时，此橛可省。闸坝石工之用橛，
仍以松柏樫杉为宜。

第四章　绳缆

　　绳缆，亦占埽工之重要料物也。占埽固非柴土桩橛不得成，
然既有柴土桩橛，而设无绳缆以维系而牵绊之，亦仍堤自为堤，
占埽自为占埽，堤不足资占埽以巩固，占埽亦不能凭堤为依靠。
虽有占埽，亦复何用，故曰绳缆，亦占埽之重要料物也。试分
款说明之。

　　第一，绠绳。亦曰苇缆，又曰光缆。以黄亮苇子，用辘轴
压软，三股拧紧如麻绳状。每根长六丈，重三十斤，为一盘。
二百盘凑成一垛，照正料核给缆价。拧打时用绳，车如拧绳式，
（各汛预备缆褾，须酌量用处多寡，而后定之。万勿贪图价直，
致有余剩，迨至次年，皆成废物。）先缆平时做埽卷由。凡揪头
（亦曰窄心绳）、滚肚、拴骑马及抢险、挂柳等绳皆用之，亦有
时大工占埽及旱坝占埽间杂于行绳中用之。

　　第二，褾子。褾子二股小苇绳也，亦以苇子用辘轴压软，二
股拧紧，每根长三十丈，重十斤六，百根凑成一垛，亦按正料
给价。褾子惟卷由扎把匀当，拉地弦以及由子后面挂帘两种用
法。卷由扎把，一头结埽心（由子卷心小把也），一头铺地上，
俟卷成用占绳系于由子外面，连滚肚按档扎紧，庶推由下河不

致松散挂帘于由子。推下由由子后至山根（坡脚也）之空档内，用档子一头密拴于由上，一头暂放堤顶，以柴草料横铺裸上，与由相平。即将堤顶一头收回，亦紧拴于由上，以便压土，不致挤由外游。

第三，行绳。行绳以苘麻三股拧打扣花，停匀粗细一律，万不可忽松忽紧，劲力不均，是为至要。每根长五丈五尺，重自十四五斤至二十斤不等，应视水势缓急、工程险夷而后定之。拧打行绳，须搭绳架为之。一头拧鼻，一头松散，以便缳结。拧工每根约京钱一百乃至百二十文。

行绳者，捆镶绳缆也。平时软镶埽及大工占埽用之。水❶定河软镶无揪头、滚肚等绳，但用行绳铺于埽之底部，层镶层回。将占埽捆成一气，以代揪头、滚肚一切之用。亦有平时水埽用为揪头、滚肚或拉骑马等绳者，盖以水力太猛，恐苇缆不足以资保重故耳。大工占埽之行绳一项，在永定河不过视占埽之宽窄、水势之缓急以定用绳之多寡，大抵离档在一尺左右而已。在黄河则绳之名色不一，绳之用法不同，故有暗过肚、明过肚、底钩、面钩、活溜、大占、腰占、揪头、肚占、连环占之别。内外河情形不同，但存其名，似可略讲。

第四，过河绳。过河绳，有大坝、二坝、养水盆之分。

（甲）大坝过河绳，用四十根，每厂各半。（须商酌斤重长丈而后分拧。）每根约长三十丈，约重二百四十斤。拧工京钱二吊文。用时两坝各钉龙门橛两路，将绳头分挂两坝，先后活系橛上，以便松放。

（乙）二坝过河绳，用二十根，每厂各半，酌商分拧。每根长二十一二丈，重一百四五十斤，拧工京钱一吊文。用法同

---

❶　水　当作"永"。据国图藏本。

大坝。

（丙）养水盆过河绳，用十六根，每厂各半，酌商分拧。每根长十六丈，重五六十斤，拧工京钱五百文。用法亦同大坝，惟养水盆有不进占时，但以软草和土筑坝闭气者，则不用此项绳缆。

第五，龙筋绳。大坝过河绳，两坝平匀拉紧，拴于龙门橛上，即在过河绳兜居中，横放茼绳一根，两面长较大坝宽窄略余数尺，务须掩过上下水。第一根过河绳，径同行绳，约重二十斤。用占绳，将横放茼绳，与过河绳，分匀绳档，交叉拴住，是曰龙筋绳。龙筋绳，拧价亦同行绳。先期商定，由何厂预备。

第六，龙须绳。龙须绳，惟合龙时用二根。每厂一根，酌商分拧。每根长六十丈，约重七百斤，拧工四五吊文。龙须绳用法，于龙筋绳拴妥，先将两坝龙衣平铺密拴，中间安放苇把一个，亦用占绳系住，名曰龙骨。前设龙头，后扎龙尾，长与坝身宽窄相同。将龙须绳由龙尾连环套结，紧贴龙骨两边，节节联络系定。两绳直出龙头，在于对岸坚实滩地，深签大桩二根，分系绳头于桩上。桩须签稳，绳须系紧，俾可提住金门兜子，不致松劲外游，且免被水冲斜之病。

第七，龙衣绳。龙衣，有苇箔龙衣与绳网龙之❶两种。苇箔，后章详讲。绳网者，以细紧好麻绳结如网状，每坝一领，宽窄适如金门之半，必须略留余地，不致敷设时，落成缝隙，以免兵夫失足落河。结结❷绳网龙衣，须找熟悉夫匠，方能合式。工料价，按时估给，并无一定。

第八，倒拉绳。每厂一根长约三十丈，重二百四十斤，乃

---

❶ 之　疑作"衣"。

❷ 结　衍字。

至三百斤。拧工，随时酌定。其用法，略同龙须绳。在于龙骨两面适中之地，与过河绳交，又用占绳系住，亦在河内钉桩拴绳，拉住兜子，不使外游。或拴大倒骑马两个，用之亦可。

第九，占绳。占绳者，小苘绳也，专备拴系之用。长三五尺不等，径同小指。由兵夫领麻现搓，用处繁多，不及细举。

右之绳缆，皆为料物。故于本编说明，他如家伙绳等用为器具者，俟后编再行细述。

第五章　石料

石料，非随地皆有之物，以道路远近而定价值，但有包运、不包运之分耳。永定河以房、宛两县最近，是以工用石料，无不出此。惟是河运未能办到，陆运脚价较昂，兼之地势河形，悉非他河之比。在外河地土坚实，险工有定，做一石工，即得一石工之用。永定河，除卢沟桥南北一带，石工甚属相宜。其两岸自南北上汛以下，地土疏松，亦无定险基址，未能稳固。即不敢轻议石工，且既建石工，复难保水势之始终不改。是故设防以来，除金门石坝及抛砌片石护埽外，不闻何处犹有石工。虽然卢沟桥上下东西两岸，石堤以及金门石坝，亦计有石工四十余里之长，岁修改建，在所难免。因之石工不可不讲，石料不可不说明也。试先言料，工则详于后编。

第一，料石。料石者，方径长大六方，皆见平面之大石料也。料石计工核价，皆论单长。每单长宽厚一尺，长一丈。永定河料石，可分如下之二种。

（甲）青砂大石。出宛平县石府村。定例每单长山价银一两二钱，运价银每里二分。临时计程，按里估报。

（乙）豆渣大石。出房山县杨二峪。定例每单长山价银一两，运价银每里二分。临时计程，按里估报。

第二，片石。片石者，不成方圆之石料也。以有一二方平面，径约一尺上下者为宜。片石计工核价，皆论方。每方长一丈、宽一丈、高二尺五寸，与土方尺寸不同。片石出宛平县八角村。定例每方山价银一两一钱，运价以每方匀十车装载为限，每里银二钱七分。临时计程，按里估报。

第三，石子。石子，亦曰河光石，卢沟桥上下河中即有。就地取材，无山价、运脚之分，雇夫检拾堆码。定例每方银七钱八分。其本工无可拾取，运诸远处者，照片石运价，按程计算。隔河者，临时酌估。

以上以各项石料山价、运脚，亦有非定价所能购得者，须随时核计，多方比较始可。

第六章　砖料

河工，除石料外，犹有砖料之一种。砖料之为用也，或砌堤，或做埽，或建砖坝与涵洞。在外河用法极多，而本河土疏流急，万不能用。所可采者，惟浮抛砖坝与夫护堤埽之两用耳。然亦辄行辄辍，难收实效。不知日后仍有仿行此法者否？

砖料备价购买，甚不合算。且砖小不足当溜势之冲，又多偷窃损耗之病。故凡用砖料，必须建立窑座，就近自烧备用。既节料价，亦省运脚。砖块愈大愈好，只少亦须重逾三十斤。或砖样三角歪斜，不足移为他项之用者，方无前弊。购运抛做，则皆以数论值，或千或万。宜归妥靠之人承揽办理，然犹非随时监察不可。除设窑烧砖，不与寻常砖块相同外，其平时购买之砖，复有如下二种之别。

一、大河砖。长一尺二寸，宽五寸，厚四寸。定例每块，银一分六厘。

二、沙滚子砖。长八寸八分，宽四寸二分，厚二寸，定例每块，银一厘八毫。

第七章　木料

木料有专备料物与制造器具二种之别，试分节言之。

第一节　专备料物之木植

专备料物之木料，惟松木料一种而已。如沿口板、闸板、桥板、枋木、栏杆木及建木涵洞之木料，皆以松木为之。松木料长一丈、宽一尺、厚七寸者，定例每料连运价银一两四钱。短一尺减银一钱四分，以次递减。至长七尺者，银九钱八分。松木板长一丈、宽一尺、厚一寸五分者，定例每块连运价银三钱八分。松木枋长一丈、宽一尺、厚四寸者，定例每根连运价银八钱。长一丈见方四寸者，三钱八分。长七尺见方三寸者，一钱二分。

第二节　制造器具之木植

制造器具之木植，约举可得如左之八种。

一、大杉木。云梯用之，长六丈上下，方径约一尺者，可签龙门出号桩。五丈上下，方径约八寸者，可签头、二号桩。《则例》❶ 无此项价值，按照时价，随时酌量定之。

---

❶　即《永定河志》载诸夫料工价则例。下同。

二、槐柏木。八分厚板，挖泥浚浅船料用之。每料（木植以长七尺三寸，径一尺，为一料）定例银九钱，运价在外。木锹、木硪，亦皆槐木为之，取其不磨不裂，较能经久故也。

三、杉木。杉木除前章《桩料》外，凡楞木（石工用）、架木（签排桩地丁桩架用）、船桅皆用之。其价视木料之长径，按《杉木则例》（载《河志》❶）给发之。其为棹把、棹叶之用时，长八尺、径二寸五分及长七尺、宽六寸、厚一寸者，定例价银八分。

四、松杆。挽篙篷、杆杠木等具，用之。长一丈四尺、径三寸者，定例价银一钱五分。长一丈三尺、径三寸者，一钱二分。

五、板料。踩板、跳板等之板料。若以松板为之，照前节定例给价。有以杨桩或堤柳锯用时，则但销桩柳，不再估价。

六、榆木。夯杵、榔头、硪肘、鸡心、牵板等，皆用之。夯杵榔头用段木，硪肘、鸡心用榆木拐子，价依则例所定，酌量定之。此等器具，用枣木亦可。夯杵、榔头，能用槐柏木更好。

七、柄把木。各项柄把，如木硪柄、铁锹柄、榔头、刨斧等柄及扁担等，亦以松杆为最结实，榆、杉充用亦可。

八、檀木。松篙松挽之拐把及棹牙等器用之。

木料不胜遍举，且可充用者多。兹略言大概如此，他皆随时变通可也。

第八章　灰料

灰料者，以石灰为料物之用，砖石、灰步及油舱船只各工

---

❶　即《永定河志》。

所必需也。石灰，亦产于房、宛所属韩溪等处，采买山价，例定每千斤银六钱，运脚远六十里者银九钱，百二十里者银一两四钱。现在山价、运脚亦较昂贵，须酌量增加。

一、灰土。灰土用灰，因用法不一，而多寡不同，是以有如下三种之分。

（甲）见方一丈、高五寸为一步，小夯二十四把者，用白灰一千二百二十五斤，黄土二尺一寸。凡闸坝金门出水等处，需用灰土照此例。

（乙）见方一丈、高五寸为一步，小夯十六把者，用白灰七百斤，黄土四尺二寸。凡堤坝闸墙基址，需用灰土照此例。

（丙）大式大夯，见方一丈、高五寸为一步者，用白灰三百五十斤，黄土五尺六寸。凡堤坝内尾土并盖顶处，需用灰土照此例。

二、油灰。修舱料石石缝，及修舱船只用之。修舱石缝宽五分、深五分者，每长一丈，用油灰一斤四两。每油灰五斤，用好麻一斤。修舱船只，用法大略相同。

三、垒砌灰。垒砌片石、石子、砖块等工用之。用插灰泥时，每砖石见方一丈、高一尺，用白灰三百斤。纯用灰砌者，用白灰八百斤。其修砌大料石工，每石底宽一尺、单长一丈，用白灰四十斤。

四、灌浆灰。大料石工，每单长除垒每灰四十斤外，尚须灌浆灰四十斤。每灰浆四十斤，用江米二合，白矾四两。如非大料石工，则灌浆灰止准灰四十斤，用江米二合，白矾四两。

五、麻刀灰。拘掀片石、石子堤工用之。片石石缝匀折，厚二分，见方一丈，用灰八十斤，麻刀二斤六两四钱。石子堤石缝较多，似须酌加。

第九章　铁料

铁料，亦工用必需之物。如庐沟桥减水坝之大铁桥，其桥身上下浑然以铁造成者，姑不具论。他如石工、桩工、桥工、船工所需铁料，除器具外，约略举之，亦有如下种种之分。

一、生铁锭。大料石堤及闸坝桥工皆用之。两石接缝处所，必须凿槽安扣铁锭，俾两石交相扣接，块块联络，不致被水冲揭。铁锭每个长六寸五分，两头宽二寸六分，腰宽一寸六分，厚二寸，重十二三斤。定例每斤价银一分六厘，但铁锭大小随时酌量，亦不必拘定尺寸。

二、生铁斤。亦料石工用之。用处未详，容俟查考。

三、铁柱。桥工闸坝墙柱用之。既将料石砌成墙柱，安扣铁锭，犹恐不能得力，因于每层石块凿成圆孔，底面穿通，上下相对。柱径一二寸，视工程酌量定之。孔（乏）〔之〕大小，适可穿柱而止。用时将白矾熬融，灌诸孔中，穿八❶铁柱，自然联成一气。

四、铁攀。如桥柱既扣铁锭，又贯铁柱，复于桥柱两面相对凿孔，用扁方铁攀穿透拉扯。攀之两头，预留钉孔，露于两面，贯以上大下小之铁钉。闸坝矶心，亦有用此法者。

五、三棱铁刀。桥工石柱其迎水一面，砌成斧形。即随斧之形势，铸以三棱铁刀，以分水势。

六、铁桩箍。签地丁排桩用之。桩箍以熟铁打成环状，大与桩头圆径相同。临用时，套入桩头，俾砸打不致劈裂。

七、铁桩帽。亦签桩之所用。地土坚实处所，如卢沟上下

---

❶　八　当为"入"，据国图藏本。

桥类，皆石子，河底桩尖遇之不能深入。因用铁打成桩尖式样，套入木桩尖上，用钉钉住，方可深签地底。

八、铁拉址、铁叶。皆签钉排桩之所用。用法未详，俟考查，容后详述。

九、铁钉。桩工船工用之。每斤定例银四分。

十、西路铁钉。桩工用之。每斤定例银二分六厘。

十一、铁扒锔。浚船用之。用法未详，俟考查，容后详述。

十二、铁猫。浚船系泊下碇用之。每重十斤，价银八钱。

十三、铁箍。浚船箍桅根夹板用之。每船两个，约重二斤半，价银一钱二分五厘。

十四、铁钻铁锔铁钩箍。浚船篙棹挽子之所用。每斤定例银四分。

第十章　麻料

麻亦河工不可少之料物，计有如下三种之分。

一、苘麻。绳缆用之料物，已于前章说明，器具当于后编言之。旧例每斤银二分，时价倍之。

二、苎麻。亦曰好麻，油灰修舱用之。碗筋、碗辫、拴筐绳等，亦以好麻为妥，然用之者极少。定例每斤银六分，时价亦较昂。

三、麻刀。拘抹片光石缝，麻刀灰用之。麻刀以旧绳缆剥成麻屑，即是。定例每斤银一分，时价亦倍之。

第十一章　杂料

杂料者，未属于前各章之一切工用物件也。试举于左。

一、骑马。以木料做成方径二寸左右、长四尺以上之交叉十字架，用绳缆一头系骑马中间，叉立于埽工前。眉马面复在堤上钉橛，将绳拉紧，拴于橛上，俾埽工不致扒游。大抵镶压两层，用骑马一路，三、四、五个匀档，女绊均可。

二、席片。苇篾所编之席片，河工用处极多。闪灰、泸灰、柳囤、土柜、堵漏、挑河及料厂闪盖杂料，皆用之。其大工坝厂住房，仓卒构成，尤非绷席不可。此外如床席、窝铺、抬棚、家伙船等，亦皆用之。价依时值估报。

三、麻袋。麻袋一项，惟合龙抢险时用之。抢险如堵漏、挂柳、压埽等用处亦繁，合龙则装土预储坝台。金门兜子起首镶料一、二、三步，皆须麻袋、蒲包装土追压。盖彼时后路挑土，缓难应急，且虞兜子着水，土被冲刷。用麻袋、蒲包之法，神妙无比。此项料物，须在天津采办。

四、蒲包。亦合龙时装土储诸坝台，以待应用。说详前项，兹故不赘。

五、柳囤。柳囤以柳干、柳枝编成囤样，仅一圆腔，并无底盖。以高五尺、径五尺为限，大小高低临时增减亦可。柳囤惟石堤抢险，或其拦河筑坝用之。用时将柳囤排列河中，中间填草装石子，或囤内圈贴席片，装填沙土。水深处，囤囤套接，二囤三囤，须以出水为止。无论抢险筑坝，后面皆宜挑土跟筑，以防被水冲翻。定例每个价银五钱。

六、杨木穿钉。柳囤两个用杨穿钉一根，长一丈二尺、径五寸，贯透两囤，以资牵连稳当之用。

七、桐油。调和油用灰之❶，每斤定例银六分。

八、江米、白矾。石工调灰和浆用之。时值增长，例价不

---

❶　调和油用灰之　疑作"调和油灰用之"。

敷，购运亦随时酌定可也。

九、扎缚绳。即细小麻绳，备扎缚楞木、架木及缝联席片等用。定例每斤银二分六厘。

十、浚船需用杂料，不胜枚举，统于浚船工程说明之。（外此各项料物，应参看《五道成规》❶ 等书。）

---

❶ 即《直隶五道成规》。

第三编　器具纪略

第一章　估工及验收应需器具

估计河工测量者，固应携带测量器具，如经纬仪、照准仪等，以便测算估量。但河工用测量仪时甚少，姑不置论。而以土法勘估，亦非徒手所能办，必有种种应需器具，试举于下。

第一，丈绳。丈绳，亦曰篁绳。有以匀细苎麻绳及蜡皮老弦为之者，有以铜丝铁线为之者，第绳弦则因晴雨燥湿而松紧不同，钢铁则以伸缩拘屈而短长不一。然舍此，亦无别项可代。丈绳之用者，只有临用时用尺较准而后勘丈。复于丈量中，随时比量，庶验收时覆量工段，不致大相悬殊。近有一种皮带尺，或无松紧短长之病。河工因无用过，皆安旧习。其铁带洋丈绳，则重笨不堪，亦属难以较准。

丈绳者，丈量所用之绳也。其长数，乃工部营造尺之十丈。但所用虽只十丈，而预备丈绳则二十丈，或十五丈皆可，至少亦须十二丈。盖防绳断接续，或备他项用法也。（如收河时，河口宽十余丈者，两面拉绳比较，即非二十丈绳不可。）做法用鲜明色线，按一尺一档，拴系尺志，一丈一档，拴系丈志（如第一尺用红线，第二尺用绿线，依次相间，红绿分拴。及至一丈地步，则用较尺志略长红绿线合系之。自一丈乃至十丈，或二十丈，无不照此做法），以便记认。

丈绳之用法，以丈量长丈为主，丈量高底宽窄为从。如通量两岸堤工，及分里编号，或其估工收工（河坝堤堰水口等），皆是主法。他如夹杆量堤之高卑，河之浅深，堤底之宽窄，河口之大小，即从法也。主从用法，两不可废。

第二，丈杆。丈杆，亦曰度杆，以长直之细竹竿或杉杆等匀直木料为之。丈杆必须长逾一丈五尺，乃至二丈，亦照营造尺，按寸、按尺、按丈分记标号。其标号用红、黑油，分明尺寸，量准记之。或以刀横勒分线，亦可。但须寸线极细，尺线稍粗，丈线加倍。又于每五寸地步，加以单叉。一尺地步，加以双叉。一丈地步，刻画多道。则庶几记认较易，不致错误。至于用法，亦分主从。量高与河深、垛高与埽深者，乃是主法。其夹杆量堤底之宽窄、坡分之短长，又验收闸坝进身之盈歉者，皆从法也。勘估验收，携带丈杆，非二三根不足应用。量法已详首编《堤埽》章，兹故不赘。

第三，五尺杆。五尺杆，以不弯不裂、条直停匀之杂木为之。杆之形式，不拘方员❶，长适营造之五尺，故曰五尺杆。杆身较准，尺寸锯钉铜星，一如秤尺之式。或按照丈杆用墨描画，用刀镌刻，均可。凡量堤坝顶之宽窄、占埽面、土牛、料垛、石方、桩身等之大小长短，又如放土卷由、撩底找口一切用法，皆非五尺杆不可。

第四，水平。凡测量地平与估算建瓴大小，必用之。测量仪，皆随带水平一具，而亦可以土法造做之。其法用木板一块，长二尺四寸，两头及中间凿成方槽，名曰三池。横阔一寸八分，

---

❶ 员　当作"圆"。

纵阔一寸三分，深一寸三分。其内有通水槽一道，阔二分、深一寸三分。三池上各置盖，周围略小些，微以能放入池内，浮于水上，名曰浮子。盖上用一横梁，高八分，梁之正中，锥一小圆眼，如菜豆大，阔长一寸七分、厚一分。盖厚三分，三眼穿对相齐为平，有谓之为天下平者，即水平也。水平底居中凿一圆窝，深二三分，以俟应用。至用水平之照法，则截木一根，长二尺五寸，下装铁脚，易于入土，上承木盘，以便安放水平，谓之水平架。盘上做成圆笋一个，将水平底圆窝套入笋内，既臻稳妥，且能旋转。水平安放停当，较量平正，立一丈杆于前，标准尺寸，再用柴竿夹红纸一条，令人拿立五十步外，眇目由水平三眼对准丈杆，射视红纸，即定五十步外之尺寸若干。如此按次照视，便知上下相去之高下矣。

第五，志桩、灰印。志桩、灰印，皆所以防偷减之弊。志桩，以橛木充用。灰印用牛皮如碗口大，中画押字照字样，密穿细眼，可以漏灰。四缘用布缝成一袋，袋内满装白石灰粉。用时照所估河口及堤脚细加较准，两面距口脚五尺，签钉志桩，与地相平，扑打灰印一个。上覆粗碗，用土掩埋，每十丈或二十丈，酌量地形，如法签印。验收时，起碗查看，有无移动，以杜垫口修脚之病。亦有钉志桩于所挖河身内，而又另签口橛者。如挑口宽五丈、底宽二丈、深五尺之河志桩，须长八尺，钉与土平。除完工挑出五尺，仍入土三尺。临时查验，深浅一目了然。又于河口钉橛，距口五尺打印，则口宽亦无从偷减，筑堤亦然。其加高堤工，原有堤柳者，将加高尺寸，削去树皮记于树上，虽异常狡猾方夫，不能施其伎俩矣。

第六，筢箩。勘估口门，及初决口时，往来两坝，权当船筏之用。盖初决口时，船未调集，一经水落，又不得不亟勘量水口，以为堵合之计。于是权用筐箩浮诸水面，乘入其中看察形势，逐细探量，立杆标记。坝基、金门、挑水坝、引河头，无不当于斯时定之。筐箩以柳条编成，一如常用筐箩之式，惟大则过之。口约方径五六尺，底约方径四五尺，深约二尺。编成后，内外缝隙满填油灰，再加熟油几度，则入水不致渗漏，可当船筏之用矣。

第七，沉水绳。沉水绳，亦探量水口之用器也。堤一溃决，溜急水深。用丈杆测水，非一杆不能到底。即丈杆被水冲浮，欲探水势深浅时，有断不可不用沉水绳者，故沉水绳亦一勘估水口之要具也。沉水绳，用细密好麻绳为之。长约五六丈，照丈绳之式，记明尺寸。一头拴铁坠一个，愈重愈好。用时将铁坠抛入水中，扯住绳之一头，试坠落底计有若干丈尺，法同海洋船之试水绳。坝身之或高或矮，占埽之应迎应背，皆于此时探量定之，以便估计用款之多寡也。

第八，标杆。立杆以定标准之用者，谓之标杆。估河、估堤、估坝，皆用之。譬如筑堤，拟如何找直？挑河，拟如何漫湾？建坝，拟如何形势（如背水、迎水、挑水、顺水等）？如何裁湾？如何取直？必先节节插立标杆，审察再三而后定局。及将基址酌定，又须照准中线插立稳当，以便按照标杆兴工挑做，不致有参差欹侧之病。标杆无论竹木，皆可充用。木❶河甚有即以秫秸杆为者，但宜匀直为妥。

第九，铁椎。铁椎状如火柱，或即以火柱充用，亦可专备验收土堤，探试碛工是否坚实之用。探试之法，用铁椎签堤成孔，灌水孔中，水不渗漏，足征坚实。其渗漏者，便是虚松。渗漏愈速，虚松亦愈甚。虚松太过者，势非翻筑不可。

---

❶　木　当作"本"。

第二章 土工器具

土工有筑堤、挑河之别，因之器具亦有筑堤、挑河之分。惟其间又有合用、专用之不同，试分两节，说明于下。

第一节 筑堤与挑河合用者

筑堤与挑河合用者。筑堤器具，亦可用为挑河器具，挑河器具，转复可为筑堤器具。挑筑分工，用器则一，故曰合用。合用器具，列款左方，加之以说。

第一，土篮。土篮，亦曰筐，河工挑土用之。多系编柳而成，以粗干为梁，以细条为骨。其编法有二。

（1）每副两篮大小相同，每篮约可装土五六十斤者，谓之落肩土篮。

（2）每副两篮大小悬殊，一头大篮约可装土七八十斤，一头小篮则仅装土二三十斤者，谓之摔肩土篮。二者相较，装土之多寡虽同，而出土之迟速迥异。是以今之方夫，无不利用摔肩筐者。

第二，扁担。扁担，亦挑土之所用也。以杨木为之，两头拴筐，装土挑送，其形不方不圆。故曰扁担。扁担有长短软硬之分，长则土路窄处，往返不便，硬则与肩骨相磨，日久肿痛，是以扁担宜短宜软。但太短太软，则又未免触胫击踝。尤以长短适中，俗所谓软硬劲皆有者，为最善也。

第三，拴筐绳。以苎麻或苘麻拧成，亦土挑必用之具。每副两根，一头挽于扁担两端，一头紧系筐梁，以便应用。绳之为物虽微，而其用法亦有深可讲究者。如挑落肩筐，其绳长短相平，非将土挑横承肩脊，不能上坡。扁担既长，筐绳又不合式，所占马道，只少亦须六七尺。若摔肩筐，则拴大篮之绳较长，拴小篮之绳较短。其上坡也，小篮在前，大篮在后，既无磕碰之虞，且往返土道仅需五尺，孰利孰钝，可不言而喻矣。

第四，铁锹。铁锹者，起土装筐之要具也。以铁为之，其形若铲，上装木柄，以便把握。锹亦有种种之别，有所谓大锹、小锹、平锹、凹锹者，有所谓方头、圆头、钝口、利口者，又有所谓窄面、宽面、长柄、短柄者。形式不同，用法亦异。须视土性如何，酌量更换。土工寻常用锹，大抵方头、宽面、钝口、短柄之平凹小锹居多。其做水工，如挑挖河头，宜用大锹做累工，如遇稀淤潦沙则以圆头小锹为宜。用法多端，难以毕举。但凭理想，自然可知。近有一种宽面、短身、圆头、利口、短柄、加拐之凹锹，诚利器也，惜河工尚无用之者。

第五，跳板。跳板非土工必需之具，然亦有不得不用跳板之时。如筑堤坡分太陡，土路有坑塘、水沟者，又如挑河遇水活，必须倒塘挖取者，无不皆赖跳板以为之用。跳板或踞板为之，或用旧桩、旧云梯，或借踏板等物皆可。

第二节　筑堤与挑河专用者

专用者，彼此不能通融合用之谓也。筑堤挑河，皆自有专用器具。即欲通挪，亦万不适用，非若前节各器。无论河堤，在所必需者，故曰专用。试分款言之。

第一款　筑堤专用器具

第一，碜。碜有石碜、铁碜、木碜之三种。

（甲）石碜。石碜以坚硬石料为之，分为二种，皆与桩碜不同。

1. 坯硪，亦曰花盆硪，系专备打坯之用。且形似花盆，故名之也。坯硪分三号，重约百斤乃至百五六十斤。用时先以麻筋束腰（无硪肘、鸡心等件），缠扎结实，亦曰硪筋。将硪绊（长约八尺。）八根，分档挽结。硪夫八人，各立一方，叫号硪打，拉绊起硪，松绊落硪，硪有齐眉与过顶之别。如欲砸土坚实，必须硪硪过顶，挨次套打，俗所谓高举平落者，硪工之最善者也。

2. 面硪，亦曰片硪，打顶硪与边硪用之。以其形似花鼓而扁（亦有非花鼓式者），故曰片硪。片硪亦大小不一，约在二百斤左右。硪边凿成绊鼻八个，以为套绊之用。顶土挑成，先行坯硪一遍，而后再以片硪找平做细。片硪硪夫亦用八人，硪打时平起平落，既不过顶，亦不齐眉，大抵离地二三尺即得。但须两口包边，庶几坡顶合一，顶硪硪绊与坯硪长短相同。而打边硪（即坡硪也）则更换长绊三根，用三人立于堤口，自上而下，渐渐松放。其五人立于堤坡，与三人相对，步步退打。已打成者，不再践踏，以期整齐。本河所谓跨帮硪与跨帮绳，即此用法之意也。

（乙）铁硪。铁硪亦有二种：其一小而厚者，桩硪用之，兹故不论。其一大而薄者，土硪用之，亦即前项之片硪也，不过较形薄小耳。硪式用法，悉与片硪相同。惟大工土柜所用铁硪，则硪绊四长四短。盖因硪打时，四人分立，大二坝占眉者用长绊，四人在柜内相对立者用短绊耳。长绊四根，本河亦谓之为跨帮绳也。

（丙）木硪。木硪者，员[1]木之板硪也。员[2]径一尺二寸、厚一寸五分，硪面须平，硪顶凿轴槽安设木柄，长约七八尺，亦

---

[1][2] 员　当作"圆"。

专备边碾之用。用时以一人持柄，扑打上坡则立于堤顶，下坡则立于坡脚，亦以已打成者，不再践踏为是。木碾所以补片碾之不足，筑子堰用，最为相宜。

第二，夯杵。夯杵，皆所以补工之不足也。形式相似，用法亦同。但因夯大杵小，用人有多寡之分耳。

（甲）夯。夯以坚实粗重之段木为之。长四尺左右，圆径约六寸，上下一律。夯面须平，距夯面二尺以上，四方穿孔，中留圆木柱四根，大适盈握，以便把持。凡碾力未能达到之处，如填补水沟、浪窝、獾洞、鼠穴，及土柜两边靠占处所，皆用夯筑，以代碾工。用时四人分立，一方各持·柱，叫齐起夯，匀劲落夯。施用得法，其工亦不亚于碾打也。

（乙）杵。杵如桩捣所用之杵子，故曰杵，亦夯属焉，不过较形轻巧且便利耳。长与夯等，其形亦圆而粗则不及，持手处细仅盈把。用时或二人合力拱举，或一人单独抱持皆可。其有夯力不能到者，杵力无不到者，尤以一人杵筑为宜。犹有一种杵身较短，上安拐把，以便两手扶持者，功用亦同。其急切无夯杵可觅者，榔头代之。

第三，土车。河工取运土料，近者宜于用篮，远者宜于用车。故土车亦为堤工必要之具，可分两项言之。

（甲）铁车。铁车，不能平地推挽，必先敷设轨道，以便运用。车盘有四小铁轮，扣于轨上，如火车、电车之式。盘上承以铁斗，约可装土六尺。将土装好，用夫一名推转即可。其有轨道不平，忽高忽下者，在熟悉土夫借势运动并不吃力，否则一推一挽，稍费周章。惟土路单轨，则往返不免稽迟，尤以敷设双轨为便利焉。用铁车以土数较多，取土又在三五里外者，最为相宜。不然敷轨垫道，土少费繁，转不若小车载运之为得也。

（乙）小车。小车，即㧟车也，小车备运土之用。车以木料为之，双把独轮，一如普通小车之式，但车身及轮均较短小耳。车头方形，车面密铺车板，以免漏土。前左右立板三块，做成装土车箱，亦有尖头车，不用车箱。将土高积车面，或其另备柳筐，拴系车上，以为装土之用者。用法不同，而其为用则一。此项土夫本地极少，用时尚须求诸异地。

第四，抬筐。土工器，具除篮挑车运外，他皆不甚相宜。第当以工代赈之际，亦未便以车、篮两种为限。遇有抬筐夫时，似不可进而不用。是以土篮、土车之外，又有所谓抬筐之一种。抬筐，即柳筐也。筐大土多，两人抬运，较为笨重。用时尤宜另分一工，不可搀杂。

第二款　挑河专用器具

挖引河与疏浚大河之别。挖与疏，施工迥异，用器不同，缘分二项。

第一项　挑挖引河专用器具

第一，戽斗。挑挖引河，挖至见水，必须将水戽尽，方能施工。舀水之器，即戽斗也。戽斗以柳条编成，斗式、斗口穿绳四根，用以戽水，故曰戽斗。用时先看泻水之路，即在河口搭成土槽，就槽通连放水之处，掘沟一道，以便泻水。一面在河内土槽下，深挖一坑，俾水皆归宿此处。二人分持戽斗绳两根，站立河口土槽之两旁，对面等齐，将戽斗侧覆入河，用力拉起外手两绳，戽水一斗，戽泼槽内，随沟流出。如此一覆一拉，逐渐戽去，水即舀尽。但此在河浅水少者，方可得用。若河深水满，戽不胜戽，则须另求他法矣。

第二，水车。水车，亦舀水器也。较戽斗尤为便利，车价虽昂而人工则省，且于河深水多工段最为相宜。水车全以木料成之，大小短长，可于随时酌定。车之下身，车底及其两旁，各照车身长短满钉木板，不致漏水。中间横档数道，上钉光滑竹木片，长与车身齐，横档上下，满做车叶，节节活钉，状如蜈蚣。长抵车身之二有余，连环套接不断。叶之大小，以能转还于车箱横档上下为限。车之上身，不钉车板，但两旁立柱数根（即是下身钉旁板之柱）下通车底，底部及中间横档数与立柱相同，斗笋衔接，以备钉车底板与竹木片之用。立柱上接笋钉枋木两根，其长略逾车身。车之首尾，各设齿叶转轴一个。其齿叶宽窄与车叶隔离相等，齿轴套入车叶圈内。尾轴两端，即在横档后面穿入。立柱末根之中间，做成活笋，以便回转。车头齿轴做法与尾轴同，惟轴之两端须露诸车之两旁，做成拐把木柄，以备舀水时推挽之用。车之做法，式样不一，然大略不离乎此。用时在河口筑成马头，通沟泻水。一面将车头承阁其上，车尾斜入河中水际。（亦须挖坑通水。）以一人持柄旋转尾部车叶，在河中兜水上升，由车头喷出，即顺马头沟槽而旁泻矣。

第三，墩子及皮篙十字马脚叉、拉木。三者皆挖稀淤、嫩淤及哄套河用之。淤套浅者，用墩子。墩子亦曰枕把，扎料成之，即捆把也。径一尺，长三尺，分行按档竖立哄套内，以便用宽厚跳板纵横搭架，使土夫得往来其上，如法做工。淤套深者，墩子不能着力，须用带皮杉篙，扎成十字马脚，亦分行按档叉立哄套内，再用拉木系于十字交叉处，俾十字马脚不致倾倒，上承跳板，以便土夫工作之用。其用皮篙之意，盖以皮篙虽入泥水，亦不滑溜故也。

第四，勺及布兜。勺及布兜，亦挑水活挖河之要具也。沙淤哄套，带水和泥，虽有筐锨无能为力者，非借勺及布兜以代筐锨之用，势必束手无策。勺以舀之，布兜以盛之，须将稀浆舀尽，用布兜抬出，始能着手用筐锨挑挖。勺即以家用之铁勺、木勺均可，布兜必须用紧密粗布为之，四角拴绳以便抬运。

第五，铁镐、铁掘头。二者皆挖石子河，或刨槽用之。如卢沟桥，上下河身，皆系石子。大者尚可用手搬取，而小者和泥固结，几同石块，非用铁镐、掘头刨挖，未易施工。镐长二尺，一头锥形，一头斧形，中留圆孔，以使置柄，柄长约三尺余。镐之为用，刨舂兼施。掘头长不及尺，方头斧刀，设柄于方头之旁，长二尺余。掘头连锤带刨，亦可两用。

第二项　疏浚大河专用器具

疏浚大河，有出土、不出土之别。出土者，捞挖河泥，送诸空旷之地。清水河泥淤沉积者，法宜出土。不出土者，但将河底泥沙用方翻扰，使之随水下驶。浑水河纯沙垫塞者，法宜不出土。下分二目。

第一目　出土者

第一，浚船。浚船，又曰堡船。再换言之，亦即捞淤浚船也。永定河创用，浚船其类有三。

（甲）行船。行船每只长二丈二尺，底宽二尺四寸，面宽四尺五寸，梁头高一尺一寸。额设杉木桅一根、天铃象鼻一对、桅根夹板四块、铁箍二个、铁锚一具、布篷一架、篷补钉七十二个、棉花线带七丈二尺、上下篷提杆二根、竹杆十二根、前后篷游绳二根、篷脚绳六根、收脚绳一根、篷边镶布网绳二根、篷桅绳一根、松木篙二根、杉木棹三把、松木挽子一根、云簦一根、纤绳一根、纤板二块、缆船绳一根、锚顶绳一根、吊舵皮条一根、浇水竹筒一个、铁锨一把、铁掘头一把、铁四齿爬一

把、铁杏叶爬一把、抬杠一根、抬筐一个、行灶一个、铁锅一口。行船一年一油舱，三年一小修，五年一大修。十年后朽坏者，详请换造。

（乙）土槽船。土槽船每只身长二丈，底宽二尺二寸，面宽四尺五寸，梁头高一尺一寸。船用除篷系苇帘绳杆稍有异同外，其余额设器具，与夫修舱年限，均与行船相同。

（丙）牛舌头船。牛舌头船每只长一丈八尺，底宽二尺，面宽四尺二寸，梁头高九寸五分。额设松木篙一根、挽子一根、棹二把、纤绳一根、纤板二块、铁锨一把、铁齿爬一把、铁掘头一把、杏叶爬一把、抬筐·个、抬扛一根。

以上三种船只，皆永定河设浚船时用之。既可捞取淤浅，且亦拖带混江龙等器，扰动泥沙，随波下注，诚一举而两用者也。夫浚船捞淤外运，似以宽深高大为宜，今三船浅小如此，多有疑其不能适用者，不知永定河原因浅阻，始议浚船。且当河枯水落之际，仅止一线通流，船身若大，势必胶滞难行，此其所以利于浅小者也。至船上所带器具，锨、镢、抬筐，均可想见，不待说明。四齿爬、杏叶爬，皆所以刨挖芦根，芟除水藻，扰动泥沙，使之随波下注。所不可解者，水中捞泥，岂能惟筐锨是恃？乃船中他无兜泥起土之具，岂其掬手即可从事耶？设备不完，未免缺点。试看以下数种皆浚船必需器具，修复浚船，似应添备。

第二，罱具、绞杆。罱具用竹竿或木篙两根，长约一丈。其一端约在二尺地步，用绳捆扎。绳以下三角布兜一个，兜底尖角向上，兜口平面向下，适与杆端齐。两杆端依照兜口长短安置铁包竹片两块，联于兜口，以便夹罱之用。用时浚夫站立船旁，将罱兜竖立河底，分开罱杆，用力翕张，则兜在水底罱满泥沙，缓缓提起，倾诸舱内。但罱具最宜胶淤，若遇沙板，则不如下第三器之得用矣。绞杆以长细竹竿为之，专备捞取菇蒋茳草之用。菇蒋茳草，除用四齿爬等芟除外，尚有一种入水拔除及绞杆捞取之二法。善入水者，入水拔除，较为便捷。不善入水者，只好用杆绞取耳。绞法宜竿插入水中，挂住水草，两手绞转，则水草缠绕竿上，即可断根起出。起竿务须横挑，不宜直拔。

第三，刮板线袋。刮板用木板一块，长约一尺，宽约四寸，厚八分。中穿一孔，安设木柄，长约一丈。柄须透过木板，横贯铁钉，方期坚实。板之两侧，砍做斧形，包以铁口线袋，即布袋也。篷布袋，布为之，上设半月形铁口一个，弦长一尺六寸，弓高八寸。布袋口大小如之，居中木柄一根，长亦及丈。用时将刮板布袋斜入河底，一手扶住袋杆，一手用刮板将沙泥刮入袋内，取起倾倒舱中，舱满运往他处卸却。

第四，机器挖泥船及机器罱泥船二器，皆西法也。其转动运用之力，无非机器为之主张，故曰机器船。挖泥船船式方长，自船腰以至船头，分开两叉如凹。又中横插车盘一架，如水车式。车边约离水底数寸，可就河之浅深，自由伸缩。船面横眠转轮机器一具，一人司机，即车盘随机转动。再用大簸箕一具，装土数千斤。箕底设车轮两道，箕口镶铁如耕田之犁，再用两铁索长数丈，一头系于车盘，一头缚于箕口。车轮转动，则簸箕离船入水，铁犁耕过，即将沙土卷入箕内面上。另设莺架车起簸箕，将沙倾入小船，撑往他处。其船四面抛定锚缆，不令移动。车在中洪，逐节挖深，使河流奔激中洪，自能逐渐深阔。既省人力，又易成功。其他一种挖泥船，车盘上满用小铁斗入水兜泥，倾倒船面。船之两旁，分设漏斗。另用剥泥船泊诸漏斗之下，俾船面泥水漏入小船，运卸他处。首种船身较大，用于海口为宜。次种船身略小，则可用诸内河。罱泥船，设备略同，不过易车为罱，运用稍异耳。其所用大铁罱，一如中国之罱具，罱口翕张。纯用机器罱出之泥，亦须撑船载运。

第二目　不出土者

第一，混江龙。初制混江龙时，以杏叶爬齿短而锐，挽以竹篙，轻而无用，故创造此器。用木轴尺许，排列铁齿，坠石沉底，用船拖带。嗣复改为铁轴，约长六尺，上铸铁齿，长三寸而锐其角。一周三个，共列五周，两端贯以铁锁，务使直沉至底。用船一只，夫四名。首横木梁，将铁锁分系木梁之上。用法牵挽而行，沿路滚翻。每十只为一排，每十里置船一排。先将河身备细测量，两岸钉立木桩，书明河底高低尺寸。按月核其浚深若干，以定赏罚。其另一制法，用径一尺四寸、长五六尺圆木一段，四周满钉铁叶，如卷发然，重三四百斤。两端钉铁环，以便系锁。其用法与前相同，但其沉入水底，一经拉动，纯系刨刮作用，此则差异。

第二，铁扫帚。铁扫帚之制造法，及其如何形像，容俟详查。其用铁扫帚之法，亦以浚船拖带。每船二具，分系梁端，大抵与搂草竹爬相似，形如扫帚，故名之也。

第三，铁箅子。铁箅子，乃混江龙之变相也。其形扁平如箅子，故名。制法横长五尺，斜长七尺，形成三角著地。一面排钉铁齿三十四个，长五寸，体重约五六百斤。用时将铁箅子系于船尾，益以木制铁叶混江龙一具，俾刨刮翻扰诸作用，一器全备。第思江河巨舰，乘风鼓浪，一锚下即止不行。今铁箅子、混江龙，重已千斤，加之铁齿入底，铁叶抓泥，其重不啻倍蓰。而欲以四名浚夫，驾施浚船，上下驰行，得以抓动淤沙，使不停滞，势所不能。是以屡试无效，在今日如拟试行，尚须变通办法。倘能改良制造，换用轮船拖带，或可收效。仍设旧制，恐窒碍难行，虚耗钱粮，仍无效果耳。

第四，牛犁。古来挑河，有牛犁起土、装车、运送之法。但牛犁起土，仍须畚臿兼施，且亦重笨不堪，转不若筐锸挑办之便捷。是以前项未经采入，惟有牛犁浚浅一法，其用略与混江龙等器相同，或可一试，故附述之。法用重大铁犁于河水仅深三二尺之处，令熟谙河形与水势者，驾以水牛二三头，往来耕犁，将河底泥沙犁松翻起，自必随溜下行，可无阻滞。犁即以寻常耕地之犁用之，牛须穿鼻，方能控驭。

第五，轮机。轮机，即汽机也。西人有轮机刷沙之法，法用特别轮船，分设四齿大轮叶数具，置诸船旁，或底部上下伸缩，皆可随意拨机运用。当海口潮退之时，随水浅深伸缩轮叶，使稍附著于底，开放汽机，轮叶旋转，翻沙四飞，随潮达海。江河通潮之地，皆可用之。古无浚海之法，今日机器日新，诸宜仿造行之。

以上各种器具，无非扰动泥沙，使之逐流而去，是以谓为不出土者。此外犹有翻泥车与布水冲沙之二法，其详无考，容俟查明补述。

第三章　埽工器具

埽工器具，除刨槽压埽，已于前章说明。其捆厢应用者，容于后章详讲。此外如抬料之用，抬扛绳索，则又不待赘言。所当述者，惟知左之三种耳。

第一，榔头。钉橛用之。以坚实圆木一段，径六七寸，长约尺许，中穿圆孔，置柄长约三尺。卷由、地签、揪头、滚肚橛、骑马橛，皆用榔头。锤钉入地，仅留橛头，以便拴绳。下章桩工各橛，以及防守堵筑各工，均须预备。

第二，齐板。齐板者，埽镶必需之具。自捆卷埽由，以致做成埽段、齐板之用居多。铺料长短不齐，厚薄不一。故凡埽由两头，以及埽眉、马面、跨角等处参差错杂者，皆须齐板打成，一律平整，不使张牙舞爪，致有抽签激溜、透水串眼之虑。厚薄不匀，则埽面忽凸忽凹，亦须齐板拨平，以便镶压。其拉骑马时，亦宜用齐板，打与马面相平，方能吃劲。齐板连板面带，共长四尺五寸，板宽六寸，厚约六分，中间略厚数分，庶几柄把不致太细。把柄板面，长各半之。

第三，镰刀。镰刀，即刈稼割草之钩镰刀也。刀形略湾状，似新月。一头安设短柄，埽手携带，多系插入腰带中，因之亦曰腰镰。东南各河，凡为埽手者，无不携带一柄，以备割断料物腰束之用。永定河铲褫，系用圆头利口铁锹，从未见有携带腰镰者。各河情形不同，是以用器不一。

第四章　桩工器具

桩工器具，有埽桩与地桩之别。埽桩如龙尾桩，占埽上之槽桩、加桩、面桩。地桩者，梅花、地丁及钳口沿口之排桩也。埽桩斜签，地桩直钉。因之桩工器具各有不同，下分两节言之。

第一节　埽桩器具

第一，云梯。云梯者，埽桩之要具也。锁桩矗立，高可接云，故曰云梯。桩分大小，云梯亦有短长，自四丈五尺乃至六丈。皆以杉木椓木为之，取其直长且坚实也。梯头方径约一尺左右，梯尾圆径约四五寸。每副两根配以绳索等件，而成签桩之具。每根梯头各凿扁方梯眼两个，两面穿通，以便安设踩板之用。眼长一尺余，宽二寸余。第一眼约距梯顶三尺，第二眼离档一尺八寸。梯之上面做成马牙蹬级，每级尺许，俾桩手上下梯时，不致滑溜。梯尾略具槽形，以备拴结马绊绳之用。

第二，踩板。踩板者，桩手签桩时，足所跐踏之板也。每副云梯，用踩板两块，长七尺，宽一尺，厚二寸，穿入梯眼，形成"井"字。将桩头锁入井口，拉起云梯，其前后左右，四角四跳，可站桩手十二人。

第三，梯架。梯架者，架梯头，以便锁桩用之高板凳也。高四尺，宽八寸，长四尺，厚二寸。两头凳腿六条，须用横档，形同鼎足，以免敧斜倾倒之病。

第四，家伙绳。家伙绳，以苘麻拧成之。每副七根，备具全梯。一切作用绳之名色不同，粗细短长不一，试分列于左。

（甲）大千斤绳三根，每根约重三十余斤，长五丈。三绳接连一气，用中间一根绕住云梯两踩板间，活锁桩头，用单扣分挽第一踩板之两端，上下水钉橛木两根，将两绳头分拴橛上。拉梯时，一人看守，渐渐松放。梯已拉起，仍两面用人停匀，靠住桩梯不晃，俾上梯碰打者，站得脚稳，不致闪跌。

（乙）二千斤绳两根，每根约重五十斤，长八丈，亦接连一气，用双扣紧挽第二踩板之两端，上下水钉橛拴绳，以及看守、松放、靠绳等事，悉与大千斤同。

（丙）长绊绳一根，又名马绊，约重六十斤，长六丈五尺。绳之中间用连环套结紧，扣于两梯尾。将绳头上下分开传齐，兵夫站立两面，提起马绊绳，听管尖者喊号，等齐劲力向前拉动。梯已拉起调好，梯尾两面钉马绊橛，将绳分拴两橛，绊住梯尾，不致倒回，方能保重。

（丁）搬尖带碰绳一根，约重三四十斤，长五丈五尺。点好桩眼，即在山根钉一搬尖绳橛。绳之一头，牢拴橛上，试搬不动，方为结实。即将绳拉向点桩之处，比较踞离，圈作活套，套入入❶桩尖，移至桩眼。橛前拔起点眼橛，逼住桩尖，俾桩尖不致错眼。桩既立起，逼尖桩搬尖绳一齐起出，则桩尖稍稍插入埽中，即可上梯签钉矣。其第一人上梯时，先将搬尖带碰绳之一头带上梯巅，一头留待末一人送碰之用。送碰时，在梯巅者拉绳上升，而送碰者扶碰推送，送至桩上，听管下尖者敲桩起号，徐徐扣尖。

第五，桩橛。云梯一副，用橛八根，选粗壮橛木用之。大二千斤绳橛上下水各二根，马绊绳橛上下水各一根，管下尖点桩眼逼尖橛一根。拉梯送碰，俱已停妥，管下尖者眇准直势用橛敲桩，以便起号。管上尖回梯橛一根，扣尖数尺，管下尖者见桩势矗直，敲桩明示回梯之意。桩手停号坐定，靠二千斤者松马绊绳。管上尖者用橛回梯，管下尖者见已回好，仍敲桩一下，即将马绊绳收住拴定。管上尖者查看毕，用橛敲梯股一下。桩手起立叫号，重复碰打。每次回梯，皆如之。

第六，梯支。梯支长约丈许，木杆为之。顶上做成月牙木叉一个，安置结实。拉梯时，梯重人稀，未能一气拉起，稍一松劲，梯即退回。防其退回，须一人或二人站立梯架上，肩起两梯股，又一人用梯支，叉住桩头，则梯自然不能回步。梯愈起立，梯支逐渐移前，俾两面拉绳者，得以缓劲前进。

第七，梯鞋。梯鞋，截桩头用之。长约三尺，每副每根一

❶　入　衍字。

头上面凿圆槽一个，套入梯尾。拉梯时，用之不致损坏堤土。或其插入占面绳料之内，惟此等器具。各汛做工，用时甚少，但存其名可耳。

第八，木斧。以坚实木料为之，状如斧而小。一头圆形略短，一头扁方形略长，中安木柄，长三四寸。斧长四五寸，锁桩用大千斤绳粗且硬，扣于桩头，不能收紧。故挽锁时，一面拉绳，一面用木斧砸打，须以不致脱扣乃妥。

第九，刨斧。以炼铁做成之，长约二尺。一头横刃，一头直刃，以便两面皆可应用。中安木柄，长二尺余，砍马面（亦曰做脸），去枝节，做尖分尖。（做尖者，将桩尾做成锥形，以便签入埽内，容易碨打。分尖者，桩已签好，桩头露出埽面，必须分去平面，做成尖形，以便加镶。）他如做橛、砍柳、刨挖、挂柳等项，用处尚多，兹不备述。

第十，石碨。此桩碨也。做法与上土碨不同。桩碨凿成鼓形，高约一尺二寸，圆径一尺。鼓腹周围之上下约离顶底二寸余，分匀空档，各凿圆眼十个。眼须正直，每眼圆径一寸，深一寸五分。大碨约重二百二三十斤，小碨一百六七十斤，宜以坚硬青石为之。最忌石料不坚，常致破坏。盖恐十余人站立梯上，离地数丈，使劲签桩，万一碎损，桩夫栽跌到地，难免身命之忧。

第十一，碨肘、鸡心。皆以榆木为之。每碨一盘，用碨肘十个，鸡心二十个。碨肘须视碨身之鼓肚如何，以定湾势之大小。肘身圆径约一寸余，长与石碨顶底相平。鸡心每肘上下二个，一头镶在碨肘与碨眼相对地步，一头镶入碨眼中，长以碨肘与石碨相距二寸为限。上下四周用碨筋扎紧，勿稍动摇，方能应用。

第十二，碴筋。以苘麻一股，拧长三十余丈。从一头起手，紧扎于碴肘鸡心之上者，谓之碴筋。碴筋必须一根麻筋扎成之，松紧停匀，方可得用。扎时愈紧愈好，忌有断续接结之弊。碴筋一副，约用苘麻十斤之谱。

第十三，碴辫。以苘麻打成发辫之状，故曰碴辫。打时将苘麻先分九股，或六股，拧一辫鼻，约长二寸许，以下统归三股拧打。辫长约四尺，辫鼻上再加双根小绳，系成贝扣，绳长四寸。签桩时，即将绳扣挂于碴肘上。每上梯桩手一名，用辫一根。是以十人上梯者，需辫十根。十二人上梯者，需辫十二根。此外，犹须多带数根，以备更换。

第二节　地桩器具

第一，桩凳、桩架。地桩直钉，用梯不宜，故以凳架为签钉地桩之要具。每挂桩手用八人，须备桩凳四个，跳板四块。桩初签时，桩夫架起桩碴，站立凳面，四人正立，四人分踹两凳头。扣尖三尺左右，将跳板架于桩凳横档上。桩夫落下一步，站立跳板上。再签数尺，再落一档。及至桩头离平地三尺上下，则将凳跳撤去，即可立于平地矣。地桩不能甚大，至长不过一丈二尺。凳高八九尺，即已足用。但桩凳必须面窄底宽，四脚张开，多加横档，方为稳当。大抵凳面长三尺，宽尺许以下，相踞三二尺，纵横各做粗壮档木。既可互相拉扯，且以备搭架跳板之用。所搭跳板，即是桩架。分之，凳则自为凳，板自为板；合之，则桩凳、桩架原是一物。

第二，石桩碴、铁桩碴。石桩碴与签埽桩之碴相同，不过碴身略轻，碴肘仅上八根，因之碴眼鸡心亦皆减少。且签钉时，手持碴肘，不须碴辫为稍异耳。铁桩碴，亦与土工之铁碴相似，惟其大则稍逊，厚则过之。签钉地桩，用石碨居多，铁碨亦间或用之。

第五章　石工、砖工、灰工器具

砖石灰土各工物料，及一切器具，凡前章已讲及者，不再胪举。其各工匠携带各器，名目繁多，不能备述。兹所举者，不过应归工上制备各件耳，试即列款于下。

第一，麻绳。抬运料石用之，不说自明。

第二，铁绳。石料体重，起石、下石皆用铁绳。盖虑麻绳或有疏失，非铁绳不能保重故也。

第三，铁撬、铁鹰嘴、铁棍锤。三者皆备挪动料石之所用。石在地上，非人力徒手所能转移，必先于缝际插入鹰嘴，而后始用铁撬。挨次倒换，方能动移。其两石靠拢，或拟分开之处，则皆棍锤之作用。

第四，灰箩、灰筛。灰箩，抬灰用之。灰筛，筛灰用之。灰既粉开，灰头石核，在所难免，故必用筛筛净。何处用灰，即以箩抬送。

第五，浆锅、浆缸。浆锅，熬浆用之。浆缸，盛浆用之。以江米、白矾和水熬汁，谓之浆。用极大铁锅，垒砌锅台，燃劈柴熬之。熬好，即储于旁置浆缸。腾出浆锅，以便另熬。用浆时，即在浆缸舀取。

第六，浆桶、水桶。以木勺、白铁勺为之均可，浆桶灌浆用之。浆既熬好，另砌浆池一个，连灰带水搀入浆汁，和成灰浆，用浆桶挑运浇灌。其熬浆和浆，用水甚多，水桶、浆桶均须备足。

第七，铁灰勺、木锨。铁灰勺，即以炒勺为之。舀浆装桶，需用灰勺，木锨则惟耡灰和浆用之。

第六章　防守器具

防守器具，亦多前章所已及者，兹不赘言，以免重复。第就未经讲述者分晰举于左方。

第一，堤签。签，查堤身之洞穴用之。以尖头细铁签，长三尺，上安丁字木柄，如柱杖式。堤工年深日久，或有獾洞鼠穴、水沟浪窝及树根朽烂、冰雪冻裂之病。若不查出，迨至汛水漫滩，工遇渗漏，为患非细。防之之法，惟有用堤签遍行签探，一经签出洞穴，立即填筑，以消隐患。余俟《修守》章言之。

第二，弓签。堤身除獾洞鼠穴外，其害堤者尚有地羊之一种。地羊收捕甚难，非暗设地弓铁签，不能捕获。布置之法，俟后收捕獾鼠时说之。

第三，逼凌桩。冻河以前，所有险工埽段，皆须护以逼凌长桩。其桩，即借头、二号桩木用之。用时，将桩排列挂于埽之迎溜前，眉❶隔五尺空档，钉橛一根。用绳系住桩尾，先将桩木头用缆连环扣住，浸入水内，再于上埽生根用细铁绊练，将各桩头联络扣紧，不致挤动。其桩身迎水一面，或钉竹片，或裹铁皮，免被凌锋截断。空档中加以柳捆，以御淌凌擦损埽段之害。黄河埽工，如果不用凌桩，一经凌汛，则埽段残毁不堪。此法，永定河顶冲埽湾之处亦宜仿行。外有打凌船之一种，用法未详，兹故阙之。

---

❶　眉　当作"每"。

第四，凌钩、小榔头。皆防护凌汛之器具也。凌钩极似船上所用之挽子，以铁做成，尖锥式，旁出一钩，置柄长约一丈，以备推挽冰凌之用。小榔头，锤小而柄长，打凌用之。凌汛时，河道湾窄之处，最忌积住冰凌。冰积于下，则水抬于上，水势抬高，恐其漫溢。是以防守凌汛，见有冰凌，必须用榔头打碎，或用凌钩推送直河，勿使拥积，则此弊自绝矣。黄河尚有油锤、铁镢之二项。油锤者，软柄之圆铁锤也。铁镢，即掘头。皆所以备打凌之用者也。

第五，大汛应备器具。（一概开列后方，前已讲及者，但书其名，他则加之以说。）

（1）水志。以木杆记明丈尺，插立险工背溜，处所以便查验河水长落之用。

（2）插牌。以木板做成之。每号一面，上写大堤高宽长丈，距河远近若干。

（3）雨衣、雨帽、雨靴。在工员弁，备下雨时抢险巡工之用。

（4）簑笠。每兵夫一名，应备一簑一笠，以便做工时御雨之用。

（5）灯烛。昏夜生险，非灯火不能工作。险工处所，均宜多备。每铺亦须按日给予灯烛，以便巡水、巡堤之用。

（6）巡签。兵夫勤惰不一，夜间偷懒贪睡，在所难免。长水时，必须发给巡签，书明发签时刻，令兵夫挨号传送，上自工头，下逮工尾，往复巡回。由汛委不时稽查，以除前弊。

（7）火把。堤工堆储料物，火把甚不相宜。故永定河无此设备，惟大工偶或用之。

（8）铜锣。交与巡水者之手，晚间生险，鸣锣为号，立即传集附近兵夫，赶紧抢救。

（9）筐、锹、夯杵、榔头、齐板、云梯、桩碢等，凡堤埽应需器具，皆须存储险工，以备急用。

（10）铁锅、棉袄、麻袋等，皆备堵漏之用。

第六，平安签。大汛水长堤工生险，一面赶即抢护，一面先将抢险情形签报道厅，听候批回遵办。

第七，绳车。打光缆用之，即三般❶绳车也。一头坐车高二尺五寸，宽三尺，长四尺，车前横档中间活安铁钩一个，钩端湾形，设一小木柄，以便钩住缆鼻摇转之用。一头行车亦活安铁钩三个，钩端湾形，设术板一块，联住三钩，以便分钩缆之三小股。拧时，两车相对，先将苇篾拧成缆股，分钩两面，一头持钩左转，一头右转，愈拧愈紧，顷刻成缆。

第七章　大工器具

大工如桩土各工所用器具，前章亦均说明。兹所举者，坝工与料厂之特别用器耳。

第一节　坝工用器

第一，捆厢绳架。捆厢，旱占埽用之。大坝兴工，初进占初做埽时，如系旱滩，例须挖槽进做。槽既挖好，槽内自必有水。彼时挂缆兜厢，务宜搭架，将行绳一头安放架上，谓之捆厢绳架。盖恐拖泥带水，有妨工作，且亦未便拴扣故也。架以桩木为之，在已挖成槽内交叉钉橛，将桩架起，即可应用。

第二，捆厢船。旱占用架，水占用船，乃坝工不易办法。

---

❶　般　当作"股"。据国图藏本。

船须船身宽大，板片坚实，方帮方底，始能合用。永定河，向系调集渡口船只用之。每坝，大坝用船两只，二坝用船一只，边埽用船一只，养水盆如拟兜厢，亦须调拨船只，挑水坝占埽用船两只。每次大工，只少亦须调船十余只。但彼时正河无水，船只在下游者不能溯流而上，务宜及早遣调，俾可折卸载运而来，就地修艌，以便应用。其大坝二船，两尾相接，用绳拴定，再以橛木将绳镰紧，勿使稍能动移，谓之上位船，永定河俗呼谓为家伙船也。

第三，垫墩绳架。捆厢船仍用捆厢绳架，亦以桩木为之。每船一根，用垫墩三个。在于船之居中，连墩带架，一齐扎紧，以便架绳之用。垫墩，截桩为之。长三尺六寸，一面做成平面，俾可平放船上，一面凿成凹形，上承桩木，即是绳架。此绳架，亦有谓之为龙骨者。

第四，吊缆。绳长十六丈，重八十斤。大坝上水水浅处，钉桩系缆，将捆厢船头提住，不使随溜下移者，谓之吊缆，亦曰提脑。黄河决口，多系分溜。正河水面甚宽，在对岸钉桩，缆腰浸入水中，不能得力。用船匀列河中，将缆架于船上，谓之拖缆船。其有水深溜急，无处签桩者，则竟在上边埽钉桩生缆，用船五六只，密排边埽外，将缆挤开，斜吊捆厢船，俗名神仙提脑。其下水，亦于滩上钉橛生缆，将船艄兜住，以防回溜，谓之揪艄。永定河形情不同，无此名色。

第五，坝缆。绳长八丈，重四十斤。在上下水占眉钉橛生缆，将捆厢船外帮连头尾横兜拉紧，以防船之离档者，谓之坝缆。惟打张时，将绳松放，其余不可轻动坝缆。用法，即黄河所用明过肚之意也。

第六，托缆。以行绳充用之。每船二、三、四根，视水之浅深，占之重量，酌定用缆之多寡。即在坝头钉橛生缆，一头上橛，一头从船底兜转活扣，于绳架桩上托住船身，不致翻侧，故曰托缆，亦即黄河所用暗过肚之意也。此缆于撑档、打张、追压时，均须随占开放。一绳不敷，再接一绳，直至合龙时，船出位后始行勾回，非如行绳之每占必须勾回也。

第七，抬棚。以木支架，顶及三面绷席，一面留门出入，可以搬移抬动，故曰抬棚。抬棚者，坝工委员暂时休憩所也。大者备总会办到工，接见各员之用。司帐委员即在抬棚内开条，支领料物，大抵每坝一大一小。挑水坝、养水盆人多顶窄，未便安置抬棚，然亦有偶或用之者。

第八，桩牌及打桩赏钱牌。桩手一挂，每日应签出号桩二棵，或头号桩三棵，二号桩五棵。坝工桩手甚多，每日签钉之数，未免记忆不清。宜由监桩委员备桩牌三种，每签一棵，给予一牌。其有溢出额数者，给与赏钱。牌晚间换给联票，俾可领钱。桩赏大抵出号二千文，头号千文，二号五百文。钱数不拘，随时酌定亦可。

第九，牌桶。牌桶，所以储钱者也。做法与钱柜相似，四面顶底满钉木板，顶上中间留一圆孔，孔之大小约可入手探钱。合龙时，收买现钱土料，需用牌桶。近届大工，每多备而不用。

第十，大板凳。钉龙门橛用之。高宽长短，临时酌定，约以桩手站立凳上，得以着力签钉为准。

第十一，大小灯笼及大小灯笼杆。合龙时，每坝坝头挂大灯笼六个（大坝四个，二坝两个）。大、二坝养水盆，自金门以至后路，分挂小灯笼数行，多寡视后路远近定之。大抵每坝，自一百五十个至三百个。一红一黄一蓝，以为要料土及软草号令。所有灯笼，均须挂于灯笼杆上。三色灯，更须穿绳起落，俾后路一望而知需何物也。大灯笼杆每坝九根，六根平列坝前，三根矗立于大、二坝交界处所，均以杨木杆长二丈余者为之。小灯笼杆，依灯笼之数预备灯杆，满刷红土，勿漏白身。黄河口门，水深坝大，每进一占，必须尽日夜之力，始能稳当。是以即非合龙，每晚亦必满点灯笼。近且于坝台做工及收买土料之处，改用煤气灯矣。其土料号令，则白昼拉旗，晚用灯笼，亦均分三色。

第二节　料厂用器

第一，拧绳桩架。即以桩木支搭成之，视绳匠多寡，以定架数。

第二，监垛高凳。即锯桩木为之。每监垛一员，用高凳一个。凳高一丈，多加横档，以便上下。凳面约宽一尺，长一尺余，四脚张开，切勿陡直。

第三，垛牌。用木做成，宽二三寸、长四五寸之小木牌，收料用之。牌上填写号数，及某人监堆字样。每收一垛，即将垛牌挂于垛上。

第四，灰桶、灰刷。收料用之。料既收过，满刷灰水，以示区别，庶不致与未收者相混。

第五，煤池、棕印。煤池用小木盆装储油煤，棕印如棕刷然，做成字模，皆用河工吉利字样，或方或圆均可，收桩用之。每收一桩，除标明桩号外，戳一煤印，以便桩手认明，且亦与未收者有别。（外此各项器具，亦应参看《五道成规》等书。）

第四编 修守事宜

第一章 总说

修，修治也。守，防守也。修守云者，治其病而防其患之谓也。河工之设，兴利、除害二者而已。病不治，利莫由兴；患不防，害莫由除。是故修守者，一而二，二而一者也。有修斯守，有守始修，守因修生，修从守出，不可偏重，不可偏废。偏重修而疏于守者，工程虽极整齐，而一经汛水当冲，随在堪虞其溃决。偏重守而忽于修者，防御虽甚严密，而日久河淤堤矮，无处不患其漫溢也。废修废守，则水利难收，水害频荐，其弊且不可胜言，夫岂漫决已哉！

虽然，世亦有不修不守之河，如江以南，地势平衍，河流澂❶澈，岸高浪静，水由地中，但有水利，而无水害。第亦须蓄泄有时，设闸建坝，因地制宜，以备节宣者，犹不得为不修不守。惟塞以北，旷土广袤，居民寥落，地高岸阔，瞬息千里，虽有水害，不足为患者，始可谓为不修不守者也。永定河，在昔亦称不修不守之河。因无修守，任水所之，忽东忽西，迁移无定。有修守，则自魏造戾陵堰、金建金口闸始。而彼时所修

---

❶ 澂 同"澄"，古今字。

守者，止于卢沟河耳，桥以南则固未尝有也。迄于有明良、涿、固、霸、永、东诸州邑，虽亦屡被浑河之患，惟系涨溢居多，决者不过民堰而已。是故民虽受害，而一水一麦，众皆相安。考之载籍，亦尝遣使发民兵修治，特未闻设官防守如今日者也。降至我朝康熙年间，浑河流域，地日益辟，民日益众。而河之为患，亦因而日益亟已。河患日亟，于是相度地势，筑堤修守。至今日而变患加剧，修守愈难，经费倍增，而于河务前途毫无效益。即欲废弃堤防，使复从前一水一麦之旧，而亦不可得矣。何也？盖浑河挟沙而来，易淤善溃。两岸束之以堤，拂其本性，水大则堤之卑处虑其溢，溜急则堤之薄处虑其决，不漫不决，亦必东生一滩，西生一险。消长一次，即河流改变一次。落水时，溜归何处，智者莫辨。亦有常险，亦有不定之险。究之，左冲右突，修不胜修；下挫上提，守不胜守。且也涨则增滩，落则垫底。河之受淤，非仅水缓沙停时也。及至河身浅阻，堤防益形卑薄，水至几不能容。从事挑浚，工巨款绌，谈何容易？抑亦去之一篑，益以倍蓰，挑浚之土，不若淤垫之多且速也。挑浚既有所不能，则欲为补救之计，势非加高培厚不可。此即堤日加高，河亦随之增长之由来也。查现在盛涨时之河面，有高于平地一丈余尺，乃至二丈余尺者，筑垣居水，孰能保其不漫不决哉！乃无知小民，罔识利害。自筑修堤守以来，迁附于两岸堤外，以及孳生息养者，不知几倍于国初；耕田辟壤，树艺果木，以资生活之用者，不知几倍于国初。设使废弃修守，不事堤防，则非惟不能复一水一麦之旧，而坏民间居庐田产，亦不知当几倍于国初也。是则明知不易，而亦不得不就现在之河，仍前修守。虽有创为改河与废堤之说者，卒至今日而不果焉。

特是就修守而言，非呆板因仍、敷衍拘执所能毕事，必也随机应变、灵便敏活，始克竟其成功。要亦贵乎审度形势，预先筹备，庶免临时竭蹶，致有顾此失彼之虞。修有二修，守有二守。而二修二守，无非皆为河工三汛而设。不分审势、筹备、二修、二守、三汛，五节言之。至于修守之法，则于后章以次分别说明。

第一节　审势

治水不外乎修守，而修守非仅补苴工程已也。若以补苴工程为已得修守之要，则徒知整理败残、抢护泛涨，只见补救之功，而无消患之术。耗费工赀，不在少处，幸获安澜，犹偶然耳。靳文襄公曰：治水非徒法也，因乎地形，察乎水势，而加之以精思神用也。又曰：河流变迁，宜于今者，或不必胶于古。是故治防之道，虽重修守，而尤以审势为急要也。

势审则事已察于机先，防微杜渐，既施工于险之未生；扼要御冲，复保护于险之既出。防患未然，除害已然，斯可谓修得其道，守得其法，从容不迫，动定罄宜。非然者，修治多系不急之工，防守殊乏安全之策，俗所谓首痛治其首，足痛治其足。而究其受痛之原，不在首足。故虽日事河干，胼手胝足，诸方施设，功效毫无。终乃帑项虚縻，兵夫交惫，而河患仍未稍息。治河如此，实皆未能审势施工之故也。诚能审势，则挑一河而吸川引溜，立挽狂澜；筑一堤而束水刷沙，保无浅阻；建一闸坝则蓄泄应机，缓急可恃；下一坝埽则迎顺得法，巩固堪资。即至汛期抢险，亦复不慌不忙，逐细审视，布置周详。急则治标，缓则治本。胸有成竹，自不难转安危于指顾间也。

总之，治水之道，要在源流并治，疏塞兼施。若不将上下全势，统行规画，而但为补苴旦夕之谋，势必溃败决裂，而不可收拾。是以古之善治水者，先审全河之势。全势既审，尤必全力经营，期于尽善。未有畏其大且难，而曰吾姑以纾目前之急已也。今之河员则反是。率皆循守故常，不图远大，意在惜帑，恒以补救为得计。性情怠玩者，罔顾河务之艰危，非特莫能审全势。即欲求夫能审一局部之势者，所见亦罕也。何为全势？何为一局部之势？诚申言之。

全势者，全河之工情水势也。通工何处平易，何处险要，何处土性沙松，何处堤工坚实，何处河窄，何处堤单，何处顶冲，何处埽湾？平时各工之情状若何？水长时其变迁当若何？盛涨之水何处吃重？某闸某坝须如何水量乃能泄水？凡此情形，默识胸中，所谓能审全势者也。能审全势，则于全河修守工程，自必能运精思神力，悉心布置，而河不难治矣。然犹必一经长落，周视两岸，以观察其河形有无改变，险工有无增加。再与各工员禀报情形，相对参改，则全河形势了然于心目之中，工员既无所用其隐饰，而事事着先，不使奇险之生，安澜亦可永庆矣。从事河务人员，所当留意于全河大势者此也。

一局部之势者，一厅一汛，或其一工一险之形势也。厅汛各员，于其所辖境内，凡河堤埽坝一切情形，必须随时察看，逐加注意，即一桩一埽之微，亦必知其是否着力，有无朽坏。则当修守之时，绸缪未雨，自不致有临渴掘井之虞。但仅就本工加意慎重，而不顾及上下毗连，与夫险工对岸各厅汛遇有修守工程，只知利己而不问害及于彼者，尚不得为能审势。必也水之来路如何，其去向又如何，且与对岸有何关系，深思熟考，计算无遗，始可谓之真能审势者也。故厅汛各员，宜于河工无事之日，于其辖境上下，与对岸各厅汛地，不时身临其境，细心调查。且须联络声气，消息灵通，不存界限之见，以收共济之功。为厅汛者，虽不能熟审全势，而其所管辖之一局部则不可忽。

由是言之，审势，实河工入手之要著也。全势审，则全河可期安流。一局部之势审，则一局部可保无害。甚矣，审势之所关于河务也大矣，有河务之责者，其可不讲乎哉？

第二节　筹备

天下事莫不贵乎筹备，三年余一，九年余三，耕者之筹备歉岁也。缮具甲兵，训练士卒，兵家之筹备战事也。事之小者，其筹备易，如建立房屋，购地储材，咄嗟可办。事之大者，其筹备难，如今日之拟改立宪政体也。必须国家有立宪之程度，官民有立宪之资格，逐渐养成，而后宪政乃能实行。是以有十年筹备，分年改革之议。河工者，民生利害之所系焉。关系重大，岂容忽略从事，致生祸患。是则凡有河务之责者，亦宜事前及早筹备，以期克消隐患于未萌者也。

河工之所当筹备者，工程、料物、器具之三要也。三者具备，修守堪资得力；三者缺一，修守即毫无把握。即工程言之，浚河以畅其流，虑其壅也；下埽以抵其溜，御其冲也；堤之加高培厚者，防其漫决之为害；遥越缕格，借为重障之资；闸坝涵洞，用通今❶泄之路。凡此种种，莫非筹备料物，非顷刻所能立办。况当伏、秋之际，大雨时行，沿堤积水，道途泥泞，购料非易，运料尤难，亦须预先采办，以应工需。如堆码桩料，挑积土牛，拧打缆褛，砍伐橛木，存储于险要之所，亦筹备也。器具非随地皆有出产，且亦宁备毋阙，须免临时悬工以待。其

---

❶　兮　当作"分"。

重要如云梯、石硪，固当先期购运到工，如式做成。即榔头、齐板，至小至微之物，亦必格外多备，以防损坏时之替换。如此则工程、料物、器具三者，莫不当视工情水势之如何，而定筹备之准则者也。筹备可分为统筹、分筹、豫备、续备四款言之。

第一款　统筹

统筹者，合全局而统算之谓也。全河之工料，应以经费之多寡为定。失于统算，则经费逾额，弥补为难。是以各厅汛每年所需工料，原估覆估之责虽在厅汛，而覆算核减之权，则总司河务者操之。盖恐厅汛原估溢出常额，势非汇总统算，不足以示限制，此统筹之所自出也。

第二款　分筹

分筹者，分工单独计画之谓也。以厅视道，道为统筹，厅为分筹。以汛视厅，则又厅为统筹，汛为分筹。即仅就一汛而言，亦自有统筹、分筹之别。其关阖境而总计之时，即是统筹；析各工而分画之日，即是分筹。至分筹之所由来，盖以汛段之平险不同，工程之难易不一，分工筹画。平而易者，或减或缓，均无不可；险且难者，必须加工增值，庶免偏枯不均。如此斟酌办理，再与历年工款相比较，不使骤多，致骇听闻，则分筹之道得矣。其有特别新工者，不在此例。

非特此也，工易汛平之处，防范犹可稍疏。工难汛险之区，计画倍宜周密。各厅汛之险夷不等，即筹备之轩轾攸分。其有转险为夷、转夷成险者，尤宜酌量变通，不必拘于常格而以历年办法为比例也。一汛之内，固当按极险、次险、平工而分筹之。其疏密轩轾，亦即以工之险夷为准。然设有虽系极险而工程坚实可恃，虽系平工而逆料其必生新险者，则又在乎个人应变之才，而非悬拟所能定断矣。

第三款　豫备

先事布置，谓之豫备，亦即未雨绸缪之意也。工程、料物、器具三者，断非顷刻可成，咄嗟立办，如上所言者矣。夫既不能顷刻成就，咄嗟办齐，则凡购运料物、缮治器具、兴筑工程一切事宜，无不当豫先备办，以为修守之资。是故河工于汛后勘估，冬日储料，春融兴修，几至无地不然。如现在金门闸工，因须部议准行，方能兴办。及至议准，已逾储料时期。乘此速即筹备，犹恐赶办不及，此即预备不可不早之明证也。其有办（热）〔熟〕料，以应修守之用者，幸获成功，而所耗不啻倍蓰。惜帑未能，转至糜帑，从事河务不可不知。

第四款　续备

续备者，因预备之不足，乃继续而补备之之谓也。续备，非河工必有之事，多缘汛前河道变迁，忽生新险，或以原估过从节省，迨至审视所有预备工料，不敷修守之用，遂复核工计料，续行添补，以补预备之不足。是则预备者，属于岁修常工，而续备者，多系抢修新险也。虽然续备之举，较预备尤为急要也。及至必须续备之时，其预备工料已不足恃。若竟恝置勿问，无米兴炊，势将束手，岂以一线危堤，为足资捍御耶？故曰续备视预备为尤亟焉。

录《安澜纪要》：

工有短长，水有深浅，溜有迎顺之分，埽有新旧之别。请办岁料时，先以其工工长若干丈，计分几段，内几段迎溜，几段顺溜，某段新埽，某段旧埽。新埽果是水深追压稳实者，可以放心。旧埽应计年分，如年深日久，恐有脱胎之患，便须多备料物。再查春工应用若干，并溯查该工上数年，每年通共用料若干，酌量发办，严切盘查。宁可有余，无令不足，可谓有备无患矣。

第三节　二修

二修者，岁修、抢修也。同此工程，何以有岁、抢修之别？而于岁、抢修外，更有另案之名称焉。其道何在？下试分款说明。

第一款　岁修

岁修者，以岁定额款，兴通常工程之谓也。因系冬勘春修，亦曰春工。人第知伏秋大汛为河防吃紧之时，而不知所足恃以抵御大汛者，首在岁修。岁修得法，则历伏经秋，从容坐守。不得法，则一交大汛，抢救不遑。至于汛水已长，岁修未竣，则事事措手不及，鲜有不致溃败。是故前人有言岁修宜早，且须完足者矣。《安澜纪要》云：每年霜降水落之后，凡厅营汛员，必当于所管境内，周遍巡历。彼此十日半月工夫，则全局情形，皆了然心目。除大堤埽坝之外，凡滩面河唇，均须亲到阅看，询访土著老人，细问水长时情形如何，水落时情形之如何；丈量比较，大堤高滩面若干，滩唇较堤根高矮若干。盖临河之滩唇必高，堤根之滩地多洼，往往以堤视滩，似乎颇高。及较滩唇，即形卑矮者。如此较准高下，以定大堤应培之尺寸。再量滩宽若干，察看河心溜势之趋向，有无坐湾里卧者。若离堤渐近，即应预筹防范。滩面串水沟槽尤为隐患。必须填做土格，编栽卧柳，使春汛水长时，即逐渐停淤，庶免伏秋时串刷为害。其埽工，则细按长水、落水，系某段着重，某段稍轻。每工必有当家大埽数段（永定河虽无当家大埽之名，但每工必有迎溜吃重，或能挑溜外移者，亦可以是名名之），将此数段，估厢宽长，挡住大溜，则下数段，皆较所费少而所省转多。若误于撙节之说，春修不足，则大汛水发，下段节节着溜，抢救不遑，所费愈多矣。秋秸厢埽，其力仅能支三年，多则四年，根脚必已朽腐。冬间埽根浅露，宜细细查看，或拆厢，或加厢，务宜认真盘筑，不可惜费惜劳。趁冬间，细细估定，一交春令，即次第兴办，定限于三月初间全完。（永定河地处北方，冰凌厚结，须俟凌汛期内冰凌解泮尽净，始克兴工。惟无桃花汛水，不防缓至夏初农忙以前完竣也。）盖春初人夫闲暇，易于雇募，土工既得从容夯筑，埽工亦可细心盘压，不致匆忙花费。在幕友家人及河营弁兵往往不愿春修做足，暗留为抢险地步。（永定河现在虽鲜此弊，然亦或听人耸动，异想天开，难保绝无。）盖春修估定而后，丝毫皆有稽考，一径❶抢险则事在仓皇，易于花销侵润，为厅员者不可不知。万一上司驳减缓办，如果知之真确，必仍当力争也。

第二款　抢修

抢修者，工须亟办，于抢修项下提出经费，无论何时，赶紧兴修之要工也。河工经费，原定有岁修、抢修之二项。岁修费为通工常修之用，而设抢修费专备要工抢做之需焉。其性质异，因之其办法亦不同。岁修宜早，抢修则贵乎神速。神速云者，必须迅即估工，克日储料，撒手抢办，一气呵成。稍有松懈，即失抢修之名义矣。

抢修有二说：一说，凡不属于前款岁修案内者，皆为抢修。一说，除岁修春工及大汛险要外，在于汛期内外临时勘估抢办者，方为抢修。二说孰是，须视该河道之经费为定。其经费仅分岁、抢修者，应照前说。倘于岁、抢修经费外，复设有防险

---

❶　径　当作"经"。据国图藏本。

备险之常额者，则依后说。若永定河，除岁、抢修经费外，另有备防秸料之常额。然料虽分别请销，而工则仍归抢修案内造报，欲为分析限界，益形困难。但既仅有备防料价，而其他各项工料无不属诸抢修，究亦依据前说为是。

第三款　另案

遇有工程紧要，需款浩繁，非常年岁、抢修经费所能办到。因而勘估工需，专请奏咨，拨款兴修者，谓之另案。另案工程，非岁、抢修之可比，悬工待款，准驳未能预必，不准固宜另筹补救善法。即或邀准，而辗转行文，亦须久稽时日。及至明文饬修，已恐赶办不及。此另案工程，尤较岁、抢修之为困难者也。其筹备之法，应于估报请修之后，即将所需工料概行筹画一通。如工程究拟如何做法，料物究需若干，何处采办，料价运脚之低昂若何，约须若干时日料物可齐，若干时日工程可竣。一面设为驳饬不准之办法，又拟如何补救，需款若干，岁、抢修经费项下能否腾挪办理。经此一番细心计画，则将来或准成驳，应付裕如。其有势非修治不可者，尤当起而力争，至再至三，请求必办。否则或至失事，因经理不善，致遭谴谪，其罪犹小，而因失事使小民被淹浸，流离之惨，且益糜国家若许之巨帑，其罪尤大矣。

第四节　二守

二守者，官守、民守也。官、民二守之中，有纯然的与复杂的之分。自古河工有修必守，立法未善，百弊丛生，责任不专，诸多诿卸。忽归官守，忽归民守，又忽而归官、民共守。有一时纯然的者，必有一时复杂的以随。其后有一时复杂的者，亦必有一时纯然的以济其穷。永定河自设修守以来，不知几经变更，而成现在纯然的属于官守之办法。盖从前官守民守，与夫官民共守之时，立法既未善良，责任又不专属。法系纯然，偏多复杂。法系复杂，又似纯然，历久始臻。近年不易之纯然的之官守者，殆非偶然者欤？至今日之纯然的官守，究亦难保无彼此推诿，及其他弊窦之发生与否。是在总司河务者，正躬率属俾厅汛各员，皆知廉隅自励，自然弊绝风清，百废悉举，否则非所敢知。姑言纯然的，与复杂的之区别，如左。

第一款　纯然的

纯然的者，防守责任之专在官，或其专在民者也。专在官者，谓之官守。专在民者，谓之民守。官守、民守，各有利弊。寓乎其间，试再分项言之。

第一项　官守

官守者，别厅分汛，设官驻守，修治防护，是其专责，永定河之现行法也。统一事权，操纵由己，官守之利如此。虚糜国帑，玩视民瘼，官守之弊如此。欲收其利而剔其弊，要端有四：（一）严定处分；（二）量予升赏；（三）厚给薪资；（四）久于任务。无论专管（实缺厅汛）、协理（候补协防），务令和衷共济，黜陟分明，奖惩公允，则贤者知所劝而不肖者知所惧矣。

第二项　民守

民守者，虽有河务，未设专官，守汛之责，属于居民，永定河未设堤防之办法也。保护桑梓，痛痒关心，民守之利如此。争地耕田，遇险推卸，民守之弊又如彼。现在民风刁薄，良莠不齐，遇事铺张，捐敛肥己。若恃民守，弊将愈甚。但日后地方自治，周遍乡隅，人人具公德心，办公益事。或将修守事宜，归入团体自办，又或官督民办之处，均未可知，而在今日则绝对未能。

第二款　复杂的

复杂的者，防守责任之无专属，及虽有专属而亦官民互用者也。约而言之，可分官民合守、官民分守、官督民守、民助官守之四项。

第一项　官民合守

官民合守者，官民合力守汛，如《永定河志》所谓二守之法也。《河志》云：平时各汛设官一员，堤工埽坝，督兵修理，是其专责。伏秋大汛，复委试用官一员，或千把外委，住堤协防险工。临时河道率厅员都司等，皆移驻堤上，上下往来，昼则督率修补，夜则稽查玩忽。又曰：各汛堤工，长短不一，每二里五分，安设铺房一所，铺兵一名，长年住守。汛期每里添设民铺一间，拨附堤十里村庄民夫五名，日夜修守。民夫五日更番替换。复檄沿河州县，另拨民夫或百名，或五十名预备。一有紧要，立传上堤，协力抢护。（按：官民合守，当立法之始，相助为理，原属甚善。迨至日久弊生，官民势若冰炭。官既视民若赘瘤，民亦视官若寇仇。官则敷衍了事，不顾考成，民复怠玩糊涂，甘罹昏垫。是以一变再变，而成今日之办法。现在沿堤百姓，偶或上堤护险，刁难要求，深堪痛恨，几无一人以为事系切己，应尽护险之义务者也。而究其由来，实历任河员胡作妄为所使然耳。挽回乏术，可深浩叹！中国政治，即此可见一班❶。变法改良，尚容缓哉？）

第二项　官民分守

官民分守者，官民各有责成，如《河防一览》所谓二守之法，亦即今日黄河之守汛法也。《河防一览》云：黄河盛涨，管

---

❶　班　当作"斑"。

河官一人，不能周巡两岸，须添委一协守职官，分岸巡督。每堤三里，原设铺一座。每铺夫三十名，计每夫分守堤一十八丈。宜责每夫二名共一段，于堤面之上共搭一窝铺。置灯笼一个，遇夜在彼栖止，以便传递更牌。仍由地方委员等官，日则督夫修补，夜则稽查更牌。管河官并协守职官，时常催督巡视，庶防守无顷刻懈弛，而堤岸可保无事。又曰：每铺三里，虽已派夫三十名，足以修守。恐各夫调用无常，仍须预备。宜照往年旧规，于附近临堤乡村，每铺各添派乡夫十名。水发上堤，与同铺夫并力协守。水落即省放回家，量时去留，不妨农业。不惟堤岸有赖，而附堤之民亦得各保田庐矣。按：现在黄河在河南、直隶境内，大抵仍守此法，而山东则略有变更。山东河道分上、中、下三游，各置督办一人。每游分设营哨等官，率兵修守，而无管河文职人员，修堤购料，随时委员办理。及其大汛，各营添派承防、协防等员。工程专属营哨，购备料物，添雇人夫，监工巡查等事，则由承防、协防等员分任之。平日并无民夫，入汛后每堤二里添夫十名，由地方官催督上堤。日则挑填浪窝水沟，夜则分班传递更牌。往来巡视，虽营哨、承协各员弁，亦得随时稽查。但无直接管辖之权，遇事非移会地方官讯办不可。是以各铺民夫，每多缺额，且亦虚应故事，徒滋营委地方推卸迟误之弊。官民分守，立法未始不善，及至成此现像，是亦日久弊生之一证也。

第三项　官督民守

官督民守者，未设河员，防守之责在于附近居民，而由地方官监督办理者也。河道之不甚紧要，或因攸关灌溉，虑其偶有溢决淹浸之患者，责成以保农田。永定河设防以来，无此办法，不必深讲。

第四项 民助官守

民助官守者，原设河员，专任修守，及至汛期，复由沿河居民帮同防护险要者也。沿河居民，其室庐田产，系于一线危堤，堤存与存，堤亡与亡，无论防守责任之是否专属于官，皆有扶同抢救之义务。盖抢险一事，要在迅速。而各汛兵夫有限，散布险工，骤难齐集，即齐集亦不如附近村民之多且速也。人多势众，可期立臻稳固，不致提心吊胆。官既尽职，民亦保家。为汛员者，务宜宅心正大。平日邀集明白绅董，喻以利害，晓以道义，往复开道，不惮烦劳，并令遍告村民，切莫袖手，使之公德心油然而生，跃跃欲试。遇险率众上堤，相助抢护。及其上堤助守，尤当虚心慰劳，酌量资给赀粮，万勿粗心暴气，令人不堪。诚能官民一心，化除意见，则神灵感格之余，自然化险为夷，夫复何患之足惧哉。

第五节 三汛

三汛之说不一，有以凌汛、伏汛、秋汛为三汛者，有以桃汛、麦汛、大汛为三汛者。永定河，虽亦不无桃花水涨，惟因为日无多，汛亦不大，故相沿以凌、伏、秋为三汛，加意防守。而麦汛即在伏汛以前，可分可合，若有若无，未闻于桃、麦二汛，委官驻守之举。兹即以凌、伏、秋三汛，分款说明于左。

第一款 凌汛

凌汛，亦曰春汛。河工当冰凌解泮之时，推拥撞击，在在堪虞，略不经心，小则埽段被残，大则漫溢成口，此凌汛不可不切实研究者也。永定河向列先期檄饬各汛员，于惊蛰前五日，移驻要工，并委试用人员及武弁协防，预备大小木榔头、长（竿）〔竿〕、铁钩（即凌钩），俟冰凌解泮时，督率汛兵，将大块冰凌打碎，撑入中泓，不令撞击堤埽，或致拥积闭流。《安澜纪要》云：河工本有桃、伏、秋、凌四汛，而历来皆以桃、伏、秋三汛安澜后，便为一年事毕，殊不知凌汛亦关紧要也。当冬至前后，天气偶和，上游冰解，凌块满河，谓之淌凌。有擦损埽眉之病，此其小者。若淌凌时忽然严寒结冻，凡河身浅窄湾曲之处，冰凌最易拥积，愈积愈厚，竟至河流涓滴不能下注。水壅则抬高，或数时之间，陡长丈许，拍岸盈堤，急须抢筑。而地冻坚实，篸土难求，甚至失事者有之。凌汛之为害，正复不浅。凡当凌汛，各厅必须多备打凌器具，如木榔头、油锤、铁锤等物，于河身浅窄湾曲之处，雇备船只，分拨兵夫，派实心任事之员领之。一见冰凌拥挤，即使打开，勿致拥积，此为凌汛第一要务，不可视为具文也。嘉庆三年，睢❶工漫溢，霜降后水落归槽，被水村庄涸出。滩高水面已七八尺，居民咸归旧业。迨腊月间，正在淌凌，忽因风暴奇寒，漫口以下浅窄处为冰凌壅挤，陡长水丈余，居民被难者不少。（按：道光二十二年，萧工漫口，居民迁至高阜。嗣当冬令水落后，居民咸归旧业。迨冬月间，冰壅水溢。众兴一带，被难者万余人，此凌汛之不可不防也。）又嘉庆七年正月内，冰凌冻结，正河拥挤，亦陡长水丈余。河南岸吴城一带，北岸刁家庵等处，凡堤工稍卑者，几乎平漫。地既冻结，无土可取，不得已，购买村庄之粪地草堆、厨屋地基，挖土抢筑子堰，方得平稳。此虽灾异，附录以为前车之鉴。

第二款　伏秋大汛

伏汛者，夏汛也。夏汛有二，夏至十日曰麦汛，入伏以后曰伏汛。继伏汛而涨者，皆为秋汛。伏汛浩淼，秋汛搜刷，以

---

❶ 睢　当作"睢"。据国图藏本。

其时期相连续也，故称之谓伏秋大汛。永定河向例，凡疏浚中泓，挑挖引河等工程，俱在枯河时赶办，限麦汛前报完验收。夏至前五日，或后五日，麦黄水必至。水头一到，石景山厅差人驰报。南北岸厅，率同各汛，随时查看。或全入新挖中泓引河，或分入旧河，禀报水出下口，则三角淀厅。率同各汛，分查绘图禀报。（按：此尚系下北厅，未设三角淀厅，未移南岸之办法也。现在疏浚工程，久未讲究，因亦无查水图报之举。麦水涨发与否，遂置不问。）入伏之前，先定上堤日期，通饬厅汛营弁，并檄委试用人员，及千把外委，分赴各汛协防。沿河州县，协同汛员，按铺拨夫住工。（按：此在从前，亦多虚应故事，今且名存实亡矣。）先期按工程之险易，酌给防险器具、银两，饬令备齐。至期，道厅汛弁，皆驻堤巡防，秋汛亦如之，至白露后下堤。（现须秋分下堤。）乾嘉以前伏汛时，总督移驻长安城，督率防守。入秋后数日，水势平稳，总督先回省城。嘉庆十二年，奉上谕：总督于伏秋大汛时，只须酌量往来查勘，毋庸久驻工次。转至势难兼顾，其河工修防事宜，著责成该道常时督率工员妥为办理，申报该督具奏。钦遵在案。（现在总督往来查勘之时亦甚少，竟属本道一人之专责矣。）《安澜纪要》云：治河如治兵，必先严其壁垒，能守而后能战。河工之大堤，即城垣也。守堤之兵夫，即士卒也。有堤而无人，与无堤等。有人而不能用，与无人等。若不筹画于先机，（请）〔讲〕求于平日，虽人满长堤，心志不一，变生仓猝，茫不知所措。如驱市人而使之战，其鲜有不败者矣。河工守长堤，较难于守埽坝。盖有埽之处，料物储备，兵夫齐集，人人如临大敌。遇事一呼即集。大堤则地长人少，不能声息相通。汛水未涨之时，往往人心懈怠，以为尽可无虑，殊不思可虑即在于此。为厅营及文武汛员者，当不惮车马之烦，将所管境内，堤堰河滩形势，平时勤加履勘，了然于心目之中。各段兵堡人夫，及堤里堤外附近村民，联络如家人父子。一经大汛，则长堤之上，棋布星罗，守望相助，如臂指之驱使从心，虽有强敌，何能撼之。所有防守事宜，逐条开后。语云，有治人无治法，是所望于实力奉行之者。

一、厅官所管汛地，自上交界起，至下交界止，必须将堤身宽窄高卑、土头好丑、离河远近、滩唇高矮、埽段高卑、新旧通工形势光景，细细了然于心目，一遇长水报险，胸有把握，不致张皇失措。

一、各厅汛地绵长，厅营查察，恐难周到，必须分段巡查，以昭慎重。除各埽工不计外，长堤约以二十里为一段，当于二十里之中盖厂房一处，正屋三间，厨房一间，门房一间，马棚一间。或请委员，或派丁属，专在厂房，分段管理。凡有应备抢险器具，宽为预备，并多贮钱文。其一段共计十堡，每二堡派记名效用一名为长巡，均听委员约束。如有不遵，严行责处。再厂房前应搭宽大过街棚一座，招募就近人夫，夜间携带筐锨，在此歇宿，以备不虞。

一、厅官无事，切不可在厂房闲坐。无论桃、伏、秋、凌四汛，凡有埽之处所，须闲步往来，查看水势变迁。或上提，或下挫，即须预备正杂料物以防之，庶不致临时手忙脚乱。大凡水势变迁，必由逐渐而来，万无猝然而至之理。是以闲时，须缓步审察情形也。闲中查看，亦必须步行，断不可坐轿坐车。即不然，骑马亦可。惟长堤道路绵长，势难一律步行。但遇近堤溜势较常时稍觉变迁，则必须步行，细细查察。

一、豫、东每堡堡夫二名，站堤民夫五名，足敷分派，南河并无民守之条。虽有兵堡，相隔较远，除有兵之堡不计外，其余各堡应再派巡兵二名，或雇长夫二名，则每堡共有四人，日间同力合作，夜间分班巡查，以昭慎重。

一、各堡房必须收拾整齐，以为兵夫栖息之所。所有应备器具开后：

插牌一面（上写离河若干丈，堤长宽高若干），雨伞、簑衣各夫一件，灯笼按堡两个（须常验其有烛签否），巡签两枝，火把十根，铜（罗）〔锣〕两面，铁锨两张，筐担两副，榔头四个（须枣木），夯两架，铁签两根，铁锅两口，棉袄两件（以多为妙），布口袋四条。

一、防守长堤，须知河势。黄河大都数里一湾，其埽湾处，埽工居多。然亦有滩面宽阔，不到堤根者。防守之员，当于未经漫滩之先，沿河查看。如南岸南湾，北岸北湾，某湾紧对某堡，虽离河尚远，而堤身必须格外高厚。盖坐湾之处，一经出槽，又值顺风，则风涌溜逼，水势抬高，与各堡漫滩情形不同。如遇此等，工尤须加意，不可不知也。

一、堤根必须开路，如南岸南面，北岸北面，于堤根修路一条。凡有水塘洼形，当于冬春兵夫闲时，先行填垫，出水三尺为度，宽八尺，以便车马往来。再外滩地势淤高，大堤顶高滩面数尺，至高亦不过丈许。当以大堤里坡堤顶高一丈二三尺之处，外坡亦可再开腰路一条，宽三尺，务须一律平整，为兵夫巡查之路。再每堡两头，自堤顶至底路，须斜开马路二三，以便上下。

一、堤顶堤坡，除笆根草外，凡有他草，必须割去，以清眉目。其外坡笆根之草，亦不可割，应留以御风浪。其里坡之草，应割至腰路为止。堤顶之草，亦须全割，总要留根二三寸，以护堤身，不准连根铲拔，转致伤堤。

一、漫滩水到堤根，必须日夜巡查。大堤里坡有无渗漏，如里坡一见潮润，即须时刻留心。倘有渗漏，一面禀知防汛官，一面鸣锣照堵漏子章程，如法办理。日间由堤顶行走，一目了然。夜巡更为吃紧，必须发给灯烛，由底路去，腰路回，细心查看。再堤根每多坑洼，雨后不无积水。日间巡查，凡有积水之处，一一记明，以免夜间见水惊惶。

一、外滩如有顺堤河形，当于进水河头，筑坝拦截，但只能拦半槽之水。若普面漫滩，虽有拦坝，不能为力。凡有切近堤身之河形，再筑小土坝几道。如有淤土，除近水一面，须五收大坦坡，其坝头做圆式二八坡分，亦可得力。层层挑护，务使溜势外开，不伤堤身为要。

一、外滩有普面大洼形，一经漫滩，水面宽阔。每遇风暴，必至伤及堤身，最为危险。如有碎石之处，即做碎石防风，得以一劳永逸。或有淤土之处，放大堤坡包淤，亦可经久。倘二者俱不可得，当于该处堆料几垛，并预备五尺长大签子数十根，榔头足用。如水至堤根，猝遇风暴，赶紧抢护，每一尺五寸钉橛一根，用料掩护，尚易为力。

一、大堤有渗水之处，无论军民人等，首先举报。因得抢护平稳者，赏给银五十两。于伏汛前，出示晓谕。大堤外连年水至堤根者，尚无大患，惟或因滩唇高仰，或因外有民埝，多年未经水之堤，转为可虑。何则？滩唇塌卸，一经盛涨，则河水出槽，民埝失事，则溜势奔腾，直注堤身。万一堤有渗漏，猝不及防，往往因而漫溢，其害不可胜数，必须防患于未形。如有此等工程，于大堤外帮筑土戗，先行地硪，放五收大坦坡，层土层硪，夯筑坚实。再看滩唇有无塌卸，并量滩唇高水面若干，再用旱平，按五丈一簹，量滩唇高堤根平地若干，便知河水漫滩堤根水深若干。如果水势太深，应先于下游挑挖倒沟，于半槽水时，开放使水内灌，逐渐停淤。民堰如已残缺单薄，亦照此办理。伏秋汛后，即可淤平，此亦化险为平之一法也。然必须大堤十分稳固，然后办理，断不可轻举妄动也。

一、河势里卧塌滩，应量明至堤根若干丈，每丈一封堆，以便查看有无续塌。将塌崖之处，用锨放坦，并多挂柳枝，以免续塌。

一、河水漫滩，各堡门前，安设小志桩一根，随时察看。如上游水长，即传知下段。一见消落，亦须传知，以安人心。

一、大堤高矮，未必能一律相平。漫水一到根堤，即令长巡逐细测量，分段开单，报明厅营。如普律高五尺，一两处高二三尺者，即赶加子堰，以防水势续长，免至临事周章。

一、夜巡兵夫，因迫于号，不敢不往来行走，第虚应故事，并不认真查看。应令人携带小银牌，或钱一二百文，由底路行走，暗藏于草根，每堡两处。次日黎明，仍令原人收取。如有夜巡拾得者，加倍赏之。否则，薄责示惩。

一、各堡兵夫，当号令严明之际，如见本厅巡查，自皆作踊跃急公状。迨本厅过去，退歇堡房，终朝不出，甚而至于回家安歇，且往他处游荡赌博，相习成风，深堪痛恨。欲除此病，惟有本厅到处留心，即如割草、开路等事，量明长丈，限以时刻，过去时收拾至何处，回时如果见功效，即分别给赏。否前❶，薄责示惩。再每堡兵夫四人，孰勤孰惰，恐难真知。必得分段巡防之员，悉心体察，本厅巡查时，一一询明，再亲为试验，庶赏罚稍有把握。

---

❶ 前 当作"则"。据国图藏本。

一、兵丁务令亲自当差，凡有顶替，即行饬革。其堡夫一项，顶替居多。或按季雇，或按月雇，不妨问明替身姓名，便于查点。盖在堤人夫，呼其真姓名，似觉踊跃，不敢偷懒。且本有堡夫拨兵之例，如有实在出力之人，尽可拨入队伍，亦收罗人材之一法也。

一、河工防守，必须声息相通。在本厅境内，自当随时关照。即上下两厅，亦须联络。除紧要公事由马递外，其余长水落水，亦应彼此知会，以便堤防。均于傍晚时发递，交兵夫飞送，限时行二十里。当于交界安设字识一名，该名何时出汛，彼此稽查，自无迟误。而堤顶夜有行人，亦习练兵夫之一法也。

一、大堤每多绕越，里路较近。厅汛各官，除紧急事外，必须由大堤行走，以便查看。仍应由堤钉去堤根底路回，不可贪走近路。

一、凡马路，必须于堤顶上垫高三尺，庶车马往来，不至伤及堤身。此事责文武汛员，并通知地方官令地保随时垫平。

一、厅官查工，必须带大小银牌，并钱一二千文。如有出力出夫，随时奖赏，多则二百文，少亦数十文，以示奖励，务使在堤兵夫踊跃欢欣，便是太平气象。能于奖赏之外，别有感励人心，使之奋兴从事，久而不怠者，则神而明之，存乎其人。使有罚无赏，则人人解体，谁肯出力乎？所谓恩七畏三者，是也。

一、有大案土工，每汛应于里面有土之工，酌留一两段，俟伏汛开工，以为养夫之用。如无土工，亦应酌估一两段，庶可诏集人夫，以备不虞。《河防一览》云：立春之后，东风解冻，河边人候水初至，凡一寸则夏秋当至一尺，颇为信验，谓之信水。（永定河无此惩验。）二月三月，桃花始开，冰泮雨积，川流猥集，波澜盛涨，谓之桃花水。春末，芜菁花开，谓之菜花水。四月，垄麦结秀，擢芒变色，谓之麦黄水。五月，瓜实延蔓，谓之瓜蔓水。朔野之地，深山穷谷，冰坚晚泮。逮乎盛夏，消释力尽，而沃荡山石，水带矾腥，并流于河，故六月中旬之水，谓之矾山水。七月，菽豆方秀，谓之豆花水。八月，荻芦花，谓之荻苗水。九月，以重阳纪节，谓之登高水。十月，水落安流，复其故道，谓之复槽水。十一月、十二月，断水杂流，乘寒冱结，谓之蹙凌水。此外非时暴涨，谓之客水，皆当督夫巡守。而伏秋水势最盛，非他时比，故防者昼夜不可少懈云。（按：黄河源远流长，跨南北诸省。一年之内，无时无水，故除实缺河员外，迄今犹有长防委员，通年驻守。永定河则不尽然，姑志之以备参考。）

第二章　疏治河道

自古治河之道，疏浚为上策。疏浚云者，酾其流而导之，去其淤而深之之谓也。有时以障为疏，塞支使合，就洼改道，开引旁迁，纡则直之，高则平之，阏则浚之，狭则阔之，分之以制其狂，杀之以息其怒。不外即生地、故道、河身、减水四大别而疏治之。疏治得其术，河道不足患矣。下试分节言之。

第一节　开辟海口

千流万派，朝宗于海。海口者，众水之所归，全局之所系也。海口通畅，众水安流。海口涩滞，全局受病。是则海口不可不辟焉，其理明甚。虽然开辟海口，诚难言矣。平沙远望，措手无方。潮汐不时，驻足无地。且也不辟，则海口日淤，河流愈壅。辟之，则恐河水未及出，而海潮先从而入。终因下流不畅出，而上仍不免漫决之为患也。必不得已，而欲求开辟海口之道，亦不外如左之新旧二法。

第一，旧法者，筑堤东❶水，开引导流，二者之并用法也。靳文襄公《治河方略》云：云梯关者，不知名自何时，乃黄、淮二渎所由以入海者也。往时关外即海，自宋神宗十年黄河南徙，距今仅七百年，而关外洲滩，远至一百二十里，大抵日淤一寸。海滨父老言：更历千年，便可策马而上云台山。理容有之，此皆黄河出海之余沙也。自河道内溃，会同之势弱，下流不能畅注出海，而海口之沙日淤。海口日淤，而上流愈壅，以致漫决频仍，内讧而不之止。故凡议河事者，莫不力言挑浚，而不知其势有必不可者何也。挑浚之口最狭浅，亦须宽至里，深及丈，方可通流。以土方之算授工，计万夫三日之力，不及里之一分。且渐近海滨，人难驻足，加以滔天之潮汐，一日再至，不特随浚随淤，尤恐内水未及出，而潮水先从之而入矣。夫海口之高，皆因关外原属坪厂漫滩。以故出关之水，亦随地散淌，散淌则无力，无力则沙停耳。《禹贡》纪河之入海曰：同为逆河入于海。夫河也，而以逆名，海涌而上，河流而下，两相敌而后入，故逆也。既播之为九，又曷为而同之？不同则力不一，力不一则不能逆海而入也。《禹贡》，圣人之书，其言不可易也。又考《河防一览》潘季驯有言曰：海无可浚之理，惟有导河以归之海。然河非可以人力导，惟有善治堤防，俾无旁溢，则水由地中，沙随水去也。季驯，近世之能臣，其言固不当易也。今日之云梯关外，是即今日之逆河也。而不堤以求其

---

❶ 东　当作"束"。据国图藏本。

同，不同以求其入海也。得乎？爰是自清口以下，至云梯关三百余里，挑引河以导其流，于关外两岸，筑堤一万八千余丈。凡出关散漫之水，咸逼束于中，涓滴不得外溢。从此二渎就轨，一往急湍，冲沙有力。海口之壅积，不浚而自辟矣。

又靳文襄公曰：海口淤垫，河流不畅，潘印川谓无可施工，惟当筑堤合流，导之冲刷，则海口自深。其说是已，但近年淮、黄入海之道，较昔渐狭，岂竟可无事于开广欤？陈子曰：唯唯否否。夫海口浩渺，洪波滔天，欲事疏浚，诚难言也。然河挟沙，而海潮逆，上安得不垫？傍岸洞溜，尤易停淤。故以今较昔，沙洲出海，几及百里，而海口渐狭，势使然也。若终不浚，下流必壅，而欲上流不决，乌可得乎？是浚之法，亦不可不讲也。其法于近海两岸之内，各开一引河，挑土即培于引河之外，以作缕堤。其受河流处，与入海处，且缓启其口。俟河形凿成，又必当河涨之时，方启其口，引黄分注于其中，以趋于海。似析河而三，再将中隔之沙渚，驾犁疏之。其沙必随波渐削，久之合三而一，则海口遂开广矣。此亦非全用人力，而半借水力以成之者也。若曰海口竟不可施工，印川之说不无漏议焉。

第二，新法者，如津沽之裁湾取直，吴淞之机器浚挖之二法也。津沽海口病在湾多，各河挟沙而来，蓬湾纡曲，溜缓沙停，节节浅阻，不特全局水患因而益急，且致轮舶不能进口者十有余年。其间非不设法施治，乃以受病太深，百法罔效。畿南百姓，无岁不罹昏垫之灾，其影响且及于中外商民。庚子后，联邦议约，遂将开阔海口一条，载入约内，专设公司从事浚海，始有裁去海河对头大湾之举。湾既裁，河流径直，沙随水去。再加中西挖泥法，海口酌量浚深，不一年而轮舶复通吴淞海口，并无湾曲。第因地势平衍，水流不溜。潮汐过处，海沙倒入，黄浦泥沉，几至轮舶不能抵沪。因亦载入庚子议约，而专用机器挖泥法，以疏浚之也。

右之新、旧二法，及其一律浚深，尤须参用浚船捞罱、轮梃刷沙诸法，以善其后。务使从此不再淤垫，则轮舶往来利便，而河患或可稍息矣。诸法散见各编，兹不赘述。惟就有可以试行之一法，附载于此，以备研求。海口河身一律平坦，河面虽有溜势，河底却同平。水不能挟沙入海，即用混江龙、铁篏❶箕等器挑刷，无奈随刷随停，终亦无效。昔人尝于航海时，遇抛船锚缆，并无风浪，忽然移动，悟及海口潮流。小潮则面溜底平，大潮则彻度奔流。从知锚齿插入沙中，其锚柄锚缆，皆能布水下趋，冲开海底泥沙，无怪锚齿露出，因而移动，势使然也。进而思之，即得布水冲沙之法。其法用船千余艘，舵尾皆挂一披水板，两面再加镶板，阔数尺，长数丈，以外洋硬木为之。加以石坠，使一头沉入水中，式如削瓜之刨。木板下制车轮一道，使板离水一二尺，轮在河底转动，水从板下布出，注冲河底。再挂铁篷箕于船腰，且篷且冲，自下而上，逐节疏通。无风而上，顺流而下，使河底沙水刻不停缓，冀可挟沙入海。或亦节省人工，补助浚海之一法欤。其船须照江浙钩船造法，尖头阔尾，河海并行，善于掉戗。但非顶头逆风，便能逆流而上，弃春夏东南风利，每船四五人即足应用。事非经过，究不知能否得用。而开辟海口之法，则已尽于此矣。

第二节　疏通下口

下口者，全河之间尾也。下口深广，自然全局安流。故欲

---

❶　篏　当作"篦"。

上游之无溃决，必自疏通下口，始所谓治水先从低处下手也。疏通下口，不外捞淤浚浅，与夫川字河导流下注之法。捞浚诸法，前编悉备，兹不繁复。而川字河，则于汛水未发之前，察看地势，即在中流两旁，酌挑引河数道，水到注入引河，分流出口，不致漫滩四溢，到处停淤。特是捞淤、浚浅、川字河三法，尤宜相转并行，不可畸轻畸重。如汛前一面捞浚旧河，以通恒流。一面赶挑川字新河，以备宣泄汛张❶。迨至一经长落，仍须探测有无浅阻，随时捞浚，庶汛期中深广如常，渐长渐消，保无下淤上决之患。

永定河，居畿南地势之中，必左右会合他河，而后始能达津归海。其性沙水参半，使无以清刷浑，借水攻沙之法，即不足以收疏通下口之效。乃永定河会合他河，他河之势涣漫，无力冲刷。及至浑弱清强，则入顶托倒灌，停淤愈甚，非特浑水病清，不能以清刷浑，且亦有时浑复受清之害。若于遥堤之内，建筑缕堤，宽则不能束流使急，窄则迁徙荡漾，溜势不能必归中泓。是则借水攻沙之法，亦不能用。兼之筑堤以来，河流屡改，南北两遥堤间，下口高仰，形成釜底。浚船捞浚等具，经理未善，忽复忽废，至今日且竟置下口于不问矣。此虽水性善淤，或亦河员积习，不利挖浅之所致耳。现在河又北徙，穿凤会运。考自初入运时，通畅异常，连年安澜，是其明证。倘彼时注意下口，亦不致如近年河病之甚。而当局者昧于事前，忽于事后，年复一年，患遂益亟。及今设法补救，亦舍捞淤、浚浅、川字河三法，无所适从也。请引陈子翙先生论文《安河堤事宜》，以证之。

文安，受六十六河之灌注。汇会通、瓦济、易水者，迳县

---

❶ 张　当作"涨"。

之西之北，汇滹沱者，迳县之东之南。俱达于武乎、雍奴，下直沽入海。武乎即胜芳淀，雍奴即三角淀也。西北之水，上游则霸州、保定县、雄县、安州、高阳等处。东南之水，上游则大城、任邱、河间等处。俱以文安之胜芳诸泊淀为下流，停蓄众水，而委输于海。下流之受水者，宽则上流之泄水自疾。是文安一邑河淀，实三郡数十州县之咽喉也。自滹沱之水从石沟村入淀，永定河之水从柳岔口入淀，沙泥败草，填淤一平。往日舟楫通行之处，今已成陆。现今河道所经，惟左家庄、石沟村、富官营一线之流耳。以一线河身，泄六十余河之水，壅塞倒漾，势所必然。是以西北之高阳、安州、雄县、保定、霸州等处，东南之大城、任邱、河间等处，河堤一时俱决，不惟文邑罹昏垫之灾已也。

治之之法，一在分河之上流，以杀其势，一在导河之下流，而使之通。上流，则霸州之苑家口是也。查苑家口西北，原有永定河故道，但河身浅隘，堤岸残缺，今可自霸州之老堤头，大为展浚，引会通河水，由栲栳圈❶台山村东至王家庄入淀，则上流之势分矣。下流，为苏家桥之三岔口是也。会通河之水，至北分为三支。南支迳堂头村、左家庄、石沟村，入黑母、柴伙等淀，蓄水东注。中支由苏家桥至赵家房之东，迳崔家庄之南、胜芳镇之北，入落坡、慈母、三角等淀，蓄水东注。北支由苏家桥之北，迳王家庄、中口村、无梁阁、药王庙，入赵家泊，并策城、辛张诸泊，蓄水东注。近年，二支俱已淤塞，惟南支仅存。今宜疏浚深广，其二支淤塞之处，故道可循，疏凿颇易。惟黑母、柴伙、胜芳、落波、慈母、三角等淀，赵家房、策城、辛张等泊，或仅存浅濑，或竟变桑田，此等皆支河所由

---

❶ 栲栳圈　当作"栲栳圈"。据国图藏本。

蓄泄，尤为达沽入海之要路。为今之计，相其淀形尚存者，用苏子瞻开浚西湖之法，去其败草，捞其淤沙。至全无淀形者，宜顺三支河下流之势，多挑引河，直达东沽港、楮河港，以入河泊。如此则下流之势，亦可稍通矣。上流既分，则堤工永保。下流既通，则众派安流。不第文邑免溃决之害，而上游三郡数十州县，亦享平成之利，此一劳永逸有利无害者也。

第三节　开浚中泓

中泓者，河水之中流也。中流浅阻，吐纳不灵，非势成断港，即漫溢为患，亟宜以捞淤浚浅之法治之。捞浚宽深，水路自畅。但水中挖出淤泥，若堆拥近处，再被水冲，仍复淤塞，未免虚糜款项。倘能以之培堤，则河中去一尺淤，堤上添一尺土，斯为一举两得。即不然，亦必远送他方，无碍河流，始臻妥善。其因淤嘴挑溜，以致对岸坐湾生险者，尤当察看形势，酌量施工。或则裁滩切嘴（裁滩切嘴之法，挑浚兼施），化险为平。或则抽沟分引，以杀水势。设遇大滩远嘴，非裁切抽引所能挽救者，则用裁湾取直之法。（即下第四节挑挖引河法也。）又有支溜旁分，正河渐形淤垫之处，则一面疏浚正河，一面筑塞支溜。（即下第五节堵截支河法也。）即此数端，开浚中泓，法已大备。惟在当事者，熟筹审计而后行之耳。

第自《山东通志》运河湾曲说观之，因地制宜，尤不可拘泥前法。《通志》曰：会通一津，全以各闸节蓄，而临清以北，则环曲而行，不复置闸。世遂有"三湾抵一闸"之说，而不知前人用曲之意，全为漳水而设。漳水之浊，虽减于黄河，而易淤亦与黄河等然。而治漳之法，与治河又有不同。黄河来源甚高，建瓴而下，彻底翻掀。顺其所趋，则沙随水涨，绝无壅阻。

遇曲则势逆，势逆则脉滞。水过之处，余沙易留，渐留渐长，路愈曲而势愈逆，脉愈滞。迫之使怒，横决随之。故以逢湾取直为上策，盖循其性而行所无事也。漳水浊滓稍轻，而来源平坦，无奔激振荡之力。若津道径直，缓缓而行，则沙沉水底，随路淀积，疏之不胜疏矣。今多用湾曲，使左撞右击，自生波澜。鼓动其水，而不使之少宁，则沙随水去，无复停顿。是纡折之，正以排瀹之耳，岂仅以此为节蓄之力哉！若知其防淤，而概以黄河（逢）〔逢〕湾取直之义施之，则求通反滞，大失曩贤规画之精意矣。是则治湾、治淤之法，又有不能概论者，故附录于此，以备考证。

第四节　挑挖引河

引河之意义，与夫利用引河之手段，首编已经说明，兹不再述。惟其作用如河❶，方法如何，不可不讲。作用有三，方法有八，试言于下：

（甲）作用

（一）分流，以缓冲也。全流侧注，奔腾激荡，工力无所施，桩埽无所用。故于对岸上流，别开一河，以引之而为分流缓冲之计也。

（二）预浚，以迎溜也。河身淤积成滩，虑其涨漫为患。预开一渠，以迎之使水至归渠，遂其湍迅之势，则刷沙有力，而无旁溢之虞。

（三）挽险，以保堤也。河性猛烈，方其顺流而下也，则借其猛以刷沙。当其横突而至也，则挟其猛以崩岸。当其倏忽激射之时，宜酌左右之中，急开一渠，以挽所冲之溜，引入中流，

❶　河　当作"何"。

以夺其势，而后危堤可保。

引河有此三作用，则遇应需引河之处，不可不挑挖之矣。至于度土地高卑之数，以定挑挖之浅深。验土性淤松之殊，以酌渠路之去取。（挑河之法，固宜相土地之淤松以施浚。然亦有本无松土，不得不于淤处挑挖者。水到时，不比浮沙易刷。此等水中之淤，最难施力，必须初开之时，分外加深乃可。）则又在任事者之尽心焉矣。但此第就裁湾取直引河言之则然。他之引河，如改河别由他道者，要在高低使平，导水旁泻，以便修筑者。又在涸出正河，俾可施工。闸坝外泄水引河，惟以导水归入他河，不致淹浸田庐为主，皆不须此等作用。至于塞决引河，应于《堵筑编》，另行说明，又当别论。

（乙）方法

（一）河头远觅。河头者，匏之蒂、耳之根、足之臁、包之口也。凡河头取其透崖，下大而唇既兜且吸，毋泄毋漱。河尾取其宽顺以椎，亦喷亦泻，有建瓴之势。谋定而后计广狭，使其张口外吞，腹大尾顺，开时束水，俾冲荡有力，缓急有情，而新河可辟。

（二）经营必审。夫自头迄尾，道里不可不揣也。绵邈沙滩，高低未易以臆也。毋遽定宽流，恐深者阻而低者淤也。是以高则深且广，低则浅且狭。宜应掘者，定封土志之，次于封土上标以竹。遥而企，如雁行之横斜飘灭也。如率然之阵，荷戈森森也。或少龃龉，必移以齐夫，然后量以水平，书其高低，算土方，核财赋，庶终事而不愆。

（三）分工得人。河之首尾，关系非浅。且河性善变，消长无常，苟素不更事，而轻以尝试。经汛涛必倾坍内注，前工乌有矣。故必谨择练才，任以首尾，使其宽留滩地，至于百丈。

而多积薪柴，以为备。

（四）发帑有方。凡佣工之费，毋损上，毋累下，必通计掘土若干方，佣值若干数。发其十之四而合计夫役之道理，每夫先给银二钱以为率。如一丈地计土六十方，方值银八分六八四两八钱，则先发一两六钱，募九夫为役。除以阴雨停工，一夫日掘土七八分（即七尺也，外河称分），九夫掘土六方。余值续发，斯夫无苦累而帑不亏。

（五）初工无躁。沙滩之阻，逼水旁击，其急开引河，以分其势者，惟寐忘之。然取土不先计，则已掘者，仍为后患。故夫役虽鸠，勿言开掘，责令夫头，如分土二百丈者，先使四百夫，于两岸十五丈外，顺长掘沟，广四尺、深二尺，自首通尾无间，而桥以板。掘出之土，沟外远堆。必顺以长，使绳绳相续，高无减四尺，禁弃土河边。夫如是则窃土填岸之弊已杜，纵有坍岸，土少水多，自排不使留，而无患于壅，未成无忧。暴涨霖雨，亦可宣减，此防之预也。

（六）挨掘必忌。河工稽日，阴雨不免。淹没泥潦之患，总由挨掘之病。除河头留滩一百丈外，再于夫役所分段内，留一百丈，间二百丈而掘之，则水有所容，而无没淹矣。即所间之二百丈既掘，而每百丈之间，犹留土五尺以为界，则虽有霖雨，无衔恤矣。

（七）迎送有备。河头必迎溜，而溜或不归河。河尾必泄水，而水或不顺下。则先于河头筑接水埽坝，河尾筑顺水埽坝，对河筑挑水埽坝。或捍之，或延之，首尾相生，呼吸相应。水虽无情，踊跃必赴。

（八）开放有时。全河既掘，止留首尾，下观水势，上候风色。果水势飞涨而下，飘风抵口而吸，时乎时乎，间不及谋，备夫役，整器具，牲以告神，炮以齐众，则先掘河尾，次掘河头。于斯之时，骇浪暴洒，惊波飞喷，激逸势以前驱，或鼓怒而作涛，浩浩荡荡，直抵大汛。泛滥不止，何愁吾人哉！

右之八法，乃丁恺曾《治河要语》所载。其说似觉费解，试再举靳文襄公《河防摘要》以明之。

凡黄河埽湾之处，对岸必有沙滩。滩在北则南堤险，滩在南则北堤险。治水之法，除险处做矶嘴下护埽，并创筑里月堤之外，救急之善，莫过于沙滩之上挑掘，则河为效甚速。且河成之后，险亦永平，诚一劳永逸之计也。然挑之路有未妥，则縻费正复不少。盖黄河扫湾之处，其大溜必直走，险工一岸，沙滩上游尽属漫滩。且滩地虽似高阜，其沙滩之脚，必自河底斜坦而上，始出水面。是水面下，尚有沙滩，难以挖掘。若贪近省费，不远寻河溜可接之处，安立河头？纵河已告成，断不能掣溜入河。一经开放，立见淤填。或因河不迎溜，乃于对岸做挑水坝以逼之。若河宽坝短，则不能挑溜归入引河，终属无益。若大河原窄，必急溜水深，则下流既扼于挑坝，对岸复阻以沙嘴，势必去而复返。挑坝之下，激成回溜，倒崖撞堤，变态百出。是一险未平，又增一险，更费周折。此未占挑河之先，当远觅河头，不可草率者，一也。

又河既得之，后自必依形顺势，相度河尾，以便估计。然自头至尾，一河之长，远者非数十里，即一二十里，近者不下数里。如此绵远，河滩之内，能保其无忽高忽洼之处？若惟以（意）〔臆〕见荒度，不分高下，一概遂定宽深，开放之时，地高之处必致浅阻。高处既阻，恐深洼之处亦渐成淤填。况高者宜深挖，河面当加宽。洼者宜浅掘，河面可收窄。庶费所当费，省所当省，两皆合宜。故估计之法，其初次丈量，先于应掘河身内，封土作堆，以记丈尺。再估之时，即于封堆上，用长竹各插望竿一条，务使一律条顺，直达河尾，不可湾曲。曲者移之，条顺之后，然后用土平，或三十丈，或五十丈，挨次打量，记明某段高若干，某段比某段低若干。照依高低科算土方，通核钱粮，庶河无贻误。此估计之不可草率者，二也。

又估计既定之后，自必按段分委人员。其河头河尾两段，必选平日谙练之人，方可委任。将新到学习，与不甚谨慎之人，俱派委于河身之内。盖河之头尾，关系通工，且河流无常，消长难测，苟素非谙练才知利害，则轻忽从事。倘一经暴涨，或有坍塌，则河未全完，水一内注，则前功尽弃。故河之头尾，须宽留滩地，或百丈，或八九十丈，仍量贮柴草，以备不虞，方为万妥。此分工之不容草率者，三也。

又分工之后，自必发帑募夫。若发银太少，则远夫不够盘缠，不能应募。发银太多，则便滋花费，恐后有累工欠帑之弊。须酌量每河一丈该掘土若干方，值银若干两，先发十分之四。以人夫之住居远近牵算，每夫一名约先给银二钱。假如每河一丈，该土六十方，每方银八分，该银四两八钱，约先发银一两八钱，该募九名。每天牵阴雨停工，每一日计掘土七分，每日可掘土六方。嗣后余银，计工续发，可无贻累之虞矣。此发帑之当斟酌者，四也。

又人夫到日，自必兴工挑掘，然不必先挑河土。令各员责令各夫头，如分工二百丈者，先于夫内拨夫四百名，于河身两岸相去十五丈之外，顺长掘小沟一条，约面宽四尺，深二尺，段段相接。自河头直至河尾，不过一日便可全完。仍令各夫头各觅木橛，或门板、木板于小沟上搭桥为路。凡所掘河土，令过沟外远处堆起，依顺小沟，顺长堆积。堆至各段之土，两相接连，约高四尺。后方令其往上再堆，不许一筐弃置河边，被奸夫充填假崖，致少尺寸。如此则堆积之土，既可无假岸之弊，且开河之日，坍塌不过岸土，水力能胜，使土随水去，易于宽深，而无积土壅塞之患。即未经告成之先，外有积土阻拦，遇暴涨可免满漫。下有小沟通流，遇大雨可以宣泄。此初兴工之所当斟酌者，五也。

至于掘河，又不可普律全掘。如第一段长二百丈，第二段亦长二百丈，令第一段夫头除河头滩地一百丈外，再于所分之内留第一百丈不挑，先挑第二百丈，第二段夫头之二百丈，则先挑第三百丈，留第四百丈不挑。将此两段挑完之后，然后第一段夫头挑第一百丈，第二段夫头再挑第四百丈。又须将已挑完一百丈与未经挑一百丈之交界处，仍留土埂一条，约宽四五尺。俟未挑之九十五丈，通身挑完之日，方掘此土埂。盖因河土甚多，非计日可竣之工，能保无连阴积雨，有淹没土塘之患。故二百丈之内，先掘一百丈，则雨水有所容蓄，不致淹没，且可免于车戽之费。所以于交界处，仍留土硬❶者，恐后挑一百丈之时，遇雨则又上下通连，仍旧被淹，是以必于挑第二百丈全完，然后尽掘土硬❷。无水固妙，即有水，以一百丈之水均于二百丈之内，水深不过一二尺，始终总无旷土，总无赔累矣。此挑工宜分先后者，六也。

又全河挑完之日，自必待大水长发开放。开放之时，先挑河尾平地十分之三，始率夫挑掘河头。盖河尾无溜，不能撞刷，即单薄渗水，尚易收拾。若河头先开，河尾未完，则水一进，便恐淤填。此又开放之不可不慎者，七也。

---

❶❷　硬　当作"埂"。

线外堆土处	小沟	土路	北河头一段，各工完全，开放时，始挑挖泄水。	土路	小沟	线外堆土处
			第一段第一百丈，第一段夫头次挑。			
			第一段第二百丈，第一段夫头先挑。			
			第二段第三百丈，第二段夫头先挑。			
			第二段第四百丈，第二段夫头次挑。			
			第三段第五百丈，第三段夫头次挑。			
			第三段第六百丈，第三段夫头先挑。			
			第四段第七百丈，第四段夫头先挑。			
			第四段第八百丈，第四段夫头次挑。			
			第五段第九百丈，第五段夫头次挑。			
			第五段第一千丈，第五段夫头先挑。			
			以上窄格，乃各段二百丈中所留土硬❶。俟先次分段挑完之日，始行去尽。			

又考《安澜纪要》曰：险工对岸，必有淤滩。南滩则北险，北滩则南险。前人有于对岸挑引河之法，可以化险为平。然旧河至窄，亦有七八十丈，深三四丈不等。所挑新河，宽深不及十分之五。以就下之水，而欲其舍深就浅，舍宽趋窄，是岂水之性哉！必须河头得势，庶乎其可。所谓河头者，当于对岸滩嘴上游寻河流初转湾处，陡崖深水，流势顶冲，塌滩溃崖，似必欲于此寻一去路，如此谓之河头。其下又有滩嘴，兜住溜势，谓之下唇。再于下游寻陡崖深水处，谓之河尾。测量滩高水面若干，再用旱平，自河头至河尾，逐细较准，方得河头水面高河尾水面若干。如高二尺以外，大可兴挑。迨开放时，河头有吸川之形，河尾有建瓴之势，其成工也必矣。其必不成者有五：无河头不成；有河头而无下唇，谓之过门溜者不成；有河头下

---

❶ 硬　当作"埂"。

唇，而无河尾者不成；有河头、河尾、下唇，而上下水势相平者不成；四者齐备，而河身纯是老淤者亦不成。此乃就形势而言，谚语云：引河十挑九不成。大都勘估于冬，开放于夏，水有消长，则溜有变迁。凡不成之说，未必不因于此。勘估者能于估工时预计开放时溜势，则得之矣。然此举施之于徐州以上，则可。盖两堤相距，或二十里，或三十里，滩面宽阔。即新河以下，偶有坐湾，未必即新生险工。如邳、宿以下，则两堤相距不过五六里，闭一旧工，即生一新工，且有不止于此者。权其轻重，似非得计也。黄河之水，其性喜曲。曲则溜急而深，沙随水去。直则平衍，而溜缓沙必渐停。故湾处皆深，直处皆浅，不可执逢湾取直之说，徒费钱粮。且致溜行不激，河底渐高，其病未必不由于此。究以束水攻沙、激之使怒为上策等语，虽亦据右八法，而立说惟其审察地形，酌量水性，又非前人所经道及者矣。

《清河宣防纪略》曰：凡坐湾太大处，必有险工，对岸必有淤滩。淤滩中取直，挑挖引河，可以化险为夷。若无河头，则挖不成河。有河头而无河尾，亦挖不成河。有河头河尾，而上下水势相平，亦挖不成河。务先将河头河尾看准，再量河头水面一二尺，即可估挖。盖河头有吸川之形，河尾有建瓴之势，必能成河也。估河有逐段加深者，有上下一样深者，详审地势，酌量深浅。又挖河有先挖正河，再加挖子河者。盖子河比正滩较窄，过水即可刷宽，亦省工（一之）〔之一〕法。成河之底宜平，不可高高低低。出土宜远，或成堤，或滩平，或一面，或两面，随时酌定。两坡鼓肚，务要铲平。两岸势凸，尤应严禁。

永定挑河、挖引河，其作用方法，大要亦不外是。惟在勘估承挑者，权宜办理，慎勿粗心大意，以致糜帑费工，或犯十挑九不成之病也。兹再摘录解释挑挖引河要语十则于左：

一、如何得有吸川之形。开挑引河，看其形势。正对大溜，将上口宜挑宽阔，俟水长放河，则河水无不掣归引河，是名为吸川之形。

二、如何得有建瓴之势。凡挑引河，务使形势对溜。上口宽阔，则有吸纳全河之势。下口窄深，则有建瓴直下之势。

三、如何使其全河归注，如何势入上口。恐崖岸单薄，即将下唇崖岸培厚，以资捍御。如有不足，须下埽迎溜，以抵其冲，则全河易于归注矣。

四、如何使大河淤垫。凡挑挖引河，贵在得其形势，更须修做如法，使水全归引河。则大河不用人力，而即自淤垫矣。

五、如何浚浅切滩。看引河之水，倘溜响结花，则河底必有高之处。即宜疏浚深通。如有兜湾卸岸，则对岸必有滩嘴挑溜，速宜切去滩嘴，使其溜直下则不为患矣。

六、如何用杏叶爬、扬泥车。看引河形势不顺，以致水势浅弱，不能畅流，则水必澄清，易于淤垫。须在上口用杏叶爬，或在船，或在水，用人尽力拉爬。并用扬泥车，或以人，或以畜，拉扯其河底泥土，使水浑起则易冲刷矣。

七、如何挖龙沟。凡挑挖引河，已成尚未开放者，必挖龙沟在底，以防大雨淤垫，则尺丈足而兼水易行也。

八、如何预留土格。如取土之地，其坑洼处，名为土塘。必须预留土格相隔，恐其掣溜成河也。又挖引河，亦须留格，一以分别承挑界限，一以撑持两岸，不致遇雨坍塌也。

九、如何倒塘取土。凡挑挖引河，务将挑起之土，远送四五十步之外。按：顺水情形，如两堤夹河，至倒塘之法。如有水一泓，欲于其中取土，则于积水之下游外边倒起。先挖一槽，使其水顺下，其上游自然洞出。逐层挖取，逐层倒换，看积水之大小，停水之浅深，留土隔之丈数。不得乱倒，有碍束缚水势。名为倒塘取土。

十、如何查察假岸。凡挑河，必按漕规分别大小挑之年，该挑若干尺寸，完工报销，此定例也。但土性有流沙、喷沙、砂礓、淤泥之不同，以及泉源生发之处，戽水不竭，软沙团聚之处，旋挑旋积。虽竭尽督挑之力，终不能按数如期报竣。而浅、阓❶、泉、溜、遥、坝等夫，最难苟免。私将河崖垫高，形如膛肚，以显挑挖河深以足尺寸，毕乃公事耳。欲察其弊，即在膛肚，必有鱼鳞土块之迹。且试其土，必虚松。若切去浮土，露出本来坚土，其弊自除。

第五节　堵截支河

堵截支河之法，《治河书》言之详矣。如于离大河百十丈，或数十丈，坚筑内外大坦土坝，拦截河头，自当照办。其迤下河身中，做束水小坝，如石闸形，应是柴坝。第沉于水底，不无漂淌之虞。今于古法中略为变动，在河身浅窄处，坚筑束水土坝。其坝头必须收入，用淤土层土层硪，包边套打。中留口门，宽三丈。再于坝下河身内，遍种卧柳。勤加浇灌，使其生长茂盛。俟高出滩面，将新条攀（例）〔倒〕，用土压盖。数日后，又发新条。不过两年，便成密箐。卧柳既成之后，即于上游挑挖倒沟，半槽水时开放。上有土坝钳束，下有密柳挡护。经过大汛，可粪❷淤平。此指老滩河形，滩面本高，非盛涨不能上滩者而言。

---

❶　阓　当作"闸"。
❷　粪　当作"冀"。据国图藏本。

若河形之外，滩面本矮，水长则普漫。柳为水撼，不能存活。当于坝下密钉排桩，每根留空档一尺，入土尺许。高出滩面二三尺，用柳条编扎成笆，每扇长一丈宽五尺。桩上先钉铁鼻子笆，上用铁钩两个，以便挂于桩上。其头道笆眼宜大，以下渐加紧密，亦可停淤。然皆就于河形，冬春预备之法也。若汛期内支河分溜，恐其夺河，当于上游分流之处，建筑挑水坝，挑溜归入大河。再于支河中，择其浅窄处，用船两只签钉挑桩，采粗大新柳枝，连叶编于桩上木叉。叉送到底，再编再叉，务使一枝挨一枝，不留空档。其头排尚可少松，以下更宜周密，此又一办法也。兹录靳文襄《治河方略》原文，以备参考。

　　支河有两样，堵塞之法，亦有两样。如一种，上有河头，当河水初长时，水即由河头流入，在滩地内转折回旋，远者数十里，近者十数里，或数里，仍归入大河。此上有河头，下有河尾者也。无河头处，冲而成河，故近洼地之头，一束水坝，须宽留口门，庶使洼地之水，不致漫跌。其下各坝则愈远，口门愈小，而洼地必淤，河形亦平矣。

　　丁恺曾《治河要语》云：今有明险于此，汛水暴至，惊浪訇訇决堤，而奔埽入跕，是则可畏乎？今有暗险于此，河水时至，旁溢支流，盘涡滩地，贴漱堤根，是则可玩乎？古人谓明者易防，暗者难御。故发之迟者，祸恒巨。何以明其然也？夫明险一难，难在暴迅。然建堤坝，开引河，或捍之，或挽之。虽强敌，亦必释憾，而降以相从。支河之患，当分流而已。有夺河之势，迨渣溗迤延❶，则嘘吸众川，冲堤啮岸，而不可挽。凡支河之患，非一时一地，澜汗道里，（漫）〔浸〕淫日时。一

---

❶　渣溗（tàtuó）　水波相重之貌。溗，本作沱。《康熙字典·巳集上·水部·八画》。

汛未平，一汛后至，河头荡以日朘，堤根涤而日孤，虽择要险估抢防风，而长堤千里，庸埽以遍。凡支河之患，大河上流旁泄，下河必致停沙。大河沙塞，支河水行，地日高，堤日卑。一遇异涨，泛滥四出，势必然也。今欲使正河归流，法在毋使停沙。而沙不可去，则急杜支河，使合流，以急水攻沙。河归故道，则河高地卑之患可去，是以障为疏之道也。

以障为疏，何也？盖支河自大河分流之处为河头，盘旋滩地数十百里，而仍归大河者为河尾。夫黄河滩地，临河者高，倚堤者低。由筑堤夫役，任土畏远，又刮堤根以速高。而河之冲荡，复漱沙外出，以是滩日愈高，堤日愈低。一旦河头外出，则从堤根以就下。下愚之夫，于滩地河身内，筑坝以横断之。夫既外高内低，水必飞坝而过。骇水鼓怒，更相触搏，越一坝，必冲一坝，非徒不能遏也，反激使胶灰盘转而喷射大堤。善治水者，毋争其末流，而制其初发；毋挽其已下之水，使归上游，而制其未泄之水，使无下注。则堵之之法，当先塞河头。盖黄河滩地，临河必高，靠堤必洼。因此处既有河头，则不能如河岸同其高卑。故一经涨发，由河分注，且以有源之水，长流于窄隘河形之内，其势必急。若于滩地之河身内，筑坝横截，外高内低，必致漫坝而过。每漫一坝，必冲跌一塘，非徒不能堵，适足以激水怒，以益宽深，渐至妨碍大堤。故先于河头高卑处所，择支河有崖岸之处，约去大河百十丈，或数十丈之内，坚筑内外大坦土坝一条，必须外坦厢做防风裹头，方为万全。其滩内一带河身中，亦择其浅隘处，或相去里许，或相去一二里，间段做束水小坝，如石闸形，各留中间口门数尺，或丈许，使水仍可通流。度河水初长，未及漫滩之时，则河流分头之水至坝，即住坝外所留河形百十丈，不过数日亦可淤平。则河头百数十丈，已极高宽，非普面出槽，涓滴无由分入矣。及至普面出槽之时，一带河身，复逐段做束水小坝。如水此❶地高，则坝沉水内。河内之水，不过与滩地之水同一漫流，必渐淤渐积。迨河水稍落，纵使河身尚未全淤，然水为束水坝所阻，且上无来源，河水愈退，则淤填愈增。支河之至宽深者，历伏经秋，必然尽成平陆矣。又有一种支河，上源并无河头，因内地甚低。当河水出槽之时，汇归于低洼之内，聚而成溜，日刷日深，亦转折回旋于滩地之内，或数十里及数里，然后归入大河。此则无河头，而但有河尾者也。如不为堵截，恐年复一年，河头一成，内地既洼，则更为难堵。此种河形，宜先于河尾内，紧靠河岸高卓处，坚筑内外大坍土坝一条，截其去路。再于滩内河身浅窄处，亦间段做束水小坝，惟中间留口门，又当有宽窄之别。盖此等支河，必滩地内原有至洼之处，非数顷及数十顷者。积满之后，截其去大河百丈或数十丈，择河头高卓处，有崖岸者，坚筑大坍土滩，外镶防风裹头，以防其出。其滩内河身，择其浅隘之处，间筑束水大小坝，以制其驰。其坝形如石闸，留门数尺，以通其流而避其怒。然则河头分流之水坝闭其气，坝外无本之水，数日可淤。纵使逢涨四出，越坝而过，而逐段小坝，亦具磬控纵送之力。外者可涸，内者不来，荡漾成滩，河俟历伏徂秋哉！

是故堵截支河之法，务须截其来源，塞其要路。且于堵截之后，必使淤成平陆，坚固断流，方为稳妥。试再分别说明于左：

一、如何截其来源。如支河在于附堤之处，非系分流岔乱，即系形势漫散，难以堵截。必查其上游来源分泄之处堵截，则

---

❶　此　当作"比"。据国图藏本。

下游立即干涸，故曰截其来源。其上游无可着手，应作如何办法之处，首编《拦河坝》项下，已经释明，兹不再述。

二、如何塞其要路。如支河来源众多，中途合流一处，直奔堤岸。则上流不宜堵截，下流势大难以用力，必择其中途地势高阜，河形窄狭要路堵塞，则国帑省而成功易，名曰塞要路。

三、如何使其淤成平陆。水以气动为害，直则刷底，窄则刷岸，曲则塌卸，伸则畅流，绝则淤塞。截之之法，使水不透气，则即淤成平陆矣。

四、如何使其坚固断流。凡堵截支河，大者下埽，小者厢压。如下埽，则将埽眼用软草填塞坚实。如厢压，柴内必须加杂软草，层土层厢。埽后培筑戗堤，则工程坚固，支河之水，永可断流矣。

第六节 疏浚沟渠

沟渠者，导泉源雨潦，归之河道，或引入河水，以溉田亩之要路也。疏则未有不流，流则未有不效，涓滴之益者。是以疏浚之方，沟渠亦不可轻忽。沟渠淤阗，流即闭塞，既不能导之使出，又不能引之使入。潦则水无所归，旱则田无由溉。凡有沟渠，皆宜深浚，上通潴蓄之泉池（障泥容水之地），下达归宿之河道（导水入海之路），长或数十里，阔或数尺，由支达干，汇为洪流。必须节节爬疏，在在通利，相度地势，由高趋下，然后其行无阻，其流不绝，旱潦有备，运输有资，是亦治水要策也。兹录陈宏谋《沟渠事宜示谕》十二则于后：

一、境内有开通之干河。近河田地，有水可以直泄入河。隔远者，不能俱入，必须开一小沟，以达干河。其沟或就地势洼下，或向有旧沟古河，或道路两旁小沟，均可开通，泄水入河。其沟宽自三四尺至五六尺不等，深自三四尺至五六尺不等。附近有池塘者，引其流入池塘。

二、附近无开通之大河，则择其通流之处，另开大沟，宽自七八尺至一丈不等，以水入大河为度。大沟既开，水有去路，然后逐节开小沟，以达于大沟。小沟不拘长短，总以达于大沟而止。中间有高阜山埂，不能存水者，则不必开沟也。如系湖荡不能筑圩围田者，仍留为蓄水，亦不必开沟泄水，与水争地也。凡黄河滩地，不可开沟筑圩。

三、开沟之土，务散铺于两岸地内，以成平坡，不碍种植。不可堆于沟旁，又成土埂，阻水不能入沟。且恐随后卸入沟中，将沟淤塞。其附近有低洼处，可以堆土，不散地内者更好。如现有麦苗之地，其土尤须酌量散铺，不可多压麦苗。

四、路旁开沟，即将土堆积路面，俾沟日以深，路日以高。但须垫于坑洼及低平之处，取其平坦，不可专堆高处，又成土埂，亦不可随意乱堆，坑陷难行。

五、道路可以两旁开沟，两沟泄水，更为有益。如道路低洼，则即以道路作沟，于边旁高处别开为路。如有一面原系高埂高坡，难以成沟，则止须就低洼一面开沟。或上半节于东面开沟，下半地高不能开沟，则移于西面，但须路中（驾）〔架〕一小平桥，俾水仍通流，无致壅积。路旁原有沟塘，则不必再开。

六、开沟不拘长短纵横，总期水有去路。如中间遇有十字路，则须（驾）〔架〕桥，桥下水仍通流。其桥或石或木，均须铺土，以便车行。虽非通衢，而为农人车载粪草赴田之处，亦须（驾）〔架〕桥铺土，不可因开沟而阻行车也。

七、地土洼下，或涸出湖荡，则开沟以泄水。即以开沟之土，筑为圩岸，以作围田。每围自五顷以至二三十顷，不可太少费繁。其圩岸三四尺不等，总期可以御水。

八、凡筑圩围，均于圩根设立涵洞，旱则引水入田，潦则放水外出。其涵洞或用砖石圈砌，或用烧成瓦筒，埋于土中。扬州、淮安所属湖荡相连，多有宜以圩围之处。此外凡有低洼荡地，逐一照行。其原系平坡旱地，则止须开沟泄水，不必定筑圩围也。

九、去冬今春，所挑之河，其土现皆散堆河岸，俨同土牛。乘此未曾冲散，加工收拾，补缺铺平，以成子埝。撒扔草子，明春生草，便为圩岸。既资捍卫，又免雨水淋漓，行人践踏，仍落河中，有淤河身。如防内水涨满，则酌留缺口涵洞，为泄水出外之计。

十、此次各处开河，用帑至数百万，原为工大费多，民力不能兴作也。今积水皆有去路，其开沟筑圩，原以农民修治田功，俾久弃之旷土，变为常稔之美产。佃户出力，田主给以口食，定例已久，不便请动官帑。果有长大沟洫，或宽大圩围，此中贫富不一，心力不齐者，准借给口食，每土一方借银二分，通力合作，计可成功。所借之银，于田主名下，分作三年扣还。凡有借者，田主土民公议，连名赴县具领。地方官定议详明，候示遵行。工本无多，众擎易举，可以力作者，不准滥借。

十一、开通路沟，则按路旁之田出夫。其平地开沟，则按泄水之田出夫。均不得视同官工，派之通县。有捐资及捐口食，以开沟筑圩者，详报分别优奖。

十二、开沟筑圩，须公议。田主应分段督率，不可出票。差役管押有需索饭食等费，官司不时往来查验。有地棍阻挠者，禀官究处。以上各条，无非因地制宜，随势利道，在小民原可自为计。恐无人指示督率，官司不暇处处晓谕，一切听民夫随意混挖，枉费工力。或相争执，事无实际。故此开列晓谕官民士庶人等，各宜凛遵。

第七节　设备水柜

水柜者，湖荡淀泊也。湖荡淀泊，天然为河道之水柜。在运河则蓄放有方，堪资利济。其他各河道，当其盛涨之时，下游消泄不及，亦可借以容受水势，俾无漫溢。是故凡有河道，皆宜设备闸坝涵洞，以通湖荡淀泊。而为水柜之用，且须圈筑堤防，不时修浚，务求深通，毋致溃决。尤忌滨水之区，垦种升科，以致水柜尽变民田。潦则水无所归，泛滥为灾。旱则水无所积，运河龟坼，大为公私之害。明成化中，杜谦以工部侍郎行河，自通州抵淮扬，相地势，去淤塞，复水柜，导泉源，修闸坝，河乃复旧。此十五字，诚为治河、司运者之要决❶矣。但于水柜四周，广植榆柳芦苇之类，既保堤防，且可岁收其材，以为河工之料。是亦一举两得之办法，较之垦种升科，其利不尤溥乎？

虽然水柜之设，宜于清水河，而不利于浑河，何也？盖浑河水势旁泄，则溜缓沙停，正河未能畅行，且恐不数年而水柜淤平，益受其害。惟有以弃为取，宽筑遥堤，建设坝座，以消盛涨为惟一之办法也。其有于上游汇入各清水河，或在塞外沙漠地方，审察形势，偶一为之，亦无不可。

疏治河道之法，右之七节备矣。至于收验挑挖淤河之工，必查其原估面宽若干丈，底宽若干丈，以一长绳，按其丈数上系红线数条，下临于河面河底，用两役执绳，于两岸分行，则

---

❶　决　当作"诀"。

面底宽窄之弊，不能混也。甚至河底河面，如式开挖，而河岸半腰，形如鼓腹，一经水刷，必卸成淤。饬役即于鼓腹处，抽挖三四寸宽小沟一道，俾与上下相平，然后量计，即知其少挖若干方，则两岸鼓腹之弊，不能混也。又或于估挑淤河之初，往往将原有旧河，指广为狭，指深为浅，并将浮草刨除，以为挑挖冒销之地。然草木虽刨，而根株犹在，萌芽复生。据此驳诘，并将新挖未有萌芽之处，指出起讫，比较分明，即无可置办，则其捏狭捏浅之弊，不能混也。又或于工头工尾，如式开挖，其中间段落，有渐高渐低，巧为偷减者，饬令先行放水铺塘，以数寸为度，不得过尺，俟水面一平，而底之高者立见，则间段偷减之弊，不能混也。又挑河淤土，往往就近抛弃滩岸之旁，必致水来冲卸复淤，此可一望而知。饬令集夫搬运河岸之上，则图省人工，就近抛土之弊，不能混也。

第三章　修筑堤防

筑堤之要有五，勘估宜审势，取土宜远，坏头宜薄，硪工宜密，验收宜严。备是五者，工必固矣。不宜于隆冬，惧冻土凝结，凌块难融，虽重硪不能追透者。亦不宜于夏，恐水至漫滩，无土可取。故凡大兴工作，非春秋不可也。估计之要，必因地势。《周礼·考工记》曰：善防者，水淫之。注曰：防所以止水，不因地势，则其土易崩。盖必择高阜处，不与水争地，然后能御水。堤身不宜过于顺直，不妨少有湾曲。他日如遇河溜，（埽）〔扫〕湾而来，逢堤身外曲处，不过埽工两三段，即挑溜开行。否则顺走堤根，生工不已。此屡所经历，信而有征者。从来守堤如（平）〔守〕城，凡城垣之敌台垛口，必外凸方能御敌，亦正此意耳。估计之要，先堤顶丈尺，以次收分。顶宽或五丈，或三丈，两坦按里三外五估算，名卧羊坡。其高较盛涨水痕，高出水面五尺为度，务使水平较量，确切不可疏忽。堤成之后，再于两坦多种笆根草，可免水沟浪窝及风浪撞刷之患。

筑堤首重土塘，工员稍不经心，外滩则挖成顺堤河，致成隐患。内塘普面坑洼，一雨之后，积水汪洋，遇抢险时，无簤土可取。故开工时，即先定土塘，务离堤根二十丈，各塘留埂界。每十丈留宽一丈土格一道，每三十丈留宽二丈大土格一道。向来筑堤取土，或取外滩，或取内塘，或两面皆取，办法不一。以理而论，当以外滩取土为是。缘外滩土塘，一经黄水漫滩，便可淤成平陆，乃取之不尽者。内塘则取一筐，少一筐，自应留存，以备抢险。前定土塘离堤根二十丈，系指完工后而言。插夫时，应计堤工每丈用土若干。如顶宽三丈，底宽十五丈，高一丈五尺，每丈需土一百三十五方。土塘以挑深五尺为度，每丈可出土五方，必得二十七丈之土，方敷工用。连原留二十丈，应于堤根四十七丈外，插锹挑起，逐渐退后。迨堤工告成，尚在二十丈以外。然必得各工员收下方，始能照此办理。何为下方？插塘之后，即照挑引河之例，每日科塘发给饭食，收塘内已出之土。其挑出之土，务须按段派人查察，不许丝毫抛洒。否则塘内出土多，上堤之土少，必致累工。此皆向来办理章程。近来南河有收上方者，以为巧便，殊不知挖坏土塘之病，实由于此。所有收上方一条，开工之前，即宜严行禁止为要。

堤既估定，应看地基。如系老土，只须重硪套打一遍，谓之行地硪。如系新淤地面，必须刨槽深二尺，亦不必照原估底宽，全行刨挖。只于临河一面，挖宽三丈足矣。刨成后，用硪套打。所有还槽土，必须两坯分做，追打坚实。锥试不漏，方准再行上土。

上土坯头，愈薄愈妙。宜定以制限，俾知遵循。今定每坯以虚土一尺三寸，打成一尺为式。如估高一丈五尺之堤，令其十五坯做。倘少有不敷，再加一漫足矣。每分工上，多截木段，以一尺三寸为志，俗名谓之纱帽头。每坯土照此高厚，以凭一律。总之堤工坚实，全仗硪工。硪工之所以得力，必得薄坯，方能追到。如坯头过厚，虽有重硪，亦无能为力。故办理堤工，不得不认真查察坯头也。惟两分工交界处所，彼此相让，每留成一大沟形，最为隐患。必须严谕各工员，于连界处，各交互多做两丈，如上段于底坯多做二丈，下段于二坯多做二丈。各自行硪，务使坯坯交互，夯硪坚实，以免交界虚松之病。然非总催认真查察，不能破此积习。

堤工按坯上土，干潮不一，必须使水窨之，方能合式如一。坯上完后，先令边锨或挑沟，或挖坑，将水倾于坑内，渐渐窨透。至半干时，用硪连环套打，自可保锥。如实在无水之处，须将头锨土撇去，用二锨以上潮润之土，乘其潮性。即便行硪，不可径行干打。其保锥，较用水更为稳当，惟坯益要薄耳。

堤之坚实，全仗硪工。硪有腰子硪、灯台硪、片子硪等名。三者之中，以腰子硪为最。每架硪头，应重七十余斤，方为合式。但硪固取其重，然其追地，又在撒手。谚云：起得高，落得平，便是会打硪人。如撒手少有不匀，则东倒西歪，不能平平落地。必有打不著之处，即不能保锥矣。其灯台硪、片子硪皆是短辫子，宜于坦坡，而不宜于平地。所谓有利有不利，用之得其当而已。腰子硪每架应用十人，春秋日连环套打，每日能打二十五六方。有雇日者，有包方者。日记硪以日计工，其弊在偷懒。包方硪论方计价，弊在草率。惟有论方包锥之硪为妥。当于每日收硪方时，以签试，少有漏渗，即令再盘，盘好再收，庶无弊混。堤工之至重者，莫如两坦坡，必须坯坯包坦，套打完工后，再于坦坡上普面套打一遍，方能坚实。再有套二硪之法，系一硪连打二下，不如令其东西一单遍，南北一单遍，更为周密。至各段应用硪多寡，总以出土计算。如土塘夫多而硪少，必致无地上土，俗名地闲。上❶塘夫少而硪多，又无地可打，俗名硪闲。二者皆致累工，必须斟酌周到，硪多添夫，夫多添硪，使硪地两不闲则得之矣。再草根树枝之类，一入土内，必至漏锥。每坯应另雇日记夫一名，栋❷净草根，庶无后患。

堤既筑成，自然照估量验收工。而得力处，则全在总催之员，随时查察。凡筑堤之大弊，首在挑挖堤根。堤根挖深一尺，则堤工高处少做一尺，不特工程较别段低矮，而外滩所挖洼形，即成顺堤河，其为隐害，正复不浅。前人有钉志桩之法，以杜其弊。然偷挖志桩之弊，更不一而足。其实地面之新旧，一目了然，认真查察，岂能使工员少有弊混耶？其次，则底坯坯头高厚。然严以签试，亦难掩人耳目。惟包边硪一弊，甚难查察。何为包边硪？如堤底宽十五丈，坡系五收。行硪时，两边只打丈许，任凭签试，坦锥不见渗漏。故收工时，坦锥饱满后，尚应用锹于坦土刨挖一坑，用签横打。如此则立见渗漏，此乃收工时，查弊之法。如果分段总催之员，终日在工梭织巡查，凡一举一动，皆所目击。实力坯坯锥试，又何从包边作弊耶？此所谓有治人，无治法也。再收工时，须土色纯系沙土，渗而不漏。新淤土饱则满饱，漏则大漏。必得两和土，重硪套打者，

---

❶ 上　当作"土"。
❷ 栋　当作"拣"。

锥锥满饱，百无一失。

《河防堤[1]一览》云：浚海之急务，必先塞决以道河，尤当固堤以杜决。而欲堤之不决者，必真土而勿杂浮沙，高厚而勿惜巨费，让远而勿与争地，斯堤于是乎可固也。又曰：堤以防决，堤弗筑则决不已。故堤欲整坚则可守，而水不能攻。堤欲遥远则有容，而水不能溢。近年事堤防者，既无真土，类多卑薄，已非制矣。且夹河束水，窄狭尤甚，是速之使决耳。合无力鉴前弊，凡堤必寻老土，凡基必从高厚，又必绎贾让不与争地之旨，仿河南远堤之制，将全河旧堤，查有迫近去处，量行展筑月堤。仍于两岸，相度地形，最洼易以夺河者，另筑遥堤，以资重障。又曰：凡黄河堤必远筑，大约离岸须二三里，庶容蓄宽广，可免决（齿）〔啮〕，切勿逼水，以致易决。堤之高卑，由地势而低昂之。先用水平打堤，毋一概以若干丈尺为准，务取真正老土，每高五寸即夯杵二三遍。若有淤泥，与老土同，第须取起晒晾，候稍干方加夯杵。其取土宜远，切忌（旁）〔傍〕堤挖取，以致成河，积水刷损堤根。验堤之法，用铁锥筒探之，或间一掘试。堤式贵坡，切忌陡峻，如根六丈，顶止须二丈，俾马可上下，故谓之走马坡。堤工费，凡创筑者，每方广一丈、高一尺为一方，计四工。土近者，每工银三分，最近者二分。土远者，四分。如堤根六丈，顶二丈，须通融作四丈折算，此计土论方之法也。如帮堤，则先计旧堤若干，今增高阔各若干，亦以前法折算。

《治河方略》云：防河之法，首在于堤。然堤太迫则易决，远则有容，而水不能溢。故险要之处，缕堤之外，又筑遥堤，以备异涨。堤稍瑕即溃，与无堤同。必择选淤土，每覆土一尺，

---

[1]　堤　衍字。

即夯硪三回。筑毕，用铁锥杵孔，沃以水，水不渗漏为度。然亦有纯淤土而渗漏者，则其土必太坚，锥不易入，其捍水尤有力，且土必龟坼为验。堤之高卑，因地势而低昂之，用水平打量，毋一概以丈尺为凭，以水面为准。筑堤之法，陡则易圮，如堤根六丈，顶止二丈，俾马可上下。堤面及根，必多种茸草以盖之。盖草能柔水性，能庇雨淋，而坦（披）〔坡〕又可杀风浪之怒也。其取土宜于十五丈之外，切忌傍堤挖取，以致积水成河，刷损堤根。然取土有远近难易之辨，故其工值之多寡，视其远近难易而增减之。又土方之数，有虚实上下之辨，故其功值之多寡，复视其虚实上下而差等之。堤成之后，必密栽柳苇菱草，使其苗衍丛布，根株纠结。则虽遇飙风大作，总不能鼓浪冲突，此护堤之最要策也。

又其约言首条曰：未筑之先，宜相度形势，择高阜老地，勿近洼下河形。盖地高多好土，地洼多浮沙。丈量估计之时，须用水平打探，逐段分别高下，树立封墩。假如估堤高一丈、顶宽三丈、底宽九丈，此六收法也。忽遇一段，较两头地势洼一尺，则将此段占❶高一丈一尺，顶仍宽三丈，底宽九丈六尺。洼二三尺者，照此递加，庶堤工告成，方得通长一律。即使水至堤根，亦无洼下漫溢之患。

凡堤有缕、遥、越、格、戗之别。临河者曰缕。离河远者曰遥。遥单薄而为之重门者曰越，越有里外，盖在因时制宜。间于遥、越之中者曰格，虑河势变迁，临河堤工，万一失守，水遇格即可捍御也。大溜逼近堤根，欲为卷埽之基，或堤工有渗漏之病，于背后帮贴者，皆谓之戗。临河用卧羊坡，一名走马坡，是外坦里陡，四二收分，便于下埽也。遥、格则用马鞍

---

❶　占　当作"估"。据国图藏本。

式，内外平收可也。至将筑之时，先委明白工程官一员监筑，然后分派承筑各员。须用封墩号橛，写明官衔，段落高宽丈尺。令承筑各员，先将分派本工地上行硪二三遍，再加新土。是平地之病根已除，他日可免蛰陷浸渗。此后每层须用润泽散土，毋用焦干大块。盖润散则遇硪即固，盛水不渗。焦块则夯硪不胶，遇水即漏。以虚土八寸，行硪三遍，打实五寸。如此层层到顶，必能坚固。又虞两坦硪力不到，务用散润老土，普面蔓盖数寸，行硪四五遍，播种草子。经春草根固结，庶无水沟浪窝之患。虽估计有水旱远近之别，第硪工甚巨。若将簟头觅硪，亦足以工完。公筑堤者，止可令夫头包土，切不可令夫头包硪，恐其厚土坯而惜硪力也。至上初层土，必硪行一律，再加二层土，方免虚松之弊。又往往一工之中，夫头数人包揽，承筑即分为数段。恒有狡猾之徒，于交界处所，各留尺余，不肯做足。彼此推诿，致成合漏。及至工完，始将合漏一坯做成。夯硪不到，雨过即成水沟。眠牛藏象之病，实基于此。务令监筑官，逐层稽察试验，不许留有合漏。遇有交界相界相接处，押令加土行硪，庶无贻误。

又筑堤最忌流沙。及夏冬二季，流沙遇风即飞扬，遇雨即坍淋。即使本工并无好土，于筑成后，亦必远处寻觅老土，三面各漫盖五六寸，行硪数遍，方免剥削卑薄之病。夏月土松，易于蛰陷。冬月土冻，不能凝固。非紧急抢险，仍择二、三、四月，八、九、十月农隙土坚，修筑得宜。若夫增卑培厚，尤当加意，稍不经心，堤工新旧不胶，难资捍御。加帮底宽若干，即照平地行硪若干宽。再将老堤坦坡树木草根铲尽，坡上切成阶级样子，每磴宽尺余，与新土层层犬牙相吞。如是平顶，将顶上草根铲尽，顶土挖透半锨，俾新旧联络，然后普面逐层加高，斯可无蛰裂之患矣。

又其《就水筑堤》篇曰：水中筑堤取土，最远或至数十里外，工费不赀者，当用水中取土之法。先定堤基，随用船装远土，于水中筑成围埝，出水二尺，冲阔三十丈。围埝既成，用草纠防护，随将埝内之水车干，然后于离堤基十五丈之外启土，挑至堤基之上，密加夯硪，筑成大堤。其堤如应顶宽二丈，底宽十丈，高一丈六尺。每堤一丈，用土九十六方，连船装筑埝之土，并戽（木）〔水〕防埝。一切夫工器具料物，以及阴雨食米等项，每方约需银二钱六分，较之寻常就远取土之费，约省过半。

又其《河防述言·堤防篇》云：大司马曰：论治河者，莫不以分杀河势为言，及考潘印川之说，先以堤防为事。子今力宗之，愿闻其详焉。陈子曰：拯河患于异涨之际，不可不杀其势。若平时虞其淤塞而致横决之害，更不可不合其流。是合流为常策，而分势为偶事也。设专务于分，则河流必缓，缓则沙停而淤浅，愈浅愈缓，愈淤愈浅，不日而故道俱塞。河既不得遂其就下之性，势必旁冲而四溃矣。故潘印川曰：以人治水，不若以水治水也。盖堤成则水合，水合则流迅，而势猛则新沙不停，旧沙尽刷，而河底愈深。于是水行堤内，而得遂其就下之性，方克安流耳。所以治河者，必以堤防为先务也。且考堤防之缮，由来尚矣，〔非〕自潘公始。《禹贡》曰：九泽既陂。陂者，堤防也。慎子曰：治水者，茨防决塞，虽在彝翟，相似如一。学之于水，不学之于禹也。解之者曰：茨防，即今黄河之埽也。《淮南子》曰："（狼）〔狙〕猱得埵防，弗去而缘。"解之者曰：埵，水埒也，防，土刑也。埵，当作（埵）〔塓〕，与塍同。凡此所云防者，非堤防而何？

大司马曰：余闻宋太祖有云：夏后治水，但言道河至海，随山浚川，未闻力制湍流，广营高岸。自战国专利堙塞故道，以小妨大，以私害公，九河之制遂隳，历代之患弗弭。论者悉推为知言。今之堤防，非所谓广营高岸，力制湍流乎？且力制则非顺其性矣，而子以堤防束水为顺其性，其义何居？陈子曰：善治水者，顺水之性，非纵水之性也。譬之人性本善，率之即谓之道。然《易》曰：闲邪存诚。又曰：义以方外。夫闲与存者，非多方防闲之谓乎？惟多方防范，而本然之性乃全。是防者，正所以顺其性也。倘人而任情纵欲，以为率其本性，此放诞者之言，其畔❶于圣人之道也远矣。治水亦然，纵之而就下之性反失，防之而朝宗之势乃成。此潘印川以堤束水，以水刷沙之说，真乃自然之理，初非矫揉之论。故曰后之论河者，必当奉为金科也。

大司马曰：《禹贡》所谓九泽者，乃施之于潴水之泽，非谓导川者言也。今导川而祖既陂之说，毋惑乎？尚未释然耳。陈子曰：川泽虽有异义，古文每多互词。昔贤引经定案，原不泥近说。况今止论堤防之当与否，亦不必论人之曾用与否也。若《禹贡》无既陂之文，而今日合修堤防，亦宜毅然行之。况稽古有征乎？潘印川云：禹时之河，经于中州之地甚少，必不若今日之浊。故可分九河，以杀其势，于以知古之流可缓，而今之流断不可不迅。此又古今之异，势难以执一而论也。

大司马曰：子论甚快，余固无疑。顾《禹贡》所谓陂者，果与堤防之制有合否耶？陈子曰：甚哉！公之善问也。夫陂者，坡也，土披下而衺侧也。此非陡崖之岸，乃坦陂之堤，后人以骑而可登，谓之曰走马堤，是即坡也。盖堤防之制，基必倍广

---

❶ 畔　通"叛"。

于顶，则水不能倾之。古圣人之一言，而作堤之法已备，洵言简意赅也。至于近世，堤防之名不一。其去河颇远，筑之以备大涨者曰遥堤。逼河之游，以束河流者曰缕堤。地当顶冲，虑缕堤有失，而复作一堤于内，以防未然者曰夹堤。夹堤有不能绵亘，规而附于缕堤之内，形若月之半者曰月堤。若夹堤与缕堤相比而长，恐缕堤被冲，则流遂长驱于两堤之间，而不可遏。又筑一小堤，横阻于中者曰格堤，又曰横堤。堤防虽多，不出数者。其作堤之法，遥堤去河远，必相地势，因高而联络之，其余随流以防范焉。取土须远堤根，筑土必旋挑旋夯。若近堤取土，则基不固。土厚方夯，则筑不坚也。筑成验土，旧法插签灌水，水不即渗，便为坚结。然插验之法，务于连晴之后。其铁签须细，直下直起方合。若辈作弊，签粗而摇宕之，则贴签之土先实，水亦不即渗，遂被掩饰矣。验时，宜细察也。遥堤之外，离堤取土之地，即可成小河，以资运料。缕堤遏流，排桩衬埽所不可少。若在顶冲险工，尤必用护埽也。堤上插柳，可备卷埽。堤根蓄草，亦足御波。随地制宜，皆不可不喻也。

　　大司马曰：子言堤防详矣。若异涨之时，何以杀其势乎？陈子曰：遥堤去河颇宽，若异涨之时，溢至遥堤，河宽而势自杀。是虽合流，而分亦寓焉矣。所患者，三渎并涨耳。三渎者何？黄、淮及山东漕河也。每年水涨，或黄涨而淮不涨，或淮涨而山东诸水不涨，或淮与山东水涨而黄反不涨，抑或有涨于春者，有涨于夏秋。三渎不并涨，犹可御也。惟是一时而三渎适皆涨焉，其势遂莫之能御。若无以预为之地，一经泛溢，其害何可底止。是以遥堤之减水坝，断不可不设也。当其无事，人有议减坝为虚设者，及减水时，人又有议减坝为厉民者，此皆不知全河之事宜，而好为局外之论者也。夫减坝之设，譬如居室者，虽不日接宾客，而几席必设，供具必备。偶有宾至，处之泰然。苟几席供具不一设备，一旦宾客闻集，其何以待之，势必仓皇莫措矣。有遥堤而不预设减坝，万一三溇并涨，而葰由少杀其势，遥堤一溃，尚可救乎？兵可百年不用，不可一日不备。减坝之设，何以异是？或曰减坝泄水，大似以邻国为壑，毋怪乎谤者之谓厉民也。不知减坝之水，节制之兵也。所减有准则，不若堤溃之漂溺无算也。审利害者，若均之有害，必就其轻者焉。譬之子弟纵逸，即当裁抑，其受困苦者无几。若不为节之，而至于（喻）〔逾〕闲越矩，将放僻邪侈，靡不为矣。其陷于罪，尚可言哉！此养痈之害，所以一溃而莫可救药也。夫减坝有天然之制，必在异涨之时，方有减下之水。若涨稍退，减即止矣。此出于万不（护）〔获〕已，为保固全河于异涨之时计，方设是减坝，非若战国防曲以病邻国也。且遥堤之外，近有运粮小河，减下之水，将从小河泄之，亦略存大禹疏九河之意耳。设有淹及民田之时，不异偶逢潦灾，民田低下者乃罹之也。然低田一经黄水所淤，水退而土即垫高，次年必获倍收，损益亦正相等。要之设减坝，则遥堤可保无虞。保遥堤，则全河可冀永定。减坝与堤防，实又相为维持者也。虽有暂时之害，而实收久安之利，安得谓之厉民也哉！

　　前总河张公鹏翮《治河条例疏》云：旧例每堤土六寸，谓之一坯。夯杵三遍，以期坚实。行碨一遍，以期平整。虚土一尺，夯碨成堤，仅有六七寸不等。层层夯碨，故坚固而经久，虽雨淋冲刷，不致有水沟浪窝、汕损坍塌之虞。今见各堤俱无夯杵，止有石碨。又自底至顶，俱用虚土堆成，惟将顶皮坦坡征碨一遍，以饰外观。是堤顶一经雨淋，则水沟浪窝，在在不堪。堤底一经汕刷，则坍塌溃坏。故年来糜费钱粮，迄无成效。

今后再帮之堤，俱将原堤，重用硪杵，密打数遍，极其坚实，而后于上再加新土。创筑之堤，先将平地夯深数寸，而后于上加土建筑，层层如式夯杵行硪，务期坚固。照依估定远近土方加帮，不许近堤取土。

丁恺曾《治河要语·堤工篇》云：凡土之性高者坚，下者涣。坚者老，虽冲荡而凝以结。涣者反是，而浮沙漫散，因水而扬。故筑堤者，度势急要。度势之道，深以水平高下攸别，而标以识之，墩以封之，斯起伏审。筑堤之道，有颠有基，无过瘠，无过肿。凡水之势，浮者震荡而有力，颠过瘠则不可禁也。而肿之则土厚，风日不能入脉内，发而牵引剥也。如瘠其基，所凭既薄，叠而上之，必愈峻，必愈危，而圮可立见。故肿无嫌以为固。夫基无定，而颠有凭。道在先，定其颠，而下递增之。递增之法，以六尺为率。盖堤高丈者，其颠宜丈之三，以六尺加之，至基而得九，此所谓六收法也。由此以推，凡地下尺者，堤高必加尺以取平，而基必加六尺可知也。如是则相势递加，虽数十里地势不齐，而堤之高低如一可知也。堤如一，则波涛汹涌，一束于堤，无此盈彼缩可知也。岂有旁溢哉！

凡堤之名五，有缕，有遥，有越，有格，有戗。临河曰缕。远河曰遥。薄而为重门曰越。越分内外，因时制宜也。河有变迁，于遥、越中，预筑以捍曰格。溜荡地基，卷埽防渗漏，谓之戗。凡此五者，堤之异名也。缕堤之法，外坦内险，外不坦则登者艰，内不险则下埽也碍而无力。如阶如坡，既坦且平，四二收分，人许许而升，埽阁阁而落，斯缕之善也。遥堤之形，若斧若鞍，内外平收，必坚且稳，虽蹴踏不颓。

凡筑堤之事，官惮烦，则役惜力，何也？役任其全，则多土而少硪。土多者，硪力不胜。少者，土气仍疏。硪不胜则上急而不散，土气疏则或蛰或冒。其究也，上土以无着而陷。故土可委于役，而碱不可委于役，此不可不知也。

凡筑堤之事，底必薄其土。土薄遇碱，铁石斯坚，准是加工，层叠相乘，而脉发无患。此不可不知也。

凡筑堤之事，工之不能不分于夫役者，势也；夫役之各分为界者，情也。以夫役之众，有别界之心，两界之际，彼此交诿。事毕而合之，补缀有痕，虽丝发皆隙。强加碱力。又震发前筑，激湍刷冲，豁然开矣。此又不可不知也。

地性不同，为土为沙。土者粘，沙者散。多沙之堤，风扬之，雨坍之，既剥既削，必卑必薄。虽臻人工，未为美善。故辇土无畏远，封盖无过薄，勿俭半尺，碱磋数四。此沙堤之固也。

凡平地数经人迹，外结皮，联以新土，若粉傅然。草之（芋）〔芋〕眠，其根如织，遽覆新壤，必抗不入，（恃）〔待〕腐而隙生焉。上下割判，此大患也。故碱旧土者，欲其龃龉成齿，与生者交也。土勿块者，（待）〔恐〕其玲珑而不附也。

铲草木者，防内间也。择润土者，恐其燥而抵碱，又恐逐水成隙也。虚土寸之八，可实寸之五。碱必三加而后定，从是叠加固如铸矣。然后播以卉种，叶丝披如簑，根蟠结如甲。如簑，则惊风骤雨不濡也；如甲，则飞沫溅瀑不穿也。

凡增高培厚，能合一乎？旧堤可附，能勿捍乎？故逸者，劳之占也；旧者，新之媒也。法当视如平地而筑之，则不远焉。行碱同也，铲草树同也。切坡成阶各广尺，犬牙制伏，新旧吐吞，旧颠劚寸有奇，覆以新土而高之，则补（按）〔接〕化其不裂者以此。

《安澜纪要·估计增培土工篇》云：近年以来，河底有日高之势，大堤增培在所不免，必须预为估计。估计之法，大约以盛涨水痕为准。如一厅内通工水势长落尺寸，大（慨）〔概〕相同，水痕尚有把握。倘上汛大、下汛小，或上汛小、下汛大，其中必有所以然之故。如下游有分泄过畅者，则下小；或本工中有浅阻，则下亦小；或下淤有浅阻之处，则上小而下大：此亦理所必至。然分泄者可堵，浅阻者能通，则明年水势大有不同，估工者于水痕之外，再加斟酌，则得之矣。至长堤向以顶宽三丈为至窄，近因工程太多，仅加子堰亦必得顶宽一丈。若宽至数尺，似非慎重要工之意。坦坡必须三收，总须将旧堤按坯分开，庶得新旧合一。如旧堤有洞穴，必要挖至尽头，再行填垫。否则，雨后即成浪窝。如系沙土加估包淤，断不可惜些小费，致贻后患。堤顶须留二层台，以便车料往来。如子堰过高，须将堤顶加培，以低子堰二尺为度。至临河近者，亦须佐帮坝台，以备厢埽。

《清河宣防纪略》云：大堤为民间保障，务宜夯硪坚实，切不可松土堆成。水来即溃，为害非浅。有平地筑堤者，亦有原有旧堤单薄，再加筑高厚者。如平地筑堤，筑底宽若干，顶宽若干，工长若干，每丈计土若干，共计土若干。（例如拟筑顶宽三丈、高一丈二尺，内一五、外二五收坡者，则需底宽七丈八尺，每丈土六十四方八尺。若长一百八十丈，则共计土一万一千六百六十四方。又如拟筑顶宽五丈、高一丈五尺、内二外三收坡者，则需底宽十二丈五尺，每丈土一百三十一方二尺五寸。若长二百四十丈，则共计土三万一千五百方也。余皆可以高宽收分类推。）若原有旧堤单薄，再加高培厚，先量原顶宽若干，原底宽若干，原高若干，原长若干。今拟做成底宽若干，顶宽若干，高若干，长若干，每丈除旧土若干，净挑新土若干，共除旧土若干，共净挑新土若干。（例如原堤底宽七丈八尺、顶宽三丈、高一丈二尺、长一百八十丈，今拟上九十丈做成底宽十二丈五尺、顶宽五丈、高一丈五尺，每丈除旧土六十四方八尺，净挑新土六十六方四尺五寸，共除旧土五千八百三十二方，共净挑新土九千九百一十八方。又下九十丈做成底宽九丈六尺、顶宽四丈、高一丈四尺。每丈除旧土六十四方八尺，净挑新土三十方零四尺，共除旧土五千八百三十二方，共挑新土二千七百三十六方也。余仿此。）或用夯筑，或用硪打，务要层层坚实，方足以资抵御，严防修脚之弊。盖堤脚修低一尺，则堤增高一尺，此土夫取巧之惯技也。

又曰：大堤坚实，全仗夯硪之工。夯者，木器，每个重十余斤，或二十余斤。硪者，铁器，每盘重七八十斤，或百余斤。打夯打硪，自有轻重之分。夯举高者，落地重，低者，落地轻。硪举平身者，落地轻，过顶者，落地重。是夯宜举高，硪宜过顶，尤均宜密密套打，方见得力。上土宜分坯头，愈薄愈妙。限定每坯，以虚土一尺打成七寸为式。如铁椎椎不动，灌水水不漏，方为坚实。土夫往往取巧省工，上土头过于高厚，虽重夯重硪，终难追透。宜专派监夯硪委员，认真稽查，方能破此积习。否则敷衍了事，虚（糜）〔糜〕公款，工不坚实。

又曰：坡者，脚也。俗语云：脚宽，站得稳。凡筑大堤，必须放宽坡脚，不怕风浪汕刷。如堤高一丈，顶宽一丈，底宽六丈，此为二五收坡。如堤高一丈，顶宽一丈，底宽七丈，此为三收坡。如坡高一丈，顶宽一丈，底宽八丈，此为三五收坡。余可类推。

又曰：凡堤卑矮处，加土增高，曰加高。如原堤高八尺，再加修二尺，为高一丈之类。凡堤单薄处，培土筑厚，曰培厚。

如原堤厚六尺，再四尺，为厚一丈之类。又曰：如大堤迎溜顶
冲，恐有不虞。预在大堤后边，绕筑越堤。倘大堤有失，尚有
越堤抵御，可资保卫。该越堤，务要层土层硪，修筑坚固。否
则大题❶一溃，越堤亦不保矣。又曰：大堤单薄处，难资抵御，
或于前面加做前戗，或于后面加做后戗，或做满戗，或做半戗，
随势酌定，务要宽大坡脚，方期得力。（按：前贴后曰戗，满曰
培，半曰加，此以前戗、后戗、满戗、半戗分之，未免太溷。）

　　张鹏翮公《河防志略》曰：凡属河道，必筑堤束水归槽，
以防旁溢。无论创筑加帮，总以老土为佳。但黄河两岸率多沙
土，恐难寻觅老土。须于堤完后，务寻老土，盖顶盖边，栽种
草根，以御两❷淋冲汕等语。永定河两岸纯沙，正与黄河相似，
亦宜包淤种草，以资巩固。乃历来包淤种草者，所见甚罕，无
怪乎年年岁修，不加高厚。自应不惜巨费，亟仿行之。古人于
临水河堤，非当迎溜顶冲之处，用极大坦坡，以为风浪啮蚀之
备。靳文襄议高堰坦坡之意曰：水性至柔，乘风则刚，临河坡
势陡峻，则怒涛撞激，易于崩冲。若用坦坡，则水之来也，不
过平漫而上，其退也，亦不过顺缩而下。坦坡堤能制水，而不
致抗水。故乘大水，乘大风，止于随高逐低，而无怒激之势。
水无怒激之势，自无冲崩之虞。此乃以柔制刚之道，诚理势所
必然者。永定河旧坦坡埝，即此意也。然亦非土性纯淤不可，
否则不若防风小埽之为愈也。

　　永定河修筑堤防，亦不外如右之各法。堤顶之宽窄，视工
之险夷，大抵平工顶宽三四丈，险工顶宽五六丈。堤身之高下，
亦以盛涨水痕为准，约平工高逾水面三四尺，险工五六尺。堤

---

❶　题　当作"堤"。据国图藏本。

❷　两　当作"雨"。

坡平工马鞍式，堤或二坡，或二五及三坡，内外平收。险工多系内一外三坡，以便做埽。其上下不做埽者，卢❶漫涨时，或被搜刷，内坡亦宜平坦。取土，以距堤脚十丈为率，然亦有时需用远土，或因堤身过高，故有主土客土、专挑兼筑、上方下方之别，而方价遂亦未能一律矣。主土者，就近挑挖之土，以所筑之堤为准者也，即于十丈外取土者是。客土者，遥远挑运之土，以所起之土为准者也。如沿堤积水，畚锸难施，势非取用远土不可。如铁车运土、小车运土之计车论值者是。专挑者，所挑之土专为筑堤之用，只以堤土完成，按方论值者也。兼筑者用挑河之土，以筑防河之堤者也。一举而河堤皆成，自宜酌量加价。上方下方，以所筑成堤之土论方为上方，以所挖方坑之土论方为下方，故也。然一堤之中，亦自有上方下方之别。如筑堤一丈，则以平地自一尺起至五尺为下方，自六尺至一丈为上方。如筑堤一丈二尺，则以一尺至六尺为下方，七尺至一丈二为上方。盖筑堤之土，愈高愈难，故必先为酌量难易，而等差其方价，庶铺底者不致以易工而多取值，收顶者不致以难工而寡取值。（惟收片儿方者，有此区别。）则劳逸之势虽殊，而高下之值则均也。土方工价，例有定额，亦不过举大概而言。今日人工市物，无不增昂，已不能泥于例价。若筑堤高至一丈四五尺以上，更不得据例给值。况取土复有远近之不同，甚至扎簿铺路，远取稀泥于污淖之中，更难执一而论，是在司其事者，相地势之高卑远近而变通之可也。

永定河修筑堤工，多以堤内之土加培内帮，堤外之土加培外帮。窃以加培内帮，河身日窄，堤外取土，地势愈低，均非善法，亟应改良。如能以堤内之土，加培外帮，只要上塘如法

---

❶ 卢　当作"虑"。据国图藏本。

留格，一经大汛，即可淤平，取之不尽。而又前患悉除，河、堤两无妨碍，如此修筑虽用土较多，方价较大，然为久远计，究不可图近功而惜小费。第恐经费支绌，言之易而行之难耳。至于土性纯沙，不用夯硪，乃是不得已之办法。似宜薄薄坯头，层层踹踏，不当一挑到顶，以致百病丛生。无论远近，凡有胶土可取之处，尤宜包盖坡顶，冀免风揭雨淋、年年培补之弊，是亦以费为省之一法也。

修筑堤工，首以夫头得人为要，次则拉杆与拉锹者，亦宜并重。夫头以诚实妥靠为主，拉杆者稽工放土，必须熟悉工程，方不致受方夫之欺饰。拉锹，即边锹也。指挥做工，口宜勤，手宜捷，尤必事事躬亲布置，时时严密稽查，开诚布公，俾方夫知所畏怀，则弊自绝矣。

折算土方，无论两坡收分如何，皆以顶底通融均牵。如筑新堤顶宽三丈、高一丈，用四坡者（内外二坡、内一外三坡、内一五外二五坡，皆四收坡也），需底宽七丈，将顶底宽数均作五丈，以高数乘之，即得每丈若干土数。若用五坡（内外二五坡、内二外三坡、内一五外三五坡，皆五收坡也），则需底宽八丈，顶底均作五丈五尺。用六坡（内外三坡、内二外四坡、内二五外三五坡，皆六收坡也），则需底宽九丈，顶底均作六丈。余可类推。估加培工，核算土方，法与外河稍异。外河多系估新刨旧，本河则于旧堤外核算加培新土，其法较便。如旧堤原顶宽三丈，内帮高六尺，外帮高九尺，系二坡者。若仅以顶作底加高一尺，则收新顶宽二丈六尺。加高二尺，则收新顶宽二丈二尺。加高三尺，则收新顶宽一丈八尺。圻❶算法，与前相同。仅估培厚仍用原坡者，帮宽若干。顶底皆同，毋庸折算，

---

❶ 圻　当作"折"。

但以宽高相乘即得。设培内帮宽一丈，则每丈需土六方。培外帮宽二丈，则每丈需土一十八方。倘拟加高二尺，以坡还坡，仍收新顶宽三丈者，先须帮宽八尺，以新旧堤顶作底，方符二坡之数。加高一尺，止须帮宽四尺，以此递相增减可也。其加高三尺，仍收顶宽三丈，而将内坡改成一坡，或一五坡者。如改一坡，须先加培顶宽九尺，底宽三尺。改一五坡，则须加培顶宽一丈零五寸，底宽七尺五寸。又加高二尺，拟收新顶宽四丈，而将外坡改成二五坡，或三坡者。如收二五坡，须先加顶宽一丈九尺，底宽二丈八尺五寸。改三坡，则须加培顶宽二丈，底宽三丈五尺。无论如何改，不外以坡求之，举一隅可以三隅反也。加子堰，如于三丈宽旧堤顶上，加顶宽三尺、高三尺，仍二坡之子堰者，需铺底一丈五尺，露明旧堤顶一丈五尺。若加顶宽二尺、高二尺，仍二坡之子堰时，则仅需铺宽底一丈，可露明旧堤顶二丈矣。

修筑堤工，有所谓共土、二共土、三共土、四共土、总共土、每丈土、二共每丈土、二❶共每丈土、四共每丈土之别。共土者，土之总数也。如筑堤一段，宽若干、高若干、长若干，共土若干者也。二共土者，两种土合成之数。三共土、四共土者，三四种土合成之数。如一段工内，加培土若干，帮戗土若干，又培大堤土若干，加子堰土若干。凡是两种土合一者，皆称二共土若干数也。（其他土工，亦准此。）举此一端，三共、四共自不可言而喻矣。总共土者，种种土数，统而归一之数也。如通工某段共土若干，某段若干，无论几十百种，合而计之，统称之为总共土也。每丈土者，见丈所需之土数也。如帮顶宽若干，底宽若干，高若干，每丈土若干。又原堤顶宽若干，加

---

❶　二　当作"三"。

高若干，收新顶宽若干，皆是也。二共每丈土、三共每丈土、四共每丈土，试举永定河估册式以明之。

一、设于某处拟筑新堤一道，工长一百八十丈。今估先挑顶宽三丈、底宽七丈八尺、高一丈二尺，再由堤外挑加戗堤，顶宽一丈、高八尺，二共每丈土七十二方八尺。共土一万三千一百零四方。每方银一钱二分，核银一千五百七十二两四钱八分。做成收堤顶宽三丈，戗顶宽一丈，堤戗共底宽八丈八尺，堤高一丈二尺，戗高八尺，内外二坡。

二、设如某号头（或中或尾），工长六十五丈。原堤顶宽三丈，内高七尺。今估以坡还坡，加培内帮宽一丈二尺，再以新旧顶宽四丈二尺作底，加高三尺，仍收新顶宽三丈，二共每丈土十九方二尺，共土一千二百四十八方。每方银一钱一分，核银一百三十七两二钱八分。做成收新顶宽三丈，内高一丈，二坡。

三、设如某号中，工长四十五丈。原堤上顶宽三丈，下顶宽二丈五尺，外上高九尺，外下高一丈，内高七尺。今估以坡还坡，加培外帮上顶宽五尺，下顶宽一丈，每丈土七方一尺二寸五分。再于新旧顶上加筑子堰，顶宽三尺，底宽一丈五尺，高三尺，每丈土二方七尺。二共每丈土九方八尺二寸五分，共土四百四十二方一尺二寸五分。每方银一钱三分，核银五十七两四钱七分六厘二毫五丝。做成收新子堰，顶宽三尺，底宽一丈五尺，露明堤顶宽一丈五寸，外堰高堤顶三尺，堤高平地，上九尺，下一丈，内堰高滩面一丈。

四、设如某号尾，工长八十丈。原堰顶宽三尺，堤顶宽一丈五尺，外堰高堤顶三尺，堤高平地一丈。今估先挑堤顶宽一丈五尺，以坡还坡，高与原堰顶平，每丈土四方五尺。再加培外帮宽二丈，以坡还坡，高与新旧堤堰顶平，每丈土二十六方。再以新旧顶宽三丈八尺作底，加高二尺，收新堤顶宽三丈，每丈土六方八尺。三共每丈土三十七方三尺，共土二千九百八十四方。每方银一钱五分，核银四百十七两六钱。做成收新堤顶宽三丈，外高一丈五尺，二坡。

五、设如某号，工长一百丈。原堰顶宽五尺，堤顶宽一丈，外堰高堤顶五尺，堤高平地七尺。今估先挑堤顶宽一丈，以坡还坡，高与原堰平，每丈土五方。再加培外帮宽二丈七尺，以坡还坡，高与新旧堰顶平，每丈土三十二方四尺。再以新旧顶宽四丈二尺作底，加高三尺，收新堤顶宽三丈，每丈土十方零八尺。再于外帮加后戗顶宽一丈，以坡还坡，筑戗高平地一丈，每丈土十方。四共每丈土五十八方二尺。共土五千八百二十方每方银二钱二分核银一千二百八十两零四钱做成收新堤顶宽三丈，戗顶宽一丈，外堤高戗顶五尺，戗高平地一丈，二坡。

六、设如某号，工长九十丈。原堰顶宽二尺，堤顶宽一丈二尺，外埝高堤顶二尺，堤高平地六尺。今估先挑堤顶宽一丈二尺，以坡还坡，高与原堰顶平，每丈土二方四尺。再加培外帮宽一丈四尺，高与新旧堤堰顶平，每丈土十一方二尺。再以新旧顶宽二丈八尺作底，加高二尺，收新堤顶宽二丈，每丈土四方八尺。再于外帮加半戗，顶宽八尺，以坡还坡，筑戗高平地八尺，每丈土六方四尺。再于新堤顶加筑子埝，顶宽二尺，底宽一丈，高二尺，每丈土一方二尺。五共每丈土二十六方，共土二千三百四十方。每方银二钱八分，核银六百五十五两二钱。做成收新堰顶宽二尺，露明堤顶一丈，戗顶八尺，外堰高堤顶二尺，堤高戗顶二尺，戗高平地八尺，均二坡。

右之六例，皆就坡顶平整者而言，其有堤顶不平，堤坡残缺之工，较准后，照依折算法核之。如堤顶内口加高三尺，外口加高二尺，均作二尺五寸，堤顶帮宽八尺，堤底帮宽一丈六尺，均作一丈二尺之类。设有应补地平残缺等土，或应刨空土之处，分别量明，按方加减。再设有原堤高宽不一，非用三均四均不可者，则须量明上中下、高尺宽寸，依法折算。第三均四均者，出入悬殊，尤宜斟酌。或竟不用三均，而于方价取齐，不使方夫退有后言为要。永定河估工，专用三均，殊属非是。且同一丈尺，三四均每易溷淆，设例于左。

例一：设如上应帮宽三丈，中应帮宽二丈，下应帮宽一丈。或上应帮宽八尺，中应帮宽九尺，下应帮宽一丈之类。只将上下帮宽丈尺，用二均核之即得。（加高一尺、二尺、三尺，或二尺一尺、一尺五寸一尺之类，准此。）其应帮宽上二丈、中宽一丈、下宽三丈者，用二均三均，均未免失之过肥。若应帮上宽二丈、中宽三丈、下宽一丈之工，用二均三均，又未免失之过瘠。盖前例二丈一丈，平均为一丈五尺，一丈三丈平，均为二丈。再以一丈五尺二丈相加，平均为一丈七尺五寸，四均正合其数。后例二丈三丈平均为二丈五尺，三丈一丈平均为二丈。再以二丈五尺二丈相加，平均为二丈二尺五尺，四均亦符其数。二均三均，肥瘠差异，此为宜用四均之理由也。（加高者，亦可照此类推。如加上高二尺二寸，中高二尺四寸，下高二尺；或加上高二尺一寸，中高二尺三寸，下高二尺二寸之类是也。）

例二：设如上下，均应帮宽二丈一尺，中应帮宽二丈四尺者，用二三均则过瘠。若上下均应帮宽二丈四尺，中应帮宽二丈一尺者，用二三均则过肥。第一例用三均，相去过巨。本例用三均，相差尚少。然忙中核算，最易误用，此又一宜用四均之理由也。（加高者，因此亦可想见，不再举例。）

例三：设如上下不帮宽、中间帮宽二丈，或上下帮宽二丈、中间不帮宽等工，则二三均更不能用，尤非四均不可。（加高亦同。）

例四：设遇此等加培工程，其估算法如左。

（1）某号工长若干丈，原堤顶上宽若干丈，顶中宽若干丈，顶下宽若干丈。今估以坡还坡，培内帮上宽若干丈，培内帮中宽若干丈，培内帮下宽若干丈，培外帮上宽若干丈，培外帮中宽若干丈，培外帮下宽若干丈尺，均宽若干丈尺，高若干尺，每丈土若干方，共土若干方。每方钱若干文，核钱若干文。做成收新顶宽若干丈尺，高若干尺。

（2）某号工长十八丈。原堤顶上宽无，中宽三丈，下宽无。今估以坡还坡，培内帮上宽二丈，中宽无，下宽二丈，培外帮上宽二丈，中宽无，下宽二丈，均宽一丈，高八尺。每丈土八方，共土一百四十四方。每方钱若干文，核钱若干文。做成收新顶宽三丈，高八尺，几坡。（亦仍照原坡。）

（3）某号头工长三十六丈。原堤顶上宽一丈六尺，中宽二丈，下宽一丈六尺，内高六尺。今估加培内帮上宽一丈二尺，中宽八尺，下宽一丈二尺，均宽一丈，每丈土六方。再以新旧顶宽作底，加高二尺，收新堤顶宽二丈，每丈土二方四尺。二共每丈土八方四尺，共土若干方。每方钱若干文，核钱若干文。做成收新堤宽二丈，内高八尺。

（4）某号中工长七十二丈。原堤顶上宽二丈，外高八尺；中宽一丈六尺，外高六尺；下宽二丈，外高八尺。今估加培外帮上宽六尺，中宽一丈六尺，下宽六丈，均宽一丈一尺，每丈土七方七尺。再以新旧顶宽作底，加上高一尺五寸，中高三尺，下高一尺五寸，均高一尺五寸。收新堤顶宽二丈，每丈土四方

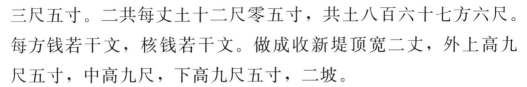

三尺五寸。二共每丈土十二尺零五寸，共土八百六十七方六尺。每方钱若干文，核钱若干文。做成收新堤顶宽二丈，外上高九尺五寸，中高九尺，下高九尺五寸，二坡。

以上（或全册）共核方价钱若干文。按市价，每银一两易钱若干文，核银若干两。

筑堤之弊，莫不曰虚报丈尺，偷减工夫。而所以稽查虚报、偷减之弊，往往临事茫然者无他，不察舞弊之原则，失之浮，不立厘弊之法，则易于混。且不亲身周历，逐段勘丈，则亦不能使承办之员，无所欺饰于其间。

验收堤工，先派役执画有丈尺之二杆立于堤基之内外，将杆头长绳横牵平正以量之，则堤之身高、面宽、基宽各若干，是否与估册相符，立时俱见。至堤身陡削，易致冲刷，必以二五收分为准，复将绳自依堤直垂以量之，则躺腰之弊亦见。有将绳自堤面横牵至两边以量之，则洼顶之弊亦见。甚至堤身之高不及原估尺寸，转将堤旁挖深，以冒为高者。然距堤脚十数丈外，尚有未挖之处，形迹可验，一与新挖之坎较量高低，则挖深冒高之弊亦见。至筑堤向例以土一尺为一层，必得层土夯硪，连环叠筑，始能融结坚实。而欲验其结实，则以锥试不漏为度。今用长铁锥于堤顶、堤腰锥试，拔出即以壶水灌之，土松者水即不能久注，则杂用沙土及不加夯硪之弊亦见。又如低薄旧堤，迎溜顶冲，必须加高培厚者，往往将原有旧堤指高为矮，指宽为窄，以为加倍冒销之地。然旧堤必有草根，盘结深固，择一二处，饬役挖见草根计算，则捏矮捏窄之弊亦见。又如危险旧堤，及漫溃决口，加筑新月堤者，其新月两头，必连旧堤，谓之搭脑，往往不按旧堤斜坡扣除新堤搭脑土方之半，一经饬役丈量计算，则掩旧为新之弊亦见。又有捏报取土在数十丈及百丈以外，每土方浮开倍夫一二三名者，随查明取土坑坎，饬役亲同丈量，虚实不能稍混，则诡称远土浮加倍夫之弊亦见。有新筑堤塍，间有原旧土坑，新冲水潭，必须慎筑，以为堤基者，往往因次虚报坑潭，希冀朦混。除堤外尚有余存故迹可凭，应准开报土方外，其称压在堤下，不可见者，即于环观百姓内，择其土著朴实之人问明，则捏无为有之弊亦见。

第四章　厢做埽坝

第一节　埽工做法

一、厢埽绳缆，宽紧要匀。不匀易断，埽易走。亦不可过松，松则埽要伸腿。尤不可过紧，紧则不但缩腿，且埽挂空，被溜撞击，必致走失。所以看家伙之兵弁，最要老练，方不误事。

一、秸系轻浮之物，揽以绳缆，方不外游。而欲其坚稳，必仗压土。初厢之时，原不能经重土，迨厢数坯入水渐深，土宜渐重。若厢成之埽，被溜击动，全凭土压，绳缆无能为力。故土少之埽，一经溜注，最易漂淌，因不胜溜力之故。譬如溜有千斤，埽须千数百斤，或两千斤，方能抵住。

一、厢埽勿用斅朽之秸，草率用之，必有暗成腰洞之患。

一、埽有汇翻，必是上下首埽眼或埽底有过水之处。故沙堤厢埽，土应加倍，无论昼夜，一气追压到底。且须见淘垫，立即加厢，并将上下首埽眼填满，埽壮无水，自无汇翻之病。

一、新厢之埽，应每日探水三次。久经盘压之埽，每日探水一次。如埽前水已淘深，埽虽未蛰，应赶系加厢。缘其不动，不过瞬息，即可稳固。若因尚无形迹，不即加厢，则埽底愈淘愈空，一经见蛰，轻则入水，重则走失，误事不小。须见淘即加，方无前患。

一、厢埽应探明河底，是沙是淤。淤则易于踞稳，沙则易于刷淘。有一种层淤层沙之底，埽段不蛰则已，蛰辄盈丈，防护更宜慎密。

一、旧工新生之埽，务访明从前水深若干，现厢之埽已深若干，必俟淘至与前相同，方为到底。

一、埽未到底，桩必有声。静夜以耳附桩，听之可知。若听无丝毫声息，埽便到底。

一、埽段多有大忌，一律相平，一经水长，段段被淹，掀眉揭面，仓猝抢办，必至手忙脚乱。应高低相间，将迎溜段落，俗名当家埽者，竭力厢加高稳，托住溜势。迤下之埽，便不著重，虽经水上埽面，加厢围厢，均易办理。此于慎重之中，寓稳便之法。

一、当家之埽，溜必专注，水必淘深，往往至四丈余尺，此埽所以捍卫迤下诸工，最为得力。设有闪失，下首各埽，必致牵连蛰动，应抛石偎护，以杀水势。但欲于深水之中，抛石出水，所费不赀。应照道光十三年前河院吴奏请各听办石偎护埽根之法，每段不过数百方，用石少而收效多。但须察看情形办理，详见抛石说内。

一、埽前水势淘深，埽虽未蛰，须即照淘深尺寸，将埽加高，勿稍不足。如此埽纵见蛰，断无蛰入水中之虞。

一、前人谓埽后须俟其塌尽，方可补厢。虽系稳当办法，而不可执定，须看埽段多寡。堤身沙淤，如埽只二三段，堤系淤土汇净，补厢埽底平整，自能稳固。若埽有多段，一经汇塌，恐牵连走失，抢补不遑。汇堤生险，其沙土大堤，见溜即化。

更恐旧埽未净，而堤先塌卸。莫如趁埽眉未塌之前，按段厢压高整。昼夜查看，并探埽前水深，随淘随加。不但支撑时候，且旧埽逐渐汇去，更换新埽，无措手不及之患。且从前系捆厢，今系软厢，情形稍异。若捆埽，则非旧底汇尽不可。

一、埽工外游，只可酌抛碎石偎护，勿钉桩木。诚如前埽工"签桩"一条所指，为有碍无益也。缘现在厢埽尽用秸料，与前捆埽用柳七苇三者情形不同。至陡生新埽，揽其外移，全在绳缆。欲其坚实，尤仗压土。

一、豫省河防，向无石工。道光初年，因南河于埽坝之外，抛筑碎石，著有成效，东河遂仿照办理。数十年来，两岸临黄处所，用以护坝卫坝，深资利益。惟查石工做法，南北情形不同。江南河面较窄，土性胶淤，溜势趋行，率有常度，且无忽平忽险之工。故兴筑之初，惟挖槽打桩、灌浆层砌，倍费工力。而筑成后可期坚巩经久，收一劳永逸之功。中州则河身宽广，土性浮沙，两坝相距自十余里至二三十里不等。河面既宽，流行即趋向无定。且河系活底，溜至淘深，溜去立时淤垫。抛做石坝，及偎护埽根，只能散掷河中。初抛如陡壁悬崖，站立不稳，要得层层跟护，放足坦坡，高出水面，方克有济。然一经猛击，仍不免蛰塌，必须随时加抛。

一、筑坝挑溜，本为保护堤工而设。勘估之初，须察看对岸有无滩嘴，堤身是否坐湾，以定坝身之长短。大抵坝身不宜过长，长则与水争地，修守不易。且恐兜住河溜，轻则上游生工，重则冲断坝身，前功尽弃。要在勘准形势，足以盖护下首堤埽，不致吃重，便合机宜。若上下首向来无坝，则单坝孤立无倚，难期得力。应再相距若干，又添筑数道，以资擎托。筑成后，择要间段酌抛碎石，但有二三段当家得力，则上下首均承其利，固不必逐段抛卫也。

一、迎溜埽工，游蛰不已。抛石偎护，原可立见稳平，然须探明河底是否平整。如果前高后洼，或埽底空虚，一经抛石，恐沉入埽底，此埽始终追压不稳，为患非轻。即抛护上跨角，或各埽空档，亦须勘明埽后是否贴实。倘有离档裂缝，亦不可轻易抛石，盖恐挤入埽缝，翘阁为害，亦不可不防。

一、坝工抛石得力，下首工程自得轻减。大约长坝可以盖护百余丈，短坝盖护数十丈。果能节节有坝擎托，逼溜顺行，沿堤埽工可期节减。特以钱粮有限，抛石无多，若有余裕，必多筑坝工，方可御顶冲而资经久。

一、坝头抛石，挑托大溜，可收一劳永逸之益。但须察看情形，多备跟抛之石，务期足用，方可动手。否则坝身后汇，无石跟加，一经塌断，而溜为石逼，行走不畅，不但前功尽弃，且为害不浅。长坝抛石，长有此患，抛砖亦然，不可不知。

一、深水抛石，而随水冲刷，最难站立。应于大汛前后，水小溜缓之时，抛石成垛，待淤沙灌满，凝成一块，则至大汛冲刷不动，挑托大溜，可收事半加倍之益。若先抛砖块，后盖碎石，相兼并用，更为相宜。

一、估坝须择老滩，立基方能稳固。若从前走过大河处所，虽生滩数十年，刨挖数尺，仍是稀淤。河即复来，定要圈至旧处。其甫经行河，落出嫩滩，无论是沙是淤，见水即化，万不可施工。故建坝既看形势，并须择地。若以为有滩即可筑坝，草率从事，则必徒糜经费。

一、问：旧埽前眉朽烂，如何拆厢？答云：先较量堤高埽眉若干，旧埽出水若干，埽外水深若干。如埽出水一丈，埽外水深一丈，前眉朽烂，即看前眉腐朽多少。如若水底柴眉齐整，只拆高一丈，入水二尺，共高深一丈二尺，拆宽二丈，务要拆见底柴，丈尺均须拆足，不可偷减。前后一律相平，不可预留底土，必须用长整柴料厢做，用新淤土压尺余厚，再用骑马加厢第二坯，柴高一尺五寸，压好淤土一尺。如此层土层柴，方能如式。所有拆槽旧土，断断不可用于底坯。盖旧土力乏，性松不能御水，只可留压埽面，亦不致靡费。

一、问：因前次加厢时，眉土过厚，未曾挑去，以致埽张嘴，刷去肚土，抽去柴眉，空虚至五六尺，如何厢法？答云：先量埽出水若干，埽外水深若干。如埽出水一丈，深二丈，先用小船著人用丈杆测摸，埽身空隙大小、浅深，是否平整。将后台无论宽窄，拆与水平。前眉用铁抓钩拉捞净尽，宽丈余。用丈杆探量埽上水深若干，打橛挂缆，厢做小软，搂住前眉。柴要斜厢，加压新土，勾绳攒紧上橛，再用骑马加厢，可期稳固。

一、问：旧埽工长十丈，内有中间工长四五丈埽底空虚，如何拆补？答云：应行拆换前眉，直到整齐之处，先探摸上下两头未塌之处，齐与不齐，用小船在于外首，细细看其情形，探量水深若干。用丈杆再摸水底之埽，如系整齐，就空虚之四五丈挖拆下去，动料厢做。亦必酌留台子不过尺许，断不可太宽。后身打橛挂缆，用船打揽软草，细细搂做。上首用软草搭做倒眉，下首亦留眉子，上下总要摸到。如有不齐之处，必须软草填塞，以防伏汛溜势刷动新埽，行蛰跟厢。

一、问：凌汛防范未周，以致擦损埽眉、前眉，形蛰垂头，如何厢法？答云：应先将眉土起去，复将后身柴土拆净。深三五尺，宽二丈，用柴细细厢平，下明骑马，或签小桩。用土须细细跟下，不可加用重土。必得后身拉厢一二坯，方用重土，始能合式稳固。跨角处，用齐板打圆，不致裹溜为要。

一、问：埽有腰洞，如何补法？答云：此皆因平水之埽，被溜撞刷，急于抢护，一时柴料未能应手，多用杂草围护。而水势随又加长不消，复又用柴抢厢，眉土未经起除，杂草亦未去尽，至于杂草朽腐，此刷成腰洞之原委也。当用长丈余木梯，用绳系下。着老练看坝兵跟梯下去，按照腰洞大小捆扎柴枕，并用柳签钉入填实整齐，不任丝毫空隙，以防抽拔吐柴，汕刷肚土。此亦不过一时权宜之计，春工内总须拆厢也。

一、问：年久旧埽，埽面高洼不平，埽眉歪斜，应如何拆补？答云：拆厢工段，只能拆平水面，入水二三尺，不能刨挖到底。若估拆埽面，未免上实下虚，有糜料物。只能先将埽面用料衬平，埽外猫洞，即扎柳枕，或短小柴枕柳签。着老练打齐板兵目，用柳签签埽脑，细细钉插齐整。抑或酌量围厢，以资塘护。缓至伏秋汛水长之时，必须将应用料物、绳橛，并捆厢船只，先为预备。如果溜势撞刷，全行蛰塌，临时相机补做，方能一劳永逸。

一、问：旧埽工长十丈，内有六七丈埽底空虚，如何拆补？答曰：先量水底埽眉空虚若干，埽外水深若干，埽出水若干，再用小船埽量埽身空虚若干。先著随坝夫用铁抓钩拆去柴土，拆至空虚之处，再用丈杆摸水底之埽眉是柴是土，再挖坦坡，埽身打桩，用船挂缆。如水底是柴，先用软搂，嫩嫩搂成，搂上签肚桩。如拆厢二丈者，务要拆足，照二路签钉。其桩用径八九寸，再用大土追压。丁厢层土层柴，下照骑马厢做，以防伏秋大汛。

一、问：旧埽全行塌去，如何补厢？答云：先用丈杆细摸，有无旧埽存，底是否平整，再看上下段之宽窄。如下段宽三丈者，务将下角撑宽三丈五尺为度，不可再往开做。上首只宜收进，务要柴土均匀，不可前后多少。如后身土过重，必致前眉伸腿。总要派令谙练桩埽手效用，专管压土搂捋。做成后，将下眉脚用榔头打成圆跨角，不致裹溜。然后上再钉厢，离搂皮一尺五寸，包眉钉厢，多用人夫攒紧土橛，跟压土一坯，务要下明骑马，方资得力。于后身用软草填饱埽眼，不致有串水坐蛰之患。更须分别顺溜、迎溜、拖溜。如顺溜、拖溜者，搂不得过老，恐底土坚实，溜势不能刷动，搂又不发扁，以至水消漏出。原搂于水面，来往船只将搂皮绳缆擦损。彼时虽不塌卸，及到水大之际，渐见抽拔柴土，甚至搂亦塌去。做工时，故必先模[1]底为要。如底系软沙新搂，不妨勾老，以防行蛰跟厢。如水底土硬，应将搂做嫩些。设若水深，即可做搂一丈一二尺。家伙毋庸还勾，上再丁厢三四尺，再行勾缆攒紧上橛，不能漏出，方压大土。即经冬汛冰凌，不致擦损搂皮。如迎溜埽段，补还空档。先看下段宽窄，再摸水底存土存柴。如存柴者，则深[2]水底旧埽前眉远近。如前眉吐远者，不可跟做，只可退进。又防伏秋汛水长之际，将底柴冲净拔空，必致新搂陡蛰，游出搂身，务须先钉肚桩。以二尺内桩木长二丈余尺，先为签定，使搂不致前游，务用新淤土追压实在，上再加厢，酌用骑马。如埽眉近者，即应齐旧眉打搂跟厢，务加大土追压水底，与旧埽合式，不致有旧埽抽拔之患。

一、问：新工游蛰，如何厢法？答云：先看后身有水无水，再探埽前水势深浅。如水不深，即看上段情形。如后身有水，必系上段串水，以致埽肚存水，即阵水经过，领埽前游，当用软草追填埽眼，后身压盖柴土，不得过重。如埽前水深三丈余

[1] 模　当作“摸”。

[2] 深　当作“探”。据国图藏本。

尺，比原做时水深，必须跟至宽四丈，方能稳固。当将后身坝台旧家伙，全行拉净，毋留缠绕。再下抓子，按五尺一路。坝台打连二橛，或绳或缆，用三条或四五条，用大橛对头撬紧。再做眉数寸，加厢一坯，追压大土，三尺一坯，宽一丈余尺。后身不过盖柴土，土眉不必陡立，因埽行蛰，尚须跟厢故也。后身务必带厢高厚，使埽前眉一顺坡，则后身实在，不致于埽眼串水行蛰，必照此办理方妥。

一、问：新生埽工溃刷堤根，如何厢法？答云：用小船探量水底，是否平整。如底平整，即应用大船打橛生缆，先用软草铺底，又用整柴捆搂。后身埽眼，亦用软草，随手填实，使水不致串塌底钩橛缆。如做二丈者，水深一丈余尺，层土层柴，追压到底，钩缆上橛。凡捆搂之时，水势务要探准。如水深一丈四五尺者，做三四坯，酌下冲心缆。譬如工长十丈者，中间务要腰占二路，再加厢压，多著人夫跳实，追压到底。搂出水三五尺，再行还缆上橛，打眉加厢，跟压三尺厚大土一两坯，方能稳实。

一、问：新生埽工时，堤身未塌，外有坦坡，如何厢法？答云：必须雇夫先行开挖余土，入水数尺，愈深愈妙。用软草铺底，再行挂缆，细细厢做，前眉俱用整柴，一律厢至后身。做成一路，即将上下两头空档，随手补做齐全。不宜久留，免致埽身过水之患。

一、问：护堤干埽，如何下法？答曰：凡堤系埽湾，须预下干埽，以卫堤根。此埽须土多料少，签桩必用长壮，入地稍深，庶不坍蛰。如下长三丈、高三尺埽一个，用草一百六十束，该银三钱二分，柳梢四十束，该银四钱，草绳十二套，该银六钱，桩木三根，该银三钱，量用苘作行绳，用堤夫二十工，不议工食，每埽一个约共该料价银一两六钱二分。（此系《河防一览》之例，与现在做法既不同，而其报销亦殊异。至下一埽而用夫如此之多者，则刨（漕）〔槽〕压埽等工，亦在其内矣。）

《治河方略》云：凡下埽，要埽台宽坦，庶卷拉舒畅，且省人力。挑挖埽（漕）〔槽〕要深净，一切树根斜横之物，以及旧桩烂埽，务要刨尽，以防新埽桥栏不能平蛰，致成汇崖之险。至于藏头门埽，最为吃紧，下时要相度形势，绳缆桩橛必须倍用，倘里头稍不如式，定有串水揭头之患。若遇深水，迈埽尤当慎重。险要工程，下一埽要得一埽之力，宁可谋而后动，以保万全，慎勿轻率，致生他虞。埽未著实，不可即早签桩，惟镶垫多用骑马，挨埽个蛰稳，方可签钉。用桩要拣选坚实元直之木，切忌湾细空朽之材。一或不慎，不惟不能得力于目前，正恐贻害祸于将来。签桩之时，务嘱其靠山，毋任其陡直。恐一遇蛰陷，桩头出张，即无力矣。临河无不蛰之埽工，险时慎勿慌乱，要看形势轻重，相机抢护。若果物料人夫凑手，临时调度有方，自然化险为平矣。初下之埽，所重在揪头钩缆留橛，要松紧得宜，时刻小心，方无错误蛰陷之失。猫洞串水，溃堤裂缝，埽个抽撤，此责在守坝弁目，日夜巡查，预防无懈，遇险则竭力抢护，庶可易危为安。一切绸缪未雨，临时自无周章之患。上下戮力同心，虽险必无意外之虞。所谓章程定而糜费省，赏罚明而效收矣。

又其约言之三条曰：下埽不可漫浪也。险将至，而旱地下埽者，名曰等埽。险已至，而挑槽下埽者，是谓搂崖。顺堤根初下者，谓之肚埽。埽外迈埽，谓之面埽，是谓二路一层。沉水埽上加埽，谓之套埽，是为二路二层。此上钉镶散料，谓之厢垫。下埽之时，须详审地势，相度情形，先于堤根数尺外挑深槽，即以槽内之土平铺坦坡，垫成埽台，以便卷埽。先下藏头埽，凡埽要小头大尾，一名鼠尾埽，一名萝卜埽。上水小头，下水大头，以便二埽小头藏于大头之内，二埽下水，大头又可藏盖三埽。庶大溜顺埽挑开，不能掀揭埽头，致有走埽之虞。

　　凡系险工，估计物料，宁有余，毋不足。每见成规估埽一丈，签桩一株，执此胶柱鼓瑟之论，毋怪乎非垫陷即走埽也。何则？初下埽个，仗揪头、滚肚诸绳挽拉之，但月余即腐朽矣，全赖长桩钉埽于下，而管束厢垫于上也。三尺一桩也可，五尺一桩也可。果系迎溜顶冲，虽香炉足、梅花瓣亦无不可。独是豫省桩木每株只销银二钱七分，而购办时，每株有用一二两不等者。用多则赔，用少则误，此不知变通者，不可与言工程也。果能保全要工，决无令河员垫赔之理。万一贻误，身家性命系之司河者，急宜猛省。凡铺埽之际，须令谙练埽手一名，看明地势，量定宽长。如埽长十丈者，即用长十丈绳二条，两头拉齐，钉橛上以为准则。每五尺用行绳一条，铺毕即拉褃子，临河用绳扎褃坚实。面用柳橼，穿褃口毕，即安穿心、揪头等绳。再用小绳扎埽心，将揪头等绳挽结埽心，椀花毕，从两头先铺草，后铺柳。柳少，以秫秸代用。铺平即会行绳，齐人夫上埽。每行绳一条，量埽大小，须人夫若干名，逐条安排，然后鸣锣叫号。凡埽下水，头必高，上水头二三尺，拉时须从下水大头先拉两号，然后一齐叫号，两头自然平整，亦无鸡窝参差之病。拉成，将褃子头用小绳挽结紧实，再用柳橛有倒钩者，钉绳头于埽内，名曰埽脑子。下时，令靠埽者与手留绳揪头者，要听埽手喝号，急徐有度，不得慌乱，务使后埽紧挨前埽，庶沉水后无猫洞串水溃堤之虞。埽下之后，未曾着实，揪头钩战留橛，须令河兵时时看守，要松紧得宜，不可忽略。揪头过松则无力，钩战过紧则发橛也。埽内宜多用柳稍，腰绳缆宜紧密。镶填埽眼，毋多用土，恐新埽未曾蛰实，土多即挤埽外出，丢档成险也。

埽沉水即加镶，每一尺压土五寸，每二尺用骑马一路。探量水势，候埽平水，即钉长桩。钉桩宜靠山，迎上水不宜陡直，防埽蛰外倚即无力。大凡蛰埽之时，先用大绳攀桩，层层镶垫，用骑马埽身及挑水挂角处，照空多补大桩，土料随跟，无间昼夜，防守无懈，一蛰定无妨碍。若下埽接头处，去档过大，兜藏不实，即成猫洞。或埽个虚悬，皆能率水内汇，不但牵累数埽，溃崖攻埽，险不可言。如遇清挖裂缝时，当填絮软草。一面于迎水处，急钉大桩，多多益善。加镶埽身，层层压土，使埽沉著实，点水不入，方为稳妥。若堤过半，急帮内戗，而汇崖空内，切无填土，只用兜绳软镶，庶不致外掎，致有走失之虞。凡遇此等工，俱为抢险。董其事者，务要敬慎，日夜抢救，不可间断土料。兵夫各有专司，调度有方，宽紧得宜，必使人无疲困，物无断绝，然后易危为安，化险为平矣。

丁恺曾《治河要语·埽工篇》云：凡先险下埽于旱者曰等，险而挑（漕）〔槽〕下者曰搂崖，堤根初下者曰肚埽，外亲水曰面埽，没而复者曰套，不满五尺者曰埽由，镶垫新土俱曰镶垫。堤根数尺外掘深槽，平其掘土以卷埽，曰埽台。埽似鼠尾，似萝卜，皆以名。故迎下水者恒大上水二三尺，面埽独当水，余埽以次藏之，如鱼鳞之比次，如鸟翼之相生，则水无可乘，溜水劲激不掀。初下埽，专恃揪头、滚肚以挽之，既月则腐，故长桩橼埽每距五尺一株，行绳以为束也。牵约铺弦，卷绾埽心，挽花毕，始从两头铺之，量埽之大小，以为厚薄。凡埽之为物，骨以柳，肉以草。柳多，则重以淤也。无草，则虞疏以漱也。

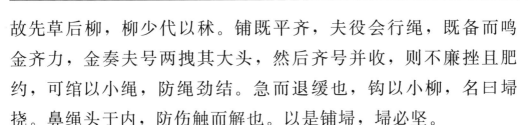

故先草后柳，柳少代以秫。铺既平齐，夫役会行绳，既备而鸣金齐力，金奏夫号两拽其大头，然后齐号并收，则不廉挫且肥约，可绾以小绳，防绳劲结。急而退缓也，钩以小柳，名曰埽挠。鼻绳头于内，防伤触而解也。以是铺埽，埽必坚。

第五章　柳株

凡河工最宜种柳，盖柳之为木，长养极易，数年即可成林。河工有柳，遇险可借以抢护，有工可就地取材。故堤顶内外两口，堤坡内外两脚，尤宜多种。种柳既多，其小者条叶浓密，大者盘根错杂。遇盛涨时，虽风浪拍击，而堤身亦可保固。故凡堤工筑成之后，种柳一端，尤不可不急为讲究也。

第一节　培养法

一、柳初植时，无论为直柳、卧柳、梦柳，均宜深坑坚筑，使不透风，能得地气。或用粗大木锥，以木榔头锤入地中三尺，即以木锥所锥之孔，将柳秧栽入。栽毕，再于平地叠作土埂，高四五寸，圆径二尺，如盆形。距水近者，饱浇以水，然后用土封之，俾不易干。其距水远者，筑实后但以土围根，封作小堆，成凸形，亦以坚实为度。如此则生根萌（牙）〔芽〕，均属易易，自可多数成活。

一、新梦柳、卧柳成活后，经二三年，自必枝条繁密，丛杂拥挤，亦难长养成材。此时宜用镰刀修理，间一二尺，或二三尺，择其身干粗实长大者，酌留一株，罗列成行，俾得迎风摇（拽）〔曳〕，易于长养。但修枝条须贴身干削平，一经伏夏，其被修之刀痕即生新皮，包裹无迹，年加修理，不数年即可成材。直柳一项，初栽时，即有距离，各成一棵，然一二年后，修理枝条，亦应如法办理。其修理时，期无论梦柳、卧柳、直柳皆以冬初为宜，盖此时生机内敛，虽加刀斧亦必无损故也。

第二节　柳之名称

一、直柳以径二寸、长八九尺之柳杆作秧，间五尺，或一丈，刨坑深三尺栽种，仍高地平五六尺者为直柳。

一、梦柳以径二寸、长三尺余柳之棍作秧，距离五尺，或一丈，挖坑深三尺，通身埋入地中，微令露尖者为梦柳。

一、卧柳。凡柳株稀疏之处，距虽❶柳株浓密处近者，意欲补栽，即将浓密处柳之株攀倒一株或数株，就地挖坑，卧埋于地者为卧柳。

第三节　栽柳之时期

一、每年立冬节后，小雪节前，栽种之柳，无论直柳、卧柳、梦柳，皆称冬柳。盖此时柳秧生机内敛，埋入土中，（鲍）〔饱〕得地气，迎春发生，最为得时。凡各项柳株，趁此时会栽种，均甚相宜。

一、每年春分节后，清明节前，栽种之柳，无论直柳、卧柳、梦柳，皆独❷春柳。盖此时柳秧生机虽已萌动，然尚未经发越，趁此时会，取秧栽种，迎春萌芽，更为容易。故春季栽柳，亦系必要之时期，然总宜提前栽种，方为稳妥。

一、每年入伏后，阴雨必多。柳为植物中最易生之树，凡春冬两季所栽之柳，间有回干不能成活者，即可于此时补栽，

---

❶　虽　当作"离"。

❷　独　疑作"称"。

亦能成活，补疏为密，故伏天栽柳，亦不可失之时机也。

按：永定河栽柳，每于春冬两季栽种。求❶定河以每里为一号，号设堡兵一，结（卢）〔庐〕常年住堤，专管巡查。堤工看护柳株，每届春冬二季，每季责令于所管号内栽直柳一百棵，责令守兵于所派号内，每名季栽卧柳五十墩。卧柳，即本章所言梦柳，俗所谓蒙头橛也。考成之法，以七成成活为率，及格者有赏，不及格者惩之。

第六章　獾鼠地羊即地鼠，各处名称不同，但因地从俗呼之耳

獾鼠地羊，为害于堤工者最烈。此等动物钻穴而居，于高埠及沙土松浮处为穴，一遇泛涨漫滩，往往因此失事。有事于堤防者，不可不加意搜捕，以除堤工隐患。

《安澜纪要·捕獾鼠说》曰：獾洞鼠穴，最为长堤之害，必须搜捕净尽，以绝其根。獾有行住之分，行獾尚未伤及堤身，住獾洞在堤根，尤为必不可留之物。獾性畏人警动，其穴在堤根及废堤撑越各堤近水草与坟墓者居多。离四五丈，或七八丈，复有后门，大如面碗。或于前门堵拿，即后门逃逸，堵后即窜前门，正如狡兔之有三窟也。其藏身之巢穴，宽大如窑洞，口外有虚土一小堆，是其出入之处，踪迹显然可察。

捕法不一，有用烟熏，有用网兜。其猎犬一项，在所必需。每汛当于河兵中设捕獾兵一名，专管拿獾。多喂猎犬，备长枪、小网等具，令于惊蛰挨堡查看，有无獾行形迹，以便搜捕。此事虽专责獾兵，但汛段长，恐难周到，所有守堡兵夫，终日在堤，应协力查看。一有獾行形迹，即禀明本管官，勒堤法搜捕。

---

❶　求　当作"永"。据国图藏本。

一经拿得，持送本厅呈验，每得一獾赏给银二两。如逾限不得，责处示惩。但獾兵知有赏格，或将他处之獾，捏获领赏，不可不察。故得獾必验明洞穴，须挖刨到底，夯杵填筑坚实，由厅营验报，以凭复验。

再獾之巢穴，总在沙土堤穿洞者居多，因沙土细而实在，即悬空不致塌下故也。其淤土粗而不胶，若空悬，易于塌卸，不可不察。其地鼠一种，堤顶两坦均有之。但见有虚土一堆，即此物也。迎风开洞，用地弓铁箭，百不一失。闻獾鼠洞穴，每多旁引斜出，有长至数丈者。所言捕筑之法已备，但獾性善逸，如捕时未能捕获，随将洞口堵筑。移时，必仍寻故处，另开旁穴，此又不可不查也。此事应责成堡夫，然总须厅汛各员，随时留心察看，严立勤惩，否则仍有名无实耳。

第一节　捕獾法

獾形似犬，身长而足短，嘴尖耳小，毛色青灰者居多，性狡而滑。为穴深长，分前后两门。捕法觅得巢穴前后两门，掘开虚土，俾巢穴前后通气，一头实柴燃火，借烟熏之，使不能耐，必往一头逸出。预伏利刃、鸟铳以待，伺其将出之际，出其不意，猛击射之，必可拿获。如不能得，仍当刨挖洞穴到底，以期必得。拿获后，随将洞穴填筑坚实，以绝后患。

第二节　捕地羊法

地羊又名地鼠，其形似鼠，而肥大倍之。毛深灰色，短足而善于钻穴，性畏风。每钻一穴，其穴门必封土闭之。每见堤顶或堤坡有新土坟起者，即是鼠穴。穴不甚深，尺余或数寸不等，而长则有盈丈，或二丈者。捕之之法，察明其穴，挖开一

头，安设机弓。再以土团堵其穴门，使弗知觉。其箭或以粗铅条磨成锐尖，或以坚劲竹木削成锐尖，伺❶其出穴觅食，动著机弓，机动弓翻可立将此物歼于穴门，百发百中，从不一失。

按：永定河每年于清明节后至茫种❷以前，道责诸厅，厅责诸汛，汛分派目兵专管，按号巡查。搜捕即照右之方法办理，屡试有效。每获一头，赏京钱二千文；地羊一（支）〔只〕，赏京钱二百文，由汛垫发，汇送道署，领款归垫。其捕获洞穴之地点，均须由汛随时验明，立即填筑坚实，借昭慎重。其捕獾一节，则又随时搜捕，盖以獾洞为患更大也。

整理者：杨伶媛，女，清华大学图书馆馆员，曾参与《行水金鉴》的点校整理工作，收入《中国水利史典（二期工程）》。

郑小惠，女，清华大学图书馆副研究馆员。曾任清华大学图书馆数字图书馆研究室主任、数字化部主任、古籍部主任，编著五部、译著两部、古籍整理三部。《中国水利史典》一期、二期专家委员会委员，负责《中国河工辞源》的整理点校工作。现研究方向为地方文书、水利工程史等。

---

❶ 伺　当作"伺"。据国图藏本。
❷ 茫　当作"芒"。